乳粉检验检测技术

张 璐 主编

陕西新华出版
陕西科学技术出版社
Shaanxi Science and Technology Press
西 安

图书在版编目(CIP)数据

乳粉检验检测技术 / 张璐主编. --西安 :陕西科学技术出版社,2025. 1. -- ISBN 978-7-5369-9061-6

Ⅰ. TS252.51

中国国家版本馆 CIP 数据核字第 2024BK3150 号

乳粉检验检测技术

RUFEN JIANYAN JIANCE JISHU

张 璐 主编

责任编辑 张 戬
封面设计 卫晨亮

出版者 陕西科学技术出版社
西安市曲江新区登高路 1388 号陕西新华出版传媒产业大厦 B 座
电话(029)81205187 传真(029)81205155 邮编 710061
http://www.snstp.com
发行者 陕西科学技术出版社
电话(029)81205180 81205178
印刷者 天津鸿彬印刷有限公司
规 格 787mm×1092mm 16 开本
印 张 21.75
字 数 541 千字
版 次 2025 年 1 月第 1 版
2025 年 1 月第 1 次印刷
书 号 ISBN 978-7-5369-9061-6
定 价 98.00 元

《乳粉检验检测技术》编委会

主　编　张　璐

副主编　何　强

编　委　（按姓氏拼音排序）

郭维娜　何　强　花　锦　李　莹　李子豪

任佳琦　施妍婧　张　璐　邹　阳

目录

第一章　乳粉品质检测

第一节　乳粉中水分的检测

奶粉是将哺乳类动物鲜奶除去水分后制成的粉末，它适宜保存，并便于携带。水分的含量是奶粉重要的质量指标之一。一定的水分含量可保持奶粉品质，延长奶粉保藏，水分含量的高低对于乳粉的质量和经济效益均起很大的作用。水分含量提高后奶粉易变色，贮藏期降低，还可能导致营养素损失、微生物滋长、奶粉结块变质等质量问题。

目前我国制定的乳粉标准中对于水分的限量要求为≤5.0%。检测标准为《食品安全国家标准 食品中水分的测定》(GB5009.3—2016)。该标准包括4个检测方法，其中第一法——直接干燥法，常用于乳粉中水分的测定。

一、直接干燥法测定水分的原理(参照 GB 5009.3)

利用食品中水分的物理性质，在101.3kPa(1 atm)，温度101～105℃下采用挥发方法测定样品中干燥减失的重量，包括吸湿水、部分结晶水和该条件下能挥发的物质，再通过干燥前后的称量数值计算出水分的含量。

二、具体实验操作过程

1. 仪器及设备

(1)天平：感量为0.1mg。

(2)铝制或玻璃制的扁形称量瓶。

(3)电热恒温干燥箱。

(4)干燥器。

2. 分析步骤

试样处理：取洁净铝制或玻璃制的扁形称量瓶，置于101～105℃干燥箱中，瓶盖斜支于瓶边，加热1.0h，盖好取出，置干燥器内冷却0.5h，称量，并重复干燥至前后2次质量差不超过2mg，即为恒重。将混合均匀的试样迅速磨细至小于2mm的颗粒，不易研磨的样品应尽可能切碎，称取 2～10g 试样（精确至 0.0001g），放入此称量瓶中，试样厚度不超过5mm，如为疏松试样，厚度不超过 10mm，加盖、精密称量后，置 101～105℃ 干燥箱中，瓶盖斜支于瓶边，干燥 2～4h 后，盖好取出，放入干燥器内冷却 0.5h 后称量。然后再放入 101～105℃ 干燥箱中干燥 1h 左右，取出，放入干燥器内冷却 0.5h 后再称量。并重复以上操作至前后 2 次质量差不超过 2mg，即为恒重。

三、分析结果表达

试样中水分含量按式（1-1-1）计算：

$$X=\frac{m_1-m_2}{m_1-m_3}\times 100 \qquad (1-1-1)$$

式中：X 为试样中水分的含量（g/100g）；m_1 为称量瓶和试样的质量（g）；m_2 为称量瓶和试样干燥后的质量（g）；m_3 为称量瓶的质量（g）；100 为单位换算系数。

水分含量≥1g/100g 时，计算结果保留 3 位有效数字；水分含量＜1g/100g 时，计算结果保留 2 位有效数字。

在重复条件下获得 2 次独立测定结果的绝对差值不得超过算术平均值的 5%。

四、注意事项

1. 称量瓶的选择

常用的称量瓶有 2 种，一种为玻璃称量皿；一种为铝制称量盒。玻璃称量皿的特点是耐酸碱，不受样品性质的限制；铝制称量盒的特点是质量轻、导热性好，但不适用于酸性食品。因此在乳粉中水分测定中常用玻璃称量皿。同时还应注意以下 3 点：①选择称量瓶大小要合适，一般样品不超其 1/3 高度。②称量瓶盖要求斜靠在称量瓶上，取出时先盖好盖子。③不要用手直接接触称量瓶，应戴带手套或者用滤纸条。不同类型的称量瓶如图 1-1-1 所示。

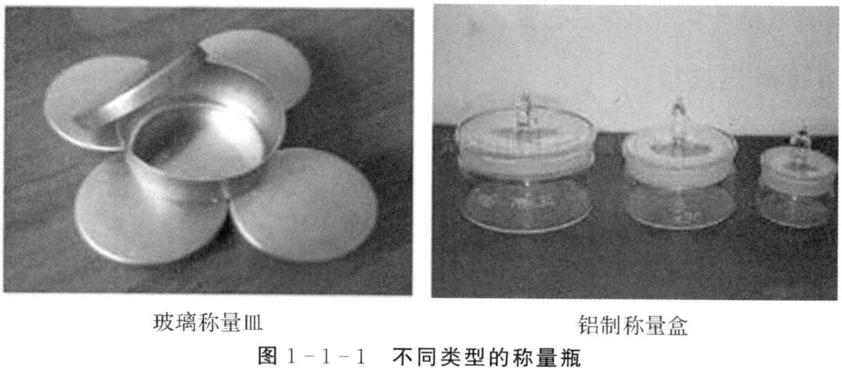

玻璃称量皿　　　　铝制称量盒

图 1-1-1　不同类型的称量瓶

2. 干燥箱的控制

目前常用的干燥箱有几种形式。其中对流性干燥箱温差最大；强力循环通风型干燥箱温差最小，且风量较大，烘干大量试样时效率较高。同时还应注意，干燥箱内物品切勿拥挤，排列在隔板的较中心部位，须留出空间，以利于热空气循环。

3. 恒重时间的控制

实验中对于恒重要求较高，因此在干燥器中冷却时间不可缩短。实验经验表明，缩短冷却时间会导致结果偏差。

四、所用设备及检测流程示意图

乳粉中水分测定设备图如图1－1－2所示，乳粉中水分检测流程示意图如图1－1－3所示。

称量瓶　天平　干燥器　恒温干燥箱

图1－1－2　乳粉中水分测定设备图

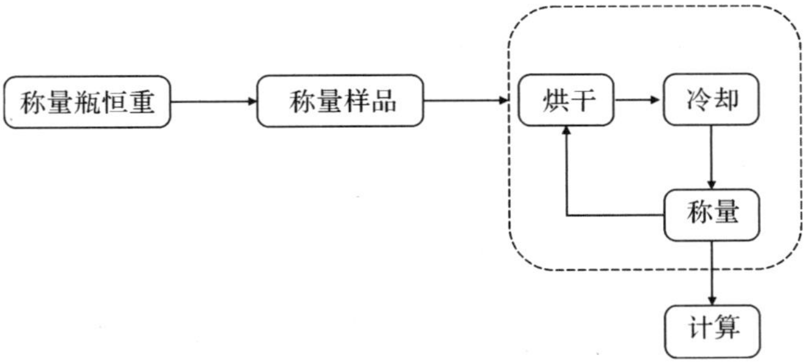

图1－1－3　乳粉中水分检测流程示意图

第二节　乳粉中蛋白质的检测

蛋白质是组成人体一切细胞、组织的重要成分。机体所有重要的组成部分都需要有蛋白质的参与。一般来说，蛋白质约占人体全部质量的18％，是参与生命现象最重要的组成成分。乳粉中常见的4大蛋白质包括：乳清蛋白、乳铁蛋白、水解蛋白及A2蛋白。

蛋白质是衡量乳粉品质十分重要的技术参数之一，目前我国制定的乳粉标准中对于蛋白质的要求是≥非脂乳固体的34％，调制乳粉的要求为≥16.5％。检测标准为《食品国家安全标准 食品中蛋白质的测定》(GB5009.5—2016)，该标准包括3个检测方法，其中第一法——凯氏定氮法，常用于乳粉中蛋白质的测定。

一、凯氏定氮法测定蛋白的原理（参照GB 5009.5）

食品中的蛋白质在催化加热条件下被分解，产生的氨与硫酸结合生成硫酸铵。碱化蒸馏使氨游离，用硼酸吸收后以硫酸或盐酸标准滴定溶液滴定，根据酸的消耗量计算氮含量，再乘以换算系数，即为蛋白质的含量。

二、具体实验操作过程

1. 仪器及设备

(1)天平：感量为 1mg。

(2)定氮蒸馏装置。

(3)自动凯式定氮仪。

2. 分析步骤

(1)凯氏定氮法。

试样处理：称取充分混匀的固体试样 0.2～2g(相当于 30～40mg 氮)，精确至0.001g，移入干燥的 100mL、250mL 或 500mL 定氮瓶中，加入 0.4g 硫酸铜、6g 硫酸钾及 20mL 硫酸，轻摇后于瓶口放一小漏斗，将瓶以 45℃角斜支于有小孔的石棉网上。小心加热，待内容物全部炭化，泡沫完全停止后，加强火力，并保持瓶内液体微沸至液体呈蓝绿色并澄清透明后，再继续加热 0.5～1h。取下冷却，小心加入 20mL 水，冷却后，移入 100mL 容量瓶中，并用少量水洗定氮瓶，洗液并入容量瓶中，再加水至刻度，混匀备用。同时做试剂空白试验。

测定：按图 1-2-1 装好定氮蒸馏装置，向水蒸气发生器内装水至 2/3 处，加入数粒玻璃珠，加甲基红乙醇溶液数滴及数毫升硫酸，以保持水呈酸性，加热煮沸水蒸气发生器内的水并保持沸腾。

向接受瓶内加入 10.0mL 硼酸溶液及 1～2 滴 A 混合指示剂(2 份甲基红乙醇与 1 份甲基蓝乙醇)或 B 混合指示剂(1 份甲基红乙醇与 5 份甲基蓝乙醇)，并使冷凝管的下端插入液面下，根据试样中氮含量，准确吸取 2.0～10.0mL 试样处理液由小玻杯注入反应室，以 10mL 水洗涤小玻杯并使之流入反应室内，随后塞紧棒状玻塞。将 10.0mL 氢氧化钠溶液倒入小玻杯，提起玻塞使其缓缓流入反应室，立即将玻塞盖紧，并水封。夹紧螺旋夹，开始蒸馏。蒸馏 10min 后移动蒸馏液接收瓶，液面离开冷凝管下端，再蒸馏 1min。然后用少量水冲洗冷凝管下端外部，取下蒸馏液接收瓶。尽快以硫酸或盐酸标准滴定溶液滴定至终点，如用 A 混合指示液(2 份甲基红乙醇溶液与 1 份亚甲基蓝乙醇溶液临时混合)，终点颜色为灰蓝色；如用 B 混合指示液(1 份甲基红乙醇溶液与 5 份溴甲酚绿乙醇溶液临时混合的硼酸溶液)，终点颜色为浅灰红色。同时做试剂空白试验。

(2)自动凯氏定氮仪法。

试样处理：称取充分混匀的固体试样 0.2～2g (相当于 30～40mg 氮)，精确至 0.001g，至消化管中，再加入 0.4g 硫酸铜、6g 硫酸钾及 20mL 硫酸于消化炉进行消化。当消化炉温度达到 420℃之后，继续消化 1h，此时消化管中的液体呈绿色透明状，取出冷却后加入 50mL 水，于自动凯氏定氮仪，使用前加入氢氧化钠溶液，盐酸或硫酸标准溶液以及含有混合指示剂 A(2 份甲基红乙醇溶液与 1 份亚甲基蓝乙醇溶液临时混合) 或 B

(1份甲基红乙醇溶液与5份溴甲酚绿乙醇溶液临时混合的硼酸溶液)上实现自动加液、蒸馏、滴定和记录滴定数据的过程。

3.分析结果表达

试样中蛋白质的含量按式(1-2-1)计算:

$$X=\frac{(V_1-V_2)\times c\times 0.0140}{m\times V_3/100}\times F\times 100 \qquad (1-2-1)$$

式中:X 为试样中蛋白质的含量(g/100g);V_1 为试液消耗硫酸或盐酸标准滴定溶液的体积(mL);V_2 为试剂空白消耗硫酸或盐酸标准滴定溶液的体积(mL);c 为硫酸或盐酸标准滴定溶液浓度(mol/L);0.0140为1.0mL硫酸$\left[c\left(\frac{1}{2}H_2SO_4\right)=1.000mol/L\right]$标准滴定溶液相当的氮的质量(g);$m$ 为试样的质量(g);V_3 为吸取消化液的体积(mL);F 为氮换算为蛋白质的系数;100为单位换算系数。

蛋白质含量≥1g/100g时,结果保留3位有效数字;蛋白质含量<1g/100g时,结果保留2位有效数字。

在重复条件下获得2次独立测定结果的绝对差值不得超过算术平均值的10%。

三、注意事项

1.凯氏定氮法

(1)样品的均匀性需要关注,如果不均匀应研磨研细。

(2)样品放入凯氏烧瓶时,不要沾在瓶颈上,以免消化不完全,造成结果偏低,如果沾附在瓶颈上可用少量水缓慢冲下。

(3)消化时,如不容易呈现透明液体,可将凯氏烧瓶冷却后加入30%过氧化氢催化剂2~3mL,促进氧化。

(4)在消化的过程中,注意控制温度,保持和缓的沸腾,使火力集中在凯氏烧瓶底部,以免烧瓶壁上的蛋白质损失。

(5)如硫酸缺少,过多的硫酸钾会引起氨的损失,这时会形成硫酸氢钾。当样品中脂肪含量过高时或取样量较大时,可适量增加硫酸用量。

(6)确保蒸馏装置的密闭性,可通过pH试纸检查馏出物的酸碱性来判断氨是否完全被蒸馏出来。

(7)蒸馏完毕后,应先将冷凝管下端提出液面,再蒸馏1min后关闭热源。避免吸收液倒吸。

2.自动凯氏定氮仪

(1)确保各种液体液面不低于液体位传感器。

(2)确保滴定器中气泡排干净,如果气泡不排干净会造成测定结果偏低。

(3)要关注空白测定的数值,确保仪器的稳定性。

(4)样品送入消化管底部,如果残留在管壁上应用硫酸冲入。

（5）消化过程中应关注是否需要预消化（消化温度 220℃），预消化的目的是让样品与硫酸先缓慢反应，降低碳化概率。碳化不仅会造成测定结果偏低，还会堵塞管路。

四、所用设备及检测流程示意图

凯氏定氮法测定蛋白质设备图如图 1－2－1 所示，自动凯氏定氮仪测定蛋白质设备图如图 1－2－2 所示，乳粉中蛋白质检测流程示意图如图 1－2－3 所示。

天平

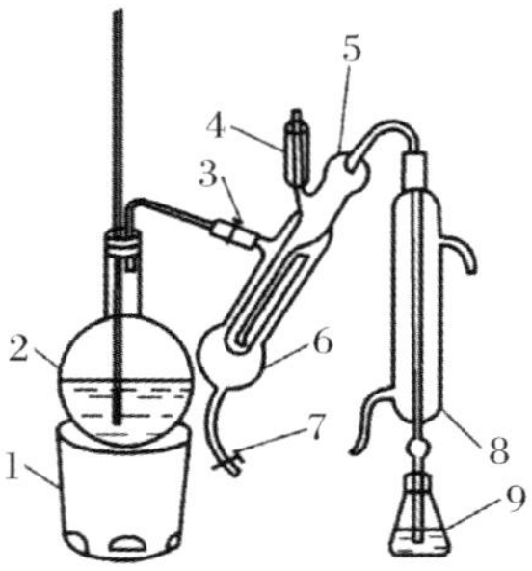

凯氏定氮装置

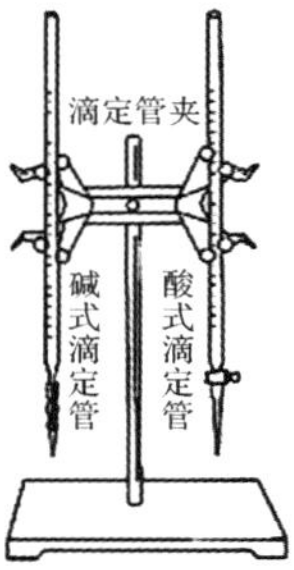

滴定管

1—电炉；2—水蒸气发生器（2L 烧瓶）；3—螺旋夹；
4—小玻杯及棒状波塞；5—反应室；6—反应室外层；
7—橡皮管及螺旋夹；8—冷凝管；9—蒸馏液接收瓶。

图 1－2－1　凯氏定氮法测定蛋白质设备图

天平

自动凯氏定氮仪

图 1－2－2　自动凯氏定氮仪测定蛋白质设备图

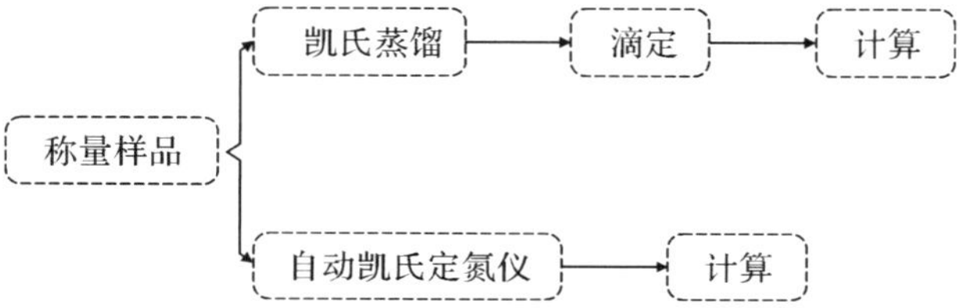

图 1－2－3　乳粉中蛋白质检测流程示意图

第三节 乳粉中总灰分的检测

总灰分是把一定量的样品经炭化后放入高温炉内灼烧，使有机物质被氧化分解，以二氧化碳、氮的氧化物及水等形式逸出，而无机物质以硫酸盐、磷酸盐、碳酸盐、氯化物等无机盐和金属氧化物的形式残留下来，这些残留物即为灰分。总灰分包括了水溶性灰分、酸溶性灰分、酸不溶性灰分等。其中水溶性灰分反映可溶性 K、Na、Ca、Mg 等氧化物和盐类的含量，酸溶性灰分反映 Fe、Al 等氧化物、碱土金属的碱性磷酸盐的含量，酸不溶性灰分反映污染的泥沙及机械物和食品中原有的微量 SiO_2 的含量。

通过对灰分的测定可以评判乳粉的加工精度和乳粉的品质，同时也可判断乳粉受污染的程度。目前我国制定的乳粉标准中犊牛代乳粉（GB/T 20715－2006）中对灰分含量要求≤10％。检测标准为《食品安全国家标准 食品中灰分的测定》（GB 5009.4—2016）。该标准中第一法——食品中总灰分的测定，通常被用来测定乳粉中的灰分。

一、食品中总灰分测定的原理（参照 GB 5009.4）

食品经灼烧后所残留的无机物质称为总灰分。灰分数值系用灼烧、称重后计算得出。

二、具体实验操作过程

1. 仪器及设备

（1）天平：感量分别为 0.1mg、1mg、1g。

（2）高温炉（最高温度≥950℃）。

（3）石英坩埚或瓷坩埚。

（4）电热板。

（5）恒温水浴锅。

2. 分析步骤

（1）坩埚预处理。取大小适宜的石英坩埚或瓷坩埚置高温炉中，在（550±25）℃下灼烧 30min，冷却至 200℃左右，取出，放入干燥器中冷却 30min，准确称量。重复灼烧至前后 2 次称量相差不超过 0.5mg 为恒重。

（2）测定。称取矢量试样，灰分≥10g/100g 的试样称取 2～3g（精确至0.000 1g）；灰分≤10g/100g 的试样称取 3～10g（精确至 0.0001g，对于灰分含量更低的样品可适当增加称样量），称取试样后，加入 1.00mL 乙酸镁溶液（240g/L）或 3.00mL 乙酸镁溶液（80g/L），使试样完全润湿。放置 10min 后，在水浴上将水分蒸干，在电热板上以小火加热使试样充分碳化至无烟，然后置于高温炉中，在（550±25）℃灼烧 4h。冷却至 200℃左右，取出，放入干燥器中冷却 30min，称量前如发现灼烧残渣有炭粒时，应向试样中滴入少许水湿润，使结块松散，蒸干水分再次灼烧至无炭粒即表示灰化完全，方可称量。重复灼烧至前后2次称量相差不超过0.5mg为恒重。同时吸取3份与上述相同浓度和体积的乙酸镁溶液，做3次试剂空白试验。当3次试验结果的标准偏差<0.003g时，取算术平均值作为空白值。若标准偏差≥0.003g时，应重新做试剂空白试验。

3.分析结果表达

(1)以试样质量计。

试样中总灰分的含量，加了乙酸镁溶液的试样，按式(1-3-1)计算：

$$X_1=\frac{m_1-m_2-m_0}{m_3-m_2}\times 100 \qquad (1-3-1)$$

式中：X_1为加了乙酸镁溶液试样中灰分的含量(g/100g)；m_1为坩埚和灰分的质量(g)；m_2为坩埚的质量(g)；m_0为氧化镁的质量(g)；m_3为坩埚和试样的质量(g)；100为单位换算系数。

试样中灰分的含量，未加乙酸镁溶液的试样，按式(1-3-2)计算：

$$X_2=\frac{m_1-m_2}{m_3-m_2}\times 100 \qquad (1-3-2)$$

式中：X_2为未加乙酸镁溶液试样中灰分的含量(g/100g)；m_1为坩埚和灰分的质量(g)；m_2为坩埚的质量(g)；m_3为坩埚和试样的质量(g)；100为单位换算系数。

(2)以干物质计。

加了乙酸镁溶液的试样中灰分的含量，按式(1-3-3)计算：

$$X_1=\frac{m_1-m_2-m_0}{(m_3-m_2)\times\omega}\times 100 \qquad (1-3-3)$$

式中：X_1为加了乙酸镁溶液试样中灰分的含量(g/100g)；m_1为坩埚和灰分的质量(g)；m_2为坩埚的质量(g)；m_0为氧化镁的质量(g)；m_3为坩埚和试样的质量(g)；ω为试样干物质含量(%)；100为单位换算系数。

未加乙酸镁溶液的试样中灰分的含量，按式(1-3-4)计算：

$$X_2=\frac{m_1-m_2}{(m_3-m_2)\times\omega}\times 100 \qquad (1-3-4)$$

式中：X_2为未加乙酸镁溶液试样中灰分的含量(g/100g)；m_1为坩埚和灰分的质量(g)；m_2为坩埚的质量(g)；m_3为坩埚和试样的质量(g)；ω为试样干物质含量(%)；100为单位换算系数。

试样中灰分含量≥10g/100g时，保留3位有效数字；试样中灰分含量<10g/100g时，保留2位有效数字。

在重复性条件下获得的2次独立测定结果的绝对差值不得超过算术平均值的5%。

三、注意事项

(1)样品炭化时要注意热源强度，防止产生大量泡沫溢出坩埚。

(2)注意坩埚放入或取出高温炉时的操作。

(3)灼烧后的坩埚应冷却至200℃以下时再移入干燥器中。

(4)灰化后的残渣可用作Ca、Fe、P等成分的分析。

(5)用过的坩埚初步清洗后，可用稀盐酸浸泡10～20min，再用清水清洗。

(6)灰化温度的选择。对于乳制品，一般灰化温度在550℃附近，温度过高会引起K、Na、Cl等元素的挥发损失，而且磷酸盐、硅酸盐也会熔融，将碳粒包藏起来，使其无法继续氧化。温度过低，会造成灰化速度慢、时间长，灰化不完全，也不利于除去过剩的碱吸收的CO_2。

(7)灰化时间的选择，一般以观察到残留物灼烧至白色或浅灰色，内部无残留碳粒存在并达到恒重为止。

(8)恒重特别要关注2次结果相差要<0.5mg。

(9)有些样品如含有Fe含量高的样品残灰呈褐色，Mn、Cu含量高的样品，残灰呈蓝绿色。

四、所用设备及检测流程示意图

食品中灰分检测设备图如图1－3－1所示；乳粉中灰分检测流程示意图如图1－3－2所示。

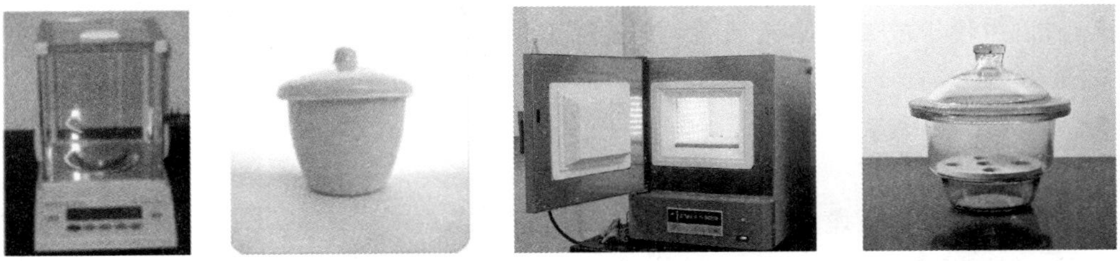

天平　　坩埚　　马弗炉　　干燥器

图1－3－1　食品中灰分检测设备图

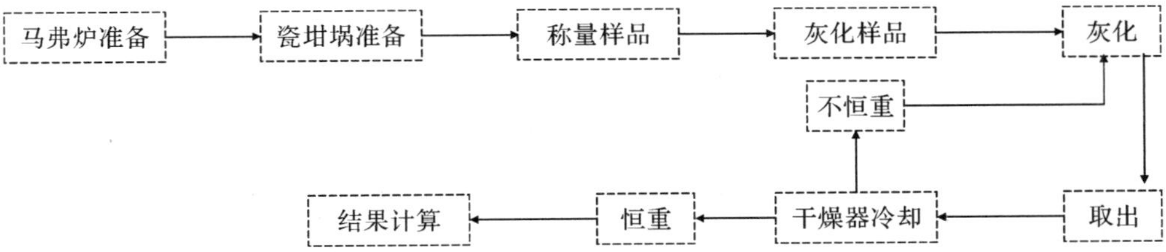

图1－3－2　乳粉中灰分检测流程示意图

第四节　乳粉中脂肪的检测

国家标准对乳粉中脂肪含量有很明确的规定，脂肪含量的高低可以评价乳粉的品质，是否掺假，是否脱脂，可以衡量乳粉的营养价值。乳粉中脂肪含量是判断乳粉是否符合国家标准的重要指标之一，全脂乳粉的脂肪含量应≥26%。目前我国制定的乳粉标准中对于脂肪的限量要求为0.84～1.43g/100kJ，检测标准为《食品安全国家标准 食品中脂肪的测定》(GB5009.6—2016)。该标准包括4个检测方法，其中第三法——碱水解法，第四法——盖勃法，常用于乳粉中脂肪的测定。

一、测定原理(参照GB 5009.6)

1. 第三法——碱水解法

用无水乙醚和石油醚抽提样品的碱(氨水)水解液，通过蒸馏或蒸发去除溶剂，测定溶于溶剂中的抽提物的质量。

2. 第四法——盖勃法

在乳中加入硫酸，破坏乳胶质性和覆盖在脂肪球上的蛋白质外膜，离心分离脂肪后测量其体积。

二、具体实验操作过程

(一)碱水解法

1. 仪器及设备

(1)分析天平：感量为0.0001g。

(2)离心机：可用于放置抽脂瓶或管，转速为500～600r/min，可在抽脂瓶外端产生80～90g的重力场。

(3)电热鼓风干燥箱。

(4)恒温水浴锅。

(5)干燥器：内装有效干燥剂，如硅胶。

(6)抽脂瓶：抽脂瓶应带有软木塞或其他不影响溶剂使用的瓶塞(如硅胶或聚四氟乙烯)。软木塞应先浸泡于乙醚中，后放入60℃或60℃以上的水中保持至少15min，冷却后使用。不用时需浸泡在水中，浸泡用水每天更换1次。

2. 分析步骤

(1)试样碱水解

1)乳粉和婴幼儿食品(不含淀粉样品)：称取混匀后的试样，高脂乳粉、全脂乳粉、全脂加糖乳粉和婴幼儿食品约1g(精确至0.0001g)，脱脂乳粉、乳清粉、酪乳粉约1.5g(精确至0.0001g)。加入10mL(65±5)℃的水，将试样洗入抽脂瓶的小球，充分混合，直到试样完全分散，放入流动水中冷却。加入2.0mL氨水，充分混合后立即将抽脂瓶放入(65±5)℃的水浴中，加热15～20min，不时取出振荡。取出后，冷却至室温，静置30s。

2)乳粉和婴幼儿食品(含淀粉样品)：称取混匀后的试样，高脂乳粉、全脂乳粉、全脂加糖乳粉和婴幼儿食品约1g(精确至0.0001g)，脱脂乳粉、乳清粉、酪乳粉约1.5g(精确至0.0001g)。将试样放入抽脂瓶中，加入约0.1g的淀粉酶，混合均匀后，加入8～10mL

45℃的水,注意液面不要太高。盖上瓶塞于搅拌状态下,置(65±5)℃水浴中 2h,每隔 10min 摇混 1 次。为检验淀粉是否水解完全,可加入 2 滴约 0.1mol/ L 的碘溶液,如无蓝色出现说明水解完全,否则将抽脂瓶重新置于水浴中,直至无蓝色产生。抽脂瓶冷却至室温。加入 2.0mL 氨水,充分混合后立即将抽脂瓶放入(65±5)℃的水浴中,加热 15~20min,不时取出振荡。取出后,冷却至室温,静置 30s。

(2)抽提

1)加入 10mL 乙醇,缓和但彻底地进行混合,避免液体太接近瓶颈。如果需要,可加入 2 滴刚果红溶液。

2)加入 25mL 乙醚,塞上瓶塞,将抽脂瓶保持在水平位置,小球的延伸部分朝上夹到摇混器上,按约 100 次/min 振荡 1min,也可采用手动振摇方式。但均应注意避免形成持久乳化液。抽脂瓶冷却后小心地打开塞子,用少量的混合溶剂冲洗塞子和瓶颈,使冲洗液流入抽脂瓶。

3)加入 25mL 石油醚,塞上重新润湿的塞子,按 2)所述,轻轻振荡 30s。

4)将加塞的抽脂瓶放入离心机中,在 500~600r/min 转速下离心 5min,或将抽脂瓶静置至少 30min,直到上层液澄清,并明显与水相分离。

5)小心地打开瓶塞,用少量的混合溶剂冲洗塞子和瓶颈内壁,使冲洗液流入抽脂瓶。如果两相界面低于小球与瓶身相接处,则沿瓶壁边缘慢慢地加入水,使液面高于小球和瓶身相接处[见图 1-4-1(a)],以便于倾倒。

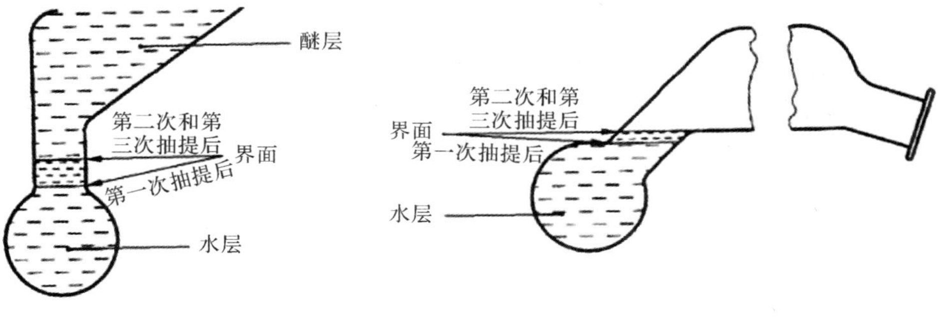

(a)倾倒醚层前　　(b)倾倒醚层后

图 1-4-1　操作示意图

6)将上层液尽可能地倒入已准备好的加入沸石的脂肪收集瓶中,避免倒出水层[图 1-4-1(b)]。

7)用少量混合溶剂冲洗瓶颈外部,冲洗液收集在脂肪收集瓶中。应防止溶剂溅到抽脂瓶的外面。

8)向抽脂瓶中加入 5mL 乙醇,用乙醇冲洗瓶颈内壁,按 1)所述进行混合。重复2)~7)操作,用 15mL 无水乙醚和 15mL 石油醚,进行第 2 次抽提。

9)重复 2)~7)操作,用 15mL 无水乙醚和 15mL 石油醚,进行第 3 次抽提。

10)空白试验与样品检验同时进行,采用 10mL 水代替试样,使用相同步骤和相同试剂。

(3)称量

合并所有提取液,既可采用蒸馏的方法除去脂肪收集瓶中的溶剂,也可于沸水浴上蒸发至干来除掉溶剂。蒸馏前用少量混合溶剂冲洗瓶颈内部。将脂肪收集瓶放入(100±5)℃的烘箱中干燥1h,取出后置于干燥器内冷却0.5h后称量。重复以上操作直至恒重(2次称量的差不超过2mg)。

3.分析结果表达

试样中脂肪的含量按式(1-4-1)计算:

$$X=\frac{(m_1-m_2)-(m_3-m_4)}{m}\times 100 \qquad (1-4-1)$$

式中:X为试样中脂肪的含量(g/100g);m_1为恒重后脂肪收集瓶和脂肪的质量(g);m_2为脂肪收集瓶的质量(g);m_3为空白试验中,恒重后脂肪收集瓶和抽提物的质量(g);m_4为空白试验中脂肪收集瓶的质量(g);m为样品的质量(g);100为单位换算系数。

当样品中脂肪含量≥15%时,2次独立测定结果之差≤0.3g/100g;当样品中脂肪含量在5%~15%时,2次独立测定结果之差≤0.2g/100g;当样品中脂肪含量≤5%时,2次独立测定结果之差≤0.1g/100g,结果保留3位有效数字。

(二)盖勃法

1.仪器及设备

(1)乳脂离心机。

(2)盖勃氏乳脂计:最小刻度值为0.1%,见图1-4-2。

(3)10.75mL单标乳吸管。

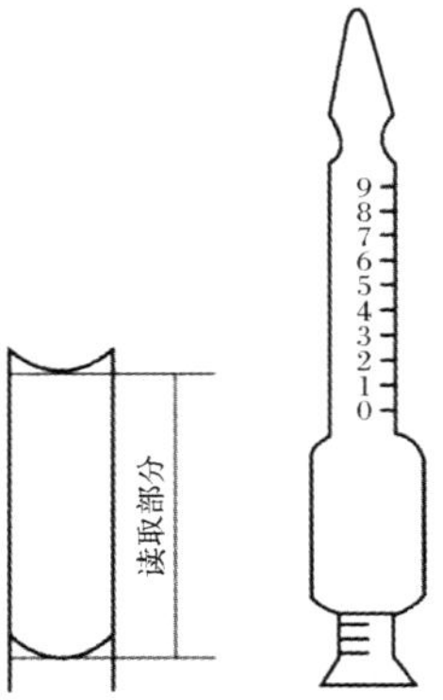

图1-4-2 盖勃氏乳脂计

2.分析步骤

于盖勃氏乳脂计中先加入10mL硫酸,再沿着管壁小心准确加入10.75mL试样,使试样与硫酸不要混合,然后加1mL异戊醇,塞上橡皮塞,使瓶口向下,同时用布包裹以防冲出,用力振摇使呈均匀棕色液体,静置数分钟(瓶口向下),置65~70℃水浴中5min,取出后置于乳脂离心机中以1100r/min的转速离心5min,再置于65~70℃水浴水中保温

5min(注意水浴水面应高于乳脂计脂肪层)。取出,立即读数,即为脂肪的百分数。

3. 分析结果表达

在重复性条件下获得的 2 次独立测定结果的绝对差值不得超过算术平均值的 5%。

三、注意事项

(1)加入氨水后要充分搅拌使其成为均匀的乳状液体,否则会使测定结果偏低。

(2)操作中加入醚后,振摇不要过度,以每分钟振摇 60 次左右为宜避免出现乳化现象。

(3)恒重时间的控制:实验中对于恒重要求较高,因此在干燥器中冷却时间不可缩短,实验经验表明,缩短冷却时间会导致结果偏差。

(4)干燥箱的控制:干燥箱内物品切勿拥挤,排列在隔板的较中心部位,须留出空间,以利于热空气循环。

四、所用设备及检测流程示意图

乳粉中脂肪测定设备图如图 1-4-3 所示,乳粉中脂肪检测流程示意图如图 1-4-4 所示。

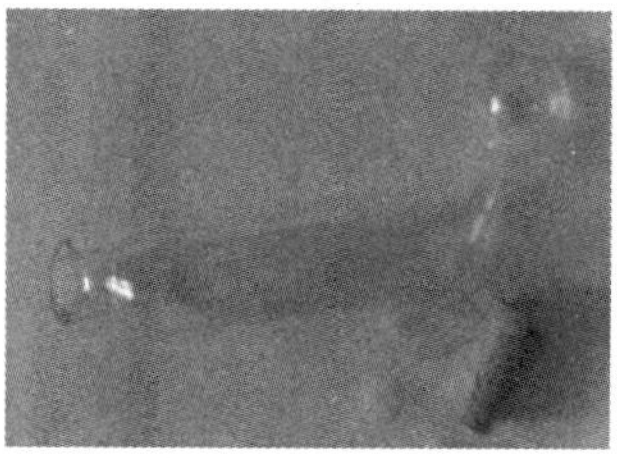

抽脂瓶

天平

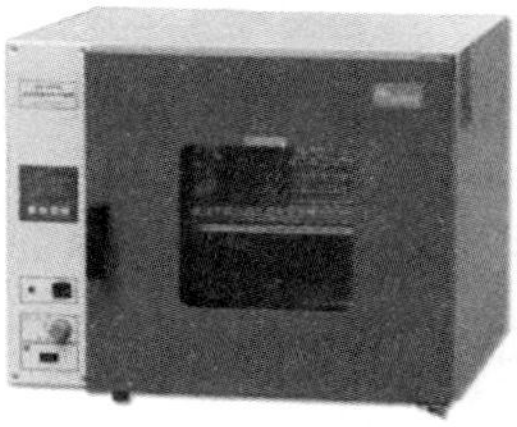

恒温干燥箱

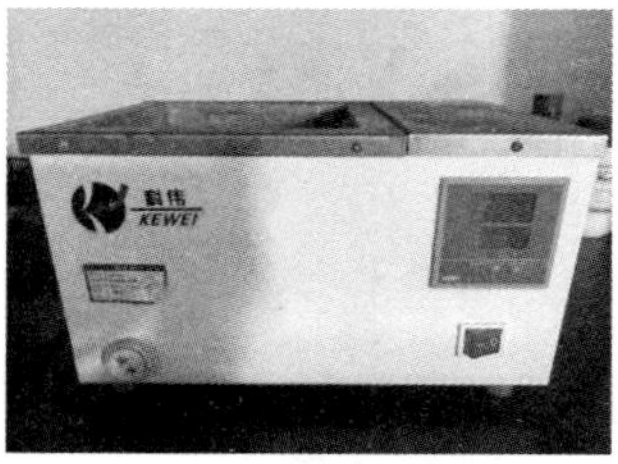

恒温水浴锅

离心机

图 1-4-3　乳粉中脂肪测定设备图

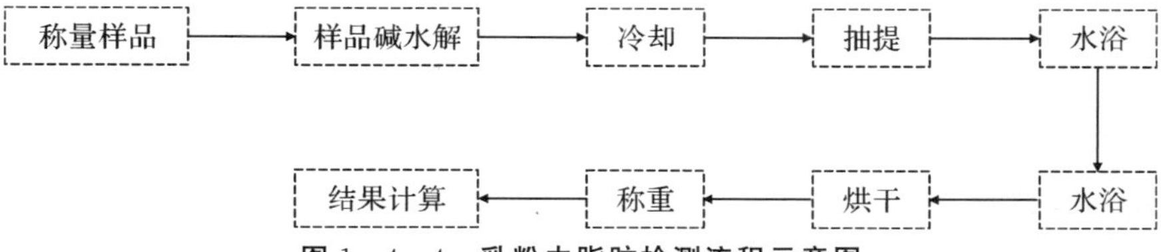

图 1-4-4　乳粉中脂肪检测流程示意图

第五节　乳粉中酸度的检测

复原乳酸度是乳粉的控制项目之一，也是评价乳粉质量的重要指标之一，复原乳酸度随月平均气温的升降而增减。复原乳酸度偏高，会导致乳粉溶解性差，直接影响乳粉质量。乳粉复原乳酸度主要取决于生乳酸度。

目前我国制定的乳粉标准中对于复原乳酸度的限量要求牛乳小于等于 18°T，羊乳 7～14°T，检测标准为《食品安全国家标准 食品酸度的测定》(GB5009.239—2016)。该标准包括 3 个检测方法，其中第一法、第二法适用于乳粉中乳酸度的测定。

一、测定原理(参照 GB 5009.239)

1. 第一法——酚酞指示剂法

试样经过处理后，以酚酞作为指示剂，用 0.1000mol/L 氢氧化钠标准溶液滴定至中性，消耗氢氧化钠溶液的体积数，经计算确定试样的酸度。

2. 第二法——pH 计法

中和试样溶液至 pH 为 8.30 所消耗的 0.1000mol/L 氢氧化钠体积，经计算确定其酸度。

二、具体实验操作过程

(一)第一法——酚酞指示剂法

1. 仪器及设备

(1)天平：感量为 1mg。

(2)滴定管：分刻度为 0.1mL，可准确至 0.05mL。

(3)振荡器。

(4)中速定性滤纸。

(5)粉碎机。

2. 试剂和材料

(1)氢氧化钠标准溶液(NaOH)：0.1000mol/L。

(2)参比溶液(七水硫酸钴溶液)。

(3)酚酞指示剂。

(4)中性乙醇-乙醚混合溶液。

(5)不含二氧化碳的蒸馏水。

3. 测定步骤

称取 4g 样品(精确到 0.01g)于 250mL 锥形瓶中。用量筒量取 96mL 约 20℃的水，使样品复溶、搅拌，然后静置 20min。向一只装有 96mL 约 20℃的水锥形瓶中加入2.0mL

参比溶液，得到标准参比颜色。如果要测定多个相似的产品，则此参比溶液可用于整个测定过程，但时间不得超过 2h。向另一只装有样品溶液的锥形瓶中加入 2.0mL 酚酞指示液。用 25mL 碱式滴定管向该锥形瓶中滴加氢氧化钠溶液，直到颜色与参比溶液的颜色相似，且 5s 内不消退，整个滴定过程应在 45s 内完成。滴定过程中，向锥形瓶中吹氮气，防止溶液吸收空气中的二氧化碳。记录所用氢氧化钠溶液的毫升数，精确至 0.05mL，代入公式计算。

同时进行空白滴定。

4. 分析结果表达

试样中酸度按式(1－5－1)计算：

$$X_1=\frac{c_1\times(V_1-V_2)\times 12}{m_1\times(1-\omega)\times 0.1} \tag{1-5-1}$$

式中：X_1 为试样中试样的酸度(°T)；c_1 为氢氧化钠标准溶液的浓度(mol/L)；V_1 为滴定时所用氢氧化钠溶液的毫升数(mL)；V_2 为空白实验所用氢氧化钠溶液的毫升数(mL)；m_1 为称取样品的质量(g)；ω 为试样中水分的质量分数(g/100g)；12 为 12g 乳粉相当 100mL 复原乳(脱脂乳粉应为 9，脱脂乳清粉应为 7)；0.1 为酸度理论定义氢氧化钠的摩尔浓度(mol/L)。

以重复性条件下获得的 2 次独立测定结果的算术平均值表示，结果保留 3 位有效数字。

(二)第二法——pH 计法

1. 仪器及设备

(1)天平：感量为 1mg。

(2)滴定管：分刻度为 0.1mL，可准确至 0.05mL。

(3)pH 计：带玻璃电极和适当的参比电极。

(4)磁力搅拌器。

2. 试剂和材料

(1)氢氧化钠标准溶液(NaOH)：0.1000mol/L。

(2)氮气。

3. 分析步骤

称取 4g 样品(精确到 0.01g)于 250mL 锥形瓶中。用量筒量取 96mL 约 20℃ 的水，使样品复溶，然后静置 20min。用滴定管向锥形瓶中滴加氢氧化钠标准溶液，直到 pH 稳定在 8.30±0.01 处 4～5s。滴定过程中，始终用磁力搅拌器进行搅拌，同时向锥形瓶中吹氮气，防止溶液吸收空气中的二氧化碳。整个滴定过程应在 1min 内完成。记录所用氢氧化钠溶液的毫升数，精确至 0.05mL，代入式(1－5－2)计算

3. 分析结果表达

试样中复原乳酸度按式(1－5－2)计算：

$$X_1=\frac{c_1\times V_1\times 12}{m_1\times(1-\omega)\times 0.1}\times 100 \qquad (1-5-2)$$

式中：X_1 为试样中试样的酸度(°T)；c_1 为氢氧化钠标准溶液的浓度(mol/L)；V_1 为滴定时所用氢氧化钠溶液的毫升数(mL)；m_1 为称取样品的质量(g)；ω 为试样中水分的质量分数(g/100g)；12 为 12g 乳粉相当 100mL 复原乳(脱脂乳粉应为 9，脱脂乳清粉应为 7)；0.1 为酸度理论定义氢氧化钠的摩尔浓度(mol/L)；100 为单位换算系数。

以重复性条件下获得的 2 次独立测定结果的算术平均值表示，结果保留 3 位有效数字。

注：若以乳酸含量表示样品的酸度，那么样品的乳酸含量(g/100g)＝$T\times 0.009$。T 为样品的滴定酸度(0.009 为乳酸的换算系数，即 1mL 0.1mol/L 的氢氧化钠标准溶液相当于 0.009g 乳酸。)

在重复性条件下获得的 2 次独立测定结果的绝对差值不得超过 1.0°T。

三、注意事项

(1)在具体执行过程中，值得注意的是，牛乳本身有白色的掩蔽作用，可能会使滴定时不易观察终点，因此在实验中建议做空白试验对照。

(2)所用的滴定管，先用蒸馏水洗净，检查是否漏液、排气泡，再使用，如果没有将滴定管残留其他试剂溶液洗净，可能产生复原乳酸度测定误差。

(3)读数需平视滴定管，读数时，视线、刻度、液面的凹面最低点在同一水平线上，俯视会使读数偏小，仰视会使读数偏大。

四、所用设备及检测流程示意图

乳粉中复原乳酸度测定设备图如图 1-5-1 所示，乳粉中复原乳酸度检测流程示意图如图 1-5-2 所示。

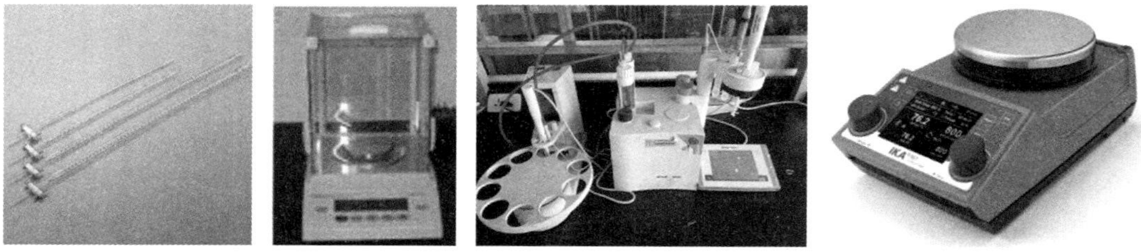

滴定管　天平　pH计　磁力搅拌器

图 1-5-1　乳粉中复原乳酸度测定设备图

图 1-5-2　乳粉中复原乳酸度检测流程示意图

第六节　乳粉中杂质度的检测

在乳粉生产中，杂质度这一技术指标往往是影响乳粉质量的重要因素。乳粉中杂质度有4个来源：一是牛奶处理阶段；二是杀菌、浓缩阶段；三是喷雾干燥阶段；四是出粉、筛粉、包装阶段，杂质超标会降低乳粉的质量等级。

目前我国制定的乳粉标准中对于杂质度的限量要求为≤12mg/kg，检测标准为《食品安全国家标准 乳和乳制品杂质度的测定》(GB 5413.30—2016)。

一、测定原理(参照GB 5413.30)

生鲜乳、液体乳、用水复原的乳粉类样品，经杂质度过滤板过滤，根据残留于杂质度过滤板上直观可见非白色杂质与杂质度参考标准板比对确定样品杂质的限量。

二、具体实验操作过程

1.仪器及设备

(1)天平：感量分别为0.1g。

(2)过滤设备：杂质度过滤机或抽滤瓶，可采用正压或负压的方式实现快速过滤(每升水的过滤时间为10～15s)。安放杂质度过滤板后的有效过滤直径为(28.6±0.1)mm。

2.分析步骤

准确称取(62.5±0.1)g乳粉样品于1000mL烧杯中，加入500mL (40±2)℃的水，充分搅拌溶解后，立即测定。将杂质度过滤板放置在过滤设备上，将制备的样品溶液倒入过滤设备的漏斗中，但不得溢出漏斗过滤。用水多次洗净烧杯，并将洗液转入漏斗过滤。分次用洗瓶洗净漏斗过滤，滤干后取出杂质度过滤板，与杂质度参考标准板比对即得出样品杂质度。

3.分析结果表达

过滤后的杂质度过滤板与杂质度参考标准板比对得出的结果，即为该样品的杂质度。当杂质度过滤板上的杂质量介于2个级别之间时，应判定为杂质量较多的级别。如出现纤维等外来异物，则判定杂质度超过最大值。

按本标准所述方法对同一样品做2次测定，其结果应一致。

三、注意事项

(1)器皿需清洗干净，用蒸馏水充分冲洗，用干燥箱干燥后使用。

(2)乳粉需充分溶解，加水后充分搅拌溶解。

四、所用设备及检测流程示意图

乳粉中杂质度测定设备图如图1-6-1所示，乳粉中杂质度检测流程示意图如图

1－6－2 所示。

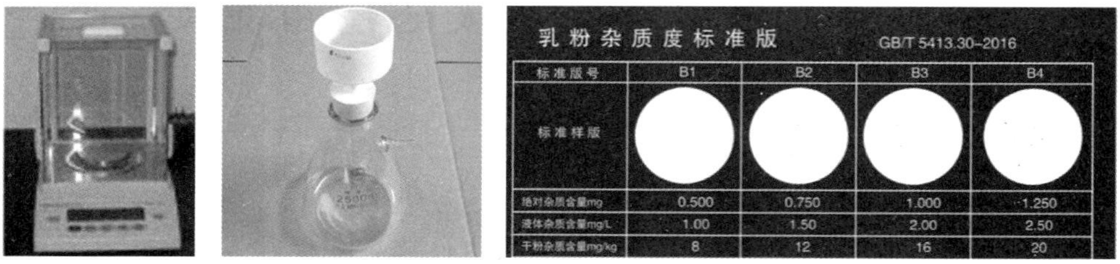

天平　　抽滤瓶　　乳粉杂质度标准版

图 1－6－1　乳粉中杂质度测定设备图

图 1－6－2　乳粉中杂质度检测流程示意图

第七节　乳粉中乳糖的检测

乳糖富含在哺乳动物的乳汁中，是奶粉、牛奶等乳制品中特有的成分，是牛奶中的主要碳水化合物，含量为 4.5%～5.0%，在人乳中含量约为 7%；是婴儿脑发育的必需物质，也是儿童生长发育的主要营养物质之一。乳糖能促进人体肠道内某些乳酸菌的生成，能抑制腐败菌的生长，有助于肠道的蠕动。而对于部分乳糖不耐症或易腹泻人群而言，无乳糖或低乳糖乳粉则为其日常生活中更佳的选择。不同群体对于乳粉中乳糖含量的选择有不同需求，因此，乳糖含量在乳制品的原料验收、成品检验以及监督抽检中，都是重要的检验项目之一。

区别于普通奶粉，为了更适用于婴幼儿的消化吸收，婴幼儿配方奶粉调整了蛋白质、脂肪和乳糖的比例。食品安全国家标准中规定在乳基婴儿配方食品中乳糖占碳水化合物的比例应≥90%，乳基幼儿配方食品（无乳糖和低乳糖产品除外）中应≥50%（固态无乳糖配方食品中乳糖含量应≤0.5g/100g，固态低乳糖配方食品中乳糖含量应≤2g/100g）。目前，我国检测乳粉中乳糖的标准方法有：《食品安全国家标准 婴幼儿食品和乳品中乳糖、蔗糖的测定》（GB 5413.5—2010）及《食品安全国家标准 食品中果糖、葡萄糖、蔗糖、麦芽糖、乳糖的测定》（GB 5009.8—2023）。其中（GB 5009.8）标准中包括 4 个检测方法，其中第一法——高效液相色谱法，第二法——离子色谱法，适用于乳粉中乳糖的测定。

一、测定原理（参照 GB 5009.8）

1. 第一法——高效液相色谱法

试样中的果糖、葡萄糖、蔗糖、麦芽糖和乳糖经提取后，利用高效液相色谱柱分离，用示差折光检测器或蒸发光散射检测器检测，用外标法进行定量。

2. 第二法——离子色谱法

试样中的果糖、葡萄糖、蔗糖、麦芽糖和乳糖经提取净化后，利用离子色谱柱分离，用脉冲安培检测器检测，用外标法定量。

二、具体实验操作过程

(一)高效液相色谱法

1. 仪器及设备

(1)天平：感量为 0.1mg。

(2)超声波振荡器。

(3)磁力搅拌器。

(4)离心机：转速≥4000r/min。

(5)高效液相色谱仪，带示差折光检测器或蒸发光散射检测器。

(6)液相色谱柱：氨基色谱柱（柱长 250mm、内径 4.6mm、膜厚 5μm），或具有同等性能的色谱柱。

2. 分析步骤

(1)样品处理

称取混匀后的试样 1～10g（含糖量≤5％时称取 10g；含糖量 5％～10％时称取 5g；含糖量 10％～40％时称取 2g；含糖量≥40％时称取 1g）（精确到 0.001g）于 100mL 容量瓶中，加水约 50mL 溶解，缓慢加入乙酸锌溶液和亚铁氰化钾溶液各 5mL，加水定容至刻度，磁力搅拌或超声 30min，用干燥滤纸过滤，弃去初滤液，后续滤液用 0.45μm 微孔滤膜过滤或离心获取上清液过 0.45μm 微孔滤膜至样品瓶，供液相色谱分析。

(2)测定

1)色谱参考条件

a)色谱柱：氨基色谱柱。

b)流动相：乙腈-水（70＋30，体积比）。

c)流动相流速：1.0mL/min。

d)柱温：40℃。

e)进样量：10μL。

f)示差折光检测器条件：温度 40℃。

g)蒸发光散射检测器条件：飘移管温度 80～90℃；氮气流量 2.5L/min。

2)标准曲线的制作

将糖标准使用液依次上机测定，记录色谱图峰面积或峰高，以峰面积或峰高为纵坐标，以标准工作液的浓度为横坐标，示差折光检测器采用线性方程；蒸发光散射检测器采用幂函数方程绘制标准曲线。

3)试样溶液的测定

将试样溶液注入高效液相色谱仪中，记录峰面积或峰高，从标准曲线中查得试样溶液中糖的浓度。可根据具体试样进行稀释。空白试验除不加试样外，均按上述步骤进行。

3.分析结果表达

试样中乳糖含量按式(1-7-1)计算,计算结果需扣除空白试验值:

$$X=\frac{(\rho-\rho_0)\times V\times n}{m\times 1000}\times 100 \quad (1-7-1)$$

式中:X 为试样中乳糖的含量(g/100g);ρ 为样液中乳糖的浓度(mg/mL);ρ_0 为空白试验中乳糖的浓度(mg/mL);V 为样液定容体积毫升(mL);n 为稀释倍数;m 为试样的称样量(g);1000 及 100 为单位换算系数。

糖的含量≥10g/100g 时,结果保留 3 位有效数字;糖的含量<10g/100g 时,结果保留 2 位有效数字。

在重复性条件下获得的 2 次独立测定结果的绝对差值不得超过算术平均值的 10%。

当称样量为 10g 时,乳糖的检出限为 0.2g/100g,定量限为 0.5g/100g。

(二)离子色谱法

1.仪器及设备

(1)天平:感量为 1mg。

(2)高速粉碎机。

(3)涡旋混合器。

(4)离心机:转速≥4000r/min。

(5)离子色谱仪:配脉冲安培检测器。

(6)色谱柱:阴离子交换柱(以季铵盐为功能基,聚苯乙烯/二乙烯基苯聚合物树脂为填料,柱长 250mm、内径 4.6mm、粒径 10μm),或具有同等性能的色谱柱。

2.分析步骤

(1)样品处理

称取混匀后的试样 2g(精确到 0.001g)于 100mL 比色管中,加水约 50mL 溶解,再加入 2mL 乙酸溶液混合均匀,超声 30min,转移至 100mL 容量瓶中,加水定容至刻度,混匀,静止 20min。

将提取液根据乳糖含量稀释适当倍数(婴儿配方乳粉检测乳糖,一般建议稀释 1000 倍),稀释液采用滤纸过滤,取上清液,依次过 0.45μm 微孔滤膜和 C_{18} 固相萃取小柱(1mL),弃去前 3mL,收集后续的洗脱液待测。C_{18} 固相萃取柱在使用前依次用 10mL 甲醇、15mL 水活化。

(2)测定

1)色谱参考条件

a)色谱柱:阴离子交换站。

b)流动相流速:1.0mL/min。

c)进样量:10μL。

d)脉冲安培检测器:Au 工作电极,糖检测波形参考条件见表 1-7-1。

e)淋洗液：淋洗液A水、淋洗液B 200mmol/L氢氧化钠，洗脱参考条件见表1-7-2。

表1-7-1 糖检测波形

时间/s	电压/V	积分	时间/s	电压/V	积分
0.00	+0.10	—	0.42	-2.00	—
0.20	+0.10	开始	0.43	+0.60	—
0.40	+0.10	结束	0.44	-0.10	—
0.41	-2.00	—	0.50	-0.10	—

表1-7-2 洗脱参考条件

时间/min	淋洗液 A/%	淋洗液 B/%
0	90	10
15.0	90	10
21.0	80	20
32.0	80	20
32.1	0	100
42.0	0	100
42.1	90	10
50.0	90	10

2)标准曲线的制作

将糖标准使用液依次上机测定，记录色谱图峰面积或峰高，以峰面积为纵坐标，以标准工作液的浓度为横坐标，分别绘制标准曲线。

3)试样溶液的测定

将试样溶液注入离子色谱仪中，记录峰面积，从标准曲线中查得试样溶液中糖的浓度。可根据具体试样进行稀释。空白试验除不加试样外，均按上述步骤进行。

3.分析结果表达

$$X=\frac{(\rho-\rho_0)\times V\times f}{m\times 1000\times 10} \quad (1-7-2)$$

式中：X为试样中乳糖的含量(g/100g)；ρ为样液中乳糖的浓度(mg/mL)；ρ_0为空白中乳糖的浓度(mg/mL)；V为样液定容体积(mL)；n为稀释倍数；m为试样的称样量(g)；1000及10为单位换算系数。

糖的含量≥10g/100g时，结果保留3位有效数字；糖的含量<10g/100g时，结果保留2位有效数字。

在重复性条件下获得的2次独立测定结果的绝对差值不得超过算术平均值的10%。

当称样量为2g时，乳糖的检出限为0.015g/100g，定量限为0.050g/100g。

三、注意事项

1. 温度的控制

示差检测器受环境温度影响明显，易引起基线不稳、灵敏度低等问题。对于色谱柱部分，检测前可用手触摸一下柱身(小心不要烫伤)以确保柱温箱正常工作。同时注意柱前后两端的温度差异，尽量保证柱头端和尾端一致。注意仪器的任何部件尽量不要被风直吹。

2. 乳糖峰的分离

蔗糖作为乳粉的添加组分，可能会对色谱图中乳糖的分离造成干扰。乳糖峰与其他峰之间的分离度应>1.5，若难以分离，可调整流动相比例以达到分离目的。

3. 氨基柱的维护

氨基色谱柱使用及清洗时，不建议水相比例超过40%，过高使用水相容易导致键合相水解。注意所选用的色谱柱可承受的pH范围，超过范围会降低色谱柱的使用寿命。如果噪声一直很大，可使用流动相冲洗色谱柱30min后，将废液端的出口(安捷伦仪器有一个切换阀)流出液返回到流动相瓶子中，冲洗参比池，循环12h，整个过程仪器的设置和检测样品条件设置一致，实验室空调正常开启。检测完毕后，以流动相冲洗至样品完全流出，之后提高有机相比例，进行冲洗、保存、放置于阴凉干燥处。条件允许下专柱专用，曾在酸性条件下使用过的色谱柱，糖类分析的保留时间、峰形会发生变化。

当用离子色谱进行检测时，应注意所用淋洗系统为氢氧根系统，若使用碳酸根系统测定结果，会与使用氢氧根系统的测定结果有一定差异。

四、所用设备及检测流程示意图

乳粉中乳糖测定设备图如图1-7-1所示，乳粉中乳糖(高效液相色谱法)检测流程示意图如图1-7-2所示，乳粉中乳糖(离子色谱法)检测流程示意图如图1-7-3所示。

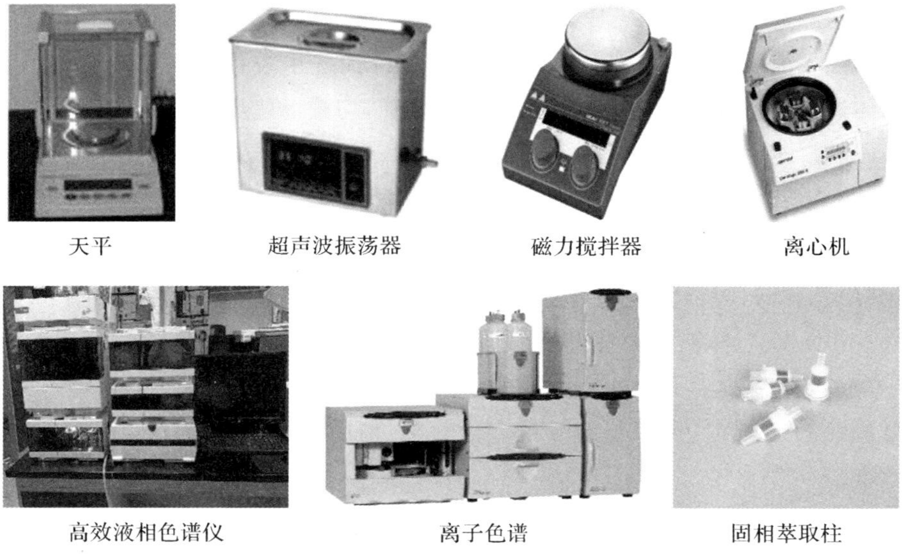

天平　超声波振荡器　磁力搅拌器　离心机

高效液相色谱仪　离子色谱　固相萃取柱

图1-7-1　乳粉中乳糖测定设备图

图 1－7－2　乳粉中乳糖(高效液相色谱法)检测流程示意图

图 1－7－3　乳粉中乳糖(离子色谱法)检测流程示意图

第八节　乳粉中叶酸的检测

叶酸，是一种水溶性维生素，俗称维生素 B_9，是合成核酸所必需的元素，也是细胞生长和组织修复所必需的物质。叶酸在蛋白质合成及细胞分裂与生长过程中具有重要作用，尤其对红细胞的形成具有促进作用，缺乏时可导致红细胞中血红蛋白生成减少、细胞成熟受阻，导致巨幼红细胞性贫血，因此对孕妇和婴幼儿尤为重要。叶酸能够促进婴幼儿身体器官的发育，增加婴儿的免疫力，因此育龄期女性合理补充叶酸，是促进优生优育的重要措施。研究表明，叶酸摄入不足或代谢通路受阻会增加脑卒中的风险，低水平的叶酸也可能是阿尔兹海默症的危险因素，因此维持较好地叶酸水平对降低高血压、预防和控制心脑血管疾病具有重要意义。

目前，叶酸的检测方法有微生物法、高效液相色谱法、光学生物传感分析法等。在这些方法中，微生物法虽然烦琐、耗时，但灵敏度高、设备成本较低。在我国，微生物法测定叶酸含量的依据标准为(GB 5009.211—2022)，此标准是在 AOAC 的标准基础上衍生而来，相比其他维生素的检测方法来说，此方法非常具有挑战性。

一、测定叶酸的原理(GB5009.211—2022)

利用鼠李糖乳杆菌(*Lactobacillμs casei spp. rhamnosμs*)(A7CC7649)生长需要消耗叶酸的特点。在一定控制条件下，将鼠李糖乳杆菌菌液接种至含有试样液的培养基中，培养一段时间后测定透光率(或吸光度值)，在一定测定范围内可以根据叶酸含量与透光率(或吸光度值)的标准曲线计算出试样中叶酸的含量。

二、具体实验操作过程

1.仪器及设备

(1)天平：感量分别为 0.1mg 和 1mg。

(2)恒温培养箱(36±1)℃。

(3)高压灭菌锅。

(4)涡旋振荡器。

(5)离心机(3000r/min)。

(6)pH 计(精度±0.1)。

(7)紫外-可见分光光度计。

(8)超净工作台。

(9)超声波振荡器。

(10)酶标仪。

(11)离心管。

(12)微孔板。

(13)滤膜。

注:所用玻璃器具使用前用盐酸浸泡液或月桂基磺酸钠洗涤剂清洗干净后,250℃干燥1～2h。

2. 试剂及配制

(1)试剂

1)盐酸(HCl)。

2)氢氧化钠(NaOH)。

3)氯化钠(NaCl)。

4)十二水合磷酸钠($Na_3PO_4 \cdot 12H_2O$)。

5)七水合磷酸氢二钠($Na_2HPO_4 \cdot 7H_2O$)。

6)抗坏血酸($C_6H_8O_6$)。

7)甲苯(C_7H_8)。

8)无水乙醇(C_2H_6O)。

9)鸡胰腺冻干粉:含γ-谷氨酰基水解酶。

10)木瓜蛋白酶:酶活力≥5U/mg。

11)α-淀粉酶:酶活力≥1.5U/mg。

(2)试剂配制

1)磷酸盐缓冲液(0.05mol/L,pH6.8):分别称取4.35g十二水合磷酸钠和10.39g七水合磷酸氢二钠,加水溶解并定容至1L,混匀。加入2mL甲苯,室温保存。临用前按约5mg/mL的比例加入抗坏血酸作为叶酸保护剂,调节pH至6.8±0.1。

2)20%乙醇溶液(2+8):量取200mL无水乙醇与800mL水混匀。

3)氢氧化钠乙醇溶液(0.01mol/L):称取0.4g氢氧化钠,用20%乙醇溶液溶解并定容至1L,混匀。

4)氢氧化钠溶液(1mol/L):称取40g氢氧化钠,加水溶解并定容至1L,混匀。

5)盐酸浸泡液:量取100mL盐酸(浓度36%～38%)与50倍水混合。

6)鸡胰腺溶液:称取100mg鸡胰腺冻干粉,加入20mL磷酸盐缓冲液,摇匀。现用现配。

7)蛋白酶-淀粉酶液:分别称取200mg木瓜蛋白酶和α-淀粉酶,加入20mL磷酸盐缓冲液研磨至匀浆,以3000r/min的转速离心5min。现用现配。

(3)培养基

菌种储备用琼脂培养基,叶酸测定培养基。

注:以上培养基也可用商品化的合成或成品培养基,用前按说明书配制。

(4)标准品

叶酸标准品($C_{19}H_{19}N_7O_6$,CAS:59-30-3):纯度≥97%,或经国家认证并授予标准

物质证书的标准品。

3.菌种的保存与制备

(1)菌种

鼠李糖乳杆菌或等效菌株。

(2)储备菌种的制备

将菌种鼠李糖乳杆菌转接至菌种储备用琼脂培养基中,在(36±1)℃恒温培养箱中培养20～24h,连续传种2～3代。取出后放入2～4℃冰箱作为储备菌株保存。实验前将储备菌株接种至菌种储备用琼脂培养基中,在(36±1)℃恒温培养箱中培养20～24h以活化菌株,用于接种液的制备。

注:保存2周以上的储备菌种,不能立即用作接种液制备,实验前宜连续传种2～3代以保证细菌活力。

(3)接种液的制备

实验前1d,取2mL叶酸标准工作液与4mL叶酸测定培养基混匀,分装至2支试管中,于121℃(0.10～0.12MPa)高压灭菌15min(或根据培养基标签标识进行灭菌)后即为种子培养液。冷却后用接种环将活化的菌株转种至2支种子培养液中,于(36±1)℃恒温培养箱中培养20～24h。取出后将种子培养液混悬,无菌操作下吸取0.5mL转种至5mL不加叶酸标准工作液的无菌叶酸测定培养基中,于(36±1)℃恒温培养箱内再培养6h,以消耗种子培养液中残存在菌株中的多余叶酸,制成接种液。

4.分析步骤(所有操作均需避光进行)

(1)试样制备

乳粉等试样需粉碎、研磨、过筛(筛板孔径0.3～0.5mm)。制备的试样于2～4℃冰箱内可保存1周。

(2)试样提取

1)直接提取法。

测定样品中添加的叶酸含量时,可采用直接提取法。

准确称取固体试样0.1～2g或液体试样0.5～2mL,精确至0.001g,转入锥形瓶中,加入80mL氢氧化钠乙醇溶液,具塞,超声振荡0.5～4h至试样完全溶解或分散,转入100mL容量瓶中,用水定容至刻度。

2)酶解提取法。

肉蛋乳类食品试样中天然存在的叶酸宜采用酶解提取法。准确称取适量试样(含0.2～2μg叶酸),精确至0.001g。一般乳类试样2～5g,转入100mL锥形瓶中,加30mL磷酸盐缓冲液,振摇5min后,具塞,于121℃(0.10～0.12 MPa)高压水解15min。试样取出后冷却至室温,加入1mL鸡胰腺溶液、1mL蛋白酶-淀粉酶液,混合。加入3～5滴甲苯后,置于(36±1)℃恒温培养箱内酶解16～20h。取出,转入100mL容量瓶,加水定容至刻度,过滤。另取1只锥形瓶,不加试样,其他步骤同试样操作,作为酶空白液。

注：以乳粉为基质的配方食品如需计量基质本底叶酸含量，可采用酶解法提取。

3）稀释。

根据试样中叶酸含量用水对试样提取液进行适当稀释，使试样稀释液中叶酸含量在0.2～0.3ng/mL范围内。

（3）试样测定

1）试管法

a）试样和酶空白系列管。取3支试管，分别加入1.0mL、2.0mL、3.0mL试样稀释液（V_x），补水至5.0mL，混匀。另取3支试管同法加入酶空白液。每个梯度做2个平行。

b）标准系列管。取试管分别加入叶酸标准工作溶液0.00mL、0.25mL、0.50mL、1.00mL、1.50mL、2.00mL、2.50mL、3.00mL、4.00mL和5.00mL，补水至5.00mL，相当于标准系列管中叶酸含量为0.00ng、0.05ng、0.10ng、0.20ng、0.30ng、0.40ng、0.50ng、0.60ng、0.80ng和1.00ng，混匀。制备2～3套标准系列管，绘制标准曲线时，以每个标准点平均值计算。

c）灭菌。将所有测定系列管、叶酸测定培养基于121℃（0.10～0.12MPa）高压灭菌15min（或根据培养基要求进行灭菌）。

d）接种和培养。待测定系列管冷却至室温后，在无菌操作条件下，每10mL叶酸测定培养基加入接种液40μL，混匀，每支测定管中加入接种后的叶酸测定培养基5mL，混匀。置于（36±1）℃恒温培养箱中培养20～40h，获最大混浊度时终止培养。另准备1支标准零管（含0.00ng叶酸），不接种作为零对照管。

e）测定。将培养好的标准系列管、试样和酶空白系列管用漩涡振荡器混匀。用1cm比色杯，于540nm处，以未接种零对照管调节透光率为100%（或吸光度值为0），依次测定标准系列管、试样和酶空白系列管的透光率（或吸光度值）。如果零对照管出现浑浊，说明可能有杂菌污染，需重做实验。

注：适宜的测定光谱范围为540～610nm。

2）微孔板法

a）试样系列管。先将3种试样稀释液无菌条件下用无菌水相滤膜（0.22μm）过滤除菌，取3支1.5mL无菌离心管，分别加入100μL、200μL、300μL试样稀释液，补无菌水至500μL。每个梯度做2个平行。

b）标准系列管。按1）中标准溶液的制备方式，体积按比例缩减至1.0mL后，在无菌条件下过滤除菌至无菌离心管中。制备2～3套标准系列管，绘制标准曲线时，以每个标准点平均值计算。

c）接种和培养。叶酸测定培养基高压灭菌冷却后，每10mL培养基中加入菌种接种液40μL，混匀，吸取150μL加入微孔板中。另吸取150μL标准系列管或试样系列管加入微孔板中，覆膜，混匀，置于（36±1）℃恒温培养箱中培养32～40h。

d）测定。混匀微孔板中培养物，用酶标仪在540nm处测定吸光度值。如果零对照管出现浑浊，说明可能有杂菌污染，需重做实验。

5. 分析结果表达

1)标准曲线。以标准系列管叶酸含量为横坐标,每个标准点透光率(或吸光度值)均值为纵坐标,绘制标准曲线。

2)试样结果计算。从标准曲线计算试样或酶空白系列管中叶酸的相应含量(c_x),如果3支试样系列管中有2支叶酸含量在0.10～0.80ng范围内,且各管之间折合为每毫升试样提取液中叶酸含量的偏差<10%,则可继续按式(1-8-1)、式(1-8-2)、式(1-8-3)进行结果计算,否则需重新取样测定。试样稀释液的叶酸浓度按式(1-8-1)计算。

$$c=c_x/V_x \qquad (1-8-1)$$

式中:c为试样稀释液中叶酸浓度(ng/mL);c_x为从标准曲线上查得试样系列管中叶酸含量(ng);V_x为制备试样系列管时吸取的试样稀释液体积(mL)。

注:微孔板法吸取100μL、200μL和300μL时,对应V_x分别为1mL、2mL和3mL。

采用直接提取法的试样叶酸含量按式(1-8-2)计算。

$$X=\frac{\bar{c}\times V\times f}{m}\times\frac{100}{1000} \qquad (1-8-2)$$

式中:X为试样中叶酸含量(μg/100g);$\bar{c}$为试样稀释液叶酸浓度平均值(ng/mL);V为试样提取液定容体积(mL);f为试样提取液稀释倍数;m为试样质量(g);100/1000为将(ng/g)换算为μg/100g的系数。

采用酶解提取法的试样叶酸含量按式(1-8-3)计算。

$$X=\frac{\bar{c}\times f-\bar{c}_0}{m}\times\frac{100}{1000} \qquad (1-8-3)$$

式中:$\bar{c}_0$为酶空白液中叶酸浓度平均值(ng/mL);式中X、$\bar{c}$、f、m、100/1000的含义同式(1-8-2)。计算结果保留3位有效数字。

注:液体试样叶酸含量也可以为单位(μg/100mL)。

3)精密度。一般食品在重复性条件下获得的2次独立测定结果的绝对差值不得超过算术平均值的15%;营养素补充剂和强化食品在重复性条件下获得的2次独立测定结果的绝对差值不得超过算术平均值的10%。

4)检出限及定量限。试管法:蛋白质、淀粉含量高的试样称样量为5g时,检出限为1.0μg/100g,定量限为2.0μg/100g;营养强化剂和强化食品称样量为1g时,检出限为0.5μg/100g,定量限为1.0μg/100g。微孔板法:添加了叶酸的样品,称样量为1.0g,稀释倍数为1时,检出限为0.5μg/100g,定量限为1.0μg/100g。

三、注意事项

(1)鼠李糖乳杆菌对许多清洁剂十分敏感,所以玻璃器皿清洗干净后需在250℃烘干1～2h。

(2)每个维生素的项目应有一套固定的玻璃器皿。

(3)婴幼儿配方乳粉都对维生素的含量进行了强化,所以可采用直接提取法。

(4)培养基在煮沸后可以过滤1～2遍再进行灭菌处理，而灭菌后需要立即冷却，否则颜色会变深影响观察和读数。

(5)叶酸的性质非常不稳定，试样以及测定管的pH应该调节到6.8±0.2，否则会影响鼠李糖乳杆菌在样液中的生长。

四、仪器设备及检测流程示意图

乳粉中叶酸测定设备图如图1-8-1所示，乳粉中叶酸检测流程示意图如图1-8-2所示。

高压灭菌锅　恒温培养箱　紫外-可见分光光度计　酶标仪

图1-8-1　乳粉中叶酸测定设备图

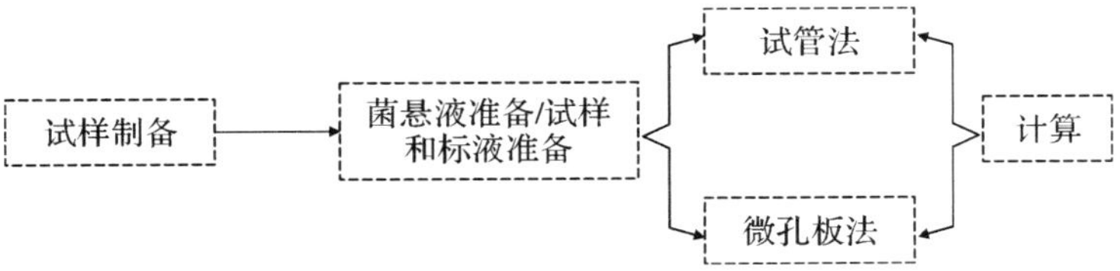

图1-8-2　乳粉中叶酸检测流程示意图

第九节　乳粉中泛酸的检测

泛酸又称为维生素B_5，是一种水溶性维生素，因为广泛存在于自然界中，所以被称为"泛酸"。单纯的泛酸缺乏症很少见，在我国，一些食品安全国家标准中对泛酸的含量进行规定，如《食品安全国家标准 婴儿配方食品》(GB 10765)、《食品安全国家标准 较大婴儿配方食品》(GB 10766)和《食品安全国家标准 幼儿配方食品》(GB 10767)中规定泛酸的含量需在96～478μg/100kJ。泛酸的检测标准(GB 5009.210—2023)中涉及液相色谱法和液相色谱-串联质谱法、微生物法这3种检测方法，不同的方法都有各自的优缺点。其中，第三法——微生物法使用的范围最为广泛，但前处理过程复杂、检测周期长且结果重现性不是很好，不适用于大批样品的检测，第二法——液相色谱-串联质谱法为2023版修订标准新增的方法，旨在解决微生物法前处理负责，成本高的问题。

一、测定泛酸的原理(参照GB 5009.210)

1.第一法——液相色谱法

试样用热水提取后，经C_{18}反相色谱柱分离，以保留时间定性，用外标法定量。

2. 第二法——液相色谱-串联质谱法

试样经酶解、提取、离心、过滤后，经 C_{18} 反相色谱柱分离，采用串联质谱多离子反应监测方式监测，用稳定同位素稀释内标法定量。

3. 第三法——微生物法

泛酸是植物乳杆菌生长所必需的营养素，在一定控制条件下，将植物乳杆菌液接种至含有试样液的培养液中，培养一定时间后测定透光率（或吸光度值），根据泛酸含量与透光率（或吸光度值）的标准曲线计算出试样中泛酸的含量。

二、具体实验操作过程

（一）液相色谱法

1. 仪器及设备

（1）天平：感量为 0.1mg。

（2）超声波振荡器。

（3）恒温震荡水浴箱。

（4）离心机：转速≥8000r/min。

（5）高效液相色谱仪，带紫外检测器或二极管阵列检测器。

（6）pH 计。

（7）液相色谱柱：ODS－3（柱长 250mm、内径 4.6mm、膜厚 5μm），或具有同等性能的色谱柱。

2. 分析步骤

（1）样品处理

称取适量的样品（精确至 0.0001g），一般固体样品称取 5g，液体样品称取 20g，加入 30mL 温水（40～50℃）不含淀粉的样品，超声提取 20min，含淀粉的样品加入 α-淀粉酶 0.2g，摇匀后在（55±5）℃下水浴酶解 30min，取出后冷却至室温。用 0.1mol/L 盐酸调节 pH 为 5.0±0.1，加入 5mL 的 0.5mol/L 硫酸锌溶液，充分混合。转入 50mL 容量瓶中，定容至 50mL，离心取上清液，过 0.45mm 的滤膜。

（2）测定

1）色谱参考条件

a）色谱柱：ODS－3 色谱柱。

b）流动相：0.02mol/L 磷酸二氢钾溶液-乙腈（95＋5V/V）。

c）流动相流速：1.0mL/min。

d）柱温：35℃。

e）进样量：10μL。

f）检测波长：200nm。

2）标准曲线的制作。将泛酸标准工作溶液依次进入色谱分析系统，以标准工作液浓度为横坐标，以峰面积为纵坐标，绘制标准曲线。

3）试样溶液的测定。将试样溶液注入高效液相色谱仪中，记录峰面积或峰高，从标准曲线中查得试样溶液中糖的浓度。可根据具体试样进行稀释(n)。空白试验除不加试样外，均按上述步骤进行。

3. 分析结果表达

试样中泛酸含量按式(1－9－1)计算：

$$X=\frac{c\times V\times f}{m}\times\frac{100}{1000} \tag{1-9-1}$$

式中：X 为试样中泛酸的含量(mg/kg)；c 为从曲线中获得的试样中泛酸的质量浓度(mg/mL)；V 为试样测定液总体积(mL)；f 为稀释倍数；m 为试样的取样量(g)。100/1000 为单位换算系数，结果保留 3 位有效数字。

在重复性条件下获得的 2 次独立测定结果的绝对差值不得超过算术平均值的 10%。

对于固体试样，称样量为 5g 时，检出限为 0.025mg/100g，定量限为 0.08mg/100g。对于液体试样，称样量为 5g 时，检出限为 0.0063mg/100g，定量限为 0.02mg/100g。

(二)液相色谱-串联质谱法

1. 仪器及设备

(1)天平：感量分别为 0.1mg 和 0.01g。

(2)超声波振荡器。

(3)恒温震荡水浴箱。

(4)离心机：转速≥8000r/min。

(5)液相色谱-串联质谱仪：配电喷雾离子源(ESI)。

(6)pH 计。

(7)压力蒸汽消毒器。

(8)液相色谱柱：C_{18}(柱长 100mm、内径 2.1mm)，或具有同等性能的色谱柱。

2. 分析步骤

(1)样品处理

称取 5g 固体样品(精确至 0.01g)，加水至 50g，加入 α-淀粉酶 0.2g，摇匀后在(55±5)℃下水浴酶解 30min，取出后冷却至室温。称取 0.5～5.0g 上述液体(精确至 0.1mg)加入100mL 内标溶液($^{13}C_6$、$^{15}N_2$－泛酸钙溶液)，加水 20mL，涡旋 10s。将 2 种样品分别加入0.4mL 乙酸锌溶液和亚铁氰化钾溶液，加水至 25mL，涡旋 10s。静止 10～30min，以8000r/min 的转速离心 2min。取上清液过 0.22mm 滤膜后，上机检测。

(2)测定

1)色谱参考条件

a)色谱柱：C_{18}色谱柱。

b)流动相：0.1%甲酸溶液-乙腈，梯度洗脱。

c)流动相流速：1.0mL/min。

d)柱温:35℃。

e)进样量:2μL。

f)梯度洗脱条件见表1-9-1。

表1-9-1 液相色谱梯度洗脱条件

时间/min	0.1%甲酸水溶液/%	乙腈/%
0	97	3
3	97	3
7	50	50
8	50	50
8.1	97	3
12	97	3

2)参考质谱条件

a)电离方式:ESI+。

b)毛细管电压:3.0kV。

c)干燥气温度:400℃。

d)干燥气流量:800L/h。

e)锥孔反吹气流速:150L/h。

f)碰撞气:高纯氩。

g)监测模式:MRM,多反应监测。

h)监测离子对如表1-9-2。

表1-9-2 质谱参数

化合物	定性离子对 m/t	定量离子对 m/t	锥孔电压/V	碰撞电压/eV
泛酸	220/90	220/90	30	12
	220/124			17
$^{13}C_6$、$^{15}N_2$-泛酸钙	224/94	224/94	30	12

3)标准曲线绘制

将系列标准溶液分别注入液相色谱-串联质谱中,测定相应的泛酸及$^{13}C_6$、$^{15}N_2$-泛酸钙的峰面积,以泛酸浓度为横坐标,泛酸响应值与$^{13}C_6$、$^{15}N_2$-泛酸钙响应值的比值为纵坐标,绘制标准曲线。

4)试样溶液的测定

将试样溶液注入液相色谱-串联质谱中,得到泛酸响应值与$^{13}C_6$、$^{15}N_2$-泛酸钙响应值的比值,从标准曲线中查得试样溶液中泛酸的浓度。

5)定性测定

在相同的实验条件下进行样品测定时,如果检出的色谱峰保留时间与标准品的保留时间相比,变化范围应在±2.5%之内,并且在样品质谱图中所选择的离子均出现,且所选离子丰度比相对偏差不超过表1-9-3所规定的范围。

表 1-9-3　定性离子对相对丰度的最大允许偏差

相对离子丰度	>50%	20%~50%	10%~20%	≤10%
允许的相对偏差	±20%	±25%	±30%	±50%

6)分析结果表达

$$X=\frac{c\times V}{m}\times\frac{100}{10^6}\times f \qquad (1-9-2)$$

式中:X 为试样中泛酸的含量(mg/100g);c 为从曲线中获得的试样中泛酸的质量浓度(ng/mL);V 为试样测定液总体积(mL);f 为稀释倍数;m 为试样的取样量(g)。$100/10^6$ 为换算系数,结果保留 3 位有效数字。

在重复性条件下获得的 2 次独立测定结果的绝对差值不得超过算术平均值的 10%。

对于固体试样,称样量为 5g 时,检出限为 0.025mg/100g,定量限为 0.08mg/100g。

对于液体试样,称样量为 5g 时,检出限为 0.0025mg/100g,定量限为 0.005mg/100g。

(三)微生物法

1. 试剂及配制

(1)试剂

1)盐酸。

2)乙酸溶液。

3)乙酸钠溶液。

4)氢氧化钠溶液。

5)乙酸缓冲液(pH=3.8 及 pH=4.5)。

6)Tris 缓冲液。

7)磷酸氢二钾(K_2HPO_4)。

8)三水合乙酸钠。

9)三羟甲基氨基甲烷。

10)甲苯。

11)阴离子交换树脂 Dowex1×8:粒度 38~75μm。

12)碱性磷酸酶:酶活力≥10U/mg。

13)鸽子肝脏丙酮提取物干粉:酶活力≥0.1U/g。

14)木瓜蛋白酶:酶活力≥10U/mg。

15)α-淀粉酶:酶活力≥1.5U/mg。

(2)试剂配制

1)乙酸溶液(0.2mol/L):吸取 11.8mL 冰乙酸,用水稀释至 1000mL,混匀。

2)乙酸钠溶液(0.2mol/L):称取 27.2g 三水合乙酸钠,加水溶解并稀释至 1000mL,混匀。

3)盐酸溶液:吸取 100mL 盐酸,与 50 倍水混合。

4)氢氧化钠溶液(2mol/L):称取 8g 氢氧化钠,加水溶解并稀释至 100mL,混匀。

5)Tris 缓冲液:称取 121.0g 三羟甲基氨基甲烷溶于 500mL 水中,用冰乙酸调 pH 至 8.1±0.1,加水至 1000mL,混匀。贮存于 2～4℃冰箱中,可保存 2 周。

6) 生理盐水:称取 9g 氯化钠,加水溶解并稀释至 1000mL,混匀。临用前预先灭菌,于 121℃高压灭菌 10min 后备用。

7)碳酸钠溶液(0.1mol/L):称取 0.84g 碳酸钠,加水溶解并稀释至 100mL,混匀。

8)碱性磷酸酶溶液:称取 0.2g 碱性磷酸酶,加水溶解并稀释至 10mL。临用现配,2～4℃冰箱预冷。

9)鸽子肝脏提取液

a)活化 Dowex 1×8:称取 100g Dowex 1×8 于锥形瓶中,加入 1L 盐酸溶液,置于振荡器上充分振摇 10min,用铺有滤纸的布氏漏斗过滤。Dowex 1×8 转回锥形瓶,再加入 1L 盐酸溶液重复振摇、过滤。Dowex 1×8 加入 1L 水振摇 10min,过滤,重复用水洗涤 10 次。逐滴加入 Tris 缓冲液调节 Dowex 1×8pH 至 8.0±0.1。2～4℃冰箱保存,2d 内用完。

b)鸽子肝脏提取液:配制此试剂前一天将所用容器放入 2～4℃冰箱中冷藏过夜。称取 30g 鸽子肝脏丙酮提取物干粉,放入研钵中,冰浴条件下分 2 次加入 300mL 碳酸氢钾溶液研磨至匀浆,转入具塞离心管中,盖好塞后充分振摇,−20℃冷冻 10min 后,以 3000r/min 的转速离心 5min,将上清液转至 500mL 广口瓶中。加 150g 活化 Dowex 1×8,放入冰浴中混匀 5min,将混合液倒入离心管中,以 3000r/min 的转速离心 5min。将上清液移入另一 500mL 预冷的广口瓶中,−20℃冷冻 10min,再加 150g 活化 Dowex 1×8,放入冰浴中混匀 5min,将混合液倒入离心管中,以 3000r/min 的转速离心,将上清液分装于具塞试管中(每管大约 3mL),−20℃冷冻保存。用前于 2～4℃冰箱内化冻并保存至用时。

2.培养基

(1)琼脂培养基。按表 1-9-4 称取或吸取各试剂,加水至 100mL,混合,沸水浴加热至琼脂完全溶化。趁热用 1mol/L 盐酸溶液和(或)1mol/L 氢氧化钠溶液调节 pH 至 6.8±0.1。尽快分装,根据试管内径粗细加入 3～5mL,液面高度不得低于 2cm。塞上棉塞,121℃高压灭菌 15min。取出后试管直立放置,待冷却后于冰箱内保存,备用。

表 1-9-4 菌种储备用琼脂培养基配制一览表

试 剂	用 量
葡萄糖	1.0g
蛋白胨	0.8g
酵母提取物干粉	0.2g
三水合乙酸钠	1.7g
甲盐溶液	0.2mL
乙盐溶液	0.2mL
琼脂	1.2g

(2)泛酸测定用培养液。可直接由试剂公司购买效力相当的泛酸测定用培养基,用前按说明书配制。

3. 标准品

D-泛酸钙($C_{18}H_{32}CaN_2O_{10}$):纯度≥99%。

4. 标准溶液的配制

(1)泛酸标准储备溶液(40.0μg/mL):精确称取 43.5mg 预干燥至恒重的 D-泛酸钙,加水溶解并转移至 1000mL 容量瓶中,加 10mL 乙酸溶液,100mL 乙酸钠溶液,用水定容至刻度。储存于棕色瓶中,加入 3~5 滴甲苯,于 2~4℃冰箱中可保存 2 年。

(2)泛酸标准中间液(1.00μg/mL):准确吸取 25.0mL 泛酸标准储备溶液置于 1000mL 容量瓶中,加入 10mL 乙酸溶液,100mL 乙酸钠溶液,用水定容至刻度。加入 3~5 滴甲苯,于 2~4℃冰箱中可保存 1 年。

(3)泛酸标准工作溶液(20ng/mL):准确吸取 2.00mL 泛酸标准中间溶液置于 100mL 容量瓶中,用水定容至刻度,混匀。临用前现配。

5. 仪器和设备

(1)天平:感量为 0.1mg。

(2)恒温培养箱:(37±1)℃。

(3)压力蒸汽消毒器:121℃。漩涡振荡器。

(4)离心机:转速≥3000r/min。

(5)接种针和接种环。

(6)pH 计。

(7)紫外-分光光度计。

(8)超净工作台。

(9)超声振荡器。

6. 菌种的制备与保存

(1)菌种。植物乳杆菌。

(2)储备菌种的制备。将菌种植物乳杆菌转接至琼脂培养基中,在(37±1)℃恒温箱中培养 20~24h,连续传种 2~3 次。取出后放入 2~4℃冰箱作为储备菌株保存。每月至少传代 1 次,不宜超过 25 代。试验前将储备菌株接种至琼脂培养基中,在(37±1)℃恒温培养箱中培养 20~24h 以活化菌株,用于接种液的制备。

注:保存数周以上的储备菌株,不能立即用作接种液制备,试验前宜连续传种 2~3 代以保证细菌活力。

(3)接种液的制备。试验前 1d,取 2mL 泛酸标准工作溶液和 4mL 泛酸测定用培养液混匀,分装于 2 支 5mL 离心管中,塞好棉塞,于 121℃高压灭菌 15min 后,即为种子培养液。冷却后用接种环将活化的菌株转种至 2 支种子培养液中,在(37±1)℃恒温培养箱中培养20～24h。取出后，以3000r/min的转速离心10min，弃上清液。无菌操作下用已预先灭菌的生理盐水淋洗2次，以3000r/min的转速离心10min，弃上清液。再加入3mL灭菌生理盐水，振荡混匀，制成接种液，立即使用。

7. 操作步骤

注意：所有操作均需避光进行。

(1)试样制备。谷薯类、豆类、乳粉等试样需粉碎、研磨、过筛(筛板孔径0.3～0.5mm)；肉、蛋、坚果等用匀质器制成食糜；果蔬、半固体食品等试样需匀浆混匀；液体试样用前振摇混合。于4℃冰箱可保存1周。

(2)试样提取。准确称取适量试样(精确至0.001g)，固体试样0.2～2g；液态试样1～10g或1～10mL，转入100mL锥形瓶中，加入10mL乙酸缓冲溶液(1.0mol/L)，30mL水，121℃高压条件下水解15min，冷却至室温。用水定容至100mL。

若试样浑浊，加入50mg α-淀粉酶、100mg木瓜蛋白酶，(40±2)℃水浴震荡30min，混匀后再定容。

(3)稀释。根据试样中泛酸含量用水对试样提取液进行适当稀释，使稀释后试样提取液中泛酸浓度约为2.0～4.0g/mL。

8. 测定

(1)试管法

取4支试管制备试样或酶空白系列管。4参数曲线拟合，见表1-9-5。

表1-9-5 试管法试样或酶空白系列管 单位：mL

试管号	1	2	3	4
试样稀释液或酶空白	1.00	2.00	3.00	4.00
水	4.00	3.00	2.00	1.00

取2～3套试管制备标准系列管，见表1-9-6。

表1-9-6 试管法标准系列管 单位：mL

试管号	S1	S2	S3	S4	S5	S6	S7	S8	S9	S10	S11
标准工作液	0	0.50	1.00	1.50	2.00	2.50	3.00	3.50	4.00	4.50	5.00
水	5.00	4.50	4.00	3.50	3.00	2.50	2.00	1.50	1.00	0.50	0.00

1)接种和培养。向所有测定列管加入5mL培养液，121℃高压灭菌15min。冷却后，在无菌条件下向每支试管中加入50mL接种液，混匀后在(36±1)℃下培养20～24h，另行准备1支零管不接种，作为对照管。

2)测定。在550nm条件下依次测定培养完成的标准列管、试样和酶空白列管的吸光度。

(2)微孔板法

实验中所用提取液、标准应用液、泛酸测定用培养液及水均需要进行无菌处理。

取无菌1.1mL深孔板，配制试样或酶空白系列管、标准系列管，注意消除微孔表面气泡,见表1-9-7、表1-9-8。

表1-9-7 微孔板法试样或酶空白系列管 单位:mL

试管号	1	2	3	4
试样稀释液或酶空白	100	200	300	400
水	400	300	200	100

表1-9-8 微孔板法标准系列管 单位:mL

试管号	S1	S2	S3	S4	S5	S6	S7	S8	S9	S10	S11
标准工作液	0	50.0	100	150	200	250	300	350	400	450	500
水	500	450	400	350	300	250	200	150	100	50.0	0

1)接种和培养。取灭菌泛酸测定用培养液,每10mL加入40mL接种液。

取0.36mL无菌微孔板,加入150mL标准系列管、试样和酶空白系列管溶液。每个微孔再加入150mL已接种的泛酸测定培养液,混匀后在(36±1)℃恒温培养箱中培养20～24h。

2)测定。水平振摇混匀微孔板中培养液,撕膜,消除微孔表面气泡,用酶标仪在550nm处读取吸光度。

9.分析结果表达

$$X=\frac{\bar{c}\times V\times f}{m}\times\frac{100}{10^6} \quad (1-9-3)$$

式中:X为试样中泛酸的含量(mg/100g);$\bar{c}$为从曲线中获得的试样中泛酸的质量浓度(ng/mL);V为试样测定液总体积(mL);f为稀释倍数;m为试样的取样量(g)。$100/10^6$为单位换算系数。

一般食品在重复性条件下获得的2次独立测定结果的绝对差值不得超过算术平均值的15%;营养素补充剂和强化食品在重复性条件下获得的2次独立测定结果的绝对差值不得超过算术平均值的10%。

对于固体试样,称样量为2g时,检出限为0.025mg/100g,定量限为0.05mg/100g。

对于液体试样,称样量为10g时,检出限为0.01mg/100g,定量限为0.02mg/100g。

三、注意事项

1.液相色谱-串联质谱法

液相色谱-串联质谱法在应用的过程中使用内标法。内标法的使用可有效避免基质干扰。

2.微生物法

(1)采用商品化培养基,不建议实验室自行配制。

(2)标准品在称量及配制操作时,尽量与样品的称量和稀释使用不同的天平及操作台面，避免交叉污染。

(3)婴幼儿配方乳粉中对维生素均进行强化，因此可选用直接提取法。

(4)培养基灭菌后需要尽快冷却至室温，否则颜色会变深，影响观察和结果的测定。

(5)若培养后标准品管清凉，无菌种生长，则需要重新配置标准品。

(6)若培养后样品管清亮，可能为菌种的活力过低，需要重新活化菌株。

(7)若培养后，标准品高浓度管吸光度低，则有可能为菌种活力不够或未达到生长重点，应适当延长培养时间或重新制备工作菌株。

(8)工作菌株的透光率为 80%时，得到的曲线和测定样品结果最佳。

四、仪器设备及检测流程示意图

乳粉中泛酸测定设备图如图 1－9－1 所示，乳粉中泛酸测定检测流程示意图如图 1－9－2所示。

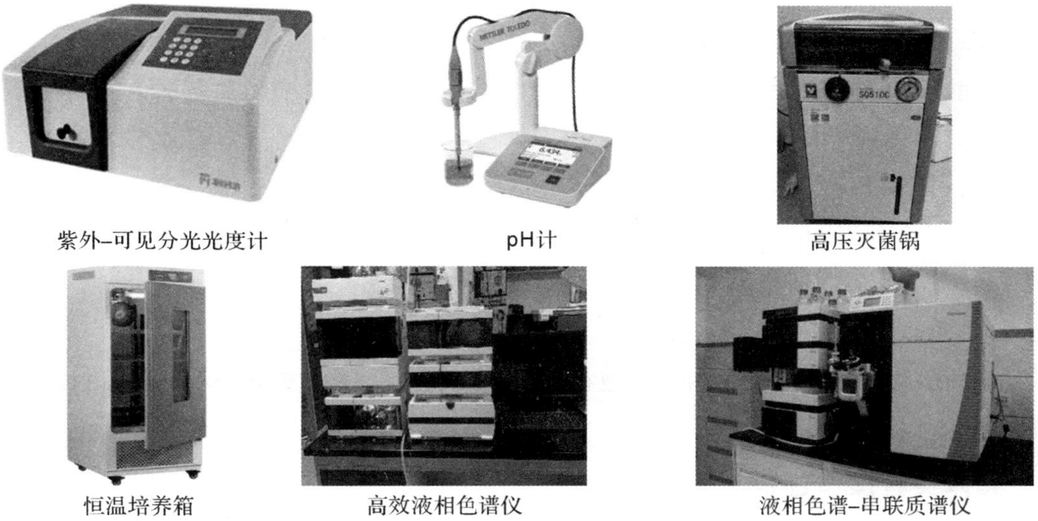

图 1－9－1　乳粉中泛酸测定设备图

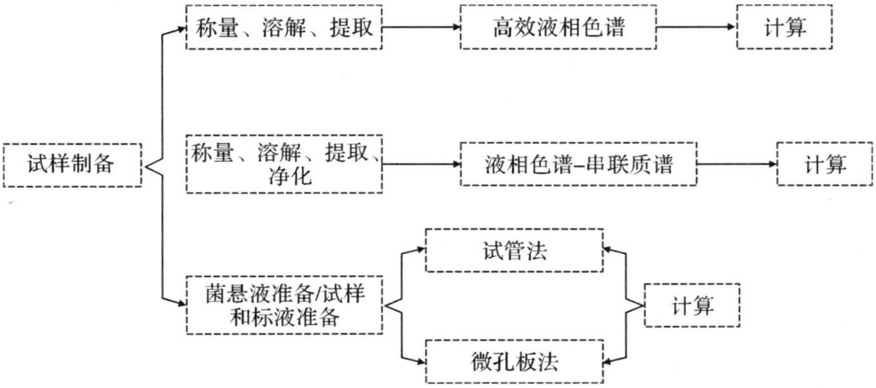

图 1－9－2　乳粉中泛酸测定检测流程示意图

第十节　乳粉中胆碱的检测

胆碱是一种含氮强有机碱，人类生长发育中不可缺少的一种水溶性维生素，常以游离态和结合态形式广泛存在于生物体中。胆碱能够影响胎儿的大脑发育，增强宝宝的记忆力，对神经管的闭合起到关键作用；缺乏胆碱可能会导致记忆力损伤、肾脏损害、干细胞受损及引起心脑血管疾病。

目前我国制定的乳粉标准中对于脂肪的限量要求为4.8～23.9mg/100kJ，检测标准为《食品安全国家标准 婴幼儿食品和乳品中胆碱的测定》(GB 5413.20—2022)。该标准包括3个检测方法，其中第一法——酶比色法，第二法——离子色谱法和第三法——液相色谱-串联质谱法均可用于乳粉中胆碱的测定。

一、测定原理(参照GB 5413.20)

1. 酶比色法

试样经酸水解，再经酶作用后与显色剂反应生成有色物质，在一定浓度范围内，其颜色的深浅与胆碱含量成正比，用外标法定量。

2. 离子色谱法

试样经酸水解，给固相萃取柱净化后用离子色谱分离，用电导检测器检测，用外标法定量。

3. 液相色谱-串联质谱法

试样经酸水解后调节pH并过滤，经液相色谱-串联质谱测定和确认，用同位素内标法定量。

二、具体实验操作过程

(一)酶比色法

1. 试剂

(1)三羟甲基氨基甲烷[$(CH_2OH)_3CHN_2$]。

(2)苯酚(C_6H_5OH)。

(3)浓盐酸(HCl)。

(4)氢氧化钠(NaOH)。

(5)胆碱氧化酶：≥10U/mg，置于－20℃保存。

(6)过氧化物酶：≥250U/mg，置于2～8℃保存。

(7)4-氨基安替比林($C_{11}H_{13}N_3O$)。

(8)磷脂酶D：≥60U/mg，置于－20℃保存。

2. 试剂配制

(1)盐酸溶液(1mol/L):量取85mL浓盐酸注入约900mL水中,稀释至1000mL。

(2)盐酸溶液(3mol/L):量取250mL浓盐酸注入约600mL水中,稀释至1000mL。

(3)三羟甲基氨基甲烷(Tris)缓冲溶液(0.05mol/L):准确称取6.057g三羟甲基氨基甲烷溶于500mL水中,用盐酸溶液(1mol/L)调pH至8.0±0.2,再用水定容至1000mL。此溶液在4℃冰箱中可保存1个月。

(4)显色剂:取120U的胆碱氧化酶、280U的过氧化物酶、100U的磷脂酶D、15mg 4-氨基安替比林和50mg苯酚置于100mL的容量瓶中,用0.05mol/L Tris缓冲溶液溶解并定容。临用现配。

(5)氢氧化钠溶液(500g/L):称取500g氢氧化钠,溶于水并稀释至1000mL,采用塑料容器储存。

3. 标准品

胆碱酒石酸氢盐标准品($C_9H_{19}NO_7$,相对分子质量:253.25,CAS号:87-67-2):纯度≥99%,或经国家认证并授予标准物质证书的标准物质。

4. 仪器和设备

(1)分析天平:感量分别为0.1mg和0.01g。

(2)恒温水浴装置:温度可控制在(70±2)℃和(37±2)℃。

(3)pH计:精度为0.01。

(4)分光光度计。

5. 分析步骤

(1)样品处理

1)样品预处理。准确称取20g(精确至0.001g)混合均匀的液态试样于100mL锥形瓶中,加入3mol/L盐酸10mL,混合。

准确称取5g(精确至0.001g)混合均匀的液态试样于100mL锥形瓶中,加入1mol/L盐酸30mL,混合。

2)水解。将装有试样的容器放在(70±2)℃水浴中,放置3h(每隔30min振摇1次),冷却至室温。用氢氧化钠溶液(500g/L)调pH至3.5～4.0,转入50mL容量瓶中,用水定容至刻度。

3)过滤。用滤纸过滤水解液,若滤液不澄清,用0.45μm水性滤膜针头滤器再次过滤。收集滤液待测。

(2)测定

1)标准曲线制作。分别吸取2.00mL、4.00mL、6.00mL、8.00mL、10.00mL胆碱标准工作溶液(250mg/L)于10mL的容量瓶中,用水定容至刻度,混匀,配制成浓度分别为50mg/L、100mg/L、150mg/L、200mg/L、250mg/L的标准系列工作溶液。准备6支比色管,1个比色管A用作试剂空白,加入100μL水,另5支比色管对应加入标准系列工作溶液各100μL，再分别加入3.00mL显色剂，混匀，把比色管置于(37±2)℃水浴中保温反应15min。

2)试样准备。准备2支比色管B、C，均加入待分析溶液100μL，比色管B加入3.00mL水，比色管C加入3.00mL显色剂，混匀，把比色管置于(37±2)℃水浴中保温反应15min。比色测定：将标准系列工作溶液及试样从水浴中取出，冷却至室温。在波长505nm处，用水作空白，用1 cm微量比色皿测定吸光值。以胆碱标准溶液的浓度为横坐标，以标准溶液的吸光值减去试剂空白(比色管A)的吸光值为纵坐标，制作标准曲线。

6.分析结果表达

净吸光值按式(1-10-1)计算：通常配制的试剂会产生轻微颜色，且由于水解作用滤液也不是无色的，为了除去这些干扰因素，必须从总吸光值中减去各自的空白值(比色管A和比色管B)。

$$A=A_t-A_b-A_c \tag{1-10-1}$$

式中：A为试样净吸光值；A_t为总吸光值(比色管C)；A_b为试剂吸光值(比色管A)；A_c为滤液吸光值(比色管B)；A_b和A_c不应大于总吸光值的20%。

胆碱含量按式(1-10-2)计算：

$$X_1=\frac{c\times V\times f\times 100}{m\times 1000} \tag{1-10-2}$$

式中：X_1为试样中的胆碱(以胆碱氢氧化物计)含量(mg/100g)；c为自标准曲线上查得净吸光值对应的胆碱的浓度(mg/L)；V为水解液被稀释的体积(水解液定容体积，通常为50mL)(mL)；f为稀释倍数；m为试样的质量(g)；100、1000为单位换算系数。

当固态或半固态试样称样量为5g时，检出限为1mg/100g，定量限为3mg/100g。在重复性条件下获得的2次独立测定结果的绝对差值不得超过算术平均值的10%。

(二)离子色谱法

1.试剂

(1)浓盐酸(HCl)。

(2)甲烷磺酸(CH_4O_3S)：色谱纯。

2.试剂配制

(1)盐酸溶液(1mol/L)：量取85mL浓盐酸注入约900mL水中，稀释至1000mL。

(2)盐酸溶液(1.7mol/L)：量取145mL浓盐酸注入约800mL水中，稀释至1000mL。

(3)甲烷磺酸溶液(6mmol/L)：吸取0.390mL甲烷磺酸并稀释至1000mL。

(4)甲烷磺酸溶液(15mmol/L)：吸取0.974mL甲烷磺酸并稀释至1000mL。

(5)甲烷磺酸溶液(25mmol/L)：吸取1.62mL甲烷磺酸并稀释至1000mL。

3.标准品

胆碱酒石酸氢盐标准品($C_9H_{19}NO_7$，相对分子质量：253.25，CAS号：87-67-2)：纯

度≥99%，或经国家认证并授予标准物质证书的标准物质。

4. 标准溶液配制

(1)胆碱(以胆碱氢氧化物计，相对分子质量121.18)标准储备液(2500mg/L)：准确称取在(102±2)℃烘至恒重的胆碱酒石酸氢盐522.5mg，用水溶解并转移至100mL容量瓶中定容，混匀。4℃以下避光保存，有效期3个月。

(2)胆碱标准工作液(100mg/L)：吸取2.0mL上述胆碱标准储备液于50mL容量瓶中，用15mmol/L的甲烷磺酸溶液定容，混匀，4℃以下避光保存，有效期1个月。

(3)胆碱标准系列工作液：分别吸取上述胆碱标准工作液0.200mL、0.500mL、1.00mL、2.50mL、5.00mL于1组100mL容量瓶中，用15mmol/L甲烷磺酸溶液定容混匀，配得胆碱浓度为0.200mg/L、0.500mg/L、1.00mg/L、2.50mg/L、5.00mg/L的标准系列工作液。临用现配。

5. 材料

(1)0.45μm水性滤膜针头滤器。

(2)净化柱：C_{18}固相萃取小柱1.0mL或相当者。

(3)注射器：5mL或相当者。

6. 仪器及设备

(1)离子色谱仪(IC)：配电导检测器。

(2)分析天平：感量分别为0.1mg和0.001g。

(3)电热恒温水浴装置：温度可控制在(70±2)℃。

(4)涡旋混合器。

7. 分析步骤

(1)样品提取。准确称取2.5g(精确至0.001g)半固态或固体试样于50mL比色管中，加入1mol/L盐酸溶液25mL，加盖，涡旋至试样溶液中无结块，混匀后放入(70±2)℃水浴中水解3h(每30min摇1次)。将水解液冷却至室温，转移至50mL容量瓶并用水定容至刻度，混匀待用。

(2)试样净化。C_{18}固相萃取小柱(1.0mL)使用前依次用10mL甲醇、15mL水通过，静置活化30min。用水稀释提取溶液50倍(可根据试样中胆碱的浓度适当的调整稀释倍数，不得少于10倍)，取稀释后的溶液约15mL过0.45μm水性滤膜和C_{18}固相萃取小柱(1.0mL)，弃去前3mL，收集后面洗脱液待测。

8. 仪器参考条件

(1)离子色谱柱参数：装有羧基的高容量阳离子交换柱，如IonPac CS12A(内径)4mm×(柱长)250mm(带IonPac CS12A型保护柱(内径)4mm×(柱长)50mm)或IonPac CS19(内径)4mm×(柱长)250mm(带IonPac CS19型保护柱(内径)4mm×(柱长)50mm)，或等效色谱柱。

(2)IonPac CS12A 等度淋洗:15mmol/L 甲烷磺酸溶液等度淋洗,采集时间 25min。IonPac CS19 等度淋洗:6mmol/L 甲烷磺酸溶液等度淋洗,采集时间 25min。

(3)流速:1.0mL/min。

(4)电导检测器:配抑制器或等效抑制装置。

(5)进样量:100μL。

9. 分析结果表达

试样中胆碱(以胆碱氢氧化物计)的含量按式(1-10-3)计算:

$$X_2=\frac{c\times V\times f\times 100}{m\times 1000} \quad (1-10-3)$$

式中:X_2 为试样中的胆碱含量(mg/100g);c 为由标准曲线得到的试样溶液中胆碱(以胆碱氢氧化物计的浓度(mg/L);V 为定容的体积(mL);f 为稀释倍数;m 为试样的质量(g);100、1000 为单位换算系数。

当固态或半固态试样称样量为 2.5g 时,方法的检出限为 2mg/100g,定量限为 6mg/100g,计算结果保留 3 位有效数字 。

在重复性条件下获得的 2 次独立测定结果的绝对差值不得超过算术平均值的 10%。

(三)液相色谱-串联质谱法

1. 试剂

(1)甲酸(HCOOH):色谱纯。

(2)乙腈(CH_3CN):色谱纯。

(3)甲酸铵 ($HCOONH_4$):纯度≥99.9%。

(4)浓盐酸(HCl)。

(5)氢氧化钠(NaOH):纯度≥99.9%。

2. 试剂配制

(1)甲酸铵水溶液(10mmol/L):称取 0.63g(精确至 0.01g)甲酸铵,用水溶解后,用甲酸调节 pH 至 5.0±0.1,转移至 1000mL 容量瓶中,用水定容至刻度,混匀。

(2)盐酸溶液(1mol/L):量取 85mL 浓盐酸注入约 900mL 水中,稀释至 1000mL。

(3)氢氧化钠溶液(1mol/L):称取 2.0g(精确至 0.01g)氢氧化钠,用水溶解并稀释至 50mL。

(4)乙腈水溶液(80%):取 80mL 乙腈,用水稀释至 100mL。

3. 标准品

(1)胆碱酒石酸氢盐标准品($C_9H_{19}NO_7$,相对分子质量:253.25,CAS 号:87-67-2):纯度≥99%,或经国家认证并授予标准物质证书的标准物质。

(2)稳定同位素内标:氯化胆碱-d_4($C_5H_{10}OD_4Cl$,相对分子质量:143.65,CAS 号:285979-70-6):纯度≥99.8%,或相当者。

4. 标准溶液配制

(1)胆碱(以胆碱氢氧化物计,相对分子质量 121.18)标准储备液(100mg/L):准确称取在(102±2)℃烘至恒重的胆碱酒石酸氢盐 20.90mg,用 80%乙腈水溶液溶解并定容至 100mL。摇匀后将溶液转移至棕色玻璃瓶中,4℃以下避光保存,有效期 1 个月。

(2)胆碱标准工作液(1.0mg/L):吸取 1.00mL 上述胆碱标准储备液于 100mL 容量瓶中,用 10mmol/L 的甲酸铵水溶液定容,混匀。临用现配。

(3)胆碱-d_4内标储备液(1000mg/L):准确称取 13.3mg 氯化胆碱-d_4,用 80%乙腈水溶液溶解并转移至 10mL 棕色容量瓶中定容,混匀,4℃以下避光保存,有效期 3 个月。

(4)胆碱-d_4内标工作液(1.0mg/L):吸取 0.10mL 上述胆碱-d_4内标储备液于 100mL 容量瓶中,用 10mmol/L 的甲酸铵水溶液定容,混匀,4℃以下避光保存,有效期 1 个月。

(5)标准系列工作液:分别准确吸取上述胆碱标准工作液 0.100mL、0.200mL、0.500mL、1.00mL、1.50mL、2.00mL 至 10mL 容量瓶中,各加入 500μL 胆碱-d_4内标工作液,用 10mmol/L 的甲酸铵水溶液定容混匀,该标准系列的胆碱浓度分别为 0.010mg/L、0.020mg/L、0.050mg/L、0.100mg/L、0.150mg/L、0.200mg/L。临用现配。

5. 材料

(1)0.22μm 水性滤膜针头滤器。

(2)注射器:5mL 或相当者。

6. 仪器和设备

(1)液相色谱-串联质谱仪:配电喷雾离子源(ESI)。

(2)分析天平:感量分别为 0.01mg 和 0.001g。

(3)恒温水浴装置:温度可控制在(70±2)℃。

(4)pH 计:精度 0.01。

(5)超声波清洗器。

7. 分析步骤

准确称取 1～5g(精确至 0.001g)试样,用温水溶解后,转移至 100mL 容量瓶中,冷却至室温后,用水定容,混匀。吸取 1mL 样液于 50mL 比色管中,备用。在上述比色管中,加 1000mg/L 的胆碱-d_4内标储备液 50μL 后,加入 1mol/L 的盐酸溶液 10mL,小心摇晃均匀,超声振荡 5min。样液在(70±2)℃水浴中加热 3h(每隔 30min 摇匀 1 次),冷却至室温后用 1mol/L 的氢氧化钠溶液调节 pH 至 5.0～5.3,转移至 100mL 容量瓶,用水定容,混匀。然后用 10mmol/L 的甲酸铵水溶液稀释 10 倍后,经 0.22μm 水性滤膜过滤至进样瓶中,待测。

8. 仪器参考条件

(1)液相色谱参考条件

a)色谱柱:Amide 色谱柱(料径 1.7μm、内经 2.1mm、柱长 100mm),或相当者。

b)流动相 A:10mmol/L 甲酸铵水溶液;流动相 B:乙腈。

c)流速:0.3mL/min。

b)柱温:40℃。

e)进样体积:2μL。

f)梯度洗脱条件见表 1-10-1。

表 1-10-1 梯度洗脱条件

时间/min	流动相 A/%	流动相 B/%
0～1.0	10	90
1.0～3.0	40	60
3.0～4.0	40	60
4.0～5.0	10	90
5.0～8.0	10	90

(2)质谱参考条件

1)电离模式:ESI+。

2)检测方式:多离子反应监测(MRM)。

3)毛细管电压:3.1kV。

4)离子源温度:150℃。

5)辅助气温度:350℃。

6)辅助气流量:600L/h。

7)锥孔吹扫气流量:150L/h。

8)LM2 射频透镜电压:2.75V。

9)HM2 射频透镜电压:14.99V。

其他主要质谱参数条件参见表 1-10-2。

表 1-10-2 主要质谱参数条件

化合物	母离子(m/z)	锥孔电压/V	子离子(m/z)	碰撞能量/eV
胆碱	104.0	25	60.0*/45.0	15
氯化胆碱-d_4	108.0	25	60.0*/49.0	15

注:* 为定量离子。

9.分析结果表达

试样中胆碱(以胆碱氢氧化物计)的含量按式(1-10-4)计算:

$$X_3 = \frac{c \times V \times f \times 100}{m \times 1000} \qquad (1-10-4)$$

式中:X_3 为试样中的胆碱含量(mg/100g);c 为由标准曲线得到的试样溶液中胆碱(以胆碱氢氧化物计的浓度(mg/L);V 为定容的体积(mL);f 为稀释倍数;m 为试样的质量(g);100、1000 为单位换算系数。

当固态或半固态试样称样量为 2.5g 时,检出限为 2mg/100g,定量限为 6mg/100g,计算结果保留 3 位有效数字 。

在重复性条件下获得的 2 次独立测定结果的绝对差值不得超过算术平均值的 10%。

三、注意事项

(1)乳粉样品应充分涡旋溶解，并且在水解过程时时摇动，避免结块。

(2)实验过程中尤其注意水解温度，温度过低样品水解不充分，温度过高又会导致胆碱损失，因此要严格控制水解温度。

(3)胆碱氧化酶受热受潮极易变质结块，取样时应处于干燥阴凉的环境中，用后应立即置于－20℃冰箱中密封保存。

(4)调节 pH 先采用高浓度氢氧化钠溶液粗调，当 pH 接近 3.5 时再用低浓度氢氧化钠溶液微调，避免 pH 超出范围。

四、所用设备及检测流程示意图

乳粉中胆碱测定设备图如图 1－10－1 所示，乳粉中胆碱检测流程示意图如图 1－10－2所示，乳粉中胆碱检测(离子色谱法)色谱图如图 1－10－3 所示，胆碱标准溶液及内标的 MRM 及质谱扫描图如图 1－10－4 所示。

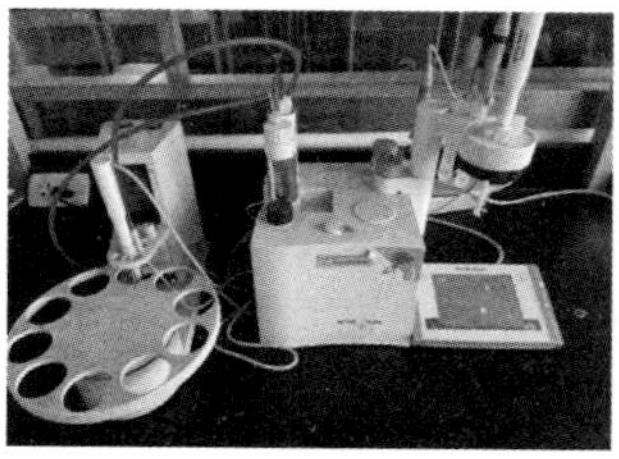

pH计

天平

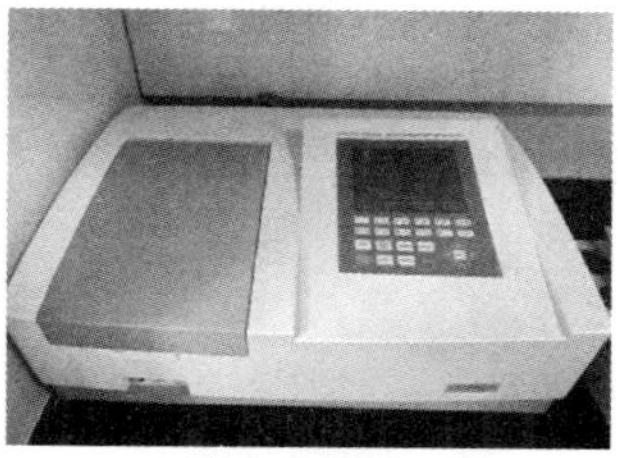

分光光度计

恒温水浴锅

离子色谱仪

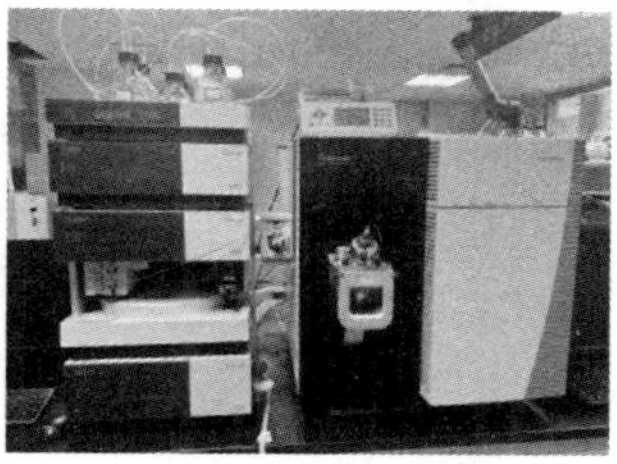

液相色谱-串联质谱仪

图 1－10－1　乳粉中胆碱测定设备图

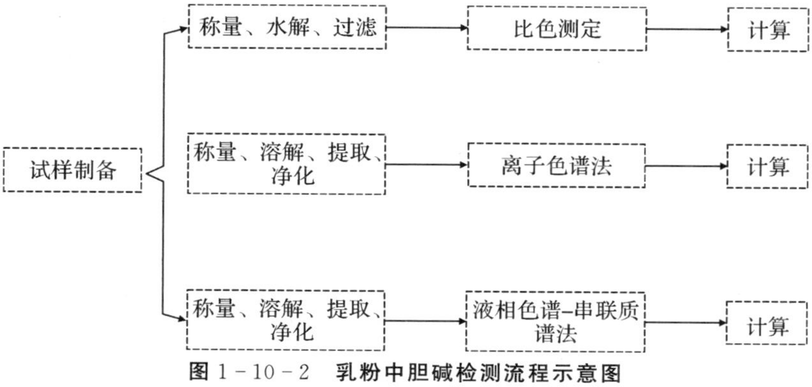

图 1－10－2　乳粉中胆碱检测流程示意图

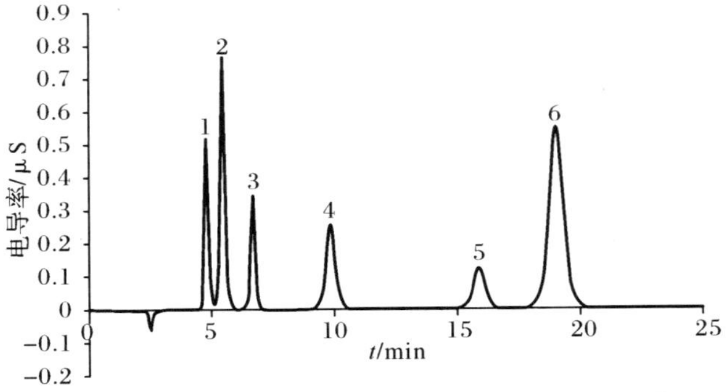

说明：1—钠；2—铵；3—钾；4—胆碱；5—镁；6—钙

IonPac CS12A 色谱柱等度淋洗色谱图

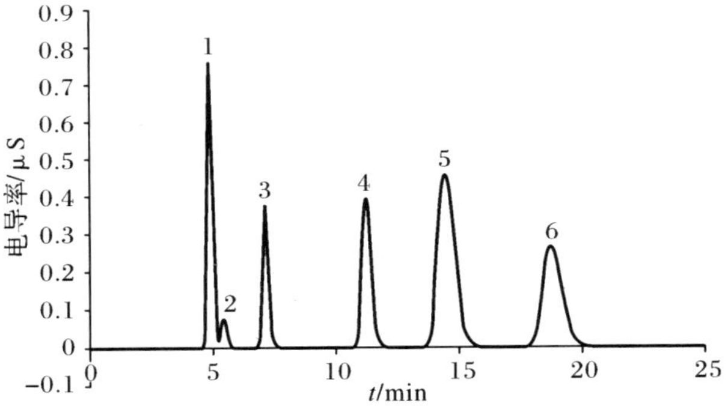

说明：1—钠；2—铵；3—钾；4—胆碱；5—镁；6—钙

IonPac CS19 色谱柱等度淋洗色谱图

图 1-10-3　乳粉中胆碱检测(离子色谱法)色谱图

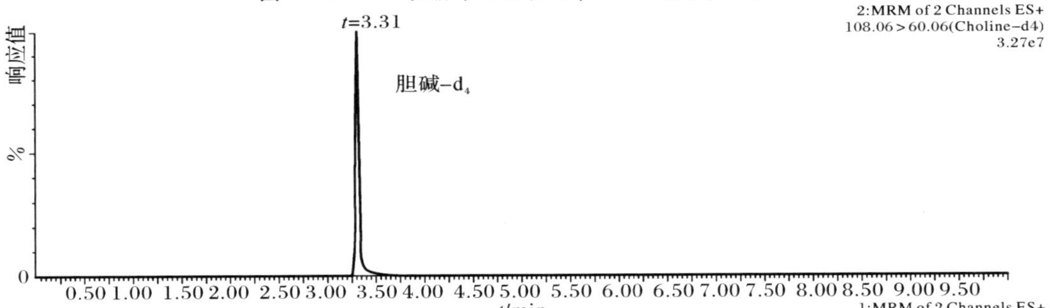

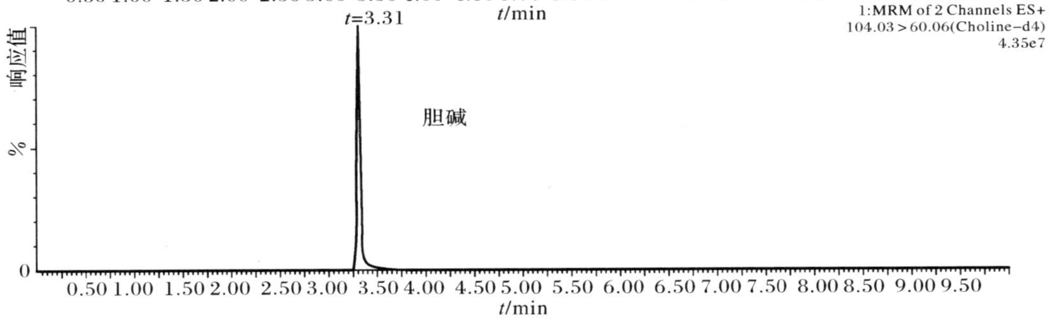

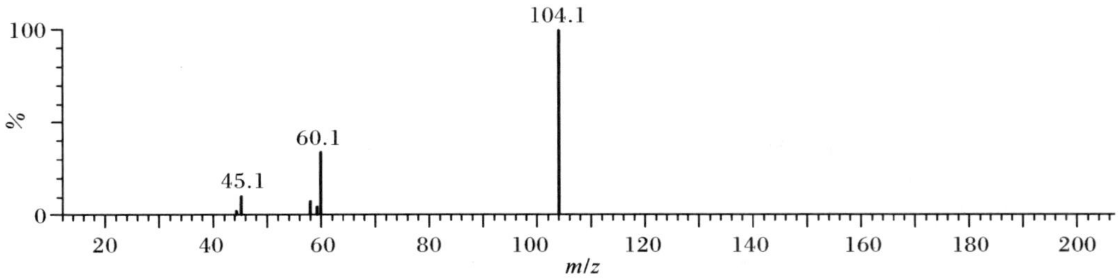

图 1-10-4　胆碱标准溶液及内标的 MRM 及质谱扫描图

第十一节　乳粉中生物素的检测

生物素又称为维生素 B_7，是一类人体正常代谢不可或缺的水溶性维生素。根据文献报道，成人通过肠道微生物是可以合成一部分生物素的，但是婴幼儿肠胃功能很弱，不能合成生物素，所以需要在婴幼儿的配方食品中强化添加生物素。我国的婴幼儿配方食品的国家标准中，对生物素的含量有着明确规定，对于婴儿配方食品，生物素的含量需在 0.36～2.39μg/100kJ，较大婴儿和幼儿的配方食品的生物素含量需在 0.41～2.39μg/100kJ。生物素的检测方法有很多，如微生物法，酶联免疫法，高效液相色谱法和液相色谱质谱联用法等。其中微生物法是中国、美国等国家的官方分析方法。我国的最新版本的检测标准为(GB 5009.259—2023)，在美国认证协会(AOAC)的标准中衍生基础上新增了液相色谱-串联质谱法。该方法解决了微生物法的缺点，如检测周期长、菌种保存困难、操作复杂等。

一、检测生物素的原理

1. 液相色谱-串联质谱法

样品经过溶液提取，对含淀粉的试样经过淀粉酶酶解后，经蛋白沉淀、离心过滤后，利用 C_{18} 反相色谱柱分离，用液相色谱-串联质谱多离子反应监测器检测，用同位素稀释内标法定量。

2. 微生物法

生物素是植物乳杆菌生长所必需的营养素。在生物素测定培养基中，植物乳杆菌的生长与待测试样中生物素含量呈线性关系，根据透光率与标准工作曲线进行比较，即可计算出试样中待测物质的含量。

二、具体实验操作过程

(一)液相色谱-串联质谱法

1. 仪器及设备

(1)天平：感量分别为 0.01mg 和 0.001g。

(2)超声波振荡器。

(3)涡旋混合器。

(4)离心机:转速 600～3200r/min。

(5)液相色谱-串联色谱仪。

(6)2mm 孔径试验筛。

(7)恒温培养箱:25～100℃。

2. 分析步骤

(1)样品处理

1)不含淀粉的样品。称取样品 2～5g(精确至 0.001g)加入 750mL 同位素内标(生物素- D_4),加入 30mL 温水(35～40℃)超声提取 15min,冷却至室温后,用高氯酸调节 pH 为 1.6 左右,4℃下以 8500r/min 离心 10min,过玻璃纤维滤纸后用氢氧化钠调节 pH 为 4.6±0.1,用水定容至 50mL,取 1.5mL 提取液至 2mL 离心管中,以 10000r/min 的转速离心 10min,经0.22mm水系滤膜过滤,上机分析。

2)含淀粉的样品。称取样品 2～5g(精确至 0.001g)加入 1%样品量的淀粉酶(Taka-淀粉酶,酶活力≥100 U/mg),加入 750mL 同位素内标(生物素- D_4),加入 30mL 温水(35～40℃)振摇混匀,在 50～60℃培养箱中 30min,取出后超声提取 15min,冷却至室温后,用高氯酸调节 pH 为 1.6 左右,4℃下以 8500r/min 的转速离心 10min,过玻璃纤维滤纸后用氢氧化钠调节 pH 为 4.6±0.1,用水定容至 50mL,取 1.5mL 提取液至 2mL 离心管中,以 10000r/min 的转速下离心 10min,经 0.22μm 水系滤膜过滤,上机分析。

(2)测定

1)色谱参考条件

a)色谱柱:C_{18}。

b)流动相:0.1%甲酸- 10mmol/L 甲酸铵溶液(A),乙腈(B),梯度洗脱。

c)流动相流速:0.3mL/min。

d)柱温:35℃。

e)进样量:10μL。

表 1-11-1　梯度洗脱条件

时间/min	流动相 A/%	流动相 B/%
0	95	5
1.0	95	5
5.0	0	100
5.8	0	100
6.0	95	5
8.0	95	5

2)质谱参考条件

a)电离方式:ESI+。

b)毛细管电压:3.1kV。

c)离子源温度:150℃。

d)辅助器温度:350℃。

e)辅助气流量:600～900L/h。

f)碰撞气为高纯氩。

g)监测模式:MRM,多反应监测。

h)监测离子对见表1-11-2。

表1-11-2　质谱参数

化合物	定性离子对(*m*/*z*)	定量离子对(*m*/*z*)	锥孔电压/V	碰撞电压/eV
生物素	245.1/227.1	245.1/227.1	30	18
	245.1/123.1			25
	245.1/96.9			27
生物素-D_4	249.1/231.1	249.1/231.1	30	18

3)标准曲线绘制

将系列标准溶液分别注入液相色谱-串联质谱中,测定相应的生物素及生物素-D_4的峰面积,以生物素浓度为横坐标,生物素响应值与生物素-D_4响应值的比值为纵坐标,绘制标准曲线。

4)试样溶液的测定

将试样溶液注入液相色谱-串联质谱中,得到生物素响应值与生物素-D_4响应值的比值,从标准曲线中查得试样溶液中生物素的浓度。

5)定性测定

在相同的实验条件下进行样品测定时,如果检出的色谱峰保留时间与标准品的保留时间相比,变化范围应在±2.5%之内,并且在样品质谱图中所选择的离子均出现,且所选离子丰度比相对偏差不超过表1-11-3所规定的范围。

表1-11-3　定性离子对相对丰度的最大允许偏差

相对离子丰度	>50%	20%～50%	10%～20%	≤10%
允许的相对偏差	±20%	±25%	±30%	±50%

6)分析结果表达

$$X=\frac{\rho\times V}{m}\times\frac{100}{1000} \tag{1-11-1}$$

式中:X为试样中生物素的含量(mg/100g);ρ为从曲线中获得的试样中生物素的质量浓度(ng/mL);V为试样最终定容体积(mL);f为稀释倍数;m为试样的取样量(g)。100/1000为换算系数,结果保留3位有效数字。

在重复性条件下获得的2次独立测定结果的绝对差值不得超过算术平均值的15%。

称样量为5g时,定容体积为50mL,检出限为0.300mg/100g,定量限为1.00mg/100g。

(二)微生物法

1. 仪器及设备

(1)天平:感量分别为 0.01mg 和 0.001g。
(2)pH 计。
(3)涡旋混合器。
(4)离心机:转速 3000~3500r/min。
(5)分光光度计。
(6)酶标仪。
(7)恒温培养箱:(36±1)℃。
(8)无菌微孔板。
(9)培养基:乳酸杆菌琼脂培养基、乳酸杆菌肉汤培养基、生物素测定培养基。
(10)试管:18×180mm。
(11)容量瓶。
(12)刻度吸管。
(13)玻璃漏斗。
(14)锥形瓶。
(15)烧杯。
(16)微量移液器。
(17)无菌离心管。
(18)针头过滤器:0.22μm。

2. 分析步骤

(1)测试菌悬液制备

用接种环将活化的菌株转种至已灭菌的乳酸杆菌肉汤中,于(36±1)℃恒温培养箱中培养 20~24h,作为储备菌株保存。再将储备菌株接种在乳酸杆菌琼脂培养基中,(36±1)℃培养 20~24h,用以活化菌株,将该菌株接种在已灭菌的乳酸杆菌肉汤中(36±1)℃恒温培养箱中培养 16~20h。取出后将菌悬液离心弃去上清液,重复上述操作 2~3 次,再加 10mL 生理盐水,混匀,吸取适量菌悬液于 10mL 生理盐水中,制备成测试菌悬液。

用分光光度计于 550nm 波长下测定测试菌悬液透光率,调整上述菌液加入量,使测试菌悬液透光率在 60%~80%。

(2)样品提取

固体样品:准确称取试样(精确至 0.001g),一般乳粉称取 2~3g。液体样品:称取 5~10g。根据样品基质加入 50mL 硫酸溶液(乳粉等加入浓度为 0.5mol/L 硫酸溶液)。将上述混合物放入灭菌锅中 121℃水解 30min。取出冷却,用氢氧化钠 A 液(3.0mol/L)和氢氧化钠 B(1.0mol/L)液调节 pH 为 4.5±0.2,定容至 250mL。弃去初始 10mL 滤液,吸取 5mL 滤液,用氢氧化钠 B(1.0mol/L)调节 pH 为 6.8±0.2,水定容至 100mL。

根据试样中生物素含量用水对试样提取液进行适当稀释,使稀释后试样提取液中生物素含量在0.1～0.2ng/mL范围内。

(3)试样测定

1)试管培养法。按表1-11-4中顺序加入水、标准曲线工作溶液和生物素测定用培养基于培养管中，每一个编号需制作3支管。未接种空白试管(UN)、接种空白试管(IN)、标准系列管S1～S8中生物素质量浓度分别为：0ng/mL、0ng/mL、0.1ng/mL、0.2ng/mL、0.3ng/mL、0.4ng/mL、0.5ng/mL、0.6ng/mL、0.8ng/mL、1.0ng/mL。

表1-11-4　标准曲线系列管　　单位：mL

试管号	UN	IN	S1	S2	S3	S4	S5	S6	S7	S8
水	5	5	4	3	2	1	0	2	1	0
0.1ng/mL标准曲线工作液	0	0	1	2	3	4	5	0	0	0
0.2ng/mL标准曲线工作液	0	0	0	0	0	0	0	3	4	5
培养基	5	5	5	5	5	5	5	5	5	5

按表1-11-5配制试样系列管。每一个编号制作3支管，每份样品制作样品空白试管1只，管内分别加入5mL试样提取液及5mL培养基。

表1-11-5　试样系列管　　单位：mL

试管号	1	2	3	4
水	4	3	2	1
试样提取液	1	2	3	4
培养基	5	5	5	5

灭菌：所有的试管盖上试管帽，放入灭菌釜内，121℃(0.10～0.12mPa)灭菌5min。

接种和培养：试管快速冷却至室温，在无菌操作条件下，将接种液转入无菌针管，向每支测定管接种一滴(50～100μL)。其中标准曲线管中未接种空白和样品空白除外。置于(36±1)℃恒温培养箱中培养18～24h。

测定：将培养好的测定管用漩涡混匀器混匀。于550nm处，以接种空白管调节透光率为100%，然后依次测定标准系列管、试样系列管吸光值。

注意：每支试管稳定时间要相同。

2)微孔板培养法。将生物素标准曲线工作液在无菌条件下过滤除菌至无菌离心管中，按表1-11-6标准溶液的制备方式制备3套标准曲线系列套管。

表1-11-6　标准曲线系列管　　单位：μL

试管号	UN	IN	S1	S2	S3	S4	S5	S6	S7	S8
水	1000	1000	800	600	400	200	0	400	200	0
0.1ng/mL标准曲线工作液	0	0	200	400	600	800	1000	0	0	0
0.2ng/mL标准曲线工作液	0	0	0	0	0	0	0	600	800	1000

按表1-11-7配制试样系列管，同样制备3套。

表1-11-7　试样系列管

单位：μL

试管号	1	2	3	4
水	800	600	400	200
试样提取液	200	400	600	800

接种和培养：生物素培养基快速冷却至室温，每10mL培养基中加入测试菌悬液100～200μL，混匀，吸取150μL加入微孔板中。UN使用未加入菌悬液的培养基。从标准曲线系列离心管和试样系列离心管吸取150mL加入微孔板中，覆膜。置于(36±1)℃恒温培养箱中培养18～24h。

测定：培养结束后，对每个孔进行目测检查后，将微孔板置于酶标仪中，540～550nm下选择稳定波长测定吸光度。

3)生物素含量的计算。计算每支试管中每毫升该编号提取液生物素的浓度，并计算该编号提取液的生物素浓度平均值，每只试管测定的浓度不得超过平均值的±15%，超过的需舍去。若符合要求的管数少于所有4个编号提取液总管数的2/3，需重新检验。若符合要求的管数不少于原管数的2/3，需重新计算每一个有效编号试管中每毫升提取液中生物素含量的平均值，以此值计算全部编号试管的总平均值为ρ，按下列公式根据稀释倍数和称样量计算试样中生物素的含量。

6.分析结果表达

试样提取液中生物素的质量浓度按式(1-11-2)计算：

$$\rho_x=\frac{c_x}{V_x} \qquad (1-11-2)$$

式中：ρ_x为试样提取液中生物素的质量浓度(ng/mL)；c_x为从标准曲线上获得的生物素的质量浓度(ng/mL)；V_x为吸取的提取液体积(mL)。

试样中生物素的含量按式(1-11-3)计算：

$$X=\frac{\rho\times V}{m}\times\frac{V_1}{V_2}\times f\times\frac{100}{1000} \qquad (1-11-3)$$

式中：X为试样中生物素含量(mg/100g)；ρ为提取液中生物素质量浓度的总平均值(ng/mL)；V为试样提取液的定容体积(mL)；m为试样的质量或体积(g或mL)；V_1过滤前的定容体积(mL)；V_2过滤后吸取滤液的体积(mL)；f为稀释因子；100/1000为单位换算系数。

计算结果以重复性条件下获得的2次独立测定结果的算术平均值表示，结果保留3位有效数字。

在重复性条件下获得的2次独立测定结果的绝对差值不得超过算术平均值的20%。

当称样量为2g时，定量限为2.5mg/100g。

三、注意事项

(1)标准中明确指出生物素的检测可以用试剂盒完成。

(2)植物乳杆菌对洗涤剂十分敏感，所以器皿清洁度对实验结果影响很大，清洗后需要高温烘干 1～2h。可以考虑用灭菌的一次性耗材。

(3)在试样制备时，如果 pH 调过了，只可用硫酸回调，不能用盐酸。

(4)不同的维生素检测项目应有固定的 1 套玻璃器皿。

(5)培养基在煮沸后可以过滤 1～2 遍再进行灭菌处理，而灭菌后需要立即冷却，否则颜色会变深影响观察和读数。

(6)生物素含量高的样品，需要计算正确稀释倍数，多次稀释时也要注意减少误差。

四、仪器设备及检测流程示意图

乳粉中生物素测定设备图如图 1－11－1 所示，乳粉中生物素测定检测流程示意图如图 1－11－2 所示。

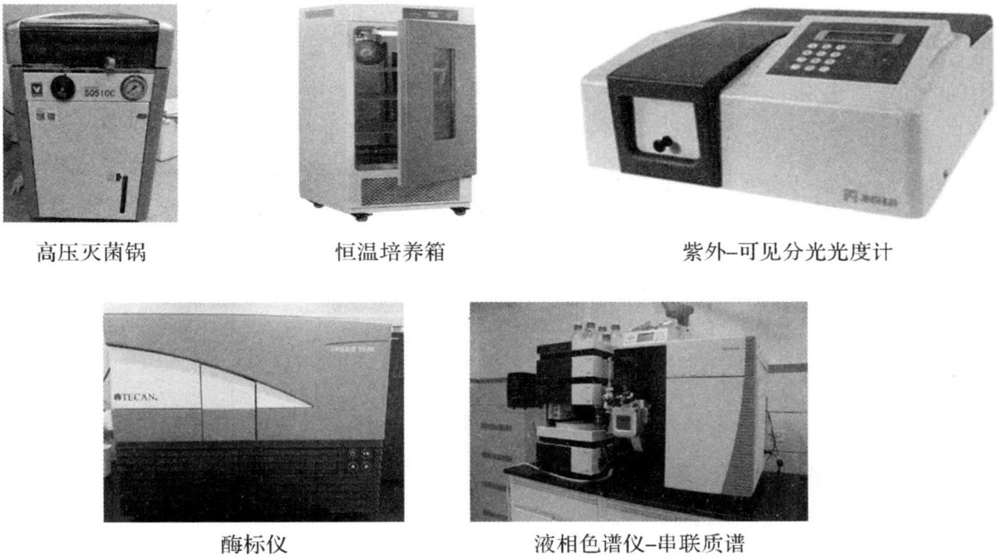

图 1－11－1 乳粉中生物素测定设备图

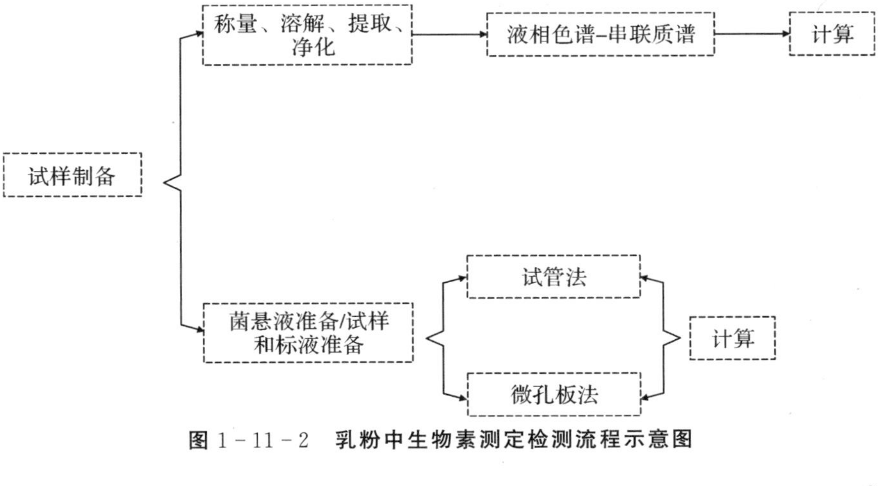

图 1－11－2 乳粉中生物素测定检测流程示意图

第十二节　乳粉中肌醇的检测

肌醇是一种普遍存在的生物活素，具有与维生素B和生物素等物质相似的作用，是生物体内不可或缺的成分。几乎所有生物体内都含有结合态或游离态的肌醇。肌醇是人类与动物维持正常生理功能不可缺少的低分子有机物，能促进肝和脂肪的代谢。在发酵和食品工业中，肌醇可用于多种菌种的培养和促进酵母的增长，也可作为食品强化剂添加到保健饮料和儿童食品中。

目前我国制定的乳粉标准中对于肌醇的限量要求为1.0～9.6mg/100kJ，检测标准为《食品安全国家标准 食品中肌醇的测定》(GB 5009.270—2023)。该标准包括2个检测方法，第一法——气相色谱法，常用于调制乳品中肌醇的测定；第二法——微生物法。

一、测定原理(参照GB 5009.270)

试样中的肌醇用水和乙醇提取后，与硅烷化试剂衍生，正己烷提取，经气相色谱分离，外标法定量。

二、具体实验操作过程

1.试剂

(1)无水乙醇(C_2H_6O)。

(2)正己烷(C_6H_{14})。

(3)95%乙醇(C_2H_6O)。

(4)三甲基氯硅烷(C_3H_9ClSi)。

(5)六甲基二硅胺烷($C_6H_{19}NSi_2$)。

(6)N,N-二甲基甲酰胺(C_3H_7NO)。

2.试剂配制

硅烷化试剂：分别吸取体积比为1:2:8的三甲基氯硅烷、六甲基二硅胺烷、N,N-二甲基甲酰胺，超声混匀。现用现配。

注：N,N-二甲基甲酰胺、三甲基氯硅烷和六甲基二硅胺烷必须保证当三者混合后无白色浑浊现象时方可使用。

3.仪器及设备

(1)气相色谱仪：配氢火焰离子化检测器。

(2)分析天平：感量分别为0.1mg和1mg。

(3)离心机：转速≥4000r/min。

(4)旋转蒸发仪。

(5)超声波仪。

(6)恒温热水浴槽。

(7)烘箱。

4.分析步骤

(1)样品处理

1)提取。固态和粉状试样研磨混合均匀后称取1g(精确到0.1mg)或液体样品12g(精确至1mg),固体样品用12mL 40～50℃水溶解,超声10min,上述溶液转移于50mL容量瓶中,用95%乙醇定容至刻度,混匀。静置20min后,用30mL 40～50℃水重新溶解样品,加入乙腈定容至刻度,静置沉淀20min,吸取上清液10mL,以不低于4000r/min的转速离心5min,准确移取5.00mL上清液至25mL旋蒸瓶中干燥。

2)干燥。向浓缩瓶中加入10mL无水乙醇,在不超过80℃下旋转浓缩至近干,转移浓缩瓶至烘箱中100℃烘干1h。

3)硅烷化。加入10mL硅烷化试剂,超声溶解5min并转移至25mL有螺纹盖的离心管中,并放于80℃水浴中衍生反应75min。期间每隔20min取出振荡1次,然后取出冷却至室温。加入5mL正己烷,振荡混合后静置分层。取上层液3mL正己烷萃取液到预先加少许无水硫酸钠的带螺纹盖离心管中,振荡后以不低于4000r/min的转速离心,进行气相色谱检测。

注意:肌醇标准溶液也按上述过程进行衍生化。

(2)参考色谱条件

1)色谱柱:填料为5%苯基-甲基聚硅氧烷(柱长30m,内径0.25mm,膜厚0.25μm);或同等性能的色谱柱。

(2)进样口温度:260℃。

(3)检测器温度:300℃。

(4)分流比:10∶1。

(5)进样量:1.0μL。程序升温见表1-12-1。

表1-12-1 程序升温

升温速率/(℃/min)	温度/℃	保持时间/min
初始温度	160	3
10	240	5
10	280	8

5.分析结果表达

试样中肌醇含量按式(1-12-1)计算:

$$X=\frac{c_x}{m}\times\frac{50}{5}\times100 \qquad (1-12-1)$$

式中:X为试样中肌醇含量(mg/100g);c_x为从标准曲线中获得试样测定液肌醇的含量(mg);m为试样的质量(g);50为定容体积(mL);5为试液离心后吸取上清液体积(mL),100为单位换算系数。

固体样品称样量为 1g，定容体积为 50mL 时，检出限为 1.0mg/100g，定量限为 3.0mg/100g。液体样品称样量为 12g，定容体积为 50mL 时，检出限为 0.2mg/100g，定量限为 0.5mg/100g。计算结果保留 3 位有效数字。

在重复性条件下获得的 2 次独立测定结果的绝对差值不得超过算术平均值的 10%。

三、注意事项

（1）硅烷化试剂必须现用现配，硅烷化试剂避免有水、N，N－二甲基甲酰胺、三甲基氯硅烷和六甲基二硅胺烷必须保证当三者混合后无白色浑浊现象时方可使用。

（2）浓缩瓶烘箱烘干后不要立即取出，关掉烘箱，在烘箱里冷却后取出。

（3）乳粉样品应充分涡旋溶解，并且在水解过程时时摇动，避免结块。

（4）实验过程中尤其注意水解温度，温度过低会导致样品水解不充分。

四、所用设备及检测流程示意图

乳粉中肌醇测定设备图如图 1－12－1 所示，乳粉中肌醇检测流程示意图如图 1－12－2 所示，乳粉中肌醇色谱峰图如图 1－12－3 所示。

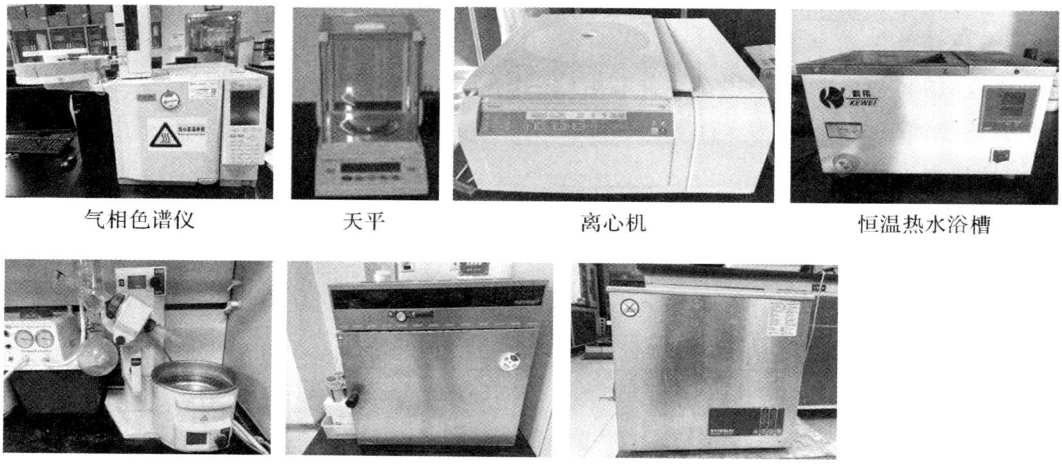

图 1－12－1　乳粉中肌醇测定设备图

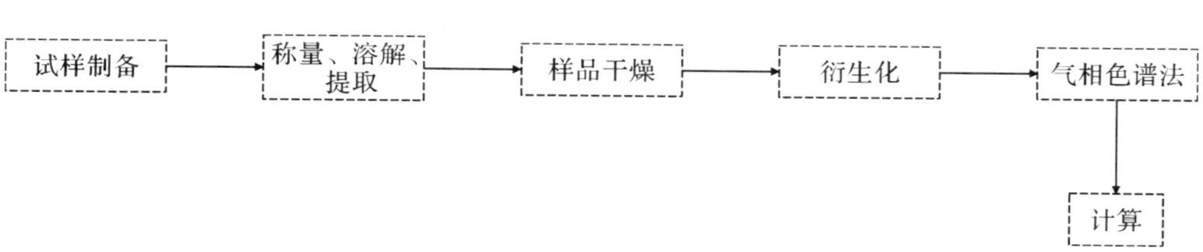

图 1－12－2　乳粉中肌醇检测流程示意图

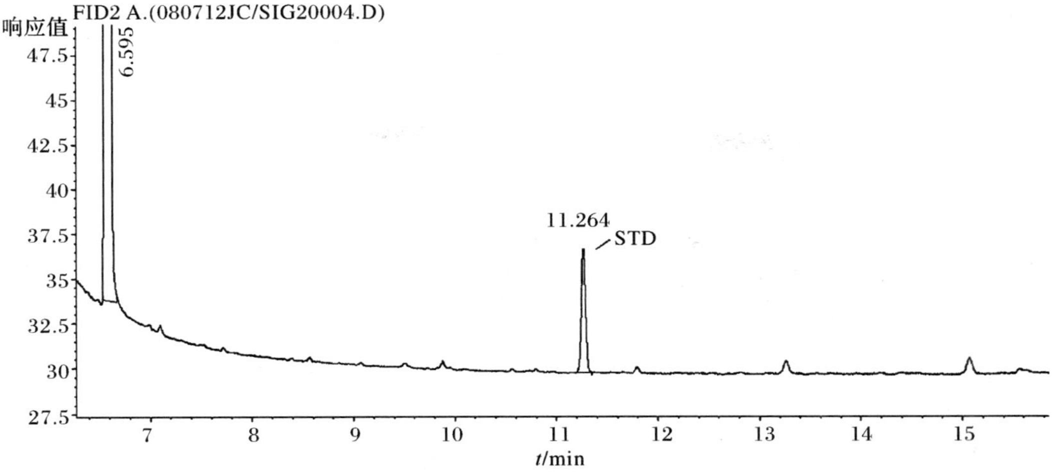

图 1－12－3　乳粉中肌醇色谱峰图

第二章 乳粉中维生素检测

第一节 乳粉中维生素 A、D、E 的检测

乳粉是将哺乳类动物鲜奶除去水分后制成的粉末，它适宜保存，并便于携带。其中维生素 A、维生素 D 和维生素 E 是机体维持正常代谢和机能所必需的脂溶性维生素。维生素 A 又称为视黄醇，可促进眼内色素形成，防止夜盲症，同时还可以促进机体正常生长发育、保持代谢平衡和增强免疫力等；缺乏会引起夜盲症、干眼燥症、免疫功能异常等各种疾病。维生素 D 是固醇类衍生物，具有调节钙和磷代谢、维持骨骼和牙齿健康、免疫调控和促进机体内多种细胞的增殖等功能；人体内缺少可导致佝偻病、骨软化症及骨质疏松。维生素 E 又叫生育酚，是一类具有生物活性的酚类物质，包含 α、β、γ 和 δ-生育酚 4 种同分异构体。维生素 E 是最主要的抗氧化剂之一，可降低衰老速度，维持生殖器官正常功能，对机体认知功能和神经发育有重要作用；缺乏维生素 E 会导致新生儿溶血性贫血。乳粉作为成人及婴幼儿获取营养物质的主要来源之一，测定乳粉中维生素 A、D、E 的含量具有重要意义。

目前我国制定的乳粉标准中对于维生素 A、D、E 的要求范围依次为 18～43μg/100kJ、0.48～1.20μg/100kJ、0.14～1.2mg/100kJ。检测标准为《食品安全国家标准 食品中维生素 A、D、E 的测定》(GB 5009.82)。该标准第一法——反相高效液相色谱法。常用于乳粉中维生素 A、E 的测定，(GB 5009.296—2023)适用于食品中维生素 D 的测定。

一、测定原理(参照 GB 5009.82 及 GB 5009.296)

1. 反相高效液相色谱法

试样中的维生素 A 及维生素 E 经皂化、提取、净化、浓缩后，用 C_{30} 反相液相色谱柱分离，用紫外检测器或荧光检测器检测，用外标法定量。

2. 正相色谱净化-反相液相色谱法

样品经氢氧化钾乙醇溶液皂化，液液萃取、净化、浓缩，经正相色谱通过硅胶柱将维生素 D 与其他杂质分离，收集流出去，再经反相色谱分离维生素 D_2 和维生素 D_3，用紫外检测器检测，用内标法(或外标法)定量。

3.在线柱切换-反相液相色谱法

试样经氢氧化钾乙醇溶液皂化、液液萃取或固相萃取、净化、浓缩，一维液相色谱通过 C_8 色谱柱将维生素D与其他杂质分离，通过柱切换转入二维液相色谱中，通过 C_{18} 色谱柱分离维生素 D_2 和维生素 D_3，用紫外检测器检测，用内标法（或外标法）定量。

4.液相色谱-串联质谱法

试样加入维生素 D_2 和维生素 D_3 的同位素内标，经氢氧化钾乙醇溶液皂化（含淀粉酶试样应先用淀粉酶酶解），正己烷提取，固相萃取柱净化、浓缩后，通过 C_{18} 色谱柱分离维生素 D_2 和维生素 D_3 与杂质，用串联质谱检测，用内标法定量。

二、具体实验操作过程

(一)乳粉中维生素A、E的测定(反相高效液相色谱法)

1.仪器及设备

(1)天平：感量为0.01mg。

(2)恒温水浴振荡器。

(3)旋转蒸发仪。

(4)氮吹仪。

(5)紫外分光光度计。

(6)分液漏斗萃取净化振荡器。

(7)配有紫外检测器或二极管阵列检测器或荧光检测器的高效液相色谱仪。

2.分析步骤

(1)样品处理

1)皂化。称取2～5g(精确至0.01g)经均质处理的固体试样于150mL平底烧瓶中，加入约20mL温水，混匀，再加入1.0g抗坏血酸和0.1g BHT，混匀，加入30mL无水乙醇，加入10～20mL氢氧化钾溶液，边加边振摇，混匀后于80℃恒温水浴振荡皂化30min，皂化后立即用冷水冷却至室温。若皂化液冷却后，液面有浮油，需要加入适量氢氧化钾溶液，并适当延长皂化时间。

2)提取。将皂化液用30mL水转入250mL的分液漏斗中，加入50mL石油醚-乙醚混合液，振荡萃取5min，将下层溶液转移至另一支250mL的分液漏斗中，加入50mL的混合醚液再次萃取，合并醚层。

3)洗涤。用约100mL水洗涤醚层，约需重复3次，直至将醚层洗至中性(可用pH试纸检测下层溶液pH)，去除下层水相。

4)浓缩。将洗涤后的醚层经无水硫酸钠(约3g)滤入250mL旋转蒸发瓶或氮气浓缩管中，用约15mL石油醚冲洗分液漏斗及无水硫酸钠2次，并入蒸发瓶内，同时将其接在旋转蒸发仪或气体浓缩仪上，于40℃水浴中减压蒸馏或气流浓缩，待瓶中醚液剩下约

2mL 时，取下蒸发瓶，立即用氮气吹至近干。用甲醇分次将蒸发瓶中残留物溶解并转移至 10mL 容量瓶中，定容至刻度。溶液过 0.22μm 有机系滤膜后供高效液相色谱测定。

(2)检测条件

1)色谱柱：C_{30}柱(柱长 250mm、内径 4.6mm、粒径 3μm)，或相当者。

2)柱温：20℃。

3)流动相：A：水；B：甲醇，洗脱梯度参考条件见表 2-1-1。

4)流速：0.8mL/min。

5)紫外检测波长：维生素 A 为 325nm，维生素 E 为 294nm；荧光检测波长：维生素 A 激发波长 328nm，发射波长 440nm；维生素 E 激发波长 294nm，发射波长 328nm。

6)进样量：10μL。

表 2-1-1　C_{30}色谱柱-反相高效液相色谱法洗脱梯度参考条件

时间/min	流动相 A/%	流动相 B/%	流速/(mL/min)
0.0	4	96	0.8
13.0	4	96	0.8
20.0	0	100	0.8
24.0	0	100	0.8
24.5	4	96	0.8
30.0	4	96	0.8

(3)标准曲线绘制

本法采用外标法定量。将维生素 A 和维生素 E 标准系列工作溶液分别注入高效液相色谱仪中，测定相应的峰面积，以峰面积为纵坐标，以标准测定液浓度为横坐标，绘制标准曲线，计算直线回归方程。

(4)样品测定

试样液经高效液相色谱仪分析，测得峰面积，采用外标法通过上述标准曲线计算其浓度。在测定过程中，建议每测定 10 个样品用同一份标准溶液或标准物质检查仪器的稳定性。

3.分析结果表达

试样中维生素 A 或维生素 E 按式(2-1-1)计算：

$$X=\frac{\rho\times V\times f\times 100}{m} \qquad (2-1-1)$$

式中：X 为试样中维生素 A 的含量(μg/100g)或维生素 E 的含量(mg/100g)；ρ 为根据标准曲线计算得到的试样中维生素 A 或维生素 E 的浓度(μg/mL)；V 是定容体积(mL)；f 为换算因子(维生素 A：$f=1$；维生素 E：$f=0.001$)；100 为单位换算系数；m 为试样的称样量(g)。

计算结果保留 3 位有效数字。

在重复条件下获得的 2 次独立测定结果的绝对差值不得超过算术平均值的 10%。

当取样量为 5g，定容 10mL 时，维生素 A 的紫外检出限为 10μg/100g，定量限为 30μg/100g；维生素 E(生育酚)的紫外检出限为 40μg/100g，定量限为 120μg/100g。

(二)乳粉中维生素 D 的测定(正向色谱净化-反相液相色谱法)

1. 仪器及设备

(1)天平：感量分别为 0.1mg、0.01g。

(2)恒温水浴振荡器。

(3)旋转蒸发仪。

(4)氮吹仪。

(5)紫外分光光度计。

(6)分液漏斗萃取净化振荡器。

(7)正相高效液相色谱仪(带紫外检测器，定量环 500mL)。

(8)反相高效液相色谱仪(带紫外检测器，定量环 100mL)。

2. 分析步骤

(1)样品处理

1)样品制备。固体样品：称取均质后的试样 25g(m_1 精确至 0.01g)加入 200mL 温水(40～45℃)，记录加水后的质量(m_2)，避光放置 15min，每隔 5min 振摇 30s。称取制备好的 20～50g(m_3)样品于 150mL 平底烧瓶中。按下式计算样品质量(m)：

$$m=\frac{m_1\times m_3}{m_2} \tag{2}$$

液体样品：称取摇匀后的试样 20～50g(精确至 0.01g)于 150mL 平底烧瓶中。

2)皂化。在制备好的样品中加入 100mL 内标溶液，再加入 1.0g 抗坏血酸和 30～50mL BHT-乙醇溶液(0.2g/100mL)，混匀，加入 20～30mL 氢氧化钾溶液，边加边振摇，混匀后于 80℃恒温水浴振荡皂化 30min，皂化后立即用冷水冷却至室温。

3)提取。将皂化液用 30mL 水转入 250mL 的分液漏斗中，加入 50mL 石油醚-乙醚混合液，振荡萃取 5min，将下层溶液转移至另一 250mL 的分液漏斗中，加入 50mL 的混合醚液再次萃取，合并醚层。

4)浓缩。将洗涤后的醚层经无水硫酸钠(约 3g)滤入 250mL 旋转蒸发瓶或氮气浓缩管中，用约 15mL 石油醚冲洗分液漏斗及无水硫酸钠 2 次，并入蒸发瓶内，同时将其接在旋转蒸发仪或气体浓缩仪上，于 40℃水浴中减压蒸馏或气流浓缩，待瓶中醚液剩下约 1mL 时，取下蒸发瓶，立即用氮气吹至近干。用石油醚将浓缩液转移至 2mL 容量瓶中，吹至近干，正己烷定容至刻度。溶液过 0.22μm 有机系滤膜后供正相高效液相色谱净化。

(2)维生素 D 待净化液净化

1)正相色谱参考条件

a)色谱柱：硅胶柱(250mm×4.6mm×5mm)或相当者。

b)流动相：异丙醇-环己烷-正己烷(2+125+125)。

c)流速:1mL/min。

d)波长:264nm。

e)柱温:35℃。

f)进样量:500mL。

2)正相色谱系统适用性试验

分别取维生素 D_2 和维生素 D_3 标准溶液,在 40℃水浴下氮吹至近干。残渣用正己烷溶解,取 500mL 注入正相高效液相色谱仪中测定,确定维生素 D_2 和维生素 D_3 的保留时间。

3)试样净化

将 500mL 待测液注入正相液相色谱仪中,根据维生素 D_2 和维生素 D_3 的保留时间收集维生素 D_2 和维生素 D_3 馏分,在 40℃水浴下氮吹至近干,准确加入 1.0mL 甲醇,震荡溶解残渣,即为测定液。

(3)反相液相色谱参考条件

1)色谱柱:多环芳烃(PAH)(150mm×4.6mm×5mm)或相当者。

2)流动相:甲醇－水(19＋1)。

3)流速:1mL/min。

4)波长:264nm。

5)柱温:35℃。

6)进样量:500mL。

(4)标准曲线绘制

将标准系列工作溶液分别注入反相高效液相色谱仪中,测定相应的峰面积。内标法以峰面积与内标比值为纵坐标,以标准测定液浓度为横坐标绘制标准曲线,计算直线回归方程,外标法以峰面积为纵坐标,以标准测定液浓度为横坐标绘制标准曲线,计算直线回归方程。

(5)样品测定

试样液经高效液相色谱仪分析,测得峰面积,采用外标法通过上述标准曲线计算其浓度。试样溶液中响应值应在标准曲线范围内,超过线性范围内的,可减少称样量重新测定。

(6)定性测定

在同样的测定条件下,试样中维生素 D_2 和维生素 D_3 保留时间与标准工作溶液中相应保留时间相比,偏差不超过±2.5%。

3.分析结果表达

(1)内标法

$$X=\frac{N\times 100}{m\times 1000} \qquad (2-1-3)$$

式中:X 为试样中维生素 D_2(或维生素 D_3)的含量($\mu g/100g$);N 为试样中维生素 D_2(或

维生素 D_3)与对应内标的峰面积比值(ng);100 为以每 100 克计算的单位换算系数;1000 为将(ng/L)换算为(μg/mL)的系数;m 为试样的称样量(g)。

$$N=K\times N_{is}$$

式中:K 为从标曲中获得的质量比,N_{is} 为试样中加入内标的量(ng)。

(2)外标法

$$X=\frac{c\times V_1\times V_3\times 100}{m\times V_2\times 1000}\times f \tag{2-1-4}$$

式中:X 为试样中维生素 D_2(或维生素 D_3)的含量(μg/100g);c 为试样中维生素 D_2(或维生素 D_3)的质量浓度(μg/L);V_1 为正相色谱净化时试样定容体积(mL),V_3 为反相色谱净化时试样定容体积(mL),V_2 为正相色谱净化时试样溶液取用体积(mL);100 为以每 100 克计算的单位换算系数;1000 为将(μg/L)换算为单位换算 μg/mL 的系数;m 为试样的称样量(g),f 为稀释因子。

计算结果保留 3 位有效数字。

在重复条件下获得的 2 次独立测定结果的绝对差值不得超过算术平均值的 15%。

当固体取样量为 10.00g 维生素 D_2 和维生素 D_3 的检出限为 0.6μg/100g,定量限为 2μg/100g。当液体取样量为 50.00g 维生素 D_2 和维生素 D_3 的检出限为 0.12μg/100g,定量限为 0.4μg/100g。

(三)乳粉中维生素 D 的测定(在线柱切换-反相液相色谱法)

1. 仪器及设备

(1)天平:感量分别为 0.1mg、0.01g。

(2)恒温水浴振荡器。

(3)旋转蒸发仪。

(4)氮吹仪。

(5)紫外分光光度计。

(6)多功能振荡器。

(7)在线柱切换-液相色谱系统(带紫外检测器)。

2. 分析步骤

(1)样品处理

1)样品制备

固体样品:称取均质后的试样 25g(m_1 精确至 0.01g)加入 200mL 温水(40～45℃),记录加水后的质量(m_2),避光放置 15min,每隔 5min 振摇 30s。称取制备好的 5g(m_3)样品于 50mL 平底烧瓶中。按下式计算样品质量(m):

$$m=\frac{m_1\times m_3}{m_2} \tag{2-1-5}$$

液体样品:称取摇匀后的试样 5g(精确至 0.01g)于 50mL 平底烧瓶中。

2)皂化

a)不含淀粉的样品。在制备好的样品中加入100mL内标溶液,再加入1.0g抗坏血酸和30～50mL BHT-乙醇溶液(0.2g/100mL),混匀,加入20～30mL氢氧化钾溶液,边加边振摇,混匀后于80℃恒温水浴振荡皂化30min,皂化后立即用冷水冷却至室温。

b)含淀粉的样品。在制备好的样品中加入500mL内标溶液,加入1.0g α-淀粉酶,60℃磁力搅拌器酶解30min,冷却至室温,再加入1.0g抗坏血酸和30mL BHT-乙醇溶液(0.2g/100mL),混匀,加入10～20mL氢氧化钾溶液,边加边振摇,混匀后于80℃恒温水浴振荡皂化30min,皂化后立即用冷水冷却至室温,用乙醇-水(2+3)将皂化液转移至100mL容量瓶中,定容,移取20mL皂化液待净化。

3)净化

a)液液萃取。在皂化液中加入5mL水,再加入20mL乙酸乙酯-正己烷(3+2)震荡10min,离心,取出上清液,用10mL乙酸乙酯-正己烷(3+2)重复1次,合并提取液,加水至45mL震荡,离心,取有机层旋蒸至1mL,用乙酸乙酯-正己烷(3+2)转移至10mL试管中,氮吹至近干,用4mL乙腈+甲醇(3+1)分次溶解转移至5mL容量瓶中,定容,过0.45μm滤膜,液相色谱检测。

b)固相萃取法。皂化液中加入去离子水,涡旋混合,离心。上清液至固相萃取柱(PS-DVB,6mL,200mg)中(6mL甲醇、6mL水活化平衡),控制流速,用10mL甲醇-水(1—19)洗涤离心管,重复操作2次。上样完毕后抽干固相萃取柱,用8mL乙腈—甲醇(3+1)分3次洗脱,洗脱液加水定容至10mL,过0.45μm滤膜,液相色谱检测。

(2)色谱条件

1)一维色谱柱:C_8色谱柱(150mm×4.6mm×5mm)或相当者。

2)二维色谱柱:多环芳烃(PAH)(150mm×4.6mm×5mm)或相当者。

3)一维流动相:水(A相),乙腈—甲醇(3+1,B相);梯度洗脱:0～16min,80%～100% B;16～19min,100% B,19～19.5min,100%～800% B。

4)二维流动相:乙腈水(19+1,A相),甲醇(B相)等度洗脱。

5)流速:一维流速1mL/min,二维流速0.4mL/min。

6)波长:264nm。

7)进样量:100mL。

8)柱温:35℃。

9)六通阀切换时间:0～10.95min阀态1;10.95～11.45min阀态2;11.45～30min阀态。

10)富集柱:C_{18}色谱柱(5mm×4.6mm×5μm)或相当者。

(3)标准曲线绘制

将标准系列工作溶液分别注入高效液相色谱仪中,测定相应的峰面积。以峰面积为纵坐标,以标准测定液浓度为横坐标,绘制标准曲线,计算直线回归方程。

(4)样品测定

试样液经高效液相色谱仪分析，测得峰面积，通过上述标准曲线计算其浓度。试样溶液中响应值应在标准曲线范围内，超过线性范围内的，可减少称样量重新测定。

(5)定性测定

在同样的测定条件下，试样中维生素 D_2 和维生素 D_3 保留时间与标准工作溶液中相应保留时间相比，偏差不超过±2.5%。

3. 分析结果表达

$$X=\frac{c\times V\times 100}{m\times 1000}\times f \qquad (2-1-6)$$

式中：X 为试样中维生素 D_2（或维生素 D_3）的含量(μg/100g)；c 为试样中维生素 D_2（或维生素 D_3）的质量浓度(mg/L)；V 进样溶液定容体积(mL)；100 为以每 100g 计算的单位换算系数；1000 为将(μg/L)换算为(mg/mL)的单位换算系数；m 为试样的称样量(g)；f 为稀释因子。

计算结果保留 3 位有效数字。

在重复条件下获得的 2 次独立测定结果的绝对差值不得超过算术平均值的 15%。

当固体取样量为 0.50g 维生素 D_2 和维生素 D_3 的检出限为 0.6μg/100g，定量限为 2μg/100g。当液体取样量为 5.00g 维生素 D_2 和维生素 D_3 的检出限为 0.06μg/100g，定量限为 0.2μg/100g。

(四)乳粉中维生素 D 的测定(液相色谱-串联质谱法)

1. 仪器及设备

(1)天平：感量为 0.1mg。

(2)带加热、控温功能的磁力搅拌器或恒温振荡水浴。

(3)旋转蒸发仪。

(4)氮吹仪。

(5)紫外分光光度计。

(6)萃取净化振荡器。

(7)多功能涡旋振荡器。

(8)高速冷冻离心机(转速≥6000r/min)。

(9)配有电喷雾离子源的高效液相色谱-串联质谱仪。

2. 分析步骤

(1)样品处理

1)样品制备

固体样品：称取均质后的试样 25g(m_1 精确至 0.01g)加入 200mL 温水(40～45℃)，记录加水后的质量(m_2)，避光放置 15min，每隔 5min 振摇 30s。称取制备好的 10g(m_3)样品于 50mL 平底烧瓶中。按下式计算样品质量(m)：

$$m=\frac{m_1 \times m_3}{m_2} \tag{2-1-7}$$

液体样品：称取摇匀后的试样 10g(精确至 0.01g)于 50mL 平底烧瓶中。

2)皂化

a)不含淀粉的样品。在制备好的样品中加入 100μL 内标溶液，再加入 0.4g 抗坏血酸和 10mL BHT-乙醇溶液(0.2g/100mL)，混匀，加入 5mL 氢氧化钾溶液，边加边振摇，混匀后于 80℃恒温水浴振荡皂化 30min，皂化后立即用冷水冷却至室温。

b)含淀粉的样品。在制备好的样品中加入 400mL 内标溶液，加入 1.0g α-淀粉酶，60℃磁力搅拌器酶解 30min，冷却至室温，再加入 1.0g 抗坏血酸和 30mL BHT-乙醇溶液(0.2g/100mL)，混匀，加入 10～20mL 氢氧化钾溶液，边加边振摇，混匀后于 80℃恒温水浴振荡皂化 30min，皂化后立即用冷水冷却至室温，用乙醇-水(2+3)将皂化液转移至 100mL 容量瓶中，定容，移取 25mL 皂化液待净化。

3)试样提取

向皂化液中加入 20mL 正己烷，震荡移取，转移上清液至另一支离心管，加入 25mL 水，震荡、离心、待净化。

4)试样净化

试样转移至硅胶固相萃取柱(乙酸乙酯、正己烷活化)。用乙酸乙酯-正己烷(1+19)淋洗，乙酸乙酯-正己烷(3+17)洗脱，洗脱液氮吹至近干，加入 1mL 甲醇，涡旋，过 0.22μm 滤膜，上机检测。

(2)测试条件

1)色谱条件

a)色谱柱：多环芳烃(PAH)C_{18}(柱长 100mm、内径 2.1mm、粒径 1.8mm)或相当者。

b)流动相：0.05%甲酸，-5mmol/L 甲酸铵溶液(A 相)，-0.05%甲酸，-5mmol/L 甲酸铵甲醇溶液(B 相)。

c)流速：0.4mL/min。

d)柱温：35℃。

e)进样量：10μL。

表 2-1-2 流动相洗脱梯度

时间/min	流动相 A/%	流动相 B/%
0.0	10	90
1.0	10	90
4.0	6	94
6.0	6	94
6.1	0	100
10.0	0	100
10.1	10	90
12.0	10	90

2)质谱条件

a)电离方式:ESI+。

b)干燥器温度:375℃。

c)毛细管电压:3kV。

d)多反应监测(MRM)模式。

e)锥孔电压和碰撞能量见表2-1-3。

表2-1-3　维生素D_2和维生素D_3质谱参考条件

维生素	保留时间/min	母离子(*m*/*z*)	定性子离子(*m*/*z*)	碰撞电压/eV	定量子离子(*m*/*z*)	碰撞电压/eV
维生素D_2	6.04	397	379	5	107	29
			147	25		
维生素D_2-d_3	6.03	400	382	4	110	22
			271	6		
维生素D_3	6.33	385	367	7	107	25
			259	8		
维生素D_3-d_3	6.33	388	370	3	107	19
			259	6		

(3)标准曲线

分别将维生素D_2或维生素D_3标准系列工作液由低浓度到高浓度依次进样,以维生素D_2、维生素D_3与相应同位素内标的峰面积比值为纵坐标,以维生素D_2、维生素D_3标准系列工作液浓度为横坐标,分别绘制维生素D_2、维生素D_3标准曲线。

(4)样品测定

将待测样液依次进样,得到待测物与内标物的峰面积比值,根据标准曲线得到测定液中维生素D_2、维生素D_3的浓度。待测样液中的响应值应在标准曲线线性范围内,超过线性范围则应减少取样量重新处理后再进样分析。

(5)定性测定

在相同的实验条件下进行样品测定时,如果检出的色谱图峰保留时间与标准品的保留时间相比,变化范围应在±2.5%之内,并且在样品质谱图中所选择的离子均出现,且所选离子丰度比相对偏差不超过表2-1-4所规定的范围。

表2-1-4　定性离子对相对丰度的最大允许偏差

相对离子丰度	>50%	20%~50%	10%~20%	≤10%
允许的相对偏差	±20%	±25%	±30%	±50%

(6)分析结果表达

$$X=\frac{N\times 100}{m\times 1000} \qquad (2-1-8)$$

式中:X为试样中维生素D_2(或维生素D_3)的含量(μg/100g);N为试样中维生素D_2(或维生素D_3)与对应内标的峰面积比值(ng);100为以每100克计算的单位换算系数;1000

为将 ng 换算为 μg 的单位换算系数；m 为试样的称样量(g)。

$$N = K \times N_{is} \qquad (2-1-9)$$

式中：K 为从标曲中获得的质量比；N_{is} 为试样中加入内标的量(ng)。

计算结果保留 3 位有效数字。

若试样中同时含有维生素 D_2 和维生素 D_3，维生素 D 的测定结果以维生素 D_2 和维生素 D_3 含量之和计算。

在重复条件下获得的 2 次独立测定结果的绝对差值不得超过算术平均值的 15%。

固体取样量为 2.00g 维生素 D_2 的检出限为 0.3μg/100g，定量限为 1.00μg/100g。维生素 D_3 的检出限为 0.15μg/100g，定量限为 0.50μg/100g。

当液体取样量为 10.00g 维生素 D_2 的检出限为 0.06μg/100g，定量限为 0.2μg/100g。维生素 D_3 的检出限为 0.03μg/100g，定量限为 0.10μg/100g。

三、注意事项

(1)使用的所有器皿不得含有氧化性物质，分液漏斗活塞玻璃表面不得涂油。

(2)处理过程应避免紫外光照射，尽可能避光操作；提取过程应在通风柜中操作。

(3)皂化时间一般为 30min，若皂化液冷却后，液面有浮油，需要加入适量氢氧化钾溶液，并适当延长皂化时间。如只测维生素 A 与 α-生育酚，可用石油醚作提取剂。

(4)若难以将柱温控制在(20±2)℃，可改用 PFP 柱分离异构体，流动相为水和甲醇梯度洗脱。

(5)若样品中只含 α-生育酚，不需分离 β-生育酚和 γ-生育酚，可选用 C_{18} 柱，流动相为甲醇。

(6)若有荧光检测器，可选用荧光检测器检测，其对生育酚的检测有更高的灵敏度和选择性，可按以下检测波长检测：维生素 A 激发波长 328nm，发射波长 440nm；维生素 E 激发波长 294nm，发射波长 328nm。

(7)维生素 D 检测中应关注当样品中含有淀粉时，应加入淀粉酶先进行酶解后再进行皂化等后续工作。

(8)维生素 D 不稳定，因此每隔一段时间应对维生素 D 溶液进行校正。

四、所用设备及检测流程示意图

乳粉中维生素 A、D、E 测定设备图如图 2-1-1 所示，乳粉中维生素 A、D、E 检测流程示意图如图 2-1-2 所示，维生素 E 标准溶液 C_{30} 柱反向色谱图如图 2-1-3 所示，维生素 A 标准溶液 C_{30} 柱反向色谱图如图 2-1-4 所示，维生素 D_2 和维生素 D_3 标准溶液正相色谱净化-反相色谱色谱图如图 2-1-5 所示，维生素 D_2 和维生素 D_3 标准溶液一维色谱图如图 2-1-6 所示，维生素 D_2 和维生素 D_3 标准溶液二维色谱图如图 2-1-7 所示，维生素 D_2 和维生素 D_3 标准溶液液相色谱-质谱/质谱色谱图如图 2-1-8 所示。

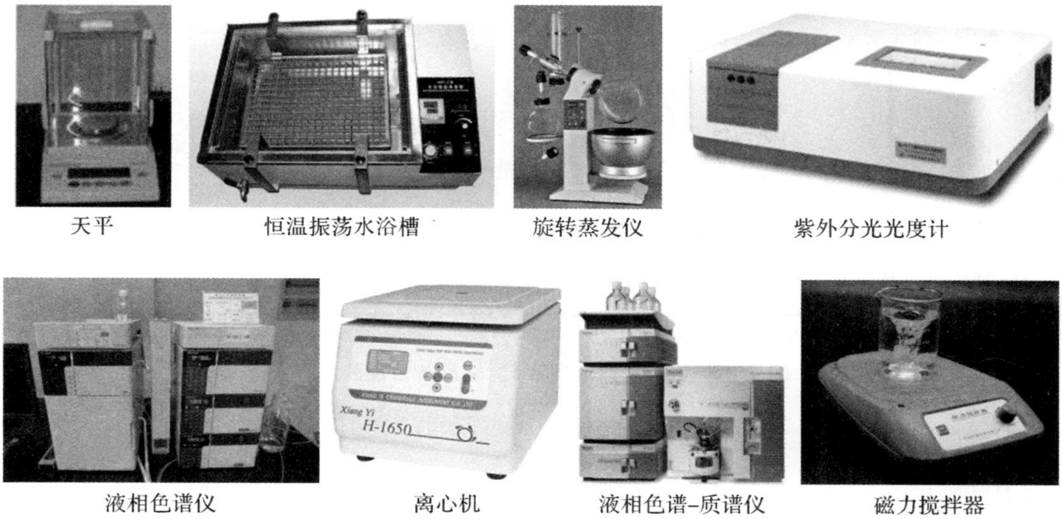

图 2-1-1　乳粉中维生素 A、D、E 测定设备图

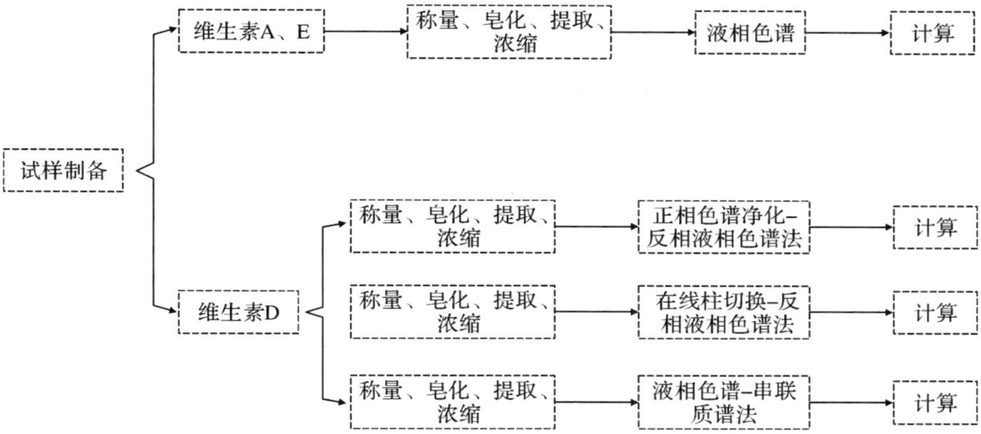

图 2-1-2　乳粉中维生素 A、D、E 检测流程示意图

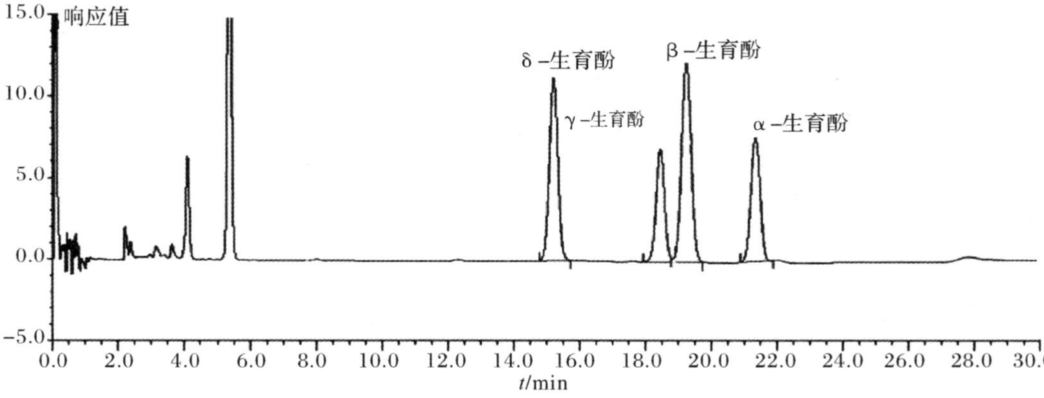

图 2-1-3　维生素 E 标准溶液 C_{30} 柱反向色谱图

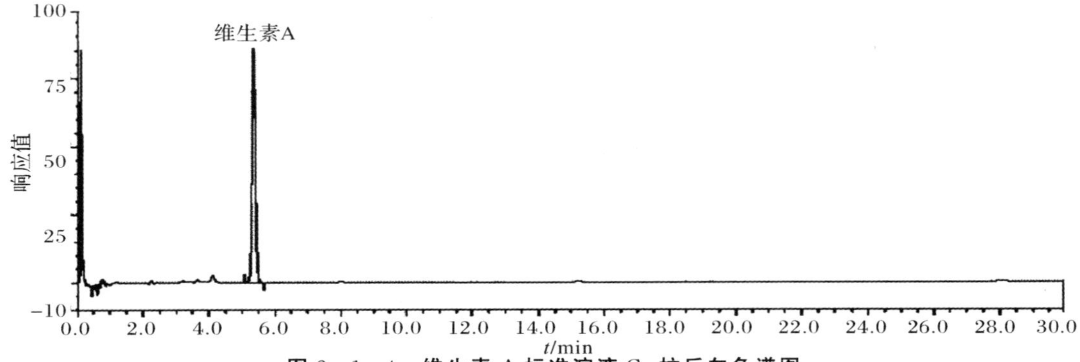

图 2-1-4 维生素 A 标准溶液 C_{30} 柱反向色谱图

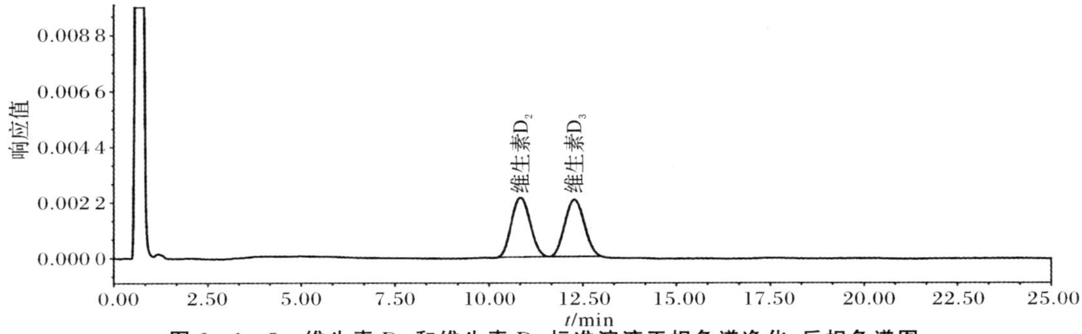

图 2-1-5 维生素 D_2 和维生素 D_3 标准溶液正相色谱净化-反相色谱图

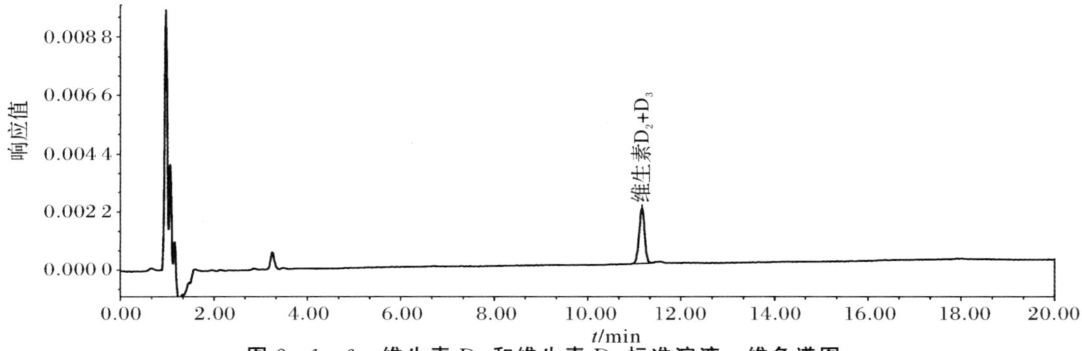

图 2-1-6 维生素 D_2 和维生素 D_3 标准溶液一维色谱图

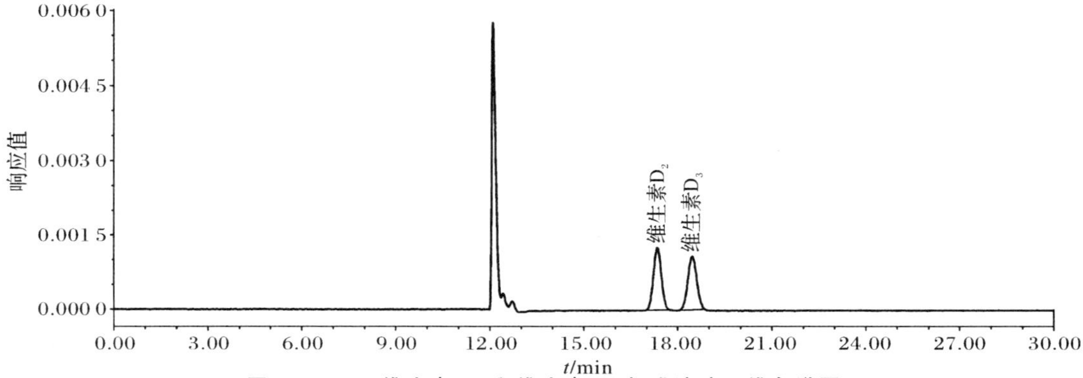

图 2-1-7 维生素 D_2 和维生素 D_3 标准溶液二维色谱图

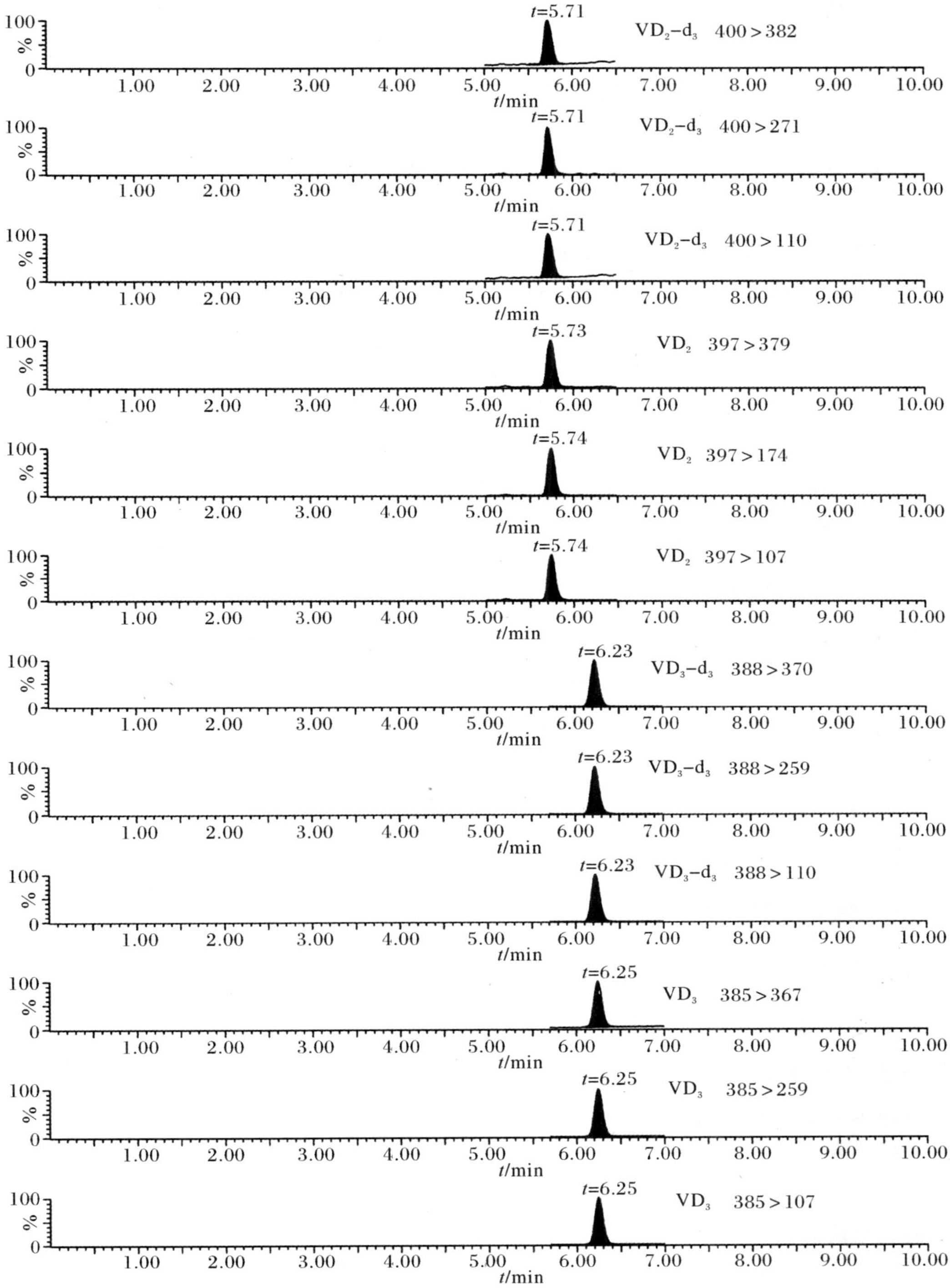

图 2-1-8　维生素 D_2 和维生素 D_3 标准溶液液相色谱-质谱/质谱色谱图

第二节 乳粉中维生素 K_1 的检测

维生素 K_1 是一种脂溶性维生素，在空气和潮湿环境下较稳定，但在阳光下易被分解。维生素 K_1 在天然绿色植物中广泛存在，有多种生理功能和作用，主要包括抗出血、防止骨质疏松、防治偏头痛、防治胃肠道疾病等。维生素 K_1 对婴幼儿成长非常重要。婴幼儿缺乏维生素 K_1，可能会导致先天性失明。维生素 K_1 缺乏症是一种获得性、复合性、出血性疾病，由维生素 K_1 缺乏引起，以有出血倾向、凝血因子缺乏或减少为特征。母乳中维生素 K_1 的含量略低，新生儿生长发育快，对维生素 K_1 需求量较大，容易摄入不足，需要额外通过药物补充。故婴幼儿配方乳粉（以下简称“婴配粉”）中需要添加维生素 K_1 来补充婴幼儿成长所需的营养元素。

目前我国制定的乳粉标准中对于维生素 K_1 的要求范围为 0.96～6.45μg/100kJ。检测标准为《食品安全国家标准 食品中维生素 K_1 的测定》（GB 5009.158）。该标准包括 2 个检测方法，其中第一法——高效液相色谱-荧光检测法，第二法——液相色谱-串联质谱法，常用于乳粉中维生素 K_1 的测定。

一、测定原理（参照 GB 5009.158）

1. 高效液相色谱法-荧光检测法

乳粉样品经脂肪酶和淀粉酶酶解，用正己烷提取样品中的维生素 K_1 后，用 C_{18} 液相色谱柱将维生素 K_1 与其他杂质分离，锌柱柱后还原，用荧光检测器检测，用外标法定量。

2. 液相色谱-串联质谱法

乳粉样品经脂肪酶和淀粉酶酶解，用正己烷提取样品中的维生素 K_1 后，用 C_{18} 液相色谱柱将维生素 K_1 与其他杂质分离，用串联质谱检测器检测，用同位素内标法定量。

二、具体实验操作过程

（一）高效液相色谱-荧光检测法

1. 仪器及设备

（1）天平：感量分别为 1mg 和 0.01mg。

（2）恒温水浴振荡器。

（3）旋转蒸发仪。

（4）氮吹仪。

（5）涡旋振荡器。

（6）pH 计：精度 0.01。

（7）离心机。

（8）超声波振荡器。

(9)配有荧光检测器的高效液相色谱仪。

2. 分析步骤

(1)样品前处理

酶解:准确称取经均质的试样 1～5g(精确到 0.01g,维生素 K_1 含量不低于 0.05μg)于 50mL 离心管中,加入 5mL 温水溶解,加入磷酸盐缓冲液(pH=8.0)5mL,混匀,加入 0.2g 脂肪酶,加盖,涡旋 2～3min,混匀后,置于(37±2)℃恒温水浴振荡器中振荡 2h 以上,使其充分酶解。

提取:取出酶解好的试样,分别加入 10mL 乙醇及 1g 碳酸钾,混匀后加入 10mL 正己烷和 10mL 水,涡旋或振荡提取 10min,以 6000r/min 的转速离心 5min,或将酶解液转移至 150mL 的分液漏斗中萃取、提取,静置分层(如发生乳化现象,可适当增加正己烷或水的加入量,以排除乳化现象),转移上清液至 100mL 旋蒸瓶中,向下层液再加入 10mL 正己烷,重复操作 1 次,合并上清液至上述旋蒸瓶中。

浓缩:将上述正己烷提取液旋蒸至干(如有残液,可用氮气轻吹至干),用甲醇转移并定容至 5mL 容量瓶中,摇匀,用 0.22μm 滤膜过滤,滤液待进样。

不加试样,按同一操作方法做空白试验。

(2)测定条件

1)色谱参考条件

a)色谱柱:C_{18} 柱(柱长 250mm、内径 4.6mm、粒径 5μm),或相当者。

b)锌还原柱:柱长 50mm,内径 4.6mm。

c)流动相:甲醇 900mL,四氢呋喃 100mL,冰乙酸 0.3mL,混匀后,加入氯化锌 1.5g,无水乙酸钠 0.5g。

d)流速:1mL/min。

e)检测波长:激发波长为 243nm,发射波长为 430nm。

f)进样量:10μL。

2)标准曲线

采用外标标准曲线法进行定量。将维生素 K_1 标准系列工作液分别注入高效液相色谱仪中,测定相应的峰面积,以峰面积为纵坐标,以标准系列工作液浓度为横坐标,绘制标准曲线,计算线性回归方程。

3)样品测定

在相同色谱条件下,将制备的空白溶液和试样溶液分别进样,进行高效液相色谱分析。以保留时间定性,峰面积用外标法定量,根据线性回归方程计算出试样溶液中维生素 K_1 的浓度。

(3)分析结果表达

$$X=\frac{\rho\times V_1\times V_3\times 100}{m\times V_2\times 1000} \qquad (2-2-1)$$

式中:X 为试样中维生素 K_1 的含量(μg/100g);ρ 为根据标准曲线计算得到的试样中维

生素 K_1 的浓度(ng/mL);V_1 是提取液总体积(mL);V_2 是分取的提取液体积(mL)$V_1=V_2$;V_3 是定容液的体积(mL);100 为将(μg/100g)换算为(μg/100g)的换算系数;1000 为将(ng/mL)换算为(μg/mL)的换算系数;m 为试样的称样量(g)。

计算结果保留 3 位有效数字。

在重复条件下获得的 2 次独立测定结果的绝对差值不得超过算术平均值的 10%。

当取样量为 1g,定容 5mL 时,检出限为 1.5μg/100g,定量限为 5μg/100g。

(二)液相色谱-串联质谱法

1. 仪器及设备

(1)天平:感量分别为 1mg 和 0.1mg。

(2)恒温水浴振荡器。

(3)旋转蒸发仪。

(4)氮吹仪。

(5)涡旋振荡器。

(6)pH 计:精度 0.01。

(7)离心机。

(8)超声波振荡器。

(9)带电喷雾离子源的液相色谱-质谱联用仪。

2. 分析步骤

(1)样品前处理

酶解:准确称取经均质的试样 1~5g(精确到 0.01g,维生素 K_1 含量不低于 0.02μg)于 50mL 离心管中,加入同位素内标使用液(1μg/mL)0.25mL,加入 5mL 温水溶解,加入磷酸盐缓冲液(pH=8.0)5mL,混匀,加入 0.2g 脂肪酶,加盖,涡旋 2~3min,混匀后,置于(37±2)℃恒温水浴振荡器中振荡 2h 以上,使其充分酶解。

提取:取出酶解好的试样,分别加入 10mL 乙醇及 1g 碳酸钾,混匀后加入 10mL 正己烷和 10mL 水,涡旋或振荡提取 10min,以 6000r/min 的转速离心 3min,转移上清液至另一 50mL 离心管中,向下层液再加入 10mL 正己烷,涡旋 5min,以 6000r/min 的转速离心 3min,合并上清液,正己烷定容至 25mL,待净化。

浓缩:将上述正己烷提取液旋蒸至干(如有残液,可用氮气轻吹至干),用甲醇转移并定容至 5mL 容量瓶中,摇匀,用 0.22μm 滤膜过滤,滤液待进样。

不加试样,按同一操作方法做空白试验。

(2)测定条件

1)色谱参考条件

a)色谱柱:C_{18} 柱(柱长 50mm、内径 2.1mm、粒径 1.8μm),或相当者。

b)流动相:甲醇(含 0.025%甲酸+2.5mmol/L 甲酸铵)。

c)流速:0.3mL/min。

d)柱温:30℃。

e)进样量:5μL。

2)质谱条件

a)电离方式:ESI+。

b)干燥器温度:375℃。

c)毛细管电压:4500V。

d)多反应监测(MRM)模式。

e)干燥气温度:325℃。

f)锥孔电压和碰撞能量见表2-1-3。

表2-1-3　维生素K_1质谱参考条件

维生素	母离子(m/z)	定性子离子(m/z)	碰撞电压/eV	定量子离子(m/z)	碰撞电压/eV
维生素K_1	451	187*	23	187	30
		227	22		
维生素K_1-D_7	458	178	30	194	30
		194*	23		

*为定量离子。

3)标准曲线

将维生素K_1标准系列工作液分别注入高效液相色谱仪中,测定相应的峰面积,以峰面积与同位素内标色谱峰面积比值为纵坐标,以标准系列工作液浓度为横坐标,绘制标准曲线,计算线性回归方程。

4)样品测定

在相同色谱条件下,将制备的空白溶液和试样溶液分别进样,进行液相色谱-串联质谱法分析。以保留时间定性,峰面积与内标峰面积用内标法定量,根据线性回归方程计算出试样溶液中维生素K_1的浓度。

5)定性测定

在相同的实验条件下进行样品测定时,如果检出的色谱峰保留时间与标准品的保留时间相比,变化范围应在±2.5%之内,并且在样品质谱图中所选择的离子均出现,且所选离子丰度比相对偏差不超过表2-1-4所规定的范围。

表2-1-4　定性离子对相对丰度的最大允许偏差

相对离子丰度	>50%	20%～50%	10%～20%	≤10%
允许的相对偏差	±20%	±25%	±30%	±50%

(3)分析结果表达

试样中维生素K_1按式(2-2-2)计算:

$$X=\frac{\rho \times V_1 \times V_3 \times 100}{m \times V_2 \times 1000} \tag{2-2-2}$$

式中：X 为试样中维生素 K_1 的含量（μg/100g）；ρ 为根据标准曲线计算得到的试样中维生素 K_1 的浓度（ng/mL）；V_1 是提取液总体积（mL）；V_2 是分取的提取液体积（mL）$V_1=V_2$；V_3 是定容液的体积（mL）；100 为将（μg/g）换算为（μg/100g）的换算系数；1000 为将（ng/mL）换算为（μg/mL）的换算系数；m 为试样的称样量（g）。

计算结果保留 3 位有效数字。

在重复条件下获得的 2 次独立测定结果的绝对差值不得超过算术平均值的 10%。

当取样量为 1g，提取液分取 5mL，浓缩后定容 1mL 时，检出限为 1.5μg/100g，定量限为 5μg/100g。

三、注意事项

处理过程应避免紫外光照射，尽可能避光操作；在提前过程中应尽量避免出现乳化现象，若出现乳化层可加入适量正己烷和水。

四、所用设备及检测流程示意图

乳粉中维生素 K 测定设备图如图 2-2-1 所示，乳粉中维生素 K 检测流程示意图如图 2-2-2 所示，维生素 K_1 标准溶液色谱图如图 2-2-3 所示，维生素 K_1 和维生素 K_1-D_7 的 MRM 色谱图如图 2-2-4 所示。

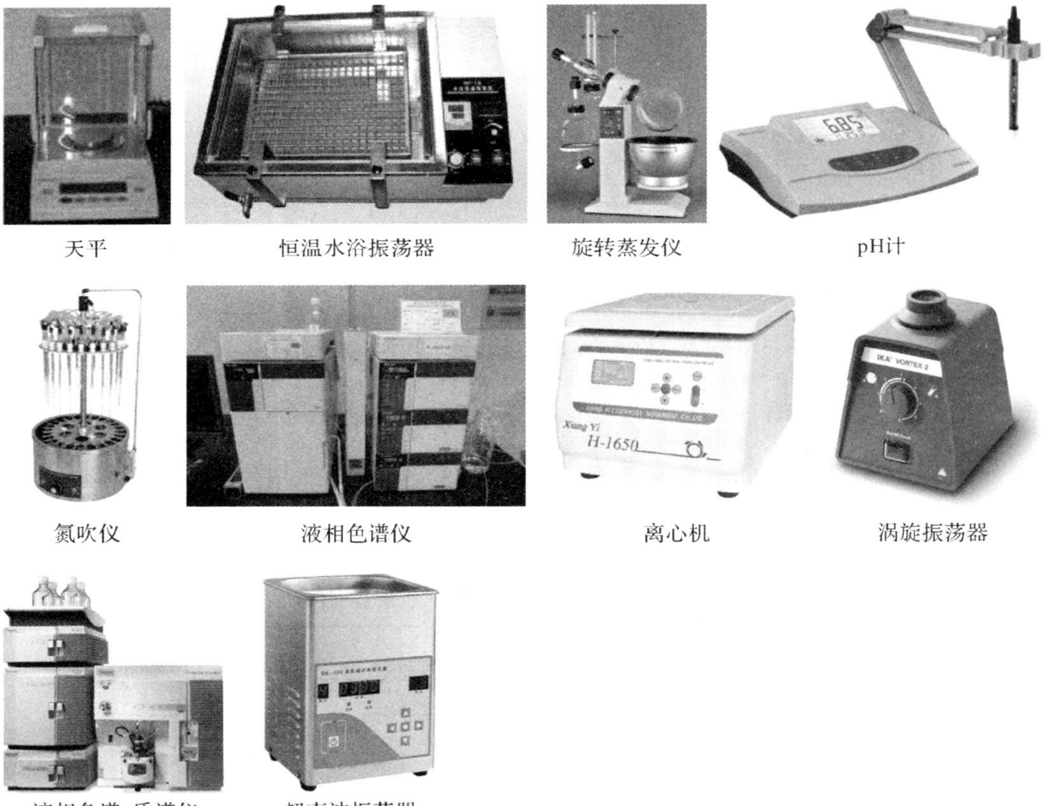

图 2-2-1 乳粉中维生素 K 测定设备图

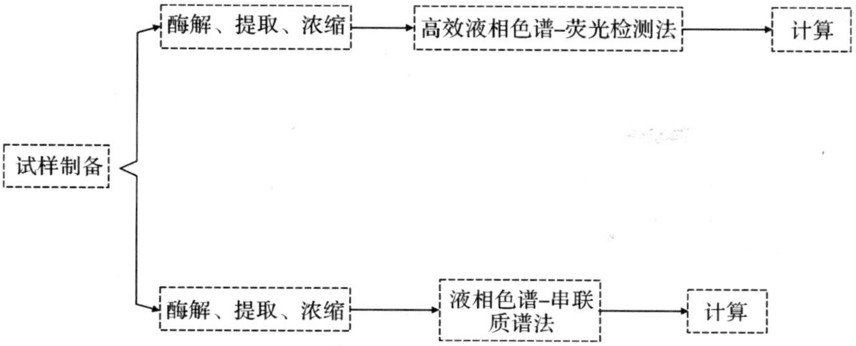

图 2-2-2　乳粉中维生素 K 检测流程示意图

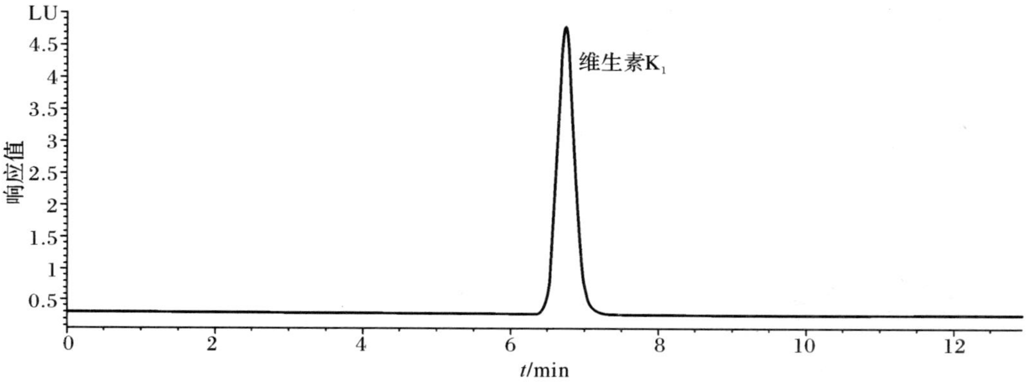

图 2-2-3　维生素 K_1 标准溶液色谱图

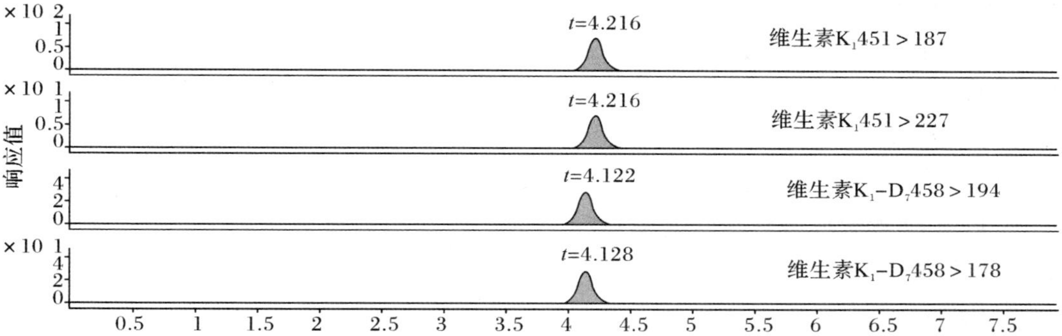

图 2-2-4　维生素 K_1 和维生素 K_1-D_7 的 MRM 色谱图

第三节　乳粉中维生素 B_1 的检测

维生素是维持人体正常生命活动的一类有机化合物，也是保证人体健康的重要营养物质。其中维生素 B_1 又称硫胺素、抗神经炎维生素或抗脚气病维生素，是人们生活中必需的一种营养要素，在调节和控制新陈代谢方面具有重要作用，是维持心脏、神经及消化系统正常运转所必需的物质。维生素 B_1 在婴幼儿配方乳粉中起到了重要作用。在一段的乳粉中，维生素 B_1 含量过高或过低会对新生儿造成不利影响，在二段及三段的乳粉中，维生素 B_1 和含量不够则会导致婴幼儿生长发育不良。

目前我国制定的乳粉标准中对于维生素 B_1 的要求范围为 14～72μg/100kJ。检测标准为《食品安全国家标准 食品中维生素 B_1 的测定》(GB 5009.84—2016)。该标准包括 2 个检测方法，其中第一法——高效液相色谱法和第二法——荧光分光光度法，常用于乳粉中维生素 B_1 的测定。

一、测定维生素 B_1 的原理(参照 GB 5009.84)

1. 高效液相色谱法

乳粉样品在稀盐酸介质中恒温水解、中和，再酶解，水解液用碱性铁氰化钾溶液衍生，经正丁醇萃取后，经 C_{18} 反相色谱柱分离，用高效液相色谱-荧光检测器检测，外标法定量。

2. 荧光分光光度法

维生素 B_1 在碱性铁氰化钾溶液中被氧化成噻嘧色素，在紫外线照射下，噻嘧色素发出荧光。在给定的条件下，以及没有其他荧光物质干扰时，此荧光之强度与噻嘧色素量成正比，即与溶液中维生素 B_1 量成正比。如试样中含杂质过多，应经过离子交换剂处理，使维生素 B_1 与杂质分离，然后以所得溶液用于测定。

二、具体实验操作过程

(一)高效液相色谱法

1. 仪器及设备

(1)天平：感量分别为 0.01g 和 0.1mg。

(2)高压灭菌锅。

(3)pH 计：精度 0.01。

(4)离心机：转速≥4000r/min。

(5)配有荧光检测器的高效液相色谱仪。

2. 分析步骤

(1)样品处理

提取：称取试样 3～5g(精确至 0.01g)于 100mL 锥形瓶中(带有软质塞子)，加 60mL 0.1mol/L盐酸溶液，充分摇匀，塞上软质塞子，高压灭菌锅中 121℃保持 30min。水解结束待冷却至 40℃以下取出，轻摇数次；用 pH 计指示，用 2.0mol/L 乙酸钠溶液调节 pH 至 4.0 左右，加入 2.0mL(可根据酶活力不同适当调整用量)混合酶溶液，摇匀后，置于培养箱中 37℃过夜(约 16h)；将酶解液全部转移至 100mL 容量瓶中，用水定容至刻度，摇匀，离心或过滤，取上清液备用。

衍生化：准确移取上述上清液或滤液 2.0mL 于 10mL 试管中，加入 1.0mL 碱性铁氰化钾溶液，涡旋混匀后，准确加入 2.0mL 正丁醇，再次涡旋混匀 1.5min 后静置约 10min 或者离心，待充分分层后，吸取正丁醇相(上层)经 0.45μm 有机微孔滤膜过滤，取滤液于

2mL 棕色进样瓶中，供分析用。若试液中维生素 B_1 浓度超出线性范围的最高浓度值，应取上清液稀释至适宜倍数后，重新衍生后进样。

另取 2.0mL 标准系列工作液，与试液同步进行衍生化。

(2)测定条件

1)色谱柱：C_{18} 柱(柱长 250mm、内径 4.6mm、粒径 5μm)，或相当者。

2)流动相：0.05mol/L 乙酸钠溶液-甲醇(65+35)。

3)流速：0.8mL/min。

4)检测波长：激发波长为 375nm，发射波长为 435nm。

5)进样量：20μL。

(3)标准曲线

将标准系列工作液衍生物注入高效液相色谱仪中，测定相应的维生素 B_1 峰面积，以标准工作液的浓度为横坐标，以峰面积为纵坐标，绘制标准曲线。

(4)样品测定

将试样衍生物溶液注入高效液相色谱仪中，得到维生素 B_1 的峰面积，根据标准曲线计算得到待测液中维生素 B_1 的浓度。

3. 分析结果表达

试样中维生素 B_1(以硫胺素计)按式(2-3-1)计算：

$$X=\frac{c\times V\times f}{m\times 1000}\times 100 \qquad (2-3-1)$$

式中：X 为试样中维生素 B_1 的含量(mg/100g)；c 为由标准曲线计算得到的试液中维生素 B_1 的浓度(μg/mL)；V 是试液的定容体积(mL)；f 是试液衍生化前的稀释倍数；m 为试样的称样量(g)；100、1000 为单位换算系数。

试样中测定的硫胺素含量乘以换算系数 1.121，即得盐酸硫胺素的含量。

计算结果保留 3 位有效数字。

在重复条件下获得的 2 次独立测定结果的绝对差值不得超过算术平均值的 10%。

当称样量为 10.0g 时，按照本标准方法的定容体积，乳粉中维生素 B_1 的检出限为 0.03mg/100g，定量限为 0.10mg/100g。

(二)荧光分光光度法

1. 仪器及设备

(1)天平：感量分别为 0.01g 和 0.1mg。

(2)电热恒温箱。

(3)pH 计：精度 0.01。

(4)离心机：转速≥4000r/min。

(5)盐基交换管或层析柱。

(6)荧光分光光度计。

2. 分析步骤

(1)样品处理

提取:准确称取适量试样(估计其硫胺素含量约为 10～30μg,一般称取 2～10g 试样),置于 100mL 锥形瓶中,加入 50mL 0.1mol/L 盐酸溶液,使得样品分散开,将样品放入恒温箱中于 121℃水解 30min,结束后,冷却至室温后取出。用 2mol/L 乙酸钠溶液调 pH 为 4.0～5.0 或用 0.4g/L 溴甲酚绿溶液为指示剂,滴定至溶液由黄色转变为蓝绿色。于水解液中加入 2mL 混合酶液,于 45～50℃温箱中保温过夜(16h)。待溶液冷却至室温后,转移至 100mL 容量瓶中,用水定容至刻度,混匀、过滤,即得提取液。

净化:装柱:根据待测样品的数量,取适量处理好的活性人造沸石,经滤纸过滤后,放入烧杯中。用少许脱脂棉铺于盐基交换管柱(或层析柱)的底部,加水将棉纤维中的气泡排出,关闭柱塞,加入约 20mL 水,再加入约 8.0g(以湿重计,相当于干重 1.0～1.2g)经预先处理的活性人造沸石,要求保持盐基交换管中液面始终高过活性人造沸石。活性人造沸石柱床的高度对维生素 B_1 测定结果有影响,高度应不低于 45mm。

样品提取液的净化:准确加入 20mL 上述提取液于上述盐基交换管柱(或层析柱)中,使得通过活性人造沸石的硫胺素总量约为 2～5μg,流速约为 1 滴/s。加入 10mL 近沸腾的热水冲洗盐基交换柱,流速约为 1 滴/s,弃去淋洗液,如此重复 3 次。于交换管下放置 25mL 刻度试管用于收集洗脱液,分 2 次加入 20mL 温度约为 90℃的酸性氯化钾溶液,每次 10mL,流速为 1 滴/s。待洗脱液冷却至室温后,用 250g/L 酸性氯化钾定容,摇匀,即为试样净化液。

标准溶液的处理:重复上述操作,取 20mL 维生素 B_1 标准使用液(0.1μg/mL)代替试样提取液,同上用盐基交换管(或层析柱)净化,即得到标准净化液。

氧化:将 5mL 试样净化液分别加入 A、B 2 支已标记的 50mL 离心管中。在避光条件下将 3mL150g/L 氢氧化钠溶液加入离心管 A,将 3mL 碱性铁氰化钾溶液加入离心管 B,涡旋 15s;然后各加入 10mL 正丁醇,将 A、B 管同时涡旋 90s。静置分层后吸取上层有机相于另 1 套离心管中,加入 2～3g 无水硫酸钠,涡旋 20s,使溶液充分脱水,待测定。用标准的净化液代替试样净化液重复本步骤的操作。

(2)检测条件

激发波长:365nm;发射波长:435nm;狭缝宽度:5nm。

依次测定下列荧光强度:

a)试样空白荧光强度(试样反应管 A)。

b)标准空白荧光强度(标准反应管 A)。

c)试样荧光强度(试样反应管 B)。

d)标准荧光强度(标准反应管 B)。

3. 分析结果表达

试样中维生素 B_1(以硫胺素计)按式(2-3-2)计算:

$$X=\frac{(U-U_b)\times c\times V}{(S-S_b)}\times\frac{V_1\times f}{V_2\times m}\times\frac{100}{1000} \qquad (2-3-1)$$

式中：X 为试样中维生素 B_1 的含量(mg/100g)；U 为试样荧光强度；U_b 为试样空白荧光强度；S 为标准管荧光强度；S_b 为标准管空白荧光强度；c 为硫胺素标准使用液的浓度(μg/mL)；V 为用于净化的硫胺素标准使用液体积(mL)；V_1 为试样水解后定容得到的提取液之体积(mL)；V_2 为试样用于净化的提取液体积；f 是试液衍生化前的稀释倍数；m 为试样的称样量(g)；100、1000 均为单位换算系数。

试样中测定的硫胺素含量乘以换算系数 1.121，即得盐酸硫胺素的含量。

维生素 B_1 的标准在 0.2～10μg 之间呈线性关系，可以用单点法计算结果，反之用标准工作曲线法。以重复性条件下获得的 2 次独立测定结果的算术平均值表示，结果保留 3 位有效数字。

在重复条件下获得的 2 次独立测定结果的绝对差值不得超过算术平均值的 10%。

乳粉中维生素 B_1 的检出限为 0.04mg/100g，定量限为 0.12mg/100g。

三、注意事项

1. 避免强光照射

提取和衍生化过程应在避免强光照射的环境下进行，因为维生素 B_1 遇到强光容易加速分解。

2. 衍生化时间的控制

室温条件下衍生产物在 4h 内稳定，因此需要在衍生化后 4h 内完成测定。对于个别特殊样品，当回收率偏低时，样品提取液应净化后再衍生。

四、所用设备及检测流程示意图

乳粉中维生素 B_1 测定设备图如图 2－3－1 所示，乳粉中维生素 B_1 检测流程示意图如图 2－3－2 所示，维生素 B_1 标准溶液的色谱图如图 2－3－3 所示。

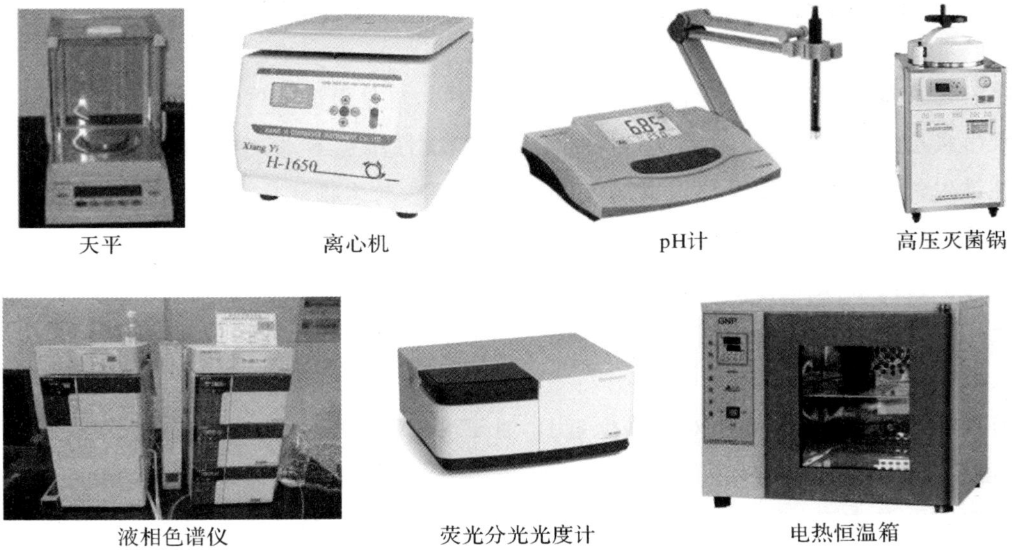

图 2－3－1　乳粉中维生素 B_1 测定设备图

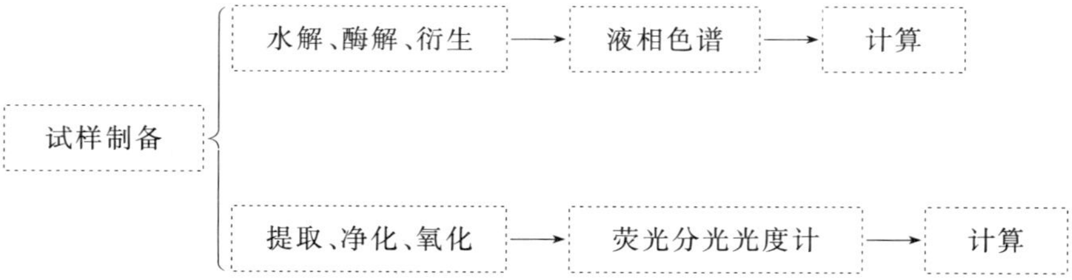

图 2-3-2 乳粉中维生素 B_1 检测流程示意图

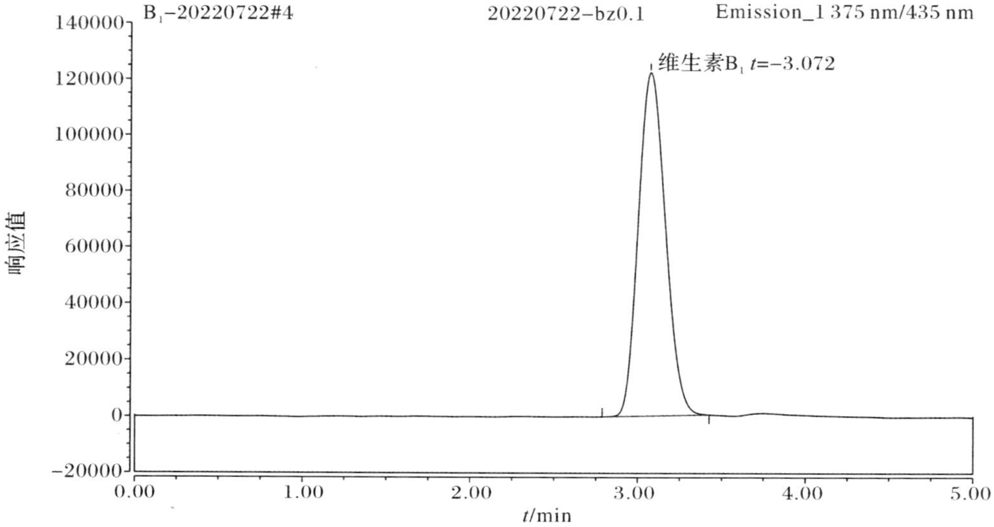

图 2-3-3 维生素 B_1 标准溶液的色谱图

第四节 乳粉中维生素 B_2 的检测

维生素是维持人体正常生命活动的一类有机化合物，也是保证人体健康的重要营养物质。维生素按溶解性分类可分为水溶性维生素和脂溶性维生素，其中维生素 B_2 就属于水溶性维生素。维生素 B_2 又称核黄素，在人体内主要参与生物氧化与能量代谢，可提高机体对蛋白质的利用率，促进生长发育，维护皮肤和细胞膜的完整性。同时，维生素 B_2 参与细胞的生长代谢，是机体组织代谢和修复的必需营养素。维生素 B_2 在婴幼儿配方乳粉中起到了重要作用，乳粉中维生素 B2 含量过高或过低会对新生儿造成不利影响，甚至会导致婴幼儿生长发育不良。

目前我国制定的乳粉标准中对于维生素 B_2 的要求范围为 19～155μg/100kJ。检测标准为《食品安全国家标准 食品中维生素 B_2 的测定》(GB 5009.85—2016)。该标准包括2 个检测方法，其中第一法——高效液相色谱法和第二法——荧光分光光度法，常用于乳粉中维生素 B_2 的测定。

一、测定维生素 B_2 的原理(参照 GB 5009.85)

1. 高效液相色谱法

乳粉样品在稀盐酸环境中恒温水解，调节 pH 至 6.0～6.5，用木瓜蛋白酶和高峰淀粉酶酶解、定容过滤后，滤液经反相色谱柱分离，用高效液相色谱-荧光检测器检测，用外标法定量。

2. 荧光分光光度法

维生素 B_2 在 440～500nm 波长光照射下发生黄绿色荧光。在稀溶液中其荧光强度与维生素 B_2 的浓度成正比。在波长 525nm 下测定其荧光强度。试液中再加入连二亚硫酸钠，将维生素 B_2 还原为无荧光物质，然后再测定试液中残余荧光杂质的荧光强度，两者之差即为试样中维生素 B_2 所产生的荧光强度。

二、具体实验操作过程

(一)高效液相色谱法

1. 仪器及设备

(1)天平：感量分别为 0.01g 和 0.1mg。

(2)高压灭菌锅。

(3)pH 计：精度 0.01。

(4)涡旋振荡器。

(5)干燥器。

(6)分光光度计。

(7)带有荧光检测器的高效液相色谱仪。

2. 分析步骤

(1)样品处理

提取：称取 2～10g(精确至 0.01g)的试样(试样中维生素 B_2 的含量>5μg)于 100mL 具塞锥形瓶中，加入 60mL 的 0.1mol/L 盐酸溶液，充分摇匀，塞上瓶塞，高压灭菌锅中 121℃保持 30min，冷却至室温后取出。用 1mol/L 氢氧化钠溶液调节 pH 至 6.0～6.5，加入 2.0mL 混合酶溶液，摇匀后，置于 37℃培养箱中过夜酶解。将酶解液全部转移至 100mL 容量瓶中，用水定容至刻度，摇匀、离心或者过滤，取滤液或上清液过 0.45μm 水相滤膜作为待测液。

不加试样，按同一操作方法做空白实验。

(2)检测条件

1)色谱柱：C_{18} 柱(柱长 150mm、内径 4.6mm、粒径 5μm)，或相当者。

2)流动相:0.05mol/L 乙酸钠溶液-甲醇(65+35)。

3)流速:1mL/min。

4)检测波长:激发波长为 462nm,发射波长为 522nm。

5)进样量:20μL。

(3)标准曲线

将标准系列工作液注入高效液相色谱仪中,测定相应的维生素 B_2 峰面积,以标准工作液的浓度为横坐标,以峰面积为纵坐标,绘制标准曲线。

(4)样品测定

将试样溶液注入高效液相色谱仪中,得到维生素 B_2 的峰面积,根据标准曲线计算得到待测液中维生素 B_2 的浓度。

3. 分析结果表达

试样中维生素 B_2(以硫胺素计)按式(2-4-1)计算:

$$X=\frac{\rho\times V}{m}\times\frac{100}{1000} \tag{2-4-1}$$

式中:X 为试样中维生素 B_2(以核黄素计)的含量(mg/100g);ρ 为由标准曲线计算得到的试液中维生素 B_2 的浓度(μg/mL);V 是试样溶液的最终定容体积(mL);m 为试样的称样量(g);100 为 100g 样品中含量的换算系数;1000 为将(μg/mL)换算为(mg/mL)的换算系数。

计算结果保留 3 位有效数字。

在重复条件下获得的 2 次独立测定结果的绝对差值不得超过算术平均值的 10%。

当称样量为 10.0g 时,乳粉中维生素 B_2 的检出限为 0.02mg/100g,定量限为 0.05mg/100g。

(二)荧光分光光度法

1. 仪器及设备

(1)天平:感量分别为 0.01g 和 0.1mg。

(2)高压灭菌锅。

(3)pH 计:精度 0.01。

(4)涡旋振荡器。

(5)干燥器。

(6)维生素 B_2 吸附柱。

(7)荧光分光光度计。

2. 分析步骤

(1)样品处理

提取：称取2～10g（精确至0.01g）的试样（试样中维生素B_2的含量为10～200μg）于100mL具塞锥形瓶中，加入60mL的0.1mol/L盐酸溶液，充分摇匀，塞上瓶塞，高压灭菌锅中121℃保持30min，冷却至室温后取出。用氢氧化钠溶液调节pH至6.0～6.5。

酶解：加入2.0mL混合酶溶液，摇匀后，置于37℃培养箱中过夜酶解。将酶解液全部转移至100mL容量瓶中，用水定容至刻度，摇匀，用干滤纸过滤备用。

氧化去杂质：试样中核黄素的含量取一定体积的试样提取液（含1～10μg维生素B_2）及维生素B_2标准使用液分别置于20mL的带盖刻度试管中，加水至15mL。各管加0.5mL冰乙酸，混匀。加0.5mL 30g/L高锰酸钾溶液，摇匀，放置2min，使氧化去杂质。滴加3%过氧化氢溶液数滴，直至高锰酸钾的颜色褪去。剧烈振摇试管，使多余的氧气逸出。

维生素B_2吸附柱：硅镁吸附剂约1g用湿法装入柱，占柱长1/2～2/3（约5 cm）为宜（吸附柱下端用一小团脱脂棉垫上），勿使柱内产生气泡，调节流速约为60滴/min。也可使用等效商品柱。

过柱与洗脱：将全部氧化后的标液及标准液通过吸附柱后，用约20mL热水淋洗样液中的杂质。然后用5mL洗脱液将试样中的维生素B_2洗脱至10mL容量瓶中，再用3～4mL水吸附柱，洗出液合并至容量瓶中，并用水定容至刻度，混匀后待测定。

(2)标准曲线

分别精确吸取维生素B_2标准使用液0.3mL、0.6mL、0.9mL、1.25mL、2.5mL、5.0mL、10.0mL、20.0mL（相当于0.3μg、0.6μg、0.9μg、1.25μg、2.5μg、5.0μg、10.0μg、20.0μg维生素B_2）或取与试样含量相应的单点按上述操作。

(3)样品测定

于激发光波长440nm，发射光波长525nm，测量试样管及标准管的荧光值。待试样管及标准管的荧光值测量后，在各管的剩余液（5～7mL）中加入0.1mL 20%连二亚硫酸钠溶液，立即混匀，在20s内测出各管的荧光值，作为各自的空白值。

3.分析结果表达

试样中维生素B_2的含量按式（2-4-2）计算：

$$X=\frac{(A-B)\times S}{(C-D)\times m}\times f\times \frac{100}{1000} \qquad (2-4-2)$$

式中：X为试样中维生素B_2（以核黄素计）的含量（mg/100g）；A为试样管的荧光值；B为试样管空白荧光值；S为标准管中维生素B_2的质量（μg）；C为标准管的荧光值；D为标准管的空白荧光值；m为试样质量（g）；f为稀释倍数；100为100g样品中含量的换算系数；1000为将（μg/100g）换算为（mg/100g）的换算系数。

计算结果保留至小数点后2位。

在重复条件下获得的2次独立测定结果的绝对差值不得超过算术平均值的10%。

当称样量为10.0g时，乳粉中维生素 B_2 的检出限为0.006mg/100g，定量限为0.02mg/100g。

三、注意事项

避免强光照射。提取和测定过程应在避免强光照射的环境下进行，因为维生素 B_2 遇到强光容易加速分解。

四、所用设备及检测流程示意图

乳粉中维生素 B_2 测定设备图如图2-4-1所示，乳粉中维生素 B_2 检测流程示意图如图2-4-2所示，维生素 B_2 标准溶液的色谱图如图2-4-3所示。

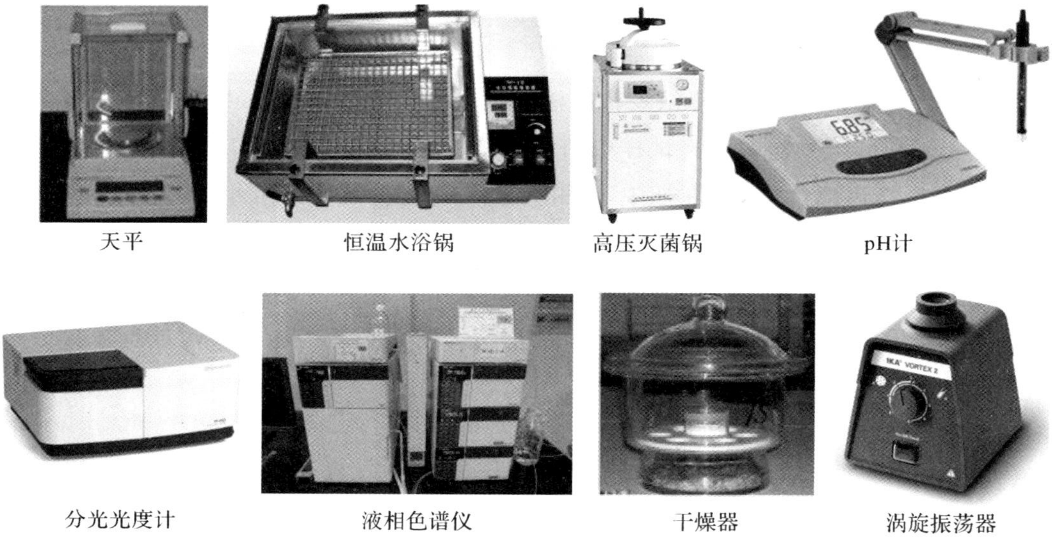

图2-4-1　乳粉中维生素 B_2 测定设备图

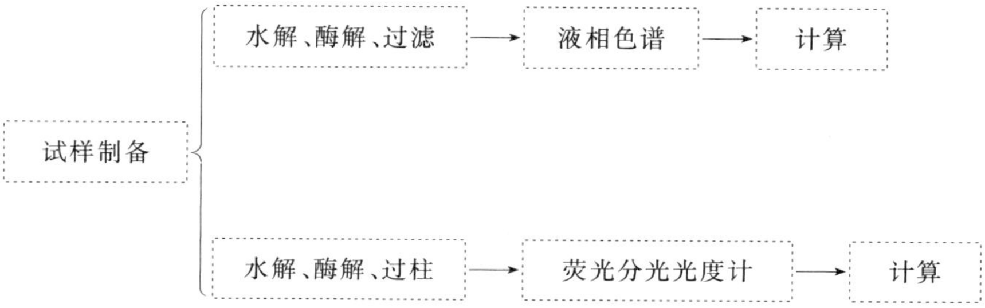

图2-4-2　乳粉中维生素 B_2 检测流程示意图

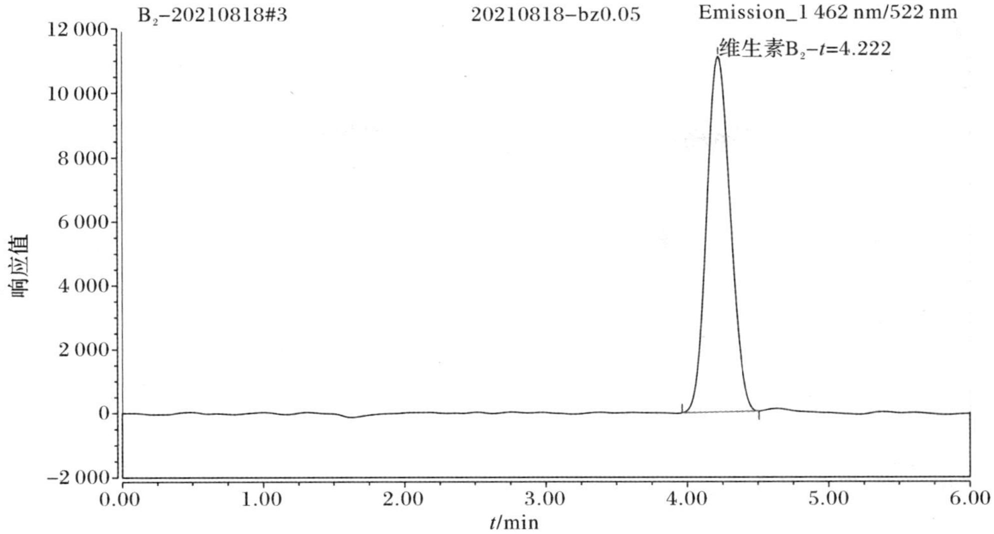

图 2-4-3 维生素 B_2 标准溶液的色谱图

第五节 乳粉中维生素 B_6 的检测

维生素 B_6（吡哆醛、吡哆醇和吡哆胺）是一类常见的水溶性维生素，存在于多种不同类型的食物中，可以参与人体的新陈代谢过程，对于身体的生长和健康都是必不可少的。维生素 B_6 可以参与神经功能和新陈代谢，产生抗体和血红蛋白，缺乏维生素 B_6 会影响生理健康。由于维生素 B_6 易溶于水，在体内不能被储存，任何多余的维生素 B_6 都会被尿液排出，因此需要频繁地补充。由于婴幼儿的各种器官未发育健全，自身合成量非常有限，绝大部分维生素 B_6 需通过婴幼儿配方乳粉补充。

目前我国制定的乳粉标准中对于维生素 B_6 的要求范围为 11～41.8μg/100kJ。检测标准为《食品安全国家标准 食品中维生素 B_6 的测定》（GB 5009.154—2023）。该标准包括4 个检测方法，分别为液相色谱-串联质谱法、液相色谱-质谱法、高效液相色谱-荧光检测法、微生物法，均可用于乳粉中维生素 B_6 的测定。

一、测定维生素 B_6 的原理（参照 GB 5009.154）

1. 液相色谱-串联质谱法

样品中维生素 B_6（吡哆醇、吡哆醛、吡哆胺）经酸水解后，再经酶解、稀释、过滤后，用液相色谱-串联质谱法测定，用内标法定量，以吡哆醇计的方式计算维生素 B_6 的总含量。

2. 液相色谱-质谱法

样品中维生素 B_6（吡哆醇、吡哆醛、吡哆胺）经提取、稀释、过滤后，用单四级杆质谱检测器检测，用内标法定量，以吡哆醇计的方式计算维生素 B_6 的总含量。

3. 高效液相色谱-荧光检测法

试样经提取等前处理后，经 C_{18} 色谱柱分离，用高效液相色谱-荧光检测器检测，用外标法定量测定，以吡哆醇计的方式计算维生素 B_6 的总含量。

4. 微生物法

食品中某一种细菌的生长必须要有某一种维生素的存在，卡尔斯伯酵母菌在有维生素 B_6 存在的条件下才能生长，在一定条件下维生素 B_6 的量与其生长成正比关系。用比浊法测定该菌在试样液中生长的浑浊度，与标准曲线相比较可以得出试样中维生素 B_6 的含量。

二、具体实验操作过程

(一)液相色谱-串联质谱法

1. 仪器及设备

(1)天平：感量分别为 1mg 和 0.01mg。

(2)涡旋混合器。

(3)pH 计：精度 0.01。

(4)超声波振荡器。

(5)分光光度计。

(6)恒温培养箱。

(7)液相色谱-串联质谱仪，配 ESI 源。

(8)高压灭菌锅或恒温水浴锅。

2. 分析步骤

(1)样品处理

1)含淀粉的样品

固体样品：称取混合均匀的固体试样约 1～5g(精确至 0.01g)。液体样品：称取混合均匀的固体试样约 5～20g(精确至 0.01g)，于 150mL 锥形瓶中，加入 500mL 维生素 B_6 同位素内标，加入 0.1mol/L 盐酸溶液 50mL，在 100℃水浴下或 121℃灭菌锅中水解 30min，冷却至室温，再用氢氧化钠溶液调节试样溶液的 pH 至 4.2～4.8。加入 20mg 酸性磷酸酶、100mg 木瓜蛋白酶、10mg α-淀粉酶，锥形瓶中充氮气，37℃下酶解 18h 以上，待冷却至室温，转移至 100mL 棕色容量瓶中，用水定容。

2)不含淀粉的样品

固体样品：称取混合均匀的固体试样约 1～5g(精确至 0.01g)。液体样品：称取混合均匀的固体试样约 5～20g(精确至 0.01g)，于 150mL 锥形瓶中，加入 500mL 维生素 B_6 同位素内标，加入 0.1mol/L 盐酸溶液 50mL，在 100℃水浴下或 121℃灭菌锅中水解

30min，冷却至室温，再用氢氧化钠溶液调节试样溶液的 pH 至 4.2～4.8。加入 20mg 酸性磷酸酶、100mg 木瓜蛋白酶，锥形瓶中充氮气，37℃下酶解 18h 以上，待冷却至室温，转移至 100mL 棕色容量瓶中，用水定容。

3）待测液准备

另取锥形瓶，将稀释液混匀后，过滤，准确吸取 1.00mL 过滤液于 10mL 容量瓶中，用 10mmol/L 甲酸铵 2％甲酸水溶液定容，过 0.22mm 滤膜，待测。

（2）检测条件

1）色谱条件

a）色谱柱：硅胶基质五氟苯基柱（柱长 150mm、内径 3.0mm、粒径 1.8μm），或相当者。

b）流动相：10mmol/L 甲酸铵 2％、甲酸水溶液（A 相）、－0.1％甲酸-甲醇溶液（B 相），梯度洗脱。

c）流速：0.4mL/min。

d）柱温：30℃。

e）进样体积：10μL。

表 2－5－1　梯度洗脱条件

时间/min	流动相 A/％	流动相 B/％
0.00	99	1
0.50	99	1
2.00	95	5
2.20	90	10
4.80	87	13
5.00	0	100
8.00	0	100
8.20	99	1
12.00	99	1

2）质谱条件

a）电离方式：ESI＋。

b）脱溶剂气温度：350℃。

c）毛细管电压：3.1kV。

d）多反应监测（MRM）模式。

e）离子源温度：150℃。

f）脱溶剂气气流量：600L/h。

g）锥孔电压：30V。

h)锥孔反吹气流量:150L/h。

i)锥孔电压和碰撞能量见表 2-5-2。

表 2-5-2 维生素 B_6 各组分质谱参考条件

维生素 B_6 各组分	母离子(m/z)	碰撞电压/eV	子离子(m/z)	碰撞电压/eV
吡哆醇	170.0	20	134.0*	18
			152.0	12
$^{13}C_4$-吡哆醇	174.0	25	138.0*	20
			156.0	10
吡哆醛	168.0	18	94.0	22
			150.0*	10
D_3-吡哆醛	171.0	20	97.0	22
			153.0*	10
吡哆胺	169.0	20	134.0*	18
			152.0	10
D_3-吡哆胺	172.0	18	136.0*	22
			155.0	12

*为定量离子。

(3)标准曲线制作

分别将维生素 B_6 标准系列工作液由低浓度到高浓度依次进样,以吡哆醇、吡哆醛、吡哆胺与相应同位素内标的峰面积比值为纵坐标,以吡哆醇、吡哆醛、吡哆胺标准系列工作液浓度为横坐标,分别绘制吡哆醇、吡哆醛、吡哆胺标准曲线。

(4)样品测定

将待测样液依次进样,按上述绘制 3 条标准曲线,内标法计算待测试液中吡哆醇、吡哆醛、吡哆胺的浓度。

(5)定性测定

在相同的实验条件下进行样品测定时,如果检出的色谱峰保留时间与标准品的保留时间相比,变化范围应在±2.5%之内,并且在样品质谱图中所选择的离子均出现,且所选离子丰度比相对偏差不超过表 2-5-3 所规定的范围。

表 2-5-3 定性离子对相对丰度的最大允许偏差

相对离子丰度	>50%	20%~50%	10%~20%	≤10%
允许的相对偏差	±20%	±25%	±30%	±50%

3.分析结果表达

维生素 B_6 各组分按式(2-5-1)计算:

$$X_i=\frac{c_i\times V_1\times V_2}{m\times V_3\times 1000} \qquad (2-5-1)$$

式中：X_i 为试样中吡哆醇、吡哆醛、吡哆胺各自的含量(mg/kg)；c_i 为样液中吡哆醇、吡哆醛、吡哆胺各自的含量(ng/mL)；V_1 为试样提取的最终稀释体积(mL)；V_2 为过滤溶液的定容体积(mL)；V_3 为准确吸取过滤溶液的体积(mL)；m 为试样质量(g)；1000 为单位换算系数。

维生素 B_6 总量(2-5-2)计算：

$$X = X_{醇} + X_{醛} \times 1.012 + X_{胺} \times 1.006 \quad (2-5-2)$$

式中：X 为试样中维生素 B_6(以吡哆醇计)的含量(mg/kg)；$X_{醇}$ 为试样中吡哆醇的含量(mg/kg)；$X_{醛}$ 为试样中吡哆醛的含量(mg/kg)；1.012 为吡哆醛的含量换算成吡哆醇的系数；$X_{胺}$ 为试样中吡哆胺的含量(mg/kg)；1.006 为吡哆胺的含量换算成吡哆醇的系数。

计算结果保留 3 位有效数字。

在重复条件下获得的 2 次独立测定结果的绝对差值不得超过算术平均值的 10%。

固体样品：当称样量为 1.00g 时，检出限为 0.03mg/kg；定量限为0.10mg/kg。

液体样品：当称样量为 5.00g 时，检出限为 0.01mg/kg；定量限为0.02mg/kg。

(二)液相色谱-质谱法

1. 仪器及设备

(1)天平：感量分别为 0.01g 和 0.1mg。

(2)涡旋混合器。

(3)pH 计：精度 0.01。

(4)超声波振荡器。

(5)分光光度计。

(6)恒温培养箱。

(7)液相色谱-质谱仪，配 ESI 源。

2. 分析步骤

(1)样品处理

1)含淀粉的样品

固体样品：称取混合均匀的固体试样约 1～5g(精确至 0.01g)。液体样品：称取混合均匀的固体试样约 5～20g(精确至 0.01g)，于 150mL 锥形瓶中，加入 0.4mL 维生素 B_6 同位素内标，再加入 20～25mL 温水(45～50℃)，用盐酸或氢氧化钠调节 pH 为 6.0～6.5，加入 0.1g α-淀粉酶。50～60℃下酶解 30min 以上，待冷却至室温。

2)不含淀粉的样品

固体样品：称取混合均匀的固体试样约 1～5g(精确至 0.01g)。液体样品：称取混合均匀的固体试样约 5～20g(精确至 0.01g)，于 150mL 锥形瓶中，加入 0.4mL 维生素 B_6 同位素内标，再加入 20～25mL 温水(45～50℃)涡旋混匀。

3)待测液准备

用盐酸调节上述溶液 pH 为 1.7±0.1,放置 1min,用氢氧化钠再次调节 pH 为 4.5±0.1,将上述溶液放置在锥形瓶中超声震荡 10min,转移至 100mL 棕色容量瓶中,重复冲洗锥形瓶,合并溶液,水定容至 100mL。另取锥形瓶,将稀释液混匀后,过滤,准确吸取 5mL 过滤液于 10mL 容量瓶中,用 10mmol/L 甲酸铵 2%甲酸水溶液定容,过 0.22μm 滤膜,待测。

(2)检测条件

1)色谱条件

a)色谱柱:硅胶基质五氟苯基柱(柱长 150mm、内径 3.0mm、粒径 1.8mm),或相当者。

b)流动相:10mmol/L 甲酸铵 2%甲酸水溶液(A 相)—0.1%甲酸-甲醇溶液(B 相),梯度洗脱。

c)流速:0.4mL/min。

d)柱温:30℃。

e)进样体积:10μL。

表 2-5-3　梯度洗脱条件

时间/min	流动相 A/%	流动相 B/%
0.00	99	1
0.50	99	1
2.00	95	5
2.20	90	10
4.80	87	13
5.00	0	100
8.00	0	100
8.20	99	1
12.00	99	1

2)质谱条件

a)电离方式:ESI+。

b)探头温度:600℃。

c)毛细管电压:0.80kV。

d)选择离子反应监测(SIR)模式。

e)离子源温度:120℃。

f)锥孔电压见表 2-5-4。

表 2-5-4　维生素 B_6 各组分 SIR 参考条件

维生素 B_6 各组分	母离子(m/z)	锥孔电压/eV
吡哆醇	170.0*/152.1	10
$^{13}C_4$-吡哆醇	174.1	8
吡哆醛	168.1*/150.1	8
D_3-吡哆醛	171.1	10
吡哆胺	169.1*/151.1	12
D_3-吡哆胺	172.2	12

*为定量离子。

(3)标准曲线制作

分别将维生素 B_6 标准系列工作液由低浓度到高浓度依次进样，以吡哆醇、吡哆醛、吡哆胺与相应同位素内标的峰面积比值为纵坐标，以吡哆醇、吡哆醛、吡哆胺标准系列工作液浓度为横坐标，分别绘制吡哆醇、吡哆醛、吡哆胺标准曲线。

(4)样品测定

将待测样液依次进样，按上述绘制 3 条标准曲线，用内标法计算待测试液中吡哆醇、吡哆醛、吡哆胺的浓度。

(5)定性测定

在相同的实验条件下进行样品测定时，如果检出的色谱峰保留时间与标准品的保留时间相比，变化范围应在±2.5%之内，并且在样品质谱图中所选择的离子均出现，且所选离子丰度比相对偏差不超过表 2-5-5 所规定的范围。

表 2-5-5　定性离子对相对丰度的最大允许偏差

相对离子丰度	>50%	20%～50%	10%～20%	≤10%
允许的相对偏差	±20%	±25%	±30%	±50%

3.分析结果表达

维生素 B_6 各组分按式(2-5-3)计算：

$$X_i=\frac{c_i\times V_1\times V_2}{m\times V_3\times 1000} \tag{2-5-3}$$

式中：X_i 为试样中吡哆醇、吡哆醛、吡哆胺各自的含量(mg/kg)；c_i 为样液中吡哆醇、吡哆醛、吡哆胺各自的含量(ng/mL)；V_1 为试样提取的最终稀释体积(mL)；V_2 为过滤溶液的定容体积(mL)；V_3 为准确吸取过滤溶液的体积(mL)；m 为试样质量(g)；1000 为单位换算系数。

维生素 B_6 总量按式(2-5-4)计算：

$$X=X_{醇}+X_{醛}\times 1.012+X_{胺}\times 1.006 \tag{2-5-4}$$

式中：X 为试样中维生素 B_6(以吡哆醇计)的含量(mg/kg)；$X_{醇}$ 为试样中吡哆醇的含量(mg/kg)；$X_{醛}$ 为试样中吡哆醛的含量(mg/kg)；1.012 为吡哆醛的含量换算成吡哆醇的

系数；$X_{胺}$为试样中吡哆胺的含量(mg/kg)；1.006 为吡哆胺的含量换算成吡哆醇的系数。

计算结果保留 3 位有效数字。

在重复条件下获得的 2 次独立测定结果的绝对差值不得超过算术平均值的 10%。

当称样量为 1.00g 时，检出限为 0.15mg/kg；定量限为 0.40mg/kg。

(三)高效液相色谱法

1. 仪器及设备

(1)天平：感量分别为 1mg 和 0.01mg。

(2)涡旋混合器。

(3)pH 计：精度 0.01。

(4)超声波振荡器。

(5)分光光度计。

(6)恒温培养箱。

(7)配有荧光检测器的高效液相色谱仪。

2. 分析步骤

(1)样品处理

1)含淀粉的样品

固体样品：称取混合均匀的固体试样约 1～5g(精确至 0.01g)。液体样品：称取混合均匀的固体试样约 5～20g(精确至 0.01g)，于 150mL 锥形瓶中，加入 0.5mL 淀粉酶，再加入 5mL 温水(45～50℃)，混匀后充氮气保护，50～60℃下酶解 30min 以上，待冷却至室温。

2)不含淀粉的样品

固体样品：称取混合均匀的固体试样约 1～5g(精确至 0.01g)。液体样品：称取混合均匀的固体试样约 5～20g(精确至 0.01g)，于 150mL 锥形瓶中，加入 25mL 温水(45～50℃)涡旋混匀。静止 5～10min，冷却至室温。

3)待测液准备

用盐酸调节上述溶液 pH 为 1.7±0.1，放置 1min，用氢氧化钠再次调节 pH 为 4.5±0.1，将上述溶液放置在锥形瓶中超声震荡 10min，转移至 50mL 棕色容量瓶中，重复冲洗锥形瓶，合并溶液，水定容至 50mL。另取锥形瓶，将稀释液混匀后，过滤，过 0.45mm 滤膜，待测。

(2)检测条件

1)色谱柱：C_{18}柱(柱长 150mm、内径 4.6mm、粒径 1.8mm)或相当者。

2)流动相：庚烷磺酸钠与三乙胺混合液(A 相)-甲醇(B 相)，等度洗脱(95+5)。

3)流速：1.0mL/min。

4)柱温：30℃。

5)进样体积：10μL。

6)检测波长：激发波长 293nm，发射波长 395nm。

(3)标准曲线制作

分别将维生素 B_6 标准系列工作液由低浓度到高浓度依次进样，以吡哆醇、吡哆醛、吡哆胺峰面积为纵坐标，以吡哆醇、吡哆醛、吡哆胺标准系列工作液浓度为横坐标，分别绘制吡哆醇、吡哆醛、吡哆胺标准曲线。

(4)样品测定

将待测样液依次进样，按上述所述绘制 3 条标准曲线，用内标法计算待测试液中吡哆醇、吡哆醛、吡哆胺的浓度。

3. 分析结果表达

维生素 B_6 各组分按式(2-5-5)计算：

$$X_i=\frac{c_i\times V\times f}{m} \qquad (2-5-5)$$

式中：X_i 为试样中吡哆醇、吡哆醛、吡哆胺各自的含量(mg/kg)；c_i 为样液中吡哆醇、吡哆醛、吡哆胺各自的含量(mg/mL)；V 为试样提取的最终稀释体积(mL)；m 为试样质量(g)；f 为稀释倍数。

维生素 B_6 总量按式(2-5-6)计算：

$$X=X_{醇}+X_{醛}\times1.012+X_{胺}\times1.006 \qquad (2-5-6)$$

式中：X 为试样中维生素 B_6(以吡哆醇计)的含量(mg/kg)；$X_{醇}$ 为试样中吡哆醇的含量(mg/kg)；$X_{醛}$ 为试样中吡哆醛的含量(mg/kg)；1.012 为吡哆醛的含量换算成吡哆醇的系数；$X_{胺}$ 为试样中吡哆胺的含量(mg/kg)；1.006 为吡哆胺的含量换算成吡哆醇的系数。

计算结果保留 3 位有效数字。

在重复条件下获得的 2 次独立测定结果的绝对差值不得超过算术平均值的 15%。

当称样量为 5.00g 时，检出限为：0.15mg/kg；定量限为：0.40mg/kg。

(四)微生物法

1. 仪器及设备

(1)天平：感量分别为 0.01g 和 0.01mg。

(2)涡旋混合器。

(3)高压灭菌锅。

(4)离心机。

(5)光栅分光光度计。

(6)恒温培养箱。

(7)超净工作台。

(8)pH 计：精度 0.01。

(9)YM 肉汤培养浸基。3.0g 酵母浸膏，3.0g 麦芽浸膏，5.0g 蛋白胨，10.0g 葡萄糖，1000mL 蒸馏水，混合调 pH 至 6.2±0.2，121℃灭菌 15min。

(10)YM 琼脂培养基。3.0g 酵母浸膏，3.0g 麦芽浸膏，5.0g 蛋白胨，10.0g 葡萄糖，

1000mL 蒸馏水，13g 琼脂混合调 pH 至 6.2±0.2，121℃灭菌 15min。

2. 分析步骤

(1)菌种复苏。在酿酒酵母或等效菌株冻干粉中加入 0.3mL YM 肉汤培养基或无菌生理盐水复溶，取复溶液分解接种在 2 支 10mL YM 肉汤培养基试管中，30℃培养 20～24h，在 2～8℃保存，传代次数不可超过 15 次，每半个月传代 1 次。

(2)储备菌种制备。将菌株复苏培养液接种在 YM 琼脂营养基平板上，传代 2～3 代增强活力。取单菌落接种在 YM 琼脂营养基斜面上，30℃培养 20～24h，在 2～8℃保存，传代次数不可超过 15 次，每半个月传代 1 次。

(3)接种液制备。在试验前 1 天，将储备菌种转接在 10mL YM 肉汤培养基中，于(30±1)℃培养 20～24h 得到种子培养液，将该培养液离心，去除上清液。用 10mL 生理盐水洗涤，离心，去除上清液，重复操作 2 次，再加 10mL 生理盐水，混合均匀，制备为菌种混悬液使用。

(4)试样处理。称取试样 0.5～10g(精确至 0.01g，其中维生素 B_6 含量不超过 4mg)放入 100mL 锥形瓶中，加 72mL 0.22mol/L 硫酸溶液。放入高压灭菌锅 121℃下水解 2～5h，取出冷却，用 10.0mol/L 氢氧化钠溶液和 0.5mol/L 硫酸溶液调 pH 至(4.5±0.2)，将锥形瓶内的溶液转移到 100mL 容量瓶中，用蒸馏水定容至 100mL，滤纸过滤，保存滤液于冰箱内备用(有效期不超过 36h)。

(5)试管培养法测定。按表 2-5-6 中顺序加入水、标准曲线工作溶液和维生素 B_6 测定用培养基与培养管中。未接种空白试管(UN)、接种空白试管(IN)、标准系列管 S1～S5中维生素 B_6 质量浓度分别为 0ng/mL、0ng/mL、2ng/mL、4ng/mL、8ng/mL、12ng/mL、16ng/mL。每个梯度 3 个平行，线性拟合曲线，以每个点平均值计算。

表 2-5-6　标准曲线系列管

单位：mL

试管号	UN	IN	S1	S2	S3	S4	S5
水	5	5	4.6	4.2	3.4	2.6	1.8
5ng/mL 标准曲线工作液	0	0	0.4	0.8	1.6	2.4	3.2
培养基	5	5	5	5	5	5	5

按表 2-5-7 配制试样系列管。

表 2-5-7　试样系列管

单位：mL

试管号	1	2	3
水	4	3	1
试样提取液	1	2	4
培养基	5	5	5

灭菌：将制备好的标准曲线工作溶液和试样放入高压灭菌锅中 121℃下灭菌 10min，冷却至室温备用。

接种：除未接种空白试管(UN)外，每管中加入 50mL 接种液，混匀，(30±1)℃培养 18～24h。

（6）样品测定。将培养后的标准管和试样管从恒温箱中取出后，用分光光度计于550nm 波长下，以标准管的零管调零，测定各管的吸光度值。以标准管维生素 B_6 所含的浓度为横坐标，吸光度值为纵坐标，绘制维生素 B_6 标准工作曲线，用试样管得到吸光度值，在标准曲线上查到试样管维生素 B_6 的含量。

3. 分析结果表达

试样中维生素 B_6 的含量按式（2－5－7）计算：

$$X=\frac{\rho\times V\times 100}{m\times 10^6} \qquad (2-5-7)$$

式中：X 为试样中维生素 B_6（以吡哆醇计）的含量（mg/ 100g）；ρ 为试样提取液中维生素 B_6 的浓度（ng/mL）；V 为试样提取液的定容体积与稀释体积总和（mL）；m 为试样的称样量（g）；$100/10^6$ 为折算成每 100g 试样中维生素 B_6 的体积。

计算结果保留至小数点后 2 位。

在重复条件下获得的 2 次独立测定结果的绝对差值不得超过算术平均值的 15％。

当取样量为 1.00g 时，定量限为 0.02mg/kg。

三、注意事项

（1）避免强光照射，提取和测定过程应在避免强光照射的环境下进行，因为维生素 B_6 遇到强光容易加速分解。

（2）维生素 B_6 不稳定，因此每隔一段时间需要进行浓度校准。

四、所用设备及检测流程示意图

乳粉中维生素 B_6 测定设备图如图 2－5－1 所示，乳粉中维生素 B_6 检测流程示意图如图 2－5－2 所示，维生素 B_6 标准溶液的液相色谱-串联质谱图如图 2－5－3 所示，维生素 B_6 标准溶液的液相色谱图如图 2－5－4 所示。

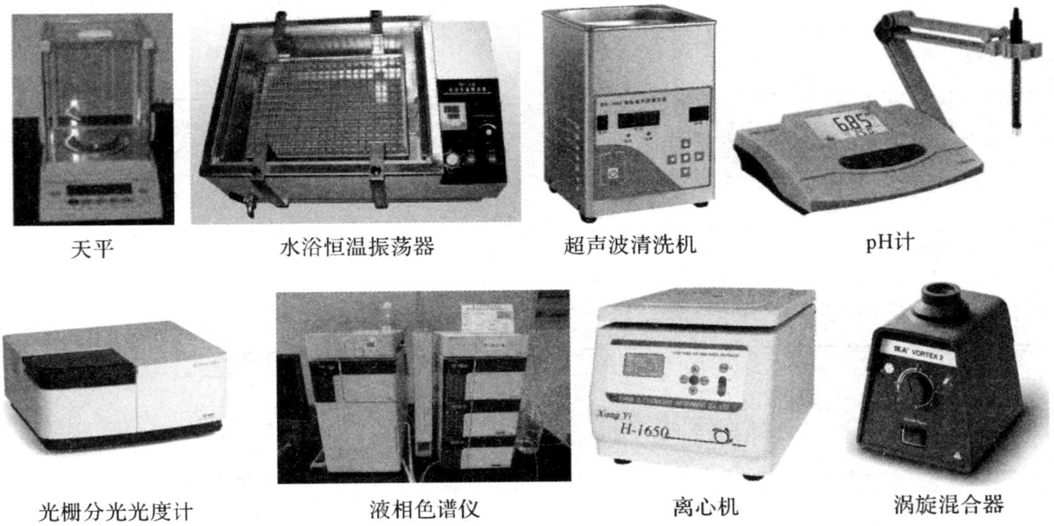

图 2－5－1　乳粉中维生素 B_6 测定设备图

电热恒温培养箱

高压灭菌锅

液相色谱仪-串联质谱

续图 2-5-1　乳粉中维生素 B_6 测定设备图

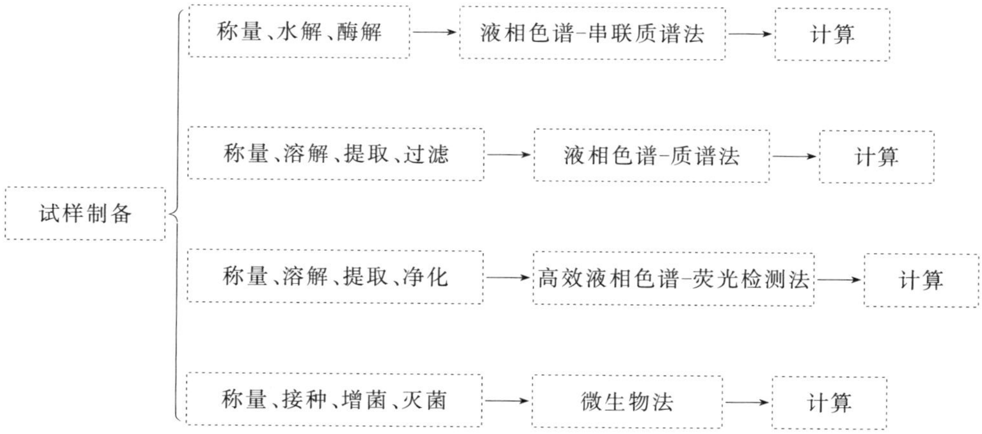

图 2-5-2　乳粉中维生素 B_6 检测流程示意图

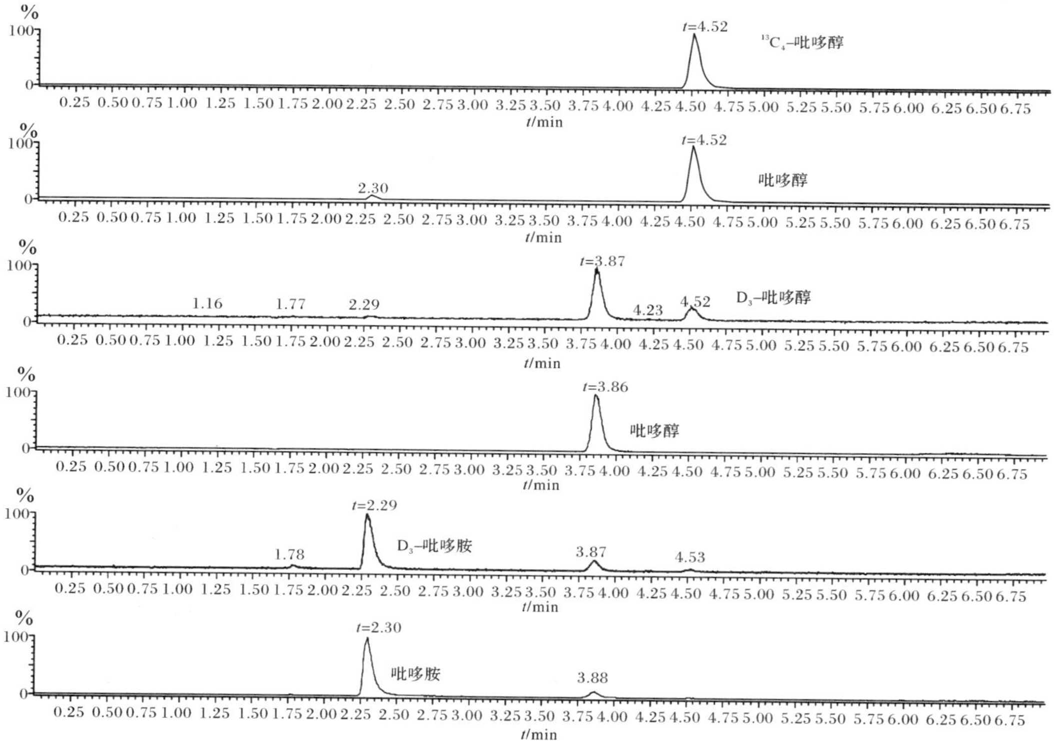

图 2-5-3　维生素 B_6 标准溶液的液相色谱-串联质谱图

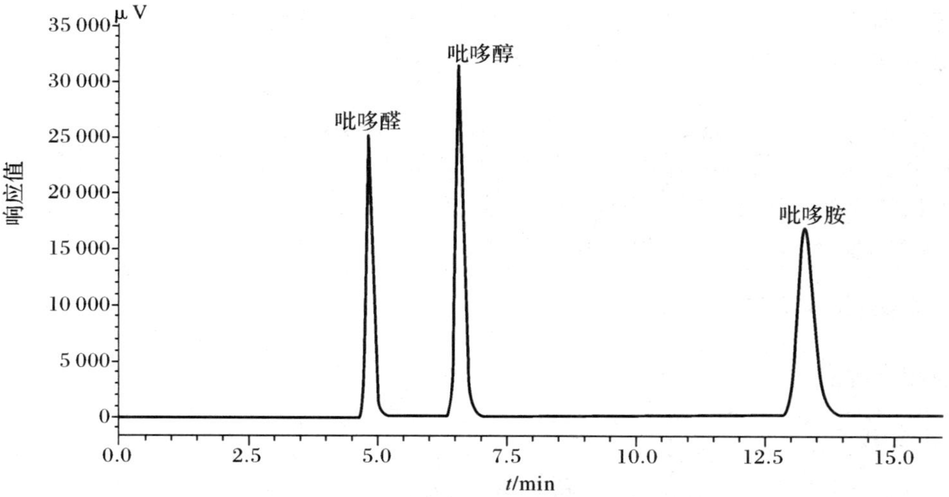

图 2-5-4　维生素 B_6 标准溶液的液相色谱图

第六节　乳粉中维生素 B_{12} 的检测

维生素 B_{12} 是自然界中唯一含有金属元素的咕啉类化合物的总称。人体自身不能合成维生素 B_{12}，外源食物主要来源于动物类食物，而且天然乳含量很低，植物类食物中基本不含维生素 B_{12}。目前应用在医药、食品和饲料中的维生素 B_{12} 多为氰基钴胺素，已被广泛地应用于医药、保健食品、强化营养食品，尤其是婴幼儿配方食品中。维生素 B_{12} 是人体必需的维生素之一，它能促进人体血液系统中红细胞的发育和生长，并参与 DNA 的合成，调节神经系统和人体内细胞代谢等。对于婴幼儿来讲，维生素 B_{12} 会影响其身体发育，若摄入不足，会导致维生素 B_{12} 缺乏症，表现出情绪异常、爱哭爱闹、反应迟缓及发育不良等一系列症状。

目前我国制定的乳粉标准中对于维生素 B_{12} 的要求范围为 0.041～0.478μg/100kJ。检测标准为《食品安全国家标准 食品中维生素 B_{12} 的测定》(GB 5009.285—2022)。该标准包括 3 个检测方法，其中第一法——液相色谱法，第二法——液相色谱-质谱法，以及第三法——微生物法，常用于乳粉中维生素 B_{12} 的测定。

一、测定维生素 B_{12} 的原理(参照 GB 5009.285)

1. 液相色谱法

乳粉样品经酶解后，用氰化钾(或氰化钠)溶液将钴胺素异构体(羟钴胺素、甲钴胺素和 5—脱氧腺苷钴胺素等)转化为氰钴胺素。样液通过免疫亲和柱净化、浓缩后，经反相液相色谱柱分离，用紫外检测器检测，外标法定量。

2. 液相色谱-质谱法

试样经酶解后，用氰化钾(或氰化钠)溶液将钴胺素异构体(羟钴胺素、甲钴胺素和

5-脱氧腺苷钴胺素等)转化为氰钴胺素。样液通过免疫亲和柱净化、浓缩后,经反相液相色谱柱分离,用串联质谱检测器检测,同位素内标法定量。

3.微生物法

维生素 B_{12} 是莱士曼氏乳酸杆菌生长所必需的营养素。在一定条件下,莱士曼氏乳酸杆菌的生长与维生素 B_{12} 的含量成对应关系。根据维生素 B_{12} 的含量与透光率(或吸光度值)的标准工作曲线,可以计算出试样中维生素 B_{12} 的含量。

二、具体实验操作过程

(一)液相色谱法

1.仪器及设备

(1)天平:感量分别为 0.01g、0.001g 和 0.00001g。

(2)水浴恒温振荡器(25~100℃)。

(3)pH 计:精度 0.01。

(4)超声波清洗器。

(5)离心机(转速≥10000r/min)。

(6)配有紫外检测器的液相色谱仪。

2.分析步骤

(1)样品处理

1)提取。称取 5~10g 试样(精确至 0.01g)于 150mL 具塞锥形瓶中,依次加入 30mL 乙酸钠缓冲液、0.2g 胃蛋白酶、0.05g 淀粉酶和 2mL 氰化钾(或氰化钠)溶液,充分混合。将样品溶液放入水浴恒温振荡器,在 37℃ 酶解 30min,酶解后转入 100℃ 水浴中,保持 30min,取出冷却至室温。将样品溶液转移至 100mL 容量瓶中,用水定容至刻度,摇匀。移取上述溶液 40mL 至 50mL 离心管中,以 10000r/min 的转速离心 10min,取上清液用玻璃纤维滤纸过滤后备用。

2)净化。将免疫亲和柱连接至固相萃取装置上,弃去免疫亲和柱内的缓冲液后,移取适量上述滤液(其中含维生素 B_{12} 为 10~500ng)过柱,调节过柱速度为 2~3mL/min。待样液完全过柱后,用 10mL 水以稳定流速淋洗免疫亲和柱,抽干。在免疫亲和柱下放置 10mL 玻璃试管,用 3mL 甲醇分 3 次洗脱,收集全部洗脱液,在 60℃ 以下用氮气流缓缓吹至近干,用 0.04%三氟乙酸溶液定容至 1.0mL,涡旋 30s 溶解残留物,用 0.22μm 滤膜过滤,待测。

(2)检测条件

1)色谱柱:C_{18} 柱(柱长 150mm、内径 4.6mm、粒径 2.5μm),或相当者。

2)流动相:A:0.04%三氟乙酸溶液,B:乙腈。

3)流速:0.8mL/min。

4)柱温:40℃。

5)检测波长：361nm。

6)进样体积：100μL。

表 2-6-1　洗脱梯度参考条件

时间/min	流动相 A/%	流动相 B/%	流速/(mL/min)
0.0	90	10	0.8
6.0	90	10	0.8
8.5	0	100	0.8
14.0	90	10	0.8

(3)标准曲线

将标准系列溶液由低浓度到高浓度依次注入液相色谱仪中，测定相应的色谱峰面积，以维生素 B_{12} 的峰面积为纵坐标，以维生素 B_{12} 的浓度为横坐标，绘制标准曲线。

(4)样品测定

将待测样液注入液相色谱仪中，得到待测溶液中维生素 B_{12} 的峰面积，根据标准曲线得到测定液中维生素 B_{12} 的浓度。待测样液中维生素 B_{12} 的响应值应在标准曲线的线性范围内，超过线性范围则应稀释上机溶液，或调整取样量重新按样品分析步骤处理后再进样分析。

不称取试样，按样品分析步骤操作，应不含有干扰待测组分的物质。

3.分析结果表达

试样中维生素 B_{12}(以氰钴胺素计)按式(2-6-1)计算：

$$X=\frac{\rho\times V_1\times V_3\times 100}{m\times V_2\times 1000} \qquad (2-6-1)$$

式中：X 为试样中维生素 B_{12} 的含量(μg/100g)；ρ 为由标准曲线计算得到的试样溶液中维生素 B_{12} 的浓度(ng/mL)；V_1 是样品提取液的定容体积(mL)；V_2 是上柱溶液的体积(mL)；V_3 是试样过柱洗脱液的最终定容体积(mL)；m 为试样的取样量(g)；100、1000 为单位换算系数。

计算结果保留 2 位有效数字。

在重复条件下获得的 2 次独立测定结果的绝对差值不得超过算术平均值的 15%。

当称样量为 5.0g 时，乳粉中维生素 B_{12} 的检出限为 0.2μg/100g，定量限为 0.5μg/100g。

(二)液相色谱-质谱法

1.仪器及设备

(1)天平：感量分别为 0.01g、0.001g 和 0.00001g。

(2)水浴恒温振荡器(25～100℃)。

(3)pH 计：精度 0.01。

(4)超声波清洗器。

(5)离心机(转速≥10000r/min)。

(6)配有电喷雾、电离源的液相色谱-串联质谱仪。

2. 分析步骤

(1)提取

称取混匀后的试样 1～5g(精确至 0.01g)于 50mL 离心管中,依次加入 100μL 同位素内标工作液、25mL 乙酸钠缓冲液、0.04g 胃蛋白酶、0.01g 淀粉酶和 2mL 氰化钾(或氰化钠)溶液,充分混合。将样品溶液放入水浴恒温振荡器,在 37℃下振荡酶解 30min(肉类样品需酶解 10～16h),酶解后转入 100℃水浴中,保持 30min,取出冷却至室温。以 10000r/min 的转速离心 10min,取上清液用玻璃纤维滤纸过滤后备用。

(2)净化

将免疫亲和柱(维生素 B_{12} 免疫亲和柱)连接至固相萃取装置上,弃去免疫亲和柱内的缓冲液后,转移全部滤液过柱,调节过柱速度为 2～3mL/min。待样液完全过柱后,用 10mL 水以稳定流速淋洗免疫亲和柱,抽干。在免疫亲和柱下放置 10mL 玻璃试管,用 3mL 甲醇分 3 次洗脱,收集全部洗脱液,在 60℃以下用氮气流缓缓吹至近干,用乙酸铵溶液定容至 1.0mL,涡旋 30s 溶解残留物,用 0.22μm 滤膜过滤,待测。

(3)检测条件

1)色谱条件

a)色谱柱:C_{18} 柱(柱长 100mm、内径 2.1mm、粒径 1.7μm),或相当者。

b)流动相:A:乙酸铵溶液(2.5mmol/L),B:乙腈(90%,体积比)。

c)流速:0.3mL/min。

d)柱温:40℃。

e)进样体积:10μL。

表 2-6-2 洗脱梯度参考条件

时间/min	流动相 A/%	流动相 B/%	流速/(mL/min)
0.0	93	7	0.3
0.5	93	7	0.3
2.0	85	15	0.3
2.5	10	90	0.3
3.0	10	90	0.3
3.5	93	7	0.3
6.0	93	7	0.3

2)质谱参考条件

a)电离方式:ESI+。

b)离子源温度:350℃。

c)锥孔反吹气流量:50L/h。

d)脱溶剂气温度:650℃。

e)脱溶剂气流量：900L/h。

f)多反应监测(MRM)模式。

锥孔电压和碰撞能量见表2－6－3。

表2－6－3　离子对参考条件

化合物名称	母离子$[M+2H]^{2+}$ (m/z)	碎片离子$[M+H]^{+}$ (m/z)	锥孔电压 /V	碰撞能量 /eV
维生素B_{12}	678.7	147.1[a]	30	30
		359.2		20
维生素B_{12}同位素内标	682.1	153.9[a]	30	30
		365.8		20

注：a为定量离子。

(4)定性测定

在相同的测试条件下，试样溶液中目标化合物的保留时间与相应标准溶液中目标化合物的保留时间相比，偏差在±2.5%以内，且检测到的离子相对丰度应当与浓度相当的校正标准溶液相对丰度一致，其允许偏差应符合表2－6－4的要求。

表2－6－4　定性时相对离子丰度的最大允许偏差

相对离子丰度	＞50%	20%～50%	10%～20%	≤10%
允许相对偏差	±20%	±25%	±30%	±50%

(5)标准曲线

将标准系列溶液由低浓度到高浓度依次注入液相色谱-串联质谱仪中，测定相应的色谱峰面积，以维生素B_{12}与其同位素内标的峰面积比值为纵坐标，以维生素B_{12}的浓度为横坐标，绘制标准曲线。

(6)样品测定

将待测样液注入液相色谱-串联质谱仪中，得到待测溶液中维生素B_{12}与其同位素内标的峰面积比值，根据标准曲线得到测定液中维生素B_{12}的浓度。待测样液中维生素B_{12}的响应值应在标准曲线的线性范围内，超过线性范围则应减少取样量，重新按样品分析步骤处理后再进样分析。

不称取试样，按样品分析步骤操作，应不含有干扰待测组分的物质。

3.分析结果表达

试样中维生素B_{12}(以氰钴胺素计)按式(2－6－2)计算：

$$X=\frac{\rho\times V\times 100}{m\times 1000} \tag{2-6-2}$$

式中：X为试样中维生素B_{12}的含量(μg/100g)；ρ为由标准曲线计算得到的试样溶液中维生素B_{12}的浓度(ng/mL)；V是试样过柱洗脱液的定容体积(mL)；m为试样的取样量(g)；100、1000为单位换算系数。

计算结果保留2位有效数字。

在重复条件下获得的2次独立测定结果的绝对差值不得超过算术平均值的15%。

当称样量为5.00g时，乳粉中维生素B_{12}的检出限为0.05μg/100g，定量限为0.2μg/100g。

(三)微生物法

1.仪器及设备

(1)天平：感量分别为0.01g、0.001g和0.00001g。

(2)分光光度计。

(3)pH计：精度0.01。

(4)恒温培养箱：(36±1)℃。

(5)振荡培养箱：(36±1)℃，振荡速度：140～160r/min。

(6)压力灭菌锅。

(7)恒温水浴锅(100±1)℃。

(8)离心机(转速≥2000r/min)。

(9)冰箱2～8℃。

(10)涡旋振荡器。

(11)均质器。

2.分析步骤

(1)测试菌液制备

1)菌株复苏。莱士曼氏乳酸杆菌冻干粉活化后接种在乳酸杆菌琼脂培养基上，在(36±1)℃下培养18～24h，在2～8℃保存，传代次数不可超过15次，每半个月传代1次。

2)菌悬液制备。将菌株复苏培养液接种在乳酸杆菌琼脂培养基上，在(36±1)℃培养18～24h，离心弃去上清液，加入10mL 9g/L氯化钠溶液，离心，如前操作，弃去上清液，再加入10mL 9g/L氯化钠溶液。

3)测试菌液。吸取适量菌悬液于10mL 9g/L氯化钠溶液，制备成测试菌液，在550nm下测试透光率，透光率应在60%～80%之间。

(2)样品处理

称取一定量的样品(精确至0.0001g，样品中含维生素B_{12}为50～100ng)于250mL高压灭菌瓶中，用10mL的提取溶液混匀后，加150mL水，摇匀，置于压力灭菌器中121℃水解10min，冷却后用盐酸溶液(1mol/L)调pH至4.5±0.2，转入250mL容量瓶中，定容至刻度。混匀，过滤，移取滤液5mL，加入20～30mL水，用氢氧化钠溶液(1mol/L)调pH至6.8±0.2，转入100mL容量瓶中，定容至刻度，作为试样提取液。必要时进一步调整稀释倍数(f)，使试样提取液中维生素B_{12}的质量浓度在0.01～0.02ng/mL，偏重亚硫酸钠的质量浓度小于0.03ng/mL。

(3)标准曲线的配制

按表2-6-5分别加入维生素B_{12}标准使用工作液和维生素B_{12}测定用培养基于试管

中,1 式 3 份。

表 2-6-5　标准曲线的配制　(单位:mL)

试管号	S1	S2	S3	S4	S5	S6	S7	S8	S9	S10
水	5	5	4	3	2	1	0	2	1	0
0.01ng/mL 标准使用工作液	0	0	1	2	3	4	5	0	0	0
0.02ng/mL 标准使用工作液	0	0	0	0	0	0	0	3	4	5
测定用培养基	5	5	5	5	5	5	5	5	5	5

待测液的配制:按表 2-6-6 分别加入水、试样提取液和维生素 B_{12} 测定用培养基于试管中,1 式 3 份。

表 2-6-6　待测液的配制　(单位:mL)

试管号	1	2	3	4
水	4	3	2	1
试样提取液	1	2	3	4
测定用培养基	5	5	5	5

(4)灭菌

在所有需培养的试管内分别加入 1 粒玻璃珠,盖上试管帽,121℃灭菌 5min(商品培养基按标签说明进行灭菌)。

(5)接种

将灭菌后的试管迅速冷却至 30℃以下。除标准曲线管中空白试管 S1 外,用移液器分别向上述试管中加入 1 滴(约 50μL)测试菌液。

(6)培养

将试管于(36±1)℃培养 19～20h。培养结束后,对每支试管进行目测检查,未接种试管 S1 内培养液应是澄清的,如果 S1 管出现浑浊,则测定无效,需重做试验。

(7)测定

以接种空白管做对照,测定最高浓度标准曲线试管的透光率,2h 后重新测定。2 次结果透光率差值若<2%,则取出全部检验管测定其透光率。

用未接种空白试管(S1)作空白,将分光光度计透光率调到 100%(或吸光度为 0),读出接种空白试管(S2)的读数。再以接种空白试管(S2)为空白,调节透光率为 100%(或吸光度为 0),依次读出其他每支试管的透光率(或吸光度)。

用涡旋振荡器充分混合每一支试管内培养物(或加一滴消泡剂)后,立即将培养液移入比色皿内进行测定,波长 550nm。待读数稳定 30s 后,读出透光率,每支试管的稳定时间要相同。各标准曲线浓度点 3 支试管吸光度值的相对标准偏差应<15%。如果3 支试管吸光度的相对标准偏差≥15%,则舍去该标准曲线浓度点(舍去的标准曲线浓度点数量不得超过 1 个)。以标准系列管中维生素 B_{12} 浓度为横坐标,透光率为纵坐标,绘制标

准曲线。

根据待测液的透光率，从标准工作曲线中计算该待测液中维生素 B_{12} 的浓度，根据稀释因子和称样量计算出试样中维生素 B_{12} 的含量。透光率超出标准曲线管 S3～S10 范围的测试值要舍去。

用每支试管的透光率计算每毫升每个编号待测液中维生素 B_{12} 的浓度，并计算该编号待测液的维生素 B_{12} 浓度平均值，每支试管测得的浓度不得超过该平均值的 15%，超过值要舍去。如果符合该要求的管数少于所有的 4 个编号的待测液的总管数的 2/3，用于计算试样含量的数据是不充分的，则需要重新检验。如果符合要求的管数超过原来管数的 2/3，则重新计算每一个编号的有效试样管中每毫升测定液中维生素 B_{12} 含量的平均值，以此平均值计算全部编号试样管的总平均值为 ρ。用式(2-6-3)计算试样中维生素 B_{12} 的含量 X。

3. 分析结果表达

试样中维生素 B_{12}(以氰钴胺素计)按式(2-6-3)计算：

$$X=\frac{\rho\times f\times 100}{m\times 1000} \tag{2-6-3}$$

式中：X 为试样中维生素 B_{12} 的含量(μg/100g)；ρ 为有效试样管中维生素 B_{12} 浓度的总平均值(ng/mL)；f 为稀释倍数；m 为试样的取样量(g)；100、1000 为单位换算系数。

计算结果保留 2 位有效数字。

在重复条件下获得 2 次独立测定结果的绝对差值不得超过算术平均值的 15%。

本方法检出限为 0.1μg/100g，经验证比较确认后，可采用检测体积等比例缩小的微生物微量培养法。

三、注意事项

(1)避免强光照射，提取和测定过程应在避免强光照射的环境下进行，因为维生素 B_{12} 遇到强光容易加速分解。

(2)对于以氰钴铵素为营养强化剂，且本底中不含有其他形式钴胺素的样品，在样品提取时可不使用氰化钾(或氰化钠)。

(3)氰化钾(或氰化钠)废液严禁与酸混合，可加入氢氧化钠调节至 pH>10，再加入高锰酸钾粉末(按废液质量的 3%加入)，使氰化物分解，放置 24h 后排放。

四、所用设备及检测流程示意图

乳粉中维生素 B_{12} 测定设备图如图 2-6-1 所示，乳粉中维生素 B_{12} 检测流程示意图如图 2-6-2 所示，维生素 B_{12} 标准溶液的色谱图如图 2-6-3 所示，维生素 B_{12} 及其内标的液相色谱-质谱图如图 2-6-4 所示。

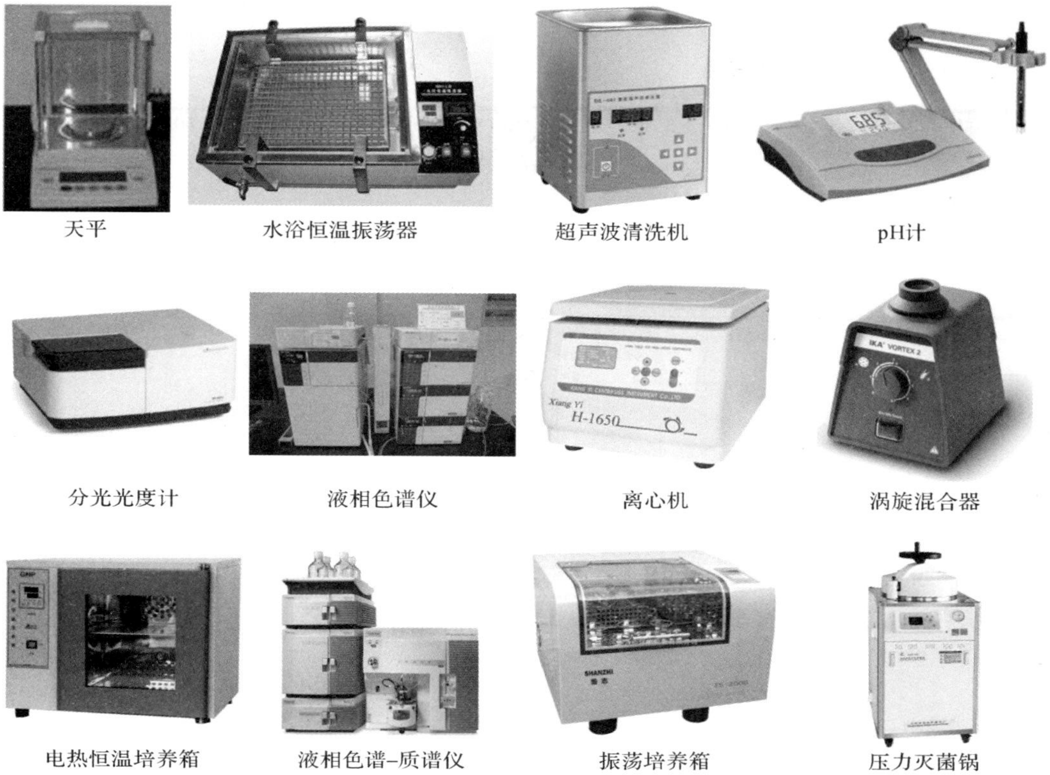

图 2-6-1　**乳粉中维生素 B_{12} 测定设备图**

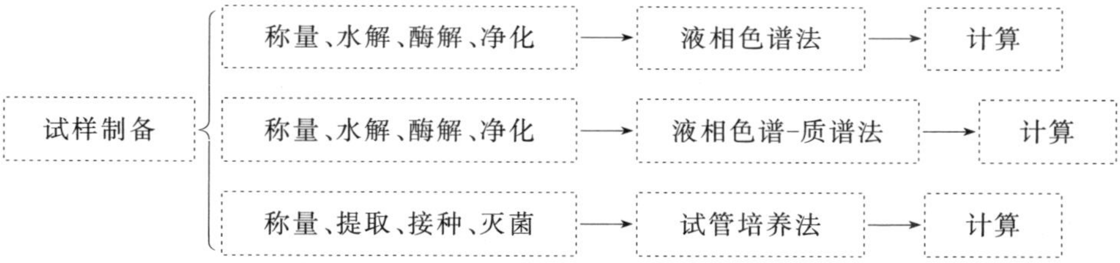

图 2-6-2　**乳粉中维生素 B_{12} 检测流程示意图**

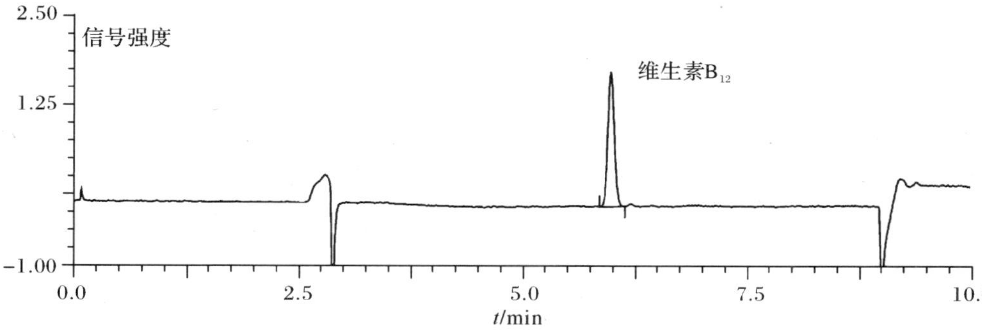

图 2-6-3　**维生素 B_{12} 标准溶液的色谱图**

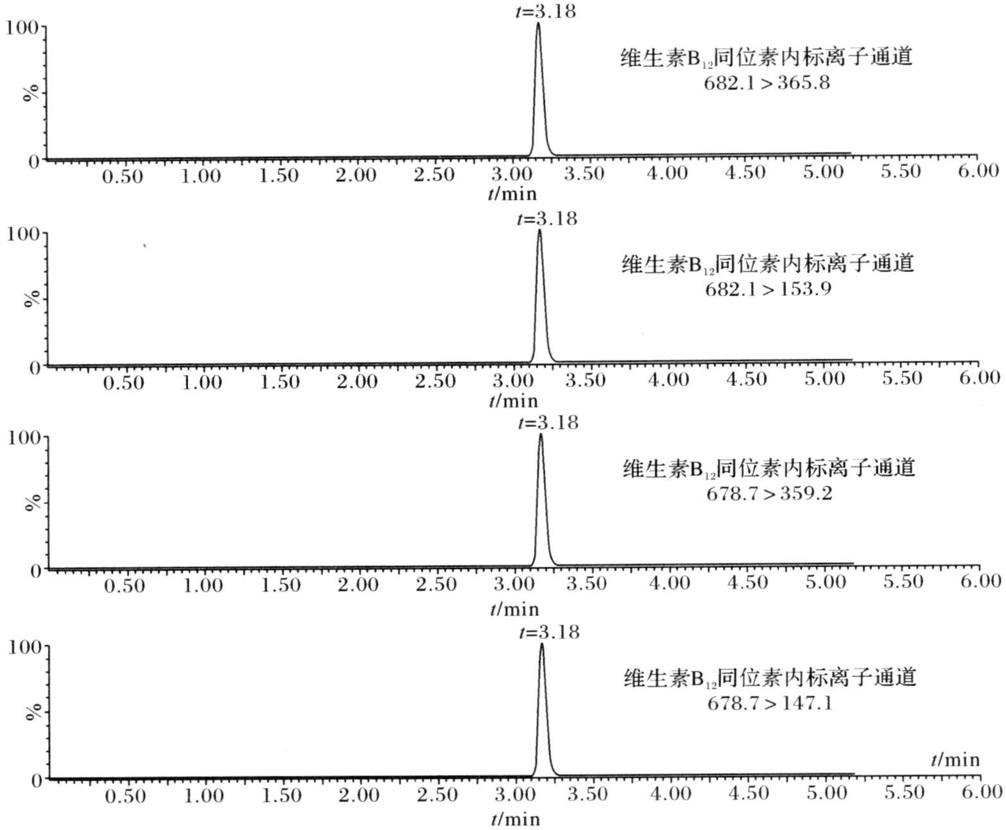

图 2-6-4 维生素 B_{12} 及其内标的液相色谱-质谱图

第七节 乳粉中维生素 C 的检测

维生素 C 是一种酸性己糖衍生物，具有很强的抗氧化性，由于其具有抗坏血病的作用，所以被人们称作抗坏血酸，它是国家标准中规定的营养强化剂中必不可少的营养指标之一。维生素 C 可参与胶原蛋白和类固醇的合成、铁的吸收等多种生物、化学反应，具有预防动脉硬化、提高免疫力、治疗坏血病、预防衰老、减轻炎性反应、防癌抗癌等作用，是维护人体正常生理机能所必需的水溶性维生素。但是人体自身无法合成和储存维生素 C，必须从外界获得。在婴幼儿配方乳粉中，维生素 C 是重要的必需营养素。由于维生素 C 的水溶液呈酸性，在碱性溶液中更不易存留，而特殊医学用途婴幼儿配方乳粉中的氨基酸配方乳粉、蛋白部分水解配方乳粉和蛋白深度水解配方乳粉中均含有大量氨基酸和肽，对维生素 C 的结构稳定性有一定的影响，遇水、光、热、氧都易发生降解，所以快速准确检测乳粉中的维生素 C 对乳粉质量检测具有重要意义。

目前我国制定的乳粉标准中对于维生素 C 的要求范围为 2.4～16.7mg/100kJ。检测标准为《食品安全国家标准 婴幼儿食品和乳品中维生素 C 的测定》(GB 5413.18—2010)。该标准共 1 个检测方法,用于乳粉中维生素 C 的测定。

一、测定维生素 C 的原理(参照 GB 5413.18)

维生素 C 在活性炭存在下氧化成脱氢抗坏血酸,它与邻苯二胺反应生成荧光物质,用荧光分光光度计测定其荧光强度,其荧光强度与维生素 C 的浓度成正比,用外标法定量。

二、具体实验操作过程

1. 仪器及设备

(1)天平:感量为 0.1mg。

(2)可调式烘箱。

(3)培养箱(45±1)℃。

(4)荧光分光光度计。

2. 分析步骤

(1)样品处理

含淀粉的样品:称取混合均匀的固体试样约 5g(精确至 0.0001g),液体样品称取约 20g(精确至 0.0001g),加入 0.1g 淀粉酶,固体试样加入 50mL45～50℃蒸馏水,液体样品加入 30mL45～50℃蒸馏水,混合均匀,用氮气排除瓶中空气,在(45±1)℃培养箱中 30min,冷却至室温,用偏磷酸-乙酸溶液溶解,定容至 100mL。

不含淀粉的样品:称取混合均匀的固体试样约 5g(精确至 0.0001g),用偏磷酸-乙酸溶液溶解,定容至 100mL。或称取混合均匀的液体试样约 50g(精确至 0.0001g),用偏磷酸-乙酸溶液溶解,定容至 100mL。

将上述试样及维生素 C 标准溶液转至放有约 2g 酸性活性炭的 250mL 三角瓶中,剧烈振动,过滤(弃去约 5mL 最初滤液),即为试样及标准溶液的滤液。然后准确吸取 5.0mL试样及标准溶液的滤液分别置于 25mL 及 50mL 放有 5.0mL 硼酸-乙酸钠溶液的容量瓶中,静置 30min 后,用蒸馏水定容。以此作为试样及标准溶液的空白溶液。在此 30min 内,再准确吸取 5.0mL 试样及标准溶液的滤液于另外的 25mL 及 50mL 放有 5.0mL乙酸钠溶液和约 15mL 水的容量瓶中,用水稀释至刻度。以此作为试样溶液及标准溶液。

试样待测液:分别准确吸取 2.0mL 试样溶液及试样的空白溶液于 10.0mL 试管中,向每支试管中加入 5.0mL 邻苯二胺溶液,摇匀,在避光条件下放置 60min 后待测。

标准系列待测液:准确吸取上述标准溶液 0.5mL、1.0mL、1.5mL 和 2.0mL,分别置于 10mL 试管中,再用水补充至 2.0mL。同时准确吸取标准溶液的空白溶液 2.0mL 于 10mL 试管中。向每支试管中加入 5.0mL 邻苯二胺溶液,摇匀,在避光条件下放置 60min 后待测。

(2)标准曲线的绘制

将标准系列待测液立刻移入荧光分光光度计的石英杯中，于激发波长 350nm，发射波长 430nm 条件下测定其荧光值。以标准系列荧光值分别减去标准空白荧光值为纵坐标，对应的维生素 C 质量浓度为横坐标，绘制标准曲线。

(3)样品测定

将试样待测液按照上述方法分别测其荧光值，试样溶液荧光值减去试样空白溶液荧光值后，在标准曲线上查得对应的维生素 C 质量浓度。

3. 分析结果表达

试样中维生素 C 的含量按式(2－7－1)计算：

$$X=\frac{c\times V\times f}{m}\times\frac{100}{1000} \qquad (2-7-1)$$

式中：X 为试样中维生素 C 的含量(mg/100g)；c 为由标准曲线查得的试样测定液中维生素 C 的质量浓度(μg/mL)；V 为试样的定容体积(mL)；m 为试样的质量(g)；f 为试样的稀释倍数；100/1000 为单位换算系数。

计算结果保留至小数点后 1 位。

在重复条件下获得的 2 次独立测定结果的绝对差值不得超过算术平均值的 10%。

本标准的检出限为 0.1mg/100g。

三、注意事项

(1)维生素 C 易分解，在操作过程中应注意全程避光。

(2)在荧光分析时，为了得到稳定可靠的数据，一般需要开机预热氙灯大约 30min。如果仪器光源采用的是闪烁氙灯，预热时间可以缩短至 10min 左右。

四、所用设备及检测流程示意图

乳粉中维生素 C 测定设备图如图 2－7－1 所示，乳粉中维生素 C 检测流程示意图如图 2－7－2 所示。

图 2－7－1 乳粉中维生素 C 测定设备图

试样制备 → 溶解 → 氧化 → 荧光分光光度计 → 计算

图 2－7－2 乳粉中维生素 C 检测流程示意图

第三章　乳粉中脂肪酸检测

第一节　乳粉中脂肪酸的检测

脂肪酸(fatty acid,FA),是指一端含有一个羧基的长的脂肪族碳氢链,通式是 $C_{(n)}H_{(2n+1)}COOH$,根据碳氢链的不饱和程度可分为饱和脂肪酸(SFA)、单不饱和脂肪酸(MUFA)和多不饱和脂肪酸(PUFA)。脂肪酸在有充足氧供给的情况下,可氧化分解为 CO_2 和 H_2O,释放大量能量,因此脂肪酸是机体主要能量来源之一。婴幼儿所需的能量基本由乳粉中摄入,亚麻酸和亚油酸是人体内 2 种必需脂肪酸,因为人体虽然不能直接合成其他多不饱和脂肪酸,但是可以通过亚油酸和 α-亚麻酸在体内合成其他多不饱和脂肪酸,如 DHA、ARA 等,需要注意的是摄入的比例要适宜。婴幼儿配方食品中对于亚油酸和 α-亚麻酸的添加比例要求在 5:1～15:1(GB 10765 婴儿配方食品)。月桂酸和肉豆蔻酸是 2 种饱和脂肪酸,国家标准规定月桂酸和肉豆蔻酸的总量不应超过总脂肪酸的 20%,多量摄入会引起高胆固醇血症。ω-3 多不饱和脂肪酸是脑组织中含量丰富的脂肪酸,对大脑具有保护作用,尤其是其中的二十碳四烯酸(花生四烯酸(ARA)和二十二碳六烯酸(DHA)是大脑中 2 种主要的长链多不饱和脂肪酸,对胎儿脑发育和神经髓鞘的形成起着很重要的作用。

国家标准对乳粉中脂肪酸含量有着明确的规定,目前我国制定的乳粉标准中对于亚油酸的限量要求为 0.07～0.33g/100kJ,α-亚麻酸的限量要求≥12mg/100kJ,芥酸含量应＜总脂肪酸的 1%。检测标准为《食品安全国家标准 食品中脂肪酸的测定》(GB 5009.168)。该标准包括 3 个检测方法,分别为内标法、外标法、归一化法,均适用于乳粉中脂肪酸的测定。

一、检测脂肪酸的原理(参照 GB 5009.168)

1. 内标法

水解-提取法:加入内标物的试样经水解,乙醚溶液提取其中的脂肪后,在碱性条件下皂化和甲酯化,生成脂肪酸甲酯,经毛细管柱气相色谱分析,内标法定量测定脂肪酸甲酯含量。依据各种脂肪酸甲酯含量和转换系数计算出总脂肪、饱和脂肪(酸)、单不饱和脂肪(酸)、多不饱和脂肪(酸)的含量。

2. 外标法

(1)水解-提取法:试样经水解,乙醚溶液提取其中的脂肪后,在碱性条件下皂化和甲酯化,生成脂肪酸甲酯,经毛细管柱气相色谱分析,用外标法定量,测定脂肪酸的含量。动植物纯油脂试样不经脂肪提取,直接进行皂化和脂肪酸甲酯化。

(2)乙酰氯-甲醇法(适用于含水量<5%的乳粉和无水奶油试样):乙酰氯与甲醇反应得到的盐酸-甲醇使其中的脂肪和游离脂肪酸甲酯化,用甲苯提取后,经气相色谱仪分离检测,用外标法定量。

(3)酯交换法(适用于游离脂肪酸含量≤2%的油脂):将油脂试样溶解在异辛烷中,加入氢氧化钾甲醇溶液,通过酯交换甲酯化,反应完全后,用硫酸氢钠中和剩余的氢氧化钾,用外标法定量,测定脂肪酸的含量。

3. 归一化法

(1)水解-提取法:试样经水解,乙醚溶液提取其中的脂肪后,在碱性条件下皂化和甲酯化,生成脂肪酸甲酯,经毛细管柱气相色谱分析,面积归一化法定量测定脂肪酸的含量。

(2)酯交换法(适用于游离脂肪酸含量≤2%的油脂):将油脂试样溶解在异辛烷中,加入氢氧化钾甲醇溶液,通过酯交换甲酯化,反应完全后,用硫酸氢钠中和剩余的氢氧化钾,用面积归一化法定量测定脂肪酸的含量。动植物油脂试样不经脂肪提取,直接进行皂化和脂肪酸甲酯化。

二、具体实验操作过程

(一)内标法

1. 仪器及设备

(1)匀浆机或实验室用组织粉碎机或研磨机。

(2)气相色谱仪:具有氢火焰离子检测器(FID)。

(3)毛细管色谱柱:聚二氰丙基硅氧烷强极性固定相(柱长 100m、内径 0.25mm、膜厚 0.2μm)。

(4)恒温水浴:控温范围 40～100℃,控温±1℃。

(5)分析天平:感量为 0.1mg。

(6)旋转蒸发仪。

2. 分析步骤

(1)样品处理

水解-提取法:称取均匀试样 0.1～10g(精确至 0.1mg,含脂肪 100～200mg)移入到 250mL 平底烧瓶中,准确加入 2.0mL 十一碳酸甘油三酯内标溶液。加入约 100mg 焦性没食子酸,加入几粒沸石,再加入 2mL95%乙醇和 4mL 水,混匀。根据试样的类别选取相应的水解方法,乳制品采用碱水解法。试样的水解:乳制品(乳粉及液态乳等试样)。

加入氨水 5mL，混匀。将烧瓶放入 70～80℃水浴中水解 20min，每 5min 振荡 1 次烧瓶，使黏附在烧瓶壁上的颗粒物混入溶液中水解完成后，取出烧瓶冷却至室温。水解后的试样，加入 10mL95％乙醇，混匀。将烧瓶中的水解液转移到分液漏斗中，用 50mL 乙醚石油醚混合液冲洗烧瓶和塞子，冲洗液并入分液漏斗中，加盖，振摇 5min，静置 10min。将醚层提取液收集到 250mL 烧瓶中。按照以上步骤重复提取水解液 3 次，最后用乙醚石油醚混合液冲洗分液漏斗，并收集到 250mL 烧瓶中。旋转蒸发仪浓缩至干，残留物为脂肪提取物。在脂肪提取物中加入 2％氢氧化钠甲醇溶液 8mL，连接回流冷凝器，在(80±1)℃水浴上回流，直至油滴消失。从回流冷凝器上端加入 7mL15％三氟化硼甲醇溶液，在(80±1)℃水浴中继续回流 2min，用少量水冲洗回流冷凝器。停止加热，从水浴上取下烧瓶，迅速冷却至室温。加入 10～30mL 正庚烷，振摇 2min，再加入饱和氯化钠水溶液，静置分层。吸取上层正庚烷提取溶液约 5mL，至 25mL 试管中，加入约 3～5g 无水硫酸钠，振摇 1min，静置 5min，吸取上层溶液到进样瓶中待测定。

(2)测定

取单个脂肪酸甲酯标准溶液和脂肪酸甲酯混合标准溶液分别注入气相色谱仪，对色谱峰进行定性。色谱条件参照(GB5009.168)脂肪酸甲酯混合标准溶液气相色谱图，见图 3-1-1。

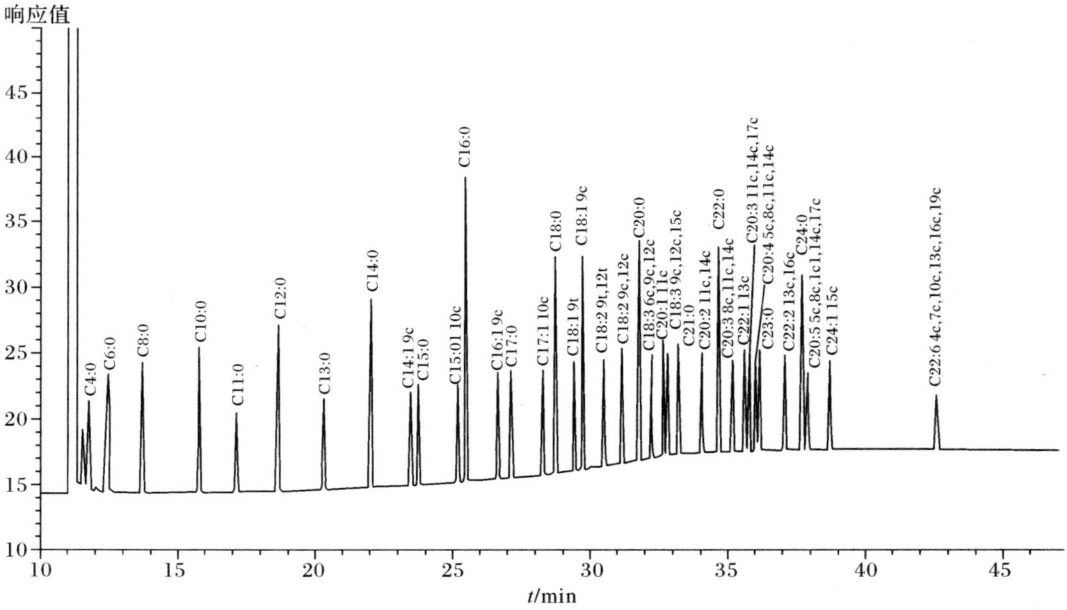

图 3-1-1　37 种脂肪酸甲酯标准溶液参考色谱图

1)仪器参考条件

a)毛细管色谱柱：聚二氰丙基硅氧烷强极性固定相(柱长 100m、内径 0.25mm、膜厚 0.2μm)。

b)进样器温度：250℃。

c)检测器温度：260℃。

d)程序升温：初始温度 130℃，持续 5min；130～240℃，升温速率，4℃/min，保持 30min。

e)载气：氮气。

f)分流比：10∶1。

g)进样体积：1.0μL。

h)流速：0.7mL/min。

i)检测条件应满足理论塔板数(n)至少 2000/m，分离度(R)至少为 1.25。

(CD－2560 色谱柱，柱长 100m、内经 0.25mm、外径 0.2μm)具体化合物信息见附录 A 表 3－1－1。

3.分析结果表达

试样中单个脂肪酸甲酯含量按式(3－1－1)计算：

$$X_i = F_i \frac{A_i}{A_{C11}} \times \frac{\rho_{C11} \times V_{C11} \times 1.0067}{m} \times 100 \qquad (3-1-1)$$

式中：X_i为试样中脂肪酸甲酯 i 含量(g/ 100g)；F_i为脂肪酸甲酯 i 的响应因子；A_i为试样中脂肪酸甲酯 i 的峰面积；A_{C11}为试样中加入的内标物十一碳酸甲酯峰面积；ρ_{C11}为十一碳酸甘油三酯浓度(mg/mL)；V_{C11}为试样中加入十一碳酸甘油三酯体积(mL)；1.0067 为十一碳酸甘油三酯转化成十一碳酸甲酯的转换系数；m 为样品的质量(g)；100 为将含量转换为每 100g 试样中含量的换算系数。

脂肪酸甲酯 i 的响应因子 F_i按式(3－1－2)计算：

$$F_i = \frac{\rho_{si} \times A_{11}}{A_{si} \times \rho_{11}} \qquad (3-1-2)$$

式中：ρ_{Si}为混标中各脂肪酸甲酯 i 的浓度(mg/mL)；A_{11}为十一碳酸甲酯峰面积；A_{Si}为脂肪酸甲酯 i 的峰面积；ρ_{11}为混标中十一碳酸甲酯浓度(mg/mL)。

试样中饱和脂肪(酸)含量按式(3－1－3)计算，试样中单饱和脂肪酸含量按式(3－1－4)计算：

$$X_{\text{saturated Fat}} = \sum X_{SFA_i} \qquad (3-1-3)$$

$$X_{SFA_i} = X_{FAME_i} \times F_{FAME_i-FA_i} \qquad (3-1-4)$$

式中：$X_{\text{saturated Fat}}$ 为饱和脂肪(酸)含量(g/100g)；X_{SFA_i} 为单饱和脂肪酸含量(g/100g)；X_{FAME_i} 为单饱和脂肪酸甲酯含量(g/100g)；$F_{FAME_i-FA_i}$ 为脂肪酸甲酯转化成脂肪酸的系数。脂肪酸甲酯转换为脂肪酸的转换系数 $F_{FAME_i-FA_i}$ 参见附录 B。脂肪酸甲酯 i 转化成为脂肪酸的系数按式(3－1－5)计算：

$$F_{FAME_i-FA_i} = \frac{M_{FA_i}}{M_{FAME_i}} \qquad (3-1-5)$$

式中：M_{FA_i} 为脂肪酸 i 的分子质量；M_{FAME_i} 为脂肪酸甲酯 i 的分子质量。

试样中单不饱和脂肪(酸)含量 $X_{\text{Mono-Unsaturated Fat}}$ 按式(3－1－6)计算，试样中每种单不饱和脂肪酸甲酯含量按式(3－1－7)计算：

$$X_{\text{Mono-Unsaturated Fat}} = \sum X_{MUFA_i} \qquad (3-1-6)$$

$$X_{MUFA_i} = X_{FAME_i} \times F_{FAME_i-FA_i} \qquad (3-1-7)$$

式中：$X_{\text{Mono-Unsaturated Fat}}$ 为试样中单不饱和脂肪(酸)含量(g/100g)；F_{MUFA_i} 为试样中每种单不饱和脂肪酸含量(g/100g)；X_{FAME_i} 为每种单不饱和脂肪酸甲酯含量(g/100g)；$F_{\text{FAME}_i-\text{FA}_i}$ 为脂肪酸甲酯 i 转化成脂肪酸的系数。

试样中多不饱和脂肪(酸)含量 $X_{\text{Poly-Unsaturated Fat}}$、单个多不饱和脂肪酸含量按式(3－1－8)分别计算：

$$X_{\text{Poly-Unsaturated Fat}} = \sum X_{\text{PUFA}_i}$$

$$X_{\text{PUFA}_i} = X_{\text{FAME}_i} \times F_{\text{FAME}_i-\text{FA}_i} \qquad (3-1-8)$$

式中：$X_{\text{Poly-Unsaturated Fat}}$ 为试样中多不饱和脂肪(酸)含量(g/100g)；X_{PUFA_i} 为试样中单个多不饱和脂肪酸含量(g/100g)；X_{FAME_i} 为单个多不饱和脂肪酸甲酯含量(g/100g)；$F_{\text{FAME}_i-\text{FA}_i}$ 为脂肪酸甲酯转化成脂肪酸的系数。

试样中总脂肪含量按式(3－1－9)计算：

$$X_{\text{Total Fat}} = \sum X_i \times F_{\text{FAME}_i-\text{TG}_i} \qquad (3-1-9)$$

式中：$X_{\text{Total Fat}}$ 为试样中总脂肪含量(g/100g)；X_i 为试样中单个脂肪酸甲酯 i 含量(g/100g)；$F_{\text{FAME}_i-\text{TG}_i}$ 为脂肪酸甲酯 i 转化成甘油三酯的系数。

各种脂肪酸甲酯转化成甘油三酯的系数参见附录 A。脂肪酸甲酯 i 转化成为脂肪酸甘油三酯的系数按式(3－1－10)计算：

$$F_{\text{FAME}_i-\text{TG}_i} = \frac{M_{\text{TG}_i} \times \frac{1}{3}}{M_{\text{FAME}_i}} \qquad (3-1-10)$$

式中：$F_{\text{FAME}_i-\text{TG}_i}$ 为脂肪酸甲酯 i 转化成为脂肪酸甘油三酯的系数；M_{G_i} 为脂肪酸甘油三酯 i 的分子质量；M_{FAME_i} 为脂肪酸甲酯 i 的分子质量；1/3 转换系数。

结果保留 3 位有效数字。

(二)外标法

1. 仪器设备

(1)匀浆机或实验室用组织粉碎机或研磨机。

(2)气相色谱仪：具有氢火焰离子检测器(FID)。

(3)毛细管色谱柱：聚二氰丙基硅氧烷强极性固定相(柱长 100m、内径 0.25mm、膜厚 0.2μm)。

(4)恒温水浴：控温范围 40～100℃，控温精度±1℃。

(5)分析天平：感量为 0.1mg。

(6)离心机：转速≥5000r/min。

(7)旋转蒸发仪。

(8)螺口玻璃管(带有聚四氟乙烯做内垫的螺口盖)：15mL。

(9)离心管：50mL。

2. 分析步骤

(1)样品处理

1)水解-提取法:称取均匀试样 0.1～10g(精确至 0.1mg,含脂肪 100～200mg)移入 250mL 平底烧瓶中,加入约 100mg 焦性没食子酸,加入几粒沸石,再加入 2mL 95%乙醇,混匀。试样的水解方法、脂肪提取、脂肪的皂化和脂肪酸的甲酯化同方法一。

2)乙酰氯-甲醇法:称取乳粉试样 0.5g 或无水奶油试样 0.2g(精确至 0.1mg)于 15mL 干燥螺口玻璃管中,加入 5.0mL 甲苯。向试样中加入 10%乙酰氯甲醇溶液 6mL,充氮气后,旋紧螺旋盖。振荡混合后于(80±1)℃水浴中放置 2h,期间每隔 20min 取出振摇 1 次,水浴后取出冷却至室温。将反应后的样液转移至 50mL 离心管中,分别用 3mL 碳酸钠溶液清洗玻璃管 3 次,合并碳酸钠溶液于 50mL 离心管中,混匀。以 5000r/min 的转速离心 5min。取上清液作为试液,用气相色谱仪测定。

(2)测定条件

色谱参考条件同方法一。

3. 分析结果表达

以色谱峰峰面积定量。试样中各脂肪酸的含量按式(3-1-11)计算:

$$X_i=\frac{A_i\times m_{si}\times F_{\mathrm{TG}_i-\mathrm{FA}_i}}{A_{S_i}\times m}\times 100 \qquad (3-1-11)$$

式中:X_i为试样中各脂肪酸的含量(g/100g);A_i为试样测定液中各脂肪酸甲酯的峰面积;m_{si}为在标准测定液的制备中吸取的脂肪酸甘油三酯标准工作液中所含有的标准品的质量(mg);$F_{\mathrm{TG}_i-\mathrm{FA}_i}$为各脂肪酸甘油三酯转化为脂肪酸的换算系数,参见附录 B;A_{Si}为标准测定液中各脂肪酸的峰面积;m 为试样的称样质量(mg);100 为将含量转换为每 100g 试样中含量的换算系数。

试样中总脂肪酸的含量按式(3-1-12)计算:

$$X_{\mathrm{Total\ FA}}=\sum X_i \qquad (3-1-12)$$

式中:$X_{\mathrm{Total\ FA}}$为试样中总脂肪酸的含量(g/100g);X_i 为试样中各脂肪酸的含量(g/100g)。

结果保留 3 位有效数字。

(三)归一化法

1. 仪器设备

同方法一。

2. 分析步骤

同方法一。

3. 分析结果表达

试样中某个脂肪酸占总脂肪酸的百分比 Y_i 按式(3-1-13)计算,通过测定相应峰面积对所有成分峰面积总和的百分数来计算给定组分 i 的含量:

$$Y_i=\frac{A_{si}\times F_{\mathrm{FAME}_i-\mathrm{FA}_i}}{\sum A_{si}\times F_{\mathrm{FAME}_i-\mathrm{FA}_i}} \qquad (3-1-13)$$

式中:Y_i 为试样中某个脂肪酸占总脂肪酸的百分比(%);A_{si}为试样测定液中各脂肪酸甲

酯的峰面积；$F_{\mathrm{FAME}_i-\mathrm{FA}_i}$ 为脂肪酸甲酯 i 转化成脂肪酸的系数，参见附录 B；$\sum A_{Si}$ 为试样测定液中各脂肪酸甲酯的峰面积之和。

结果保留 3 位有效数字。

三、注意事项

（1）加入氨水后要充分搅拌，使其成为均匀的乳状液体，否则会使测定结果偏低。

（2）乙酰氯为刺激性试剂，配制乙酰氯-甲醇溶液时应不断搅拌防止喷溅，注意防护。

（3）操作中加入醚后振摇不要过度，以每分钟振摇 60 次左右为宜，避免出现乳化现象。

（4）整个实验过程中避免有水，否则甲酯化失败，最好在脂肪提取完后放入恒温干燥箱 1～2h 后，再进行甲酯化反应。

（5）由于脂肪酸种类较多，仪器分析后需要确定每个化合物的出锋顺序，最好参考使用的色谱柱 37 种脂肪酸的出锋顺序，避免出错。

四、所用设备及检测流程示意图

乳粉中脂肪酸测定设备图如图 3-1-2 所示，乳粉中脂肪酸检测流程示意图如图 3-1-3 所示。

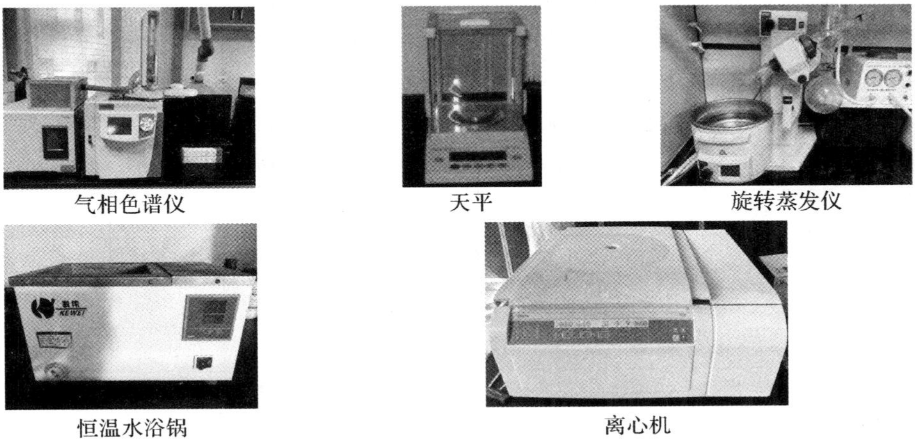

图 3-1-2　乳粉中脂肪酸测定设备图

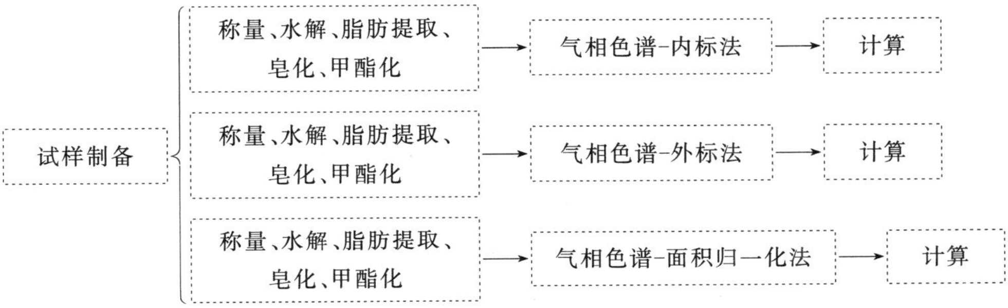

图 3-1-3　乳粉中脂肪酸检测流程示意图

附录 A：脂肪酸甲酯、脂肪酸和脂肪酸甘油三酯之间的转化系数

表 3-1-1 脂肪酸甲酯、脂肪酸和脂肪酸甘油三酯之间的转化系数

序号	脂肪酸简称	脂肪酸甲酯	$F_{FAME-FA}$	$F_{FAME-TG}$	F_{TG-FA}
1	C4:0	丁酸甲酯	0.8627	0.9868	0.8742
2	C6:0	己酸甲酯	0.8923	0.9897	0.9016
3	C8:0	辛酸甲酯	0.9114	0.9915	0.9192
4	C10:0	癸酸甲酯	0.9247	0.9928	0.9314
5	C11:0	十一烷酸甲酯	0.9300	0.9933	0.9363
6	C12:0	十二碳酸甲酯(月桂酸甲酯)	0.9346	0.9937	0.9405
7	C13:0	十三烷酸甲酯	0.9386	0.9941	0.9441
8	C14:0	十四碳酸甲酯(豆蔻酸甲酯)	0.9421	0.9945	0.9474
9	C14:1n5	顺-9-十四碳一烯酸甲酯	0.9417	0.9944	0.9469
10	C15:0	十五烷酸甲酯	0.9453	0.9948	0.9503
11	C15:1n5	顺-10-十五碳一烯酸甲酯	0.9449	0.9947	0.9499
12	C16:0	十六碳酸甲酯(棕榈酸甲酯)	0.9481	0.9950	0.9529
13	C16:1n7	顺-9-十六碳一烯酸甲酯	0.9477	0.9950	0.9525
14	C17:0	十七烷酸甲酯	0.9507	0.9953	0.9552
15	C17:1n7	顺-10-十七碳一烯酸甲酯	0.9503	0.9952	0.9549
16	C18:0	十八碳酸甲酯(硬脂酸甲酯)	0.9530	0.9955	0.9573
17	C18:1n9t	反-9-十八碳一烯酸甲酯	0.9527	0.9955	0.9570
18	C18:1n9c	顺-9-十八碳一烯酸甲酯(油酸甲酯)	0.9527	0.9955	0.9570
19	C18:2n6t	反,反-9,12-十八碳二烯酸甲酯	0.9524	0.9954	0.9567
20	C18:2n6c	顺,顺-9,12-十八碳二烯酸甲酯(亚油酸甲酯)	0.9524	0.9954	0.9567
21	C20:0	二十碳酸甲酯(花生酸甲酯)	0.9570	0.9959	0.9610
22	C18:3n6	顺,顺,顺-6,9,12-十八碳三烯酸甲酯	0.9520	0.9954	0.9564
23	C20:1	顺-11-二十碳一烯酸甲酯	0.9568	0.9959	0.9608
24	C18:3n3	顺,顺,顺-9,12,15-十八碳三烯酸甲酯(α-亚麻酸甲酯)	0.9520	0.9954	0.9564
25	C21:0	二十一烷酸甲酯	0.9588	0.9961	0.9626
26	C20:2	顺,顺-11,14-二十碳二烯酸甲酯	0.9565	0.9958	0.9605
27	C22:0	二十二碳酸甲酯(山嵛酸甲酯)	0.9604	0.9962	0.9641
28	C20:3n6	顺,顺,顺-8,11,14-二十碳三烯酸甲酯	0.9562	0.9958	0.9603
29	C22:1n9	顺-13-二十二碳一烯酸甲酯(芥酸甲酯)	0.9602	0.9962	0.9639
30	C20:3n3	顺 11,14,17-二十碳三烯酸甲酯	0.9562	0.9958	0.9603
31	C18:4n6	顺-5,8,11,14-二十碳四烯酸甲酯	0.9560	0.9958	0.9600

表 3-1-1(续)

序　号	脂肪酸简称	脂肪酸甲酯	$F_{FAME-FA}$	$F_{FAME-TG}$	F_{TG-FA}
32	C23:0	二十三烷酸甲酯	0.9619	0.9964	0.9655
33	C22:2n6	顺 13,16-二十二碳二烯酸甲酯	0.9600	0.9962	0.9637
34	C24:0	二十四烷酸甲酯	0.9633	0.9965	0.9667
35	C20:5n3	顺-5,8,11,14,17-二十碳五烯酸甲酯	0.9557	0.9958	0.9598
36	C24:1n9	顺-15-二十四碳一烯酸甲酯	0.9632	0.9965	0.9666
37	C22:6n3	顺-4,7,10,13,16,19-二十二碳六烯酸甲酯	0.9590	0.9961	0.9628

注：$F_{FAME-FA}$为脂肪酸甲酯转换成脂肪酸的转换系数。

$F_{FAME-TG}$为脂肪酸甲酯转换成相当于单个脂肪酸甘油三酯(1/3)的转换系数。

F_{TG-FA}为脂肪酸甘油三酯转换为脂肪酸的转换系数。

附录 B：脂肪酸的定量限

表 3-1-2　脂肪酸的定量限　　单位：g/100g

序　号	脂肪酸简称	定量限(固体类)	定量限(液体类)
1	C4:0	0.0033	0.0013
2	C6:0	0.0033	0.0013
3	C8:0	0.0033	0.0013
4	C10:0	0.0066	0.0026
5	C11:0	0.0033	0.0013
6	C12:0	0.0066	0.0026
7	C13:0	0.0033	0.0013
8	C14:0	0.0033	0.0013
9	C14:1n5	0.0033	0.0013
10	C15:0	0.0033	0.0013
11	C15:1n5	0.0033	0.0013
12	C16:0	0.0066	0.0026
13	C16:1n7	0.0033	0.0013
14	C17:0	0.0066	0.0026
15	C17:1n7	0.0033	0.0013
16	C18:0	0.0066	0.0026
17	C18:1n9t	0.0033	0.0013
18	C18:1n9c	0.0066	0.0026
19	C18:2n6t	0.0033	0.0013
20	C18:2n6c	0.0033	0.0013
21	C20:0	0.0066	0.0026

表 3-1-2(续)　　单位:g/100g

序　号	脂肪酸简称	定量限(固体类)	定量限(液体类)
22	C18:3n6	0.0066	0.0026
23	C20:1	0.0033	0.0013
24	C18:3n3	0.0033	0.0013
25	C21:0	0.0033	0.0013
26	C20:2	0.0033	0.0013
27	C22:0	0.0066	0.0026
28	C20:3n6	0.0033	0.0013
29	C22:1n9	0.0033	0.0013
30	C20:3n3	0.0033	0.0013
31	C18:4n6	0.0033	0.0013
32	C23:0	0.0033	0.0013
33	C22:2n6	0.0033	0.0013
34	C24:0	0.0066	0.0026
35	C20:5n3	0.0033	0.0013
36	C24:1n9	0.0033	0.0013
37	C22:6n3	0.0033	0.0013

第二节　乳粉中反式脂肪酸的检测

反式脂肪酸是碳链上含有 1 个或以上非共轭反式双键的不饱和脂肪酸及所有异构体的总称，是一类含有反式双键的脂肪酸的简称。婴幼儿配方奶粉中反式脂肪酸主要来源于其配料中的精炼植物油，而企业现有的工艺、设备及其使用的标准均无法有效地控制婴幼儿奶粉中的反式脂肪酸含量，潜在质量安全风险较高，这给食用奶粉的婴幼儿带来了不良的健康影响。有研究表明，长期食用含有反式脂肪酸的奶粉，不仅会干扰婴幼儿对必需脂肪酸的吸收，还会造成婴幼儿中枢神经系统发育障碍。

我国国家标准对乳粉中反式脂肪酸含量有明确的规定，规定乳粉中反式脂肪酸含量≤3%，其检测标准为《食品安全国家标准 食品中反式脂肪酸的测定》(GB 5009.257)。

一、检测反式脂肪酸的原理(参照 GB 5009.257)

动植物油脂试样或经酸水解法提取的食品试样中的脂肪，在碱性条件下与甲醇进行酯交换反应生成脂肪酸甲酯，并在强极性固定相毛细管色谱柱上分离，用配有氢火焰离子化检测器的气相色谱仪进行测定，用面积归一化法定量。

二、具体实验操作过程

1.仪器及设备

(1)气相色谱仪:配氢火焰离子化检测器。

(2)恒温水浴锅。

(3)涡旋振荡器。

(4)离心机:转速在0～4000r/min之间。

(5)具塞试管:10mL、50mL。

(6)分液漏斗:125mL。

(7)圆底烧瓶:200mL,使用前于100℃烘箱中恒重。

(8)旋转蒸发仪。

(9)天平:感量分别为0.1g、0.1mg。

2.分析步骤

(1)样品处理

称取均匀的试样2.0g(精确至0.01g,对于不同的食品称样量可适当调整,保证食品中脂肪量不小于0.125g)置于50mL试管中,加入8mL水充分混合,再加入10mL盐酸混匀。将上述试管放入60～70℃水浴中,每隔5～10min振荡1次,约40～50min至试样完全水解。取出试管,加入10mL乙醇充分混合,冷却至室温。

将混合物移入125mL分液漏斗中,以25mL乙醚分2次润洗试管,洗液一并倒入分液漏斗中。待乙醚全部倒入后,加塞振摇1min,小心开塞,放出气体,并用适量的石油醚-乙醚溶液(1+1)冲洗瓶塞及瓶口附着的脂肪,静置10～20min至上层醚液清澈。将下层水相放入100mL烧杯中,上层有机相放入另1支干净的分液漏斗中,用少量石油醚-乙醚溶液(1+1)洗涤萃取用分液漏斗,收集有机相,合并于分液漏斗中。将烧杯中的水相倒回分液漏斗,再用25mL乙醚分2次润洗烧杯,洗液一并倒入分液漏斗中,按前述萃取步骤重复提取2次,合并有机相于分液漏斗中,将全部有机相过适量的无水硫酸钠柱,用少量石油醚-乙醚溶液(1+1)淋洗柱子,收集全部流出液于100mL具塞量筒中,用乙醚定容并混匀。

精准移取50mL有机相至已恒重的圆底烧瓶内,50℃水浴下旋转蒸去溶剂后,置(100±5)℃下恒重,计算食品中脂肪含量;另50mL有机相于50℃水浴下旋转蒸去溶剂后,用于反式脂肪酸甲酯的测定。

称取60mg提取的脂肪[未经(100±5)℃干燥箱加热],置于10mL具塞试管中,加入4mL异辛烷充分溶解,加入0.2mL氢氧化钾-甲醇溶液,涡旋混匀1min,放至试管内混合液澄清。加入1g硫酸氢钠中和过量的氢氧化钾,涡旋混匀30s,于4000r/min的转速下离心5min,上清液经0.45μm滤膜过滤,滤液作为试样待测液。

(2)测定

1)毛细管气相色谱柱:SP-2560聚二氰丙基硅氧烷(柱长100mm、内径0.25mm、膜厚0.2μm),或性能相当者。

2)检测器:氢火焰离子化检测器。

3)载气:高纯氦气 99.999%。

4)载气流速:1.3mL/min。

5)进样口温度:250℃。

6)检测器温度:250℃。

7)程序升温:初始温度 140℃,保持 5min,以 1.8℃/min 的速率升至 220℃,保持 20min。

8)进样量:1μL。

9)分流比:30∶1。

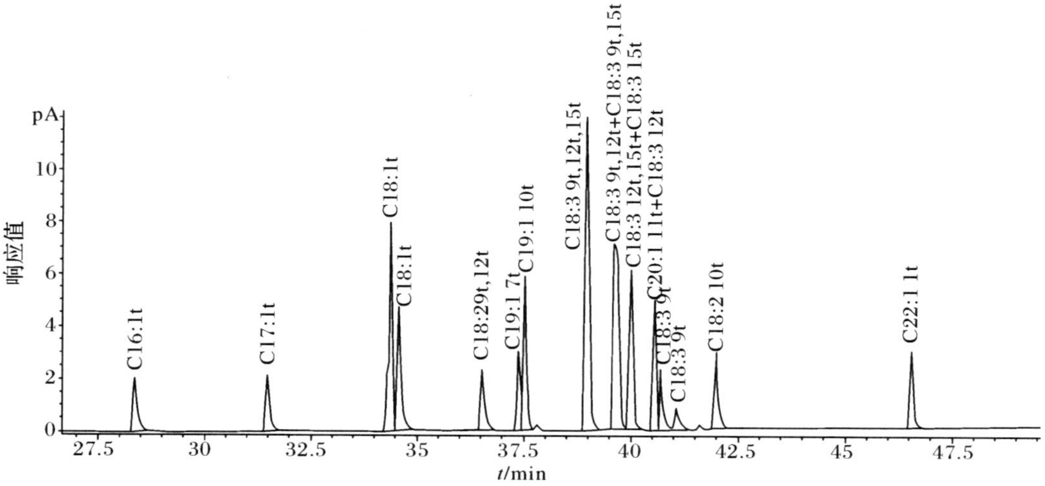

图 3-2-1 反式脂肪酸甲酯标准溶液参考色谱图(C16:19t～C22:113t)

(SP-2560 色谱柱,100m×0.25mm×0.2μm)具体化合物信息见附录 A(表 3-2-1)。

3. 分析结果的表达

食品中脂肪的质量分数按式(3-2-1)计算:

$$\omega_x = \frac{m_1 - m_0}{m_2} \times 100\% \qquad (3-2-1)$$

式中:ω_x 为试样中脂肪的质量分数(%);m_1 为圆底烧瓶和脂肪的质量(g);m_0 为圆底烧瓶的质量(g);m_2 为试样的质量(g);100% 为换算百分比。

相对质量分数按式(3-2-2)计算:

$$\omega_x = \frac{A_x \times f_x}{A_t} \times 100\% \qquad (3-2-2)$$

式中:ω_x 为归一化法计算的反式脂肪酸组分 X 脂肪酸甲酯相对质量分数(%);A_x 为组分 X 脂肪酸甲酯峰面积;f_x 为组分 X 脂肪酸甲酯的校准因子,化合物的校正因子见表附 B;A_t 为所有峰校准面积的总和,除去溶剂峰。

脂肪中反式脂肪酸的质量分数按式(3-2-3)计算:

$$\omega_t = \sum \omega_x \qquad (3-2-3)$$

式中:ω_t 为脂肪中反式脂肪酸的质量分数(%);ω_x 为归一化法计算的组分 X 脂肪酸甲酯

相对质量分数（%）。

食品中反式脂肪酸的质量分数按式（3－2－4）计算：

$$\omega = \omega_t \times \omega_x \qquad (3-2-4)$$

式中：ω 为食品中反式脂肪酸的质量分数（%）；ω_t 为脂肪中反式脂肪酸的质量分数（%）；ω_x 为食品中脂肪的质量分数（%）。

计算结果以重复性条件下获得的 2 次独立测定结果的算术平均值表示，>1.0%的结果保留 3 位有效数字，≤1.0%的结果保留 2 位有效数字。

在重复性条件下获得的 2 次独立测定结果的绝对差值不得超过算术平均值的 15%。

本方法的检出限为 0.012%（以脂肪计），定量限为 0.024%（以脂肪计）。

三、注意事项

（1）加入醚后振摇不可过度，以每分钟振摇 60 次左右为宜，避免出现乳化现象。

（2）恒重时间的控制：实验中对于恒重要求较高，因此在干燥器中冷却时间不可缩短。实验表明，缩短冷却时间会导致结果偏差。

（3）整个实验过程中无水操作，否则甲酯化失败。

（4）因反式脂肪酸种类较多，仪器分析后需确定每个化合物的出锋顺序，应参考所使用的色谱柱说明书的出锋顺序，避免出错。

四、所用设备及检测流程示意图

乳粉中脂肪酸测定设备图如图 3－2－2 所示，乳粉中脂肪酸检测流程示意图如图 3－2－3 所示。

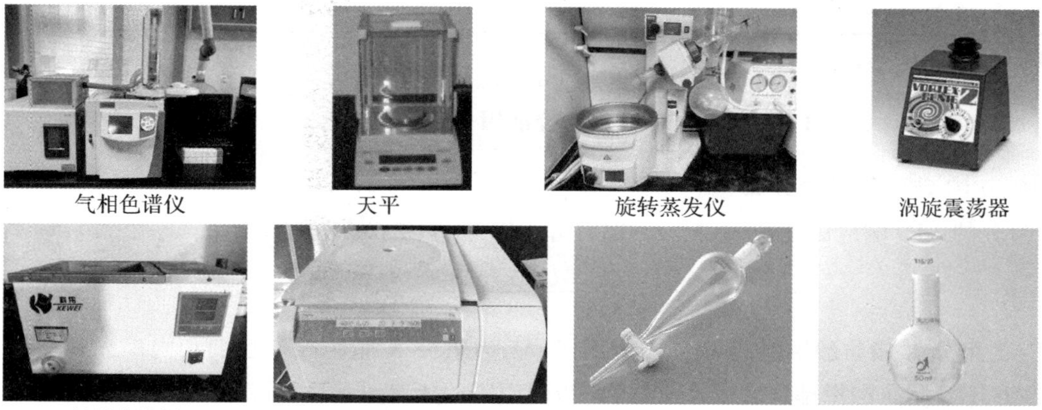

图 3－2－2　乳粉中脂肪酸测定设备图

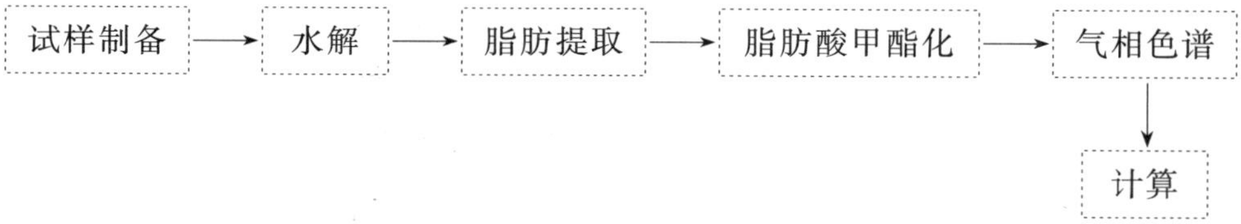

图 3－2－3　乳粉中脂肪酸检测流程示意图

附录 A：脂肪酸甲酯化学信息表

表 3-2-1 脂肪酸甲酯化学信息表

序号	化合物	分子简式	CAS
1	反-9-十六碳烯酸甲酯	C16:19t	10030-74-7
2	反-6-十八碳烯酸甲酯	C18:16t	2777-58-4
3	反-9-十八碳烯酸甲酯	C18:19t	2462-84-2
4	反-11-十八碳烯酸甲酯	C18:1 11t	6198-58-9
5	反-11-二十碳烯酸甲酯	C20:1 11t	69119-90-0
6	反-13-二十二碳烯酸甲酯	C22:1 11t	7439-44-3
7	反亚油酸甲酯	C18:29t,12t	2566-97-4
8	顺-9-反-12-十八碳二烯酸甲酯	C18:29c,12t	20221-26-5
9	反-9-顺-12-十八碳二烯酸甲酯	C18:29t,12c	20221-27-6
10	反-9,12,15-十八碳三烯酸甲酯	C18:39t,12t,15t	14202-25-6
11	反-9,12-顺-15-十八碳三烯酸甲酯	C18:39t,12t,15c	52717-35-8
12	反-9-顺-12-反 15-十八碳三烯酸甲酯	C18:39t,12c,15c	14201-98-0
13	顺-9-反-12,15-十八碳三烯酸甲酯	C18:39c,12t,15t	52717-33-6
14	顺-9,12-反-15-十八碳三烯酸甲酯	C18:39c,12c,15t	37929-05-8
15	顺-9-反-12-顺-15-十八碳三烯酸甲酯	C18:39c,12t,15c	14202-26-7
16	反-9-顺-12,15-十八碳三烯酸甲酯	C18:39t,12c,15c	52717-34-7

附录 B

FID 响应因子和 FID 校准因子的计算

B.1 FID 响应因子的计算

各组分的 FID 响应因子按式(3-2-5)计算 FID 响应因子见表附录 C(表 3-2-2)：

$$F_X=\frac{M_x}{(n_x-1)A_c} \tag{3-2-5}$$

式中：F_X为组分 X 脂肪酸甲酯的 FID 响应因子；M_x为组分 X 脂肪酸甲酯的相对摩尔质量；n_x为组分 X 脂肪酸甲酯所含碳原子数；A_c为碳原子的相对原子质量($A_C=12.01$)。

B.2 FID 校准因子的计算

各组分的 FID 校准因子按式(3-2-6)计算 FID 校准因子见表附录 C(表 3-2-2)：

$$f_x=\frac{F_x}{F_{C16:0}} \tag{3-2-6}$$

式中：f_x为组分 X 脂肪酸甲酯的校准因子；F_x为组分 X 脂肪酸甲酯的 FID 响应因子；$F_{C16:0}$为 C16:0 的 FID 响应因子($F_{C16}:0=1.407$)。

注：C16:0 的 FID 响应因子($F_{C16:0}=1.407$)是参比值。

附录 C:FID 响应因子和 FID 校准因子

表 3-2-2　FID 响应因子和 FID 校准因子

脂肪酸碳原子数	M_x	n_x-1	F_x	f_x
C4:0	102.13	4	2.126	1.51
C6:0	130.19	6	1.807	1.28
C8:0	158.24	8	1.647	1.17
C9:0	172.27	9	1.594	1.13
C10:0	186.30	10	1.551	1.10
C11:0	200.32	11	1.516	1.08
C12:0	214.35	12	1.487	1.06
C13:0	228.37	13	1.463	1.04
C14:0	242.40	14	1.442	1.02
C15:0	256.42	15	1.423	1.01
C16:0	270.46	16	1.407	1.00(参比)
C17:0	284.49	17	1.393	0.99
C18:0	298.52	18	1.381	0.98
C20:0	326.57	20	1.360	0.97
C21:0	340.57	21	1.350	0.96
C22:0	354.62	22	1.342	0.95
C23:0	368.62	23	1.334	0.95
C24:0	382.68	24	1.328	0.94
C14:1	240.40	14	1.430	1.02
C16:1	268.43	16	1.397	0.99
C18:1	296.48	18	1.371	0.97
C20:1	324.53	20	1.351	0.96
C22:1	352.58	22	1.334	0.95
C24:1	380.68	24	1.321	0.94
C18:2	294.46	18	1.302	0.97
C20:2	322.57	20	1.343	0.95
C22:2	350.62	22	1.327	0.94
C18:3	292.15	18	1.333	0.96
C20:3	320.57	20	1.335	0.95
C20:4	318.57	20	1.326	0.94
C20:5	316.57	20	1.318	0.94
C22:6	346.62	22	1.312	0.93

注:M_X 为组分 X 脂肪酸甲酯的相对摩尔质量;n_X 为组分 X 脂肪酸甲酯所含碳原子数;

F_X 为组分 X 脂肪酸甲酯的 FID 响应因子;f_X 为组分 X 脂肪酸甲酯的校准因子。

第四章 乳粉中黄曲霉毒素 M_1 的检测

黄曲霉毒素是一种真菌毒素，主要由黄曲霉和寄生曲霉菌株代谢产生，具有毒性并能够诱导机体产生突变，被世界卫生组织国际癌症研究机构确定为一类致癌物。其中黄曲霉毒素 B_1（aflatoxin B_1，AFB_1）毒性最强，黄曲霉毒素 M_1（aflatoxin M_1，AFM_1）是黄曲霉毒素 B_1 在动物体内经过羟化生成的代谢产物，两者毒性相当，在动物的乳汁中较为常见，奶牛摄入 AFB_1 后，在其乳汁中转化为 AFM_1 的转化率为 0.3%～6.1%。乳粉是最常见的乳制品之一，AFM_1 在其生产和贮藏期间相对稳定，因此测定乳粉中的黄曲霉毒素 M_1 的含量对食品安全而言具有重要意义。

为了最大限度地控制 AFM_1 的摄入量，我国及世界上其他许多国家制定了乳及乳制品中 AFM_1 的限量标准。目前我国制定的乳粉标准中对于黄曲霉毒素 M_1 的限量要求为 0.5μg/kg（按生乳折算），检测标准为《食品安全国家标准 食品中黄曲霉毒素 M 族的测定》（GB 5009.24）。该标准包括同位素稀释液相色谱-串联质谱法、高效液相色谱法及酶联免疫吸附筛查法 3 个检测方法。

一、检测黄曲霉毒素 M_1 原理（参照 GB 5009.24）

1. 同位素稀释液相色谱-串联质谱法

试样中的 AFM_1 用甲醇-水溶液提取，上清液用水或磷酸盐缓冲液稀释后，经免疫亲和柱净化和富集，净化液浓缩、定容和过滤后经液相色谱分离，串联质谱检测，用同位素内标法定量。

2. 高效液相色谱法

试样中的黄曲霉毒素 M_1 用甲醇-水溶液提取，上清液稀释后，经免疫亲和柱净化和富集，净化液浓缩、定容和过滤后经液相色谱分离，荧光检测器检测，用外标法定量。

3. 酶联免疫吸附筛查法

试样中的黄曲霉毒素 M_1 经均质、冷冻离心、脱脂或有机溶剂萃取等处理获得上清液。利用被辣根过氧化物酶标记，或固定在反应孔中的黄曲霉毒 M_1 与样品，或标准品中的黄曲霉毒素 M_1 竞争性结合特异性抗体，在洗涤后加入相应显色剂显色，经无机酸终止反应，于 450nm 或 630nm 波长下检测。样品中的黄曲霉毒素 M_1 与吸光度在一定浓度范围内呈反比。

二、具体实验操作过程

（一）同位素稀释液相色谱-串联质谱法

1. 仪器及设备

（1）天平：感量分别为 0.01g、0.001g 和 0.00001g。

（2）水浴锅：温控（50±2）℃。

（3）涡旋混合器。

（4）超声波清洗器。

（5）离心机：≥6000r/min。

（6）旋转蒸发仪。

（7）固相萃取装置：带真空泵。

（8）氮吹仪。

（9）液相色谱-串联质谱仪：带电喷雾离子源。

（10）圆孔筛：1～2mm 孔径。

（11）玻璃纤维滤纸：快速、高载量，液体中颗粒保留 1.6μm。

（12）一次性微孔滤头：带 0.22μm 微孔滤膜（所选用滤膜应采用标准溶液，检验确认无吸附现象时，方可使用）。

（13）免疫亲和柱：柱容量≥100ng。

2. 分析步骤

（1）样品处理

1）提取

称取 1g 样品（精确到 0.001g）于 50mL 离心管中，加入 100μL $^{13}C_{17}$－AFT M_1 内标溶液（5ng/mL）振荡混匀后静置 30min，加入 4mL50℃热水，涡旋混匀。如果乳粉不能完全溶解，将离心管置于 50℃的水浴中，将乳粉完全溶解后取出。待样液冷却至 20℃后，加入 10mL 甲醇，涡旋 3min。置于 4℃水浴中，以 6000r/min 的转速离心 10min 或经玻璃纤维滤纸过滤，将适量上清液或滤液转移至烧杯中，加 40mL 水或磷酸盐缓冲溶液稀释，备用。

2）净化

a）免疫亲和柱的准备：将低温下保存的免疫亲和柱恢复至室温。

b）净化。免疫亲和柱内的液体放弃后，将上述样液移至 50mL 注射器筒中，调节下滴流速为 1～3mL/min。待样液滴完后，往注射器筒内加入 10mL 水，以稳定流速淋洗免疫亲和柱。待水滴完后，用真空泵抽干亲和柱。脱离真空系统，在亲和柱下放置 10mL 刻度试管，取下 50mL 的注射器筒，加 2×2mL 乙腈（或甲醇）洗脱亲和柱，控制 1～3mL/min 下滴速度，用真空泵抽干亲和柱，收集全部洗脱液至刻度试管中。在 50℃下氮气缓缓将洗脱液吹至近干，用初始流动相定容至 1.0mL，涡旋 30s 溶解残留物，0.22μm 滤膜过滤，收集滤液于进样瓶中以备进样。

注：全自动（在线）或半自动（离线）的固相萃取仪器可优化操作参数后使用。为防止黄曲霉毒素 M_1 破坏，相关操作在避光条件下进行。

（2）测定

1）液相色谱参考条件

a）液相色谱柱：C_{18} 柱（柱长 100mm、内径 2.1mm、粒径 1.7μm），或相当者。

b）色谱柱柱温：40℃。

c）流动相：A 相，5mmol/L 乙酸铵水溶液；B 相，乙腈－甲醇（50＋50）。梯度洗脱：见表 4－1－1。

d）流速：0.3mL/min。

e）进样体积：10μL。

表 4－1－1　液相色谱梯度洗脱条件

时间/min	流动相 A/%	流动相 B/%	梯度变化曲线
0.0	68.0	32.0	—
0.5	68.0	32.0	1
4.2	55.0	45.0	6
5.0	0.0	100.0	6
5.7	0.0	100.0	1
6.0	68.0	32.0	6

2）质谱参考条件

a）检测方式：多离子反应监测（MRM）。

b）离子源控制条件：见表 4－1－2。

c）离子选择参数：见表 4－1－3。

d）液相色谱-质谱图和子离子扫描图：见附录 A。

表 4－1－2　离子源控制条件

电离方式	ESI＋
毛细管电压/kV	17.5
锥孔电压/V	45
射频透镜 1 电压/V	12.5
射频透镜 2 电压/V	12.5
离子源温度/℃	120
锥孔反吹气流量/(L/h)	50
脱溶剂气温度/℃	350
脱溶剂气流量/(L/h)	500
电子倍增电压/V	650

表 4－1－3　质谱条件参数

化合物名称	母离子 (m/z)	定量母离子 (m/z)	碰撞能量 /eV	定性子离子 (m/z)	碰撞能量 /eV	离子化方式
AFT M_1	329	273	23	259	23	ESI^+
$^{13}C_{17}$－AFT M_1	346	317	23	288	24	ESI^+

3)定性测定

试样中目标化合物色谱峰的保留时间与相应标准色谱峰的保留时间相比较，变化范围应在±2.5%之内。

每种化合物的质谱定性离子必须出现，至少应包括 1 个母离子和 2 个子离子，而且同一检测批次，对同一化合物，样品中目标化合物的 2 个子离子的相对丰度比与浓度相当的标准溶液相比，其允许偏差不超过表 4－1－4 规定的范围。

表 4－1－4　定性时相对离子丰度的最大允许偏差

相对离子丰度	>50%	20%～50%	10%～20%	≤10%
允许相对偏差	±20%	±25%	±30%	±50%

4)标准曲线的制作

将标准系列溶液由低浓度到高浓度进样检测，以 AFT M_1 色谱峰与内标色谱峰 $^{13}C_{17}$－AFT M_1 的峰面积比值-浓度作图，得到标准曲线回归方程，其线性相关系数应>0.99。

5)试样溶液的测定

待测溶液进样，内标法计算待测液中目标物质的质量浓度。不称取试样，按本法(1)和(2)的步骤做空白实验，确认不含有干扰待测组分的物质。

3. 分析结果表达

试样中 AFT M_1 的残留量按式(4－1－1)计算：

$$X=\frac{\rho\times V\times f\times 1000}{m\times 1000} \quad (4-1-1)$$

式中：X 为试样中 AFT M_1 的含量(μg/kg)；ρ 为进样溶液中 AFT M_1 按照内标法在标准曲线中对应的浓度(ng/mL)；V 为样品经免疫亲和柱净化洗脱后的最终定容体积(mL)；f 为样液稀释因子；m 为试样的称样量克(g)；1000 为单位换算系数。

计算结果保留 3 位有效数字。

在重复性条件下获得的 2 次独立测定结果的绝对差值不得超过算术平均值的 20%。

称取 1g 乳粉时，本方法 AFT M_1 的检出限为 0.02μg/kg，定量限为 0.05μg/kg。

(二)高效液相色谱法

1. 仪器及设备

(1)天平：感量分别为 0.01g、0.001g 和 0.00001g。

(2)水浴锅：温控(50±2)℃。

(3)涡旋混合器。

(4)超声波清洗器。

(5)离心机:≥6000r/min。

(6)旋转蒸发仪。

(7)固相萃取装置(带真空泵)。

(8)氮吹仪。

(9)圆孔筛:1~2mm 孔径。

(10)液相色谱仪:带荧光检测器。

(11)玻璃纤维滤纸:快速,高载量,液体中颗粒保留 1.6μm。

(12)一次性微孔滤头:带 0.22μm 微孔滤膜。

(13)免疫亲和柱:柱容量≥100ng。(对于每个批次的亲和柱,在使用前需进行质量验证)

2.分析步骤

(1)样品提取

1)提取。称取 1g 样品(精确到 0.001g)于 50mL 离心管中振荡混匀后静置 30min,加入 4mL50℃热水,涡旋混匀。如果乳粉不能完全溶解,将离心管置于 50℃的水浴中,将乳粉完全溶解后取出。待样液冷却至 20℃后,加入 10mL 甲醇,涡旋 3min。置于 4℃水浴中,以 6000r/min 的转速下离心 10min 或经玻璃纤维滤纸过滤,将适量上清液或滤液转移至烧杯中,加 40mL 水或磷酸盐缓冲溶液稀释,备用。

2)净化。免疫亲和柱内的液体放弃后,将上述样液移至 50mL 注射器筒中,调节下滴流速为 1~3mL/min。待样液滴完后,往注射器筒内加入 10mL 水,以稳定流速淋洗免疫亲和柱。待水滴完后,用真空泵抽干亲和柱。脱离真空系统,在亲和柱下放置 10mL 刻度试管,取下 50mL 的注射器筒,加 2×2mL 乙腈(或甲醇)洗脱亲和柱,控制 1~3mL/min 下滴速度,用真空泵抽干亲和柱,收集全部洗脱液至刻度试管中。在 50℃下氮气缓缓地将洗脱液吹至近干,用初始流动相定容至 1.0mL,涡旋 30s 溶解残留物,用 0.22μm 滤膜过滤,收集滤液于进样瓶中以备进样。

(2)测定

1)液相色谱参考条件

a)液相色谱柱:C_{18}柱(柱长 150mm、内径 4.6mm、粒径 5μm),或相当者。

b)柱温:40℃。

c)流动相:A 相,水;B 相,乙腈-甲醇(50+50)。等度洗脱条件:A,70%;B,30%。

d)流速:1.0mL/min。

e)荧光检测波长:激发波长 360nm;发射波长 430nm。

f)进样量:50μL。液相色谱图见附录 B。

2)标准曲线的制作

将系列标准溶液由低浓度到高浓度进样检测,以峰面积比值-浓度作图,得到标准曲线回归方程。

3)试样溶液的测定

待测样液中的响应值应在标准曲线线性范围内，超过线性范围的则应稀释后重新进样分析。不称取试样，按 2 分析步骤中 1)和 2)的步骤做空白实验，确认不含有干扰待测组分的物质。

3. 分析结果表达

试样中 AFT M_1 的残留量按式(4－1－2)计算：

$$X=\frac{\rho\times V\times f\times 1000}{m\times 1000} \tag{4－1－2}$$

式中：X 为试样中 AFT M_1 的含量(μg/kg)；ρ 为进样溶液中 AFT M_1 的色谱峰由标准曲线所获得 AFT M_1 的浓度(ng/mL)；V 为样品经免疫亲和柱净化洗脱后的最终定容体积(mL)；f 为样液稀释因子；1000 为单位换算系数；m 为试样的称样量(g)。

计算结果保留 3 位有效数字。

在重复性条件下获得的 2 次独立测定结果的绝对差值不得超过算术平均值的 20％。

称取 1g 乳粉时，本方法 AFT M_1 的检出限为 0.02μg/kg，定量限为 0.05μg/kg。

(三) 酶联免疫吸附筛查法

1. 仪器及设备

(1)微孔板酶标仪：带 450nm 或 630nm(可选)的滤光片。

(2)天平：最小感量为 0.01g。

(3)离心机：转速≥6000r/min。

(4)涡旋混合器。

2. 分析步骤

(1)样品处理

称取 10g 待测样品(精确到 0.1g)到小烧杯中，加水溶解，转移到 100mL 容量瓶中，用水定容至刻度。将其中 10g 样品用离心机以 6000r/min 或更高转速下离心 10min。取下层液体约 1g 于另一试管内，该溶液可直接测定，或利用试剂盒提供的方法稀释后测定(待测液)。

(2)测定

按照酶联免疫试剂盒所述操作步骤对待测试样(液)进行定量检测。

根据标准品浓度与吸光度变化关系绘制标准工作曲线，将待测液吸光度代入标准曲线公式，计算得待测液浓度 ρ。

3. 分析结果表达

乳粉中 AFT M_1 的含量按式(4－1－3)计算：

$$X=\frac{\rho\times V\times f}{m} \tag{4－1－3}$$

式中：X 为乳粉中 AFT M_1 的含量（$\mu g/kg$）；ρ 为待测液中 AFT M_1 的浓度（$\mu g/L$）；V 为定容体积（L）；f 为稀释倍数；m 为试样取样量（kg）。

计算结果保留 2 位有效数字。

在重复性条件下获得的 2 次独立测定结果的绝对差值不得超过算术平均值的 20%。

称取 10g 乳粉时，本方法 AFT M_1 检出限为 0.1μg/kg，定量限为 0.3μg/kg。

三、注意事项

1. 免疫亲和柱的使用

试样中 AFT M_1 含量低，且存在基质干扰现象，因此需要进行一定的富集、洗脱处理。免疫亲和柱原理是将特异性抗体结合的凝胶填充到柱体中，选择性吸附样液中的黄曲霉毒素，再用有机溶剂将其洗脱。为保证抗体活性，免疫亲和柱保存在保护液中，4～10℃冷藏储存（不得冷冻），使用前需回温，有效期一般为 12～18 个月。需注意不同厂家生产的免疫亲和柱的装填量不同，对目标毒素的最大吸附量也不同，因此对于每个批次的亲和柱在使用前均需进行质量验证。厂家不同，凝胶和抗体的装填方式也会不同，不同的凝胶和筛板封装方式，在样品的上样、淋洗和洗脱的操作方面可能略有不同，应按照供应商所提供的操作说明书要求进行操作。

2. 试样处理过程

AFT M_1 在紫外光照射下不稳定，因此实验全程应避光操作。整个分析操作过程应在指定区域内进行，具备相对独立的操作台和废弃物存放装置。实验用品经次氯酸钠或 84 消毒液进行浸泡后使用。在整个实验过程中，操作者应按接触剧毒物的要求采取相应的保护措施。

3. 高效液相色谱仪

检测结束后，需及时对色谱分析系统进行冲洗，时间一般在 0.5h 以上，以除去色谱柱内的杂质，以高浓度有机相保存色谱柱。严禁水或缓冲溶液长时间在色谱流路中保留。

4. 酶联免疫法应关注

（1）本法检测出的阳性样品，需用同位素稀释液相色谱-串联质谱法或高效液相色谱法进行进一步确认。

（2）在使用试剂盒时，需要注意标准溶液中含有黄曲霉毒素，应特别小心。使用过的玻璃容器及黄曲霉毒素溶液最好用次氯酸溶液浸泡过夜。每次加样后立即将所有试剂放回 2～8℃环境下保存，每步加样时间应控制在 5min 内。孵育过程中应避光。注意试剂盒的有效期，不要使用过期试剂盒。不要交叉使用不同批号的试剂盒中的试剂。注意正确使用移液器及拿取酶标板，避免刮擦底部，影响读数。加样过程中避免液体外溅，造成孔间污染。

四、所用设备及检测流程示意图

乳粉中 AFT M_1 设备图如图 4-1-1 所示，乳粉中 AFT M_1 检测流程示意图如图 4-1-2所示。

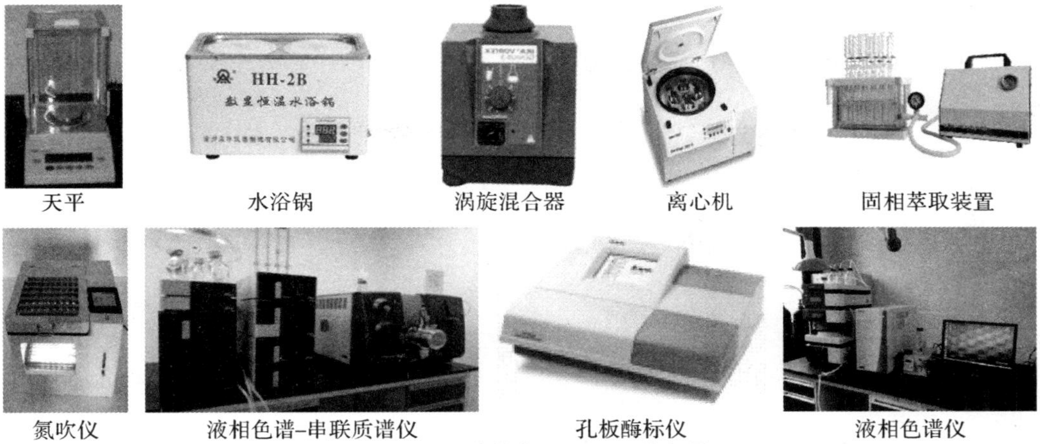

图 4-1-1　乳粉中 AFT M_1 设备图

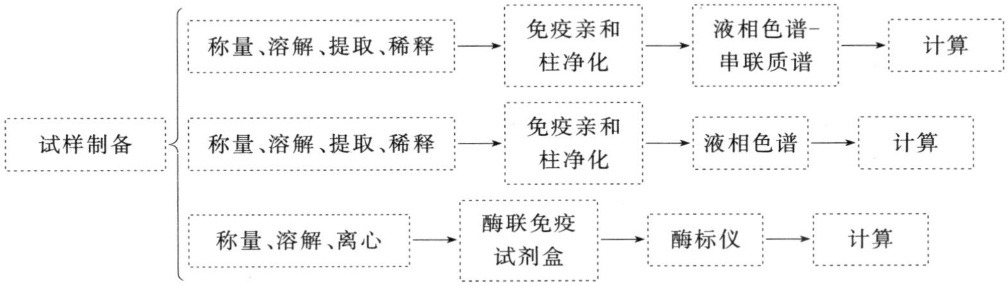

图 4-1-2　乳粉中 AFT M_1 检测流程示意图

附录 A

液相色谱-质谱图和子离子扫描图

A.1　AFT M_1 子离子扫描图见图 A.1。

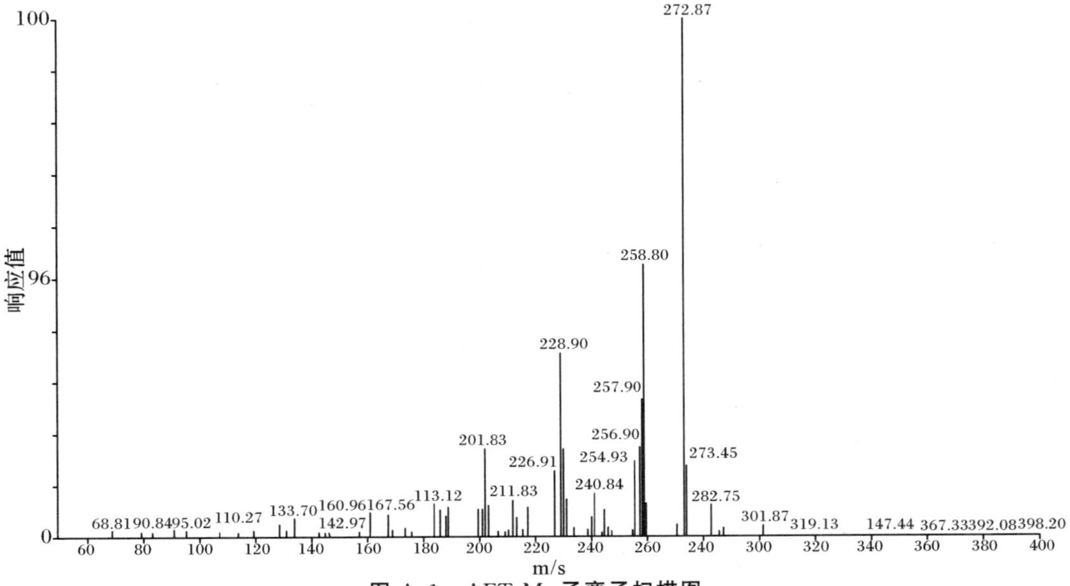

图 A.1　AFT M_1 子离子扫描图

A. 2　$^{13}C_{17}$ - AFT M_1 子离子扫描图见图 A. 2。

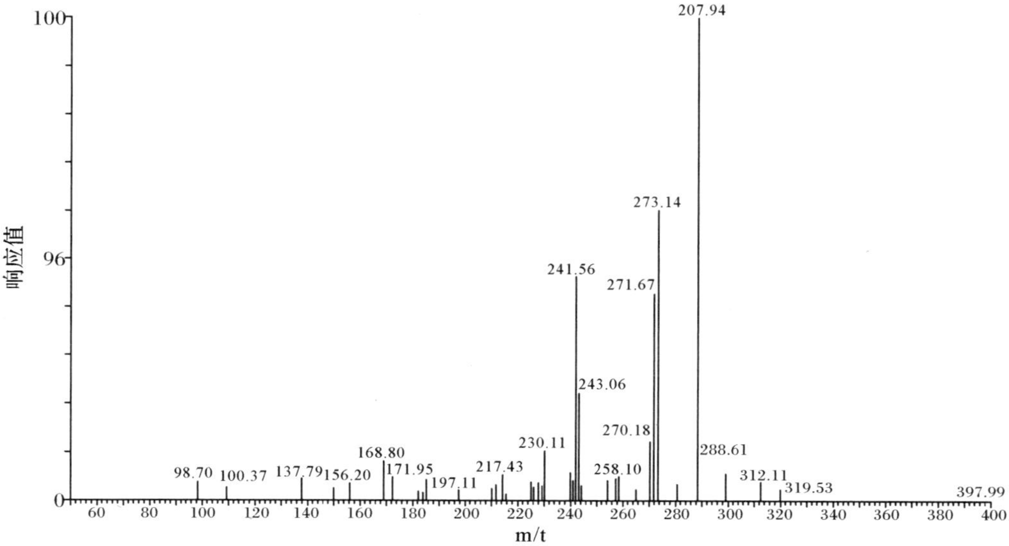

图 A. 2　$^{13}C_{17}$ - AFT M_1 子离子扫描图

A. 3　AFT M_1 和 $^{13}C_{17}$ - AFT M_1 液相色谱质谱图见图 A. 3。

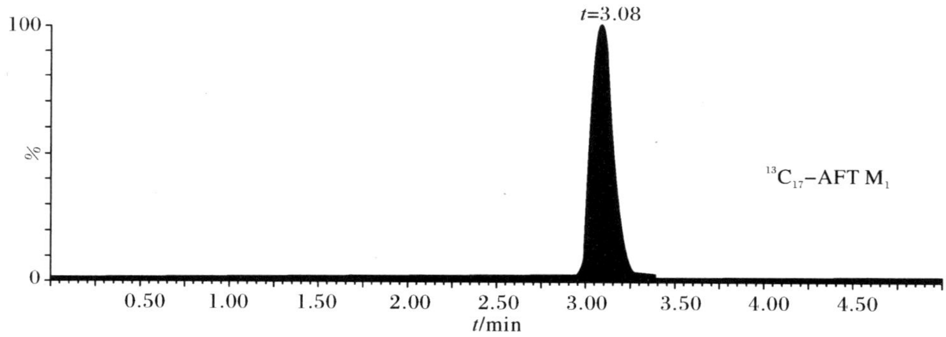

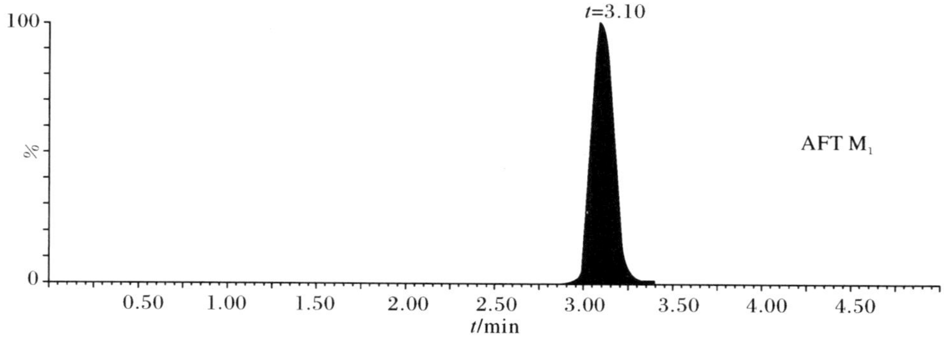

图 A. 3　AFT M_1 和 $^{13}C_{17}$ - AFT M_1 液相色谱质谱图

附录 B

液相色谱图

B.1　AFT M_1 液相色谱图见图 B.1。

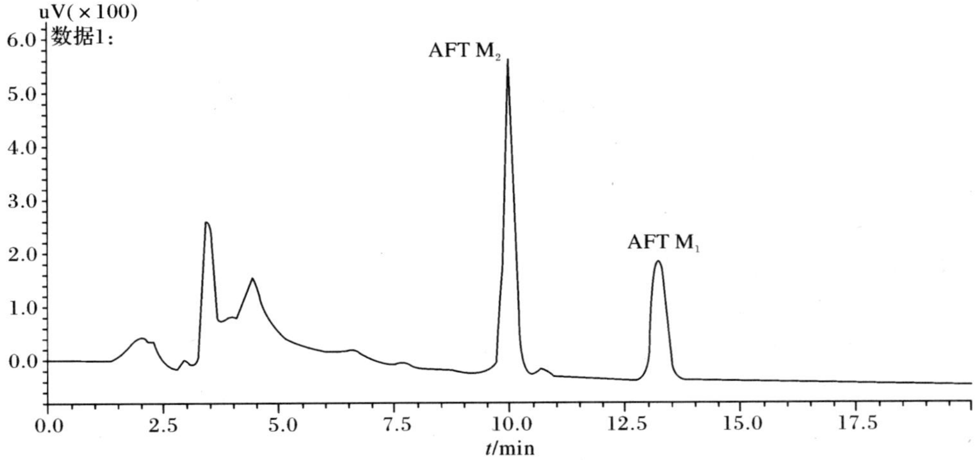

图 B.1　AFT M_1 **液相色谱图**

第五章 乳粉中污染物检测

第一节 乳粉中高氯酸盐、氯酸盐的检测

氯酸盐和高氯酸盐是一种持续性的环境污染物。氯酸盐可影响人体的血液系统和甲状腺系统，从而影响人体健康。乳粉中氯酸盐污染主要来源于使用含氯消毒剂消毒时产生的副产物，这包括使用含氯的生产用水、对食品加工设备的消毒以及自然界中含氯化合物的分解等。

高氯酸盐是国际上广泛关注的环境污染物。乳品中的高氯酸盐主要来源于农业和工业环境，受污染的土壤、化肥、地表水、饲料等可使奶源污染，氯类消毒剂的降解、氯类杀菌剂、除草剂的施用等可致迁移污染。高氯酸盐可以竞争性结合钠-碘转运体(NIS)，从而干扰人体正常代谢，尤其对孕妇及婴儿健康有较大威胁。且高氯酸盐具有高水溶性、低吸附性和高流动扩散性和高稳定性，难以彻底去除，是一种持续性的污染物。

2020 年 5 月 25 日，欧盟委员会发布(EU) 2020/685 号条例，修订高氯酸盐在婴儿配方食品、后续配方食品、婴幼儿专用医疗食品和幼儿配方食品中最大残留限量为 0.01mg/kg，婴儿食品中最大残留限量为 0.02mg/kg。我国目前暂未制定相关的限量标准，但监测乳粉中的高氯酸盐和氯酸盐含量十分重要。对于乳粉中的氯酸盐及高氯酸盐的检测，常用的检测方法为液相色谱-串联质谱法。检测标准为《食品安全国家标准 食品中氯酸盐和高氯酸盐的测定》(GB 5009.291—2023)，适用于食品(蔬菜及其制品、水果及其制品、谷物及其制品、肉及肉制品、水产品、蛋及蛋制品、乳及乳制品、调味品、饮料类、婴幼儿配方食品和婴幼儿辅助食品、茶叶)中氯酸盐和高氯酸盐的测定。

一、测定原理(参照 GB 5009.291)

试样中的氯酸盐和高氯酸盐经酸化乙腈水溶液提取，用固相萃取柱净化，采用高效液相色谱分离，串联质谱检测器测定，用同位素内标法定量。

二、具体实验操作过程

1. 仪器及设备

(1)液相色谱-串联质谱仪：配有电喷雾离子源。

(2)涡旋混合器。

(3)离心机:转速≥10000r/min。

(4)电子天平:感量分别为0.01mg和1mg。

(5)超声波提取仪。

2. 分析步骤

(1)试样前处理

1)提取。准确称取混匀样品1g(精确至0.01g),置于50mL具塞离心管中,加入40.0μL氯酸盐和高氯酸盐同位素内标混合标准中间液,震荡混合后静置30min,准确加入4.0mL0.1%甲酸水溶液,具塞后振摇混匀,涡旋混匀30s,超声提取15min,再准确加入6.0mL乙腈,超声提取30min,以10000r/min的转速离心5min,取上清液待净化。

2)净化。吸取2.0mL上清液过石墨化炭黑固相萃取柱,弃去流出液,再吸取2.0mL上清液过石墨化炭黑固相萃取柱,收集流出液过再生纤维素滤膜,供液相色谱-串联质谱仪测定。

(2)检测条件

1)液相色谱参考条件

a)色谱柱:填料表面带有正电荷的五氟苯基色谱柱(柱长100mm、内径2.1mm、粒径1.7μm),或性能相当者。

b)流动相:A为乙腈,B为0.1%甲酸水溶液。梯度洗脱程序见表5-1-1。

c)流速:0.3mL/min。

d)柱温:35℃。

e)进样量:3μL。

表5-1-1　梯度洗脱程序

时间/min	流速/(mL/min)	流动相A/%	流动相B/%
0.0	0.3	25	75
0.5	0.3	25	75
4.0	0.3	65	35
5.0	0.3	95	5
7.0	0.3	95	5
7.5	0.3	25	75
10	0.3	25	75

2)质谱参考条件

a)离子化模式:电喷雾电离负离子模式(ESI —)。

b)扫描方式:多反应监测(MRM)扫描。

c)参考保留时间、定性定量离子及对锥孔电压、碰撞能量见表5-1-2。

d)毛细管电压:2.0kV。

e)离子源温度：150℃。

f)脱溶剂气温度：400℃。

g)脱溶剂气(N_2)流量：900L/h。

h)锥孔气(N_2)流量：150L/h。

i)分辨率：单位质量分辨。

j)碰撞气及碰撞室压力：氩气，3.6×10^{-3}MPa。

k)氯酸盐和高氯酸盐的多反应监测(MRM)离子通道图见附录A，图5－1－3。

表5－1－2　氯酸盐、高氯酸盐主要质谱参数

化合物	参考保留时间/min	母离子(m/z)	子离子(m/z)	锥孔电压/V	碰撞能量/eV
氯酸盐	3.74	83.0	67.0*	25	18
		85.0	69.0	25	17
高氯酸盐	4.72	99.0	83.0*	18	18
		101.0	85.0	18	18
氯酸盐内标	3.74	89.0	71.0	25	18
高氯酸盐内标	4.72	107.0	89.0	18	18

注：*为定量离子。质谱条件仅供参考，当采用不同质谱仪器时，仪器参数可能存在差异，测定前应将质谱参数优化到最佳。

(3)标准曲线制作

将氯酸盐和高氯酸盐标准系列溶液经液相色谱-串联质谱仪测定，获得相应的峰面积，以标准系列工作溶液中氯酸盐和高氯酸盐的浓度为横坐标，峰面积比为纵坐标，绘制标准曲线。

(4)定性测定

被测组分选择2组离子，每组离子含1个母离子和子离子，在相同试验条件下，样品中待测物质的保留时间与标准溶液中对应的保留时间偏差在2.5%之内；所监测的离子对的信噪比均需大于或等于3(S/N≥3)。且样品中被测组分定性离子的相对丰度与浓度接近的标准溶液中对应的定性离子的相对丰度进行比较，偏差不超过表5－1－3规定的范围，则可判定为样品中存在对应的待测物。

表5－1－3　定性确证时相对离子丰度的最大允许偏差

相对离子丰度	＞50%	20%～50%	10%～20%	10%
允许的最大偏差	±20%	±25%	±30%	±50%

(5)定量测定

将处理得到的试样溶液经液相色谱-串联质谱仪分析，得到氯酸盐和高氯酸盐峰面积与对应的同位素内标物峰面积比值，根据标准曲线得到待测液中氯酸盐和高氯酸盐的含量。

标准工作溶液和样液中待测物的响应值均应在标准曲线的线性响应范围内，如果含量超过范围，则重新取样分析，增加内标添加量进行处理，并用水稀释到内标浓度和待测浓度相匹配后分析。

(6)空白试验

除不加试样外，均按试样同法操作。

若本底值>0.5 倍定量限，应对有机溶剂进行重蒸或更换试剂和试验器皿，直至本底值<0.5 倍定量限。

3.分析结果表达

分析结果按式(5-1-1)计算：

$$X=\frac{(c-c_0)\times V\times 1000}{m\times 1000} \tag{5-1-1}$$

式中：X 为试样中各待测组分的含量，以氯酸根或高氯酸根计(μg/kg)；c 为从标准曲线计算得到的试样溶液中各待测组分的浓度(ng/mL)；c_0 为从标准工作曲线中得到空白试样溶液中待测组分的质量浓度(ng/mL)；V 为试样提取中加入提取液的体积(mL)；m 为称样量(g)；1000 为单位换算系数。

结果保留 3 位有效数字。

在重复性条件下获得的 2 次独立测定结果的绝对差值不得超过算术平均值的 15%。

称样量为 1g 时，试样中氯酸盐的检出限为 20.0μg/kg，定量限为 50.0μg/kg；高氯酸盐的检出限为 2.00μg/kg，定量限为 5.00μg/kg。

称样量为 2g 时，试样中氯酸盐的检出限为 10.0μg/kg，定量限为 25.0μg/kg；高氯酸盐的检出限为 1.00μg/kg，定量限为 2.50μg/kg。

三、注意事项

1.标准曲线的绘制

注意本实验标准曲线点为 9 点。有研究对称样、样品处理、配制标准溶液、上机测定等各个步骤带入的不确定度分量进行评定，发现其中拟合标准曲线过程中带入的不确定度是最主要的影响因素，当标准溶液浓度为 6 点时，标准不确定度 $u_B(Q)=0.118$；标准溶液浓度为 9 点时，$u_B(Q)=0.103$。表明可通过增加标准溶液浓度点降低标准不确定度，从而提高最终检测结果的准确性。

2.注意环境污染

由于氯酸盐、高氯酸盐在环境中普遍存在，因此检测中使用到的试剂耗材及试验用水在使用前均应做本底测试。自来水中也会存在本底污染，因此实验应尽可能使用全新离心管，避免使用清洗过的离心管，以免影响结果准确性。做该项目的试剂耗材，有条件可与其他项目分开存放，以免交叉污染。本项目过程空白有一定本底值，在实验中必须做过程空白试验，以扣除空白本底。

四、所用设备及检测流程示意图

乳粉中高氯酸盐、氯酸盐测定设备图如图 5-1-1 所示，乳粉中高氯酸盐、氯酸盐检测流程示意图如图 5-1-2 所示。

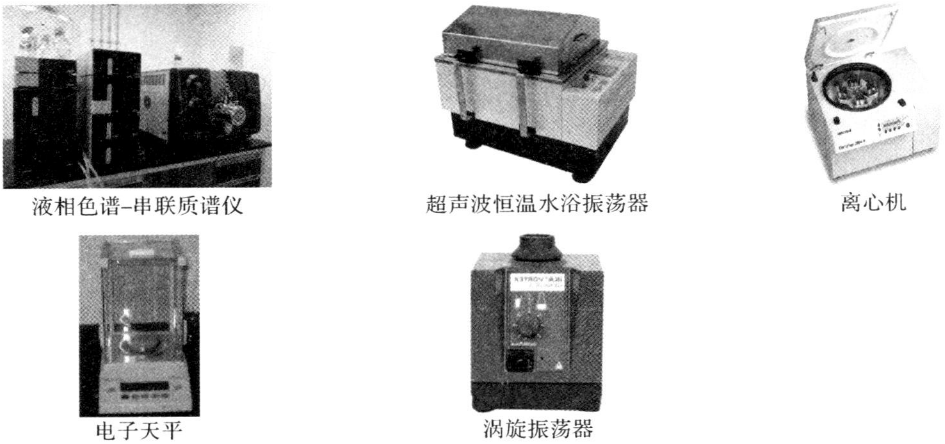

图 5-1-1　乳粉中高氯酸盐、氯酸盐测定设备图

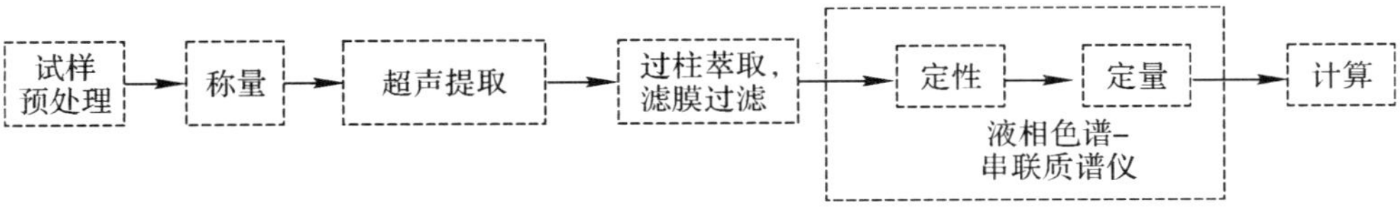

图 5-1-2　乳粉中高氯酸盐、氯酸盐检测流程示意图

附录 A：氯酸盐、高氯酸盐特征离子色谱图

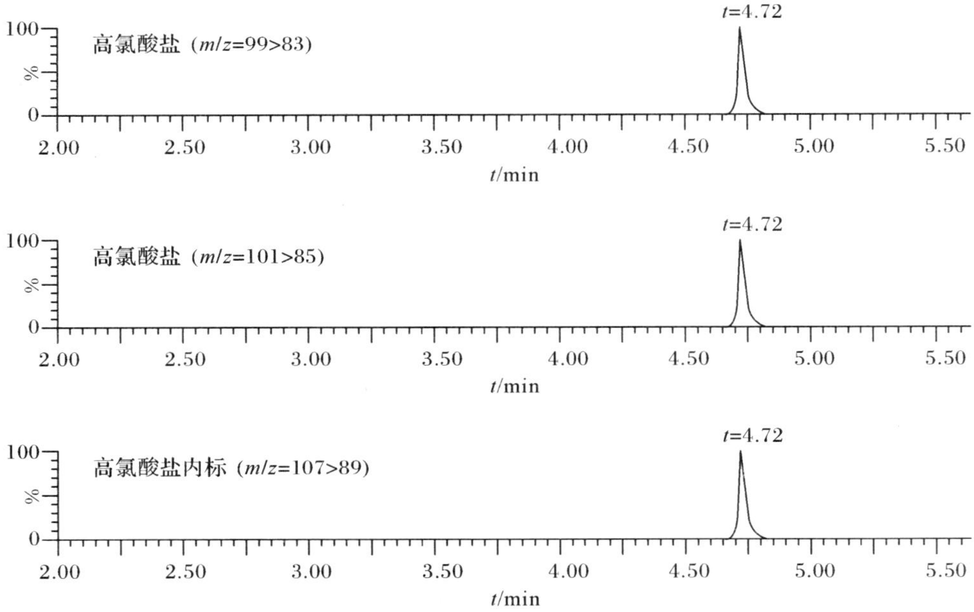

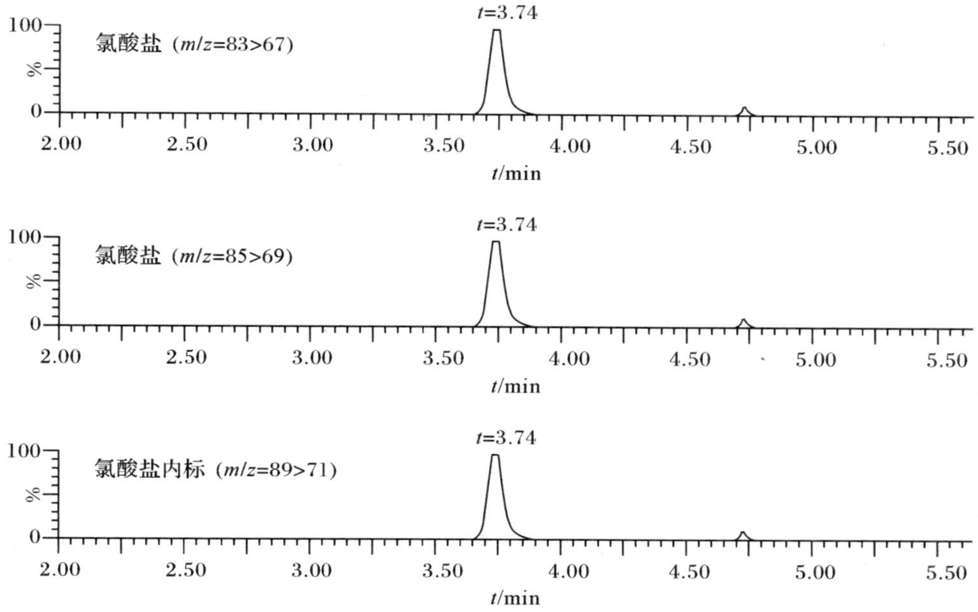

图 5-1-3　氯酸盐、高氯酸盐特征离子色谱图(100mm×2.1mm,1.7mm 色谱柱)

第二节　乳粉中亚硝酸盐的检测

亚硝酸盐是含有亚硝酸根阴离子（NO^{2-}）的盐，最常见的是亚硝酸钠。亚硝酸盐广泛分布在人类环境中，是自然界中最普遍的含氮化合物。人体内硝酸盐在微生物作用下可还原为亚硝酸盐。亚硝酸盐是剧毒物质，能把血液中正常携氧的低铁血红蛋白氧化成高铁血红蛋白，使其失去载氧能力造成缺氧。婴儿对亚硝酸盐特别敏感，食用亚硝酸盐浓度较高的食物会出现高铁血红蛋白症，临床表现为口唇、指甲发绀，皮肤出现紫斑等缺氧症状，严重时可导致死亡。因此，乳粉及婴幼儿乳粉中的亚硝酸盐是强制性检验项目。

目前我国制定的标准中对于乳粉和调制乳粉中亚硝酸盐（以 $NaNO_2$ 计）的限量要求为 2.0mg/kg，检测标准为《食品安全国家标准 食品中亚硝酸盐与硝酸盐的测定》（GB 5009.33—2016）。该标准包括 3 个方法，其中离子色谱法及分光光度法适用于乳粉中亚硝酸盐的测定。

一、测定原理（参照 GB 5009.33）

1. 离子色谱法

试样经蛋白质沉淀、除去脂肪后，采用相应的方法提取和净化，以氢氧化钾溶液为淋洗液，采用阴离子交换柱分离，使用电导检测器或紫外检测器检测。为保留时间定性，用外标法定量。

2. 分光光度法

试样经蛋白质沉淀、除去脂肪后，在弱酸条件下，亚硝酸盐与对氨基苯磺酸重氮化后，再与盐酸萘乙二胺偶合形成紫红色染料，用外标法测得亚硝酸盐的含量。

二、具体实验操作过程

(一)离子色谱法

1. 仪器及设备

(1)离子色谱仪：配电导检测器及抑制器或紫外检测器，高容量阴离子交换柱，50μL定量环。

(2)超声波清洗器。

(3)分析天平：感量分别为0.1mg和1mg。

(4)0.22μm水性滤膜针头滤器。

(5)净化柱：包括C_{18}柱、Ag柱和Na柱或等效柱。

(6)注射器：1.0mL和2.5mL。

2. 分析步骤

(1)试样预处理

将试样装入能够容纳2倍试样体积的带盖容器中，通过反复摇晃和颠倒容器使样品充分混匀直至试样均一化。

(2)提取

称取试样2.5g(精确至0.01g)，置于100mL具塞锥形瓶中，加水80mL，摇匀，超声30min，取出冷却至室温，定量转移至100mL容量瓶中，加入3%乙酸溶液2mL，加水稀释至刻度，混匀。于4℃水浴中放置20min，取出冷却至室温，溶液经滤纸过滤，滤液备用。

取上述备用溶液约15mL，通过0.22μm水性滤膜针头滤器、C_{18}柱，弃去前面3mL(如果氯离子大于100mg/L，则需要依次通过针头滤器、C_{18}柱、Ag柱和Na柱，弃去前面7mL)，收集后面洗脱液待测。

(3)试样分析

1)仪器参考条件

a)色谱柱：氢氧化物选择性，可兼容洗脱梯度的二乙烯基苯-乙基苯乙烯共聚物基质，烷醇基季铵盐功能团的高容量阴离子交换柱(4mm×250mm、带保护柱4mm×50mm)，或性能相当的离子色谱柱。

b)淋洗液：氢氧化钾溶液，浓度为6～70mmol/L；洗脱梯度为6mmol/L 30min、70mmol/L 5min、6mmol/L 5min；流速1.0mL/min。(婴幼儿配方乳粉：氢氧化钾溶液，浓度为5～50mmol/L；洗脱梯度为5mmol/L 33min、50mmol/L 5min、5mmol/L 5min；流速1.3mL/min。)

c)抑制器。

d)检测器：电导检测器，检测池温度为35℃；或紫外检测器，检测波长为226nm。

e)进样体积：50μL(可根据试样中被测离子含量进行调整)。

2)测定

将标准系列工作液分别注入离子色谱仪中，得到各浓度标准工作液色谱图，测定相应的峰高(μS)或峰面积，以标准工作液的浓度为横坐标，以峰高或峰面积为纵坐标，绘制标准曲线。亚硝酸盐标准色谱图如图 5-2-1 所示。

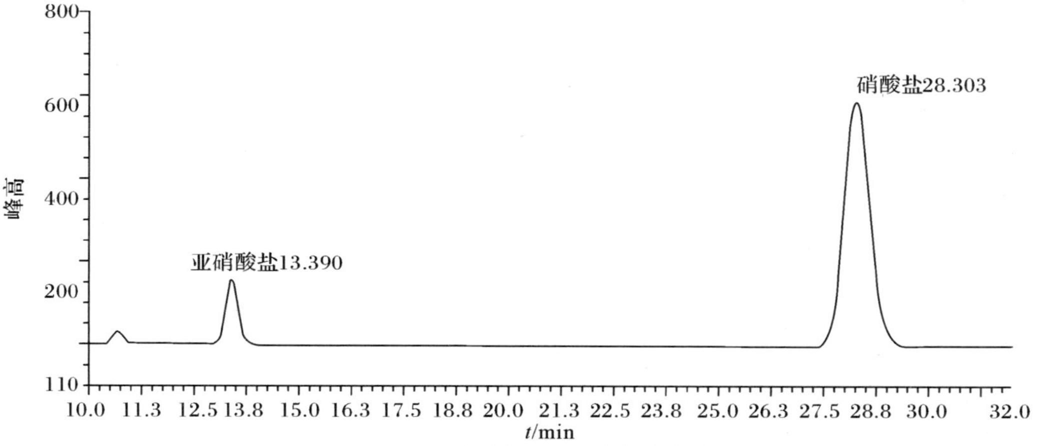

图 5-2-1　亚硝酸盐和硝酸盐标准色谱图

将空白液和试样溶液注入离子色谱仪中，得到空白液和试样溶液的峰高(μS)或峰面积，根据标准曲线得到待测液中亚硝酸根离子的浓度。

3. 分析结果表达

试样中亚硝酸离子的含量按式(5-2-1)计算：

$$X=\frac{(\rho-\rho_0)\times V\times f\times 1000}{m\times 1000} \qquad (5-2-1)$$

式中：X 为试样中亚硝酸根离子的含量(mg/kg)；ρ 为测定用试样液中的亚硝酸根离子浓度(mg/L)；ρ_0 为试剂空白液中亚硝酸根离子的浓度(mg/L)；V 为试样溶液体积(mL)；f 为试样溶液稀释倍数；1000 为单位换算系数；m 为试样取样量(g)。

试样中测得的亚硝酸根离子含量乘以换算系数 1.5，即得亚硝酸盐的(按亚硝酸钠计)含量。结果保留 2 位有效数字。

在重复性条件下获得的 2 次独立测定结果的绝对差值不得超过算术平均值的 10%。

本方法亚硝酸盐检出限为 0.2mg/kg。

(二)分光光度法

1. 仪器及设备

(1)天平：感量分别为 0.1mg 和 1mg。

(2)超声波清洗器。

(3)分光光度计。

2. 分析步骤

(1)试样预处理

将试样装入能够容纳2倍试样体积的带盖容器中，通过反复摇晃和颠倒容器使样品充分混匀直至试样均一化。

(2)提取

称取试样10g(精确至0.001g)，置于150mL具塞锥形瓶中，加12.5mL50g/L饱和硼砂溶液，加入70℃左右的水约150mL，混匀，于沸水浴中加热15min，取出置冷水浴中冷却，并冷却至室温。定量转移上述提取液至200mL容量瓶中，加入5mL106g/L亚铁氰化钾溶液，摇匀，再加入5mL220g/L乙酸锌溶液，以沉淀蛋白质。加水至刻度，摇匀，放置30min，除去上层脂肪，上清液用滤纸过滤，弃去初滤液30mL，滤液备用。

(3)测定

吸取40.0mL上述滤液于50mL带塞比色管中，另吸取0.00mL、0.20mL、0.40mL、0.60mL、0.80mL、1.00mL、1.50mL、2.00mL、2.50mL亚硝酸钠标准使用液(相当于0.0μg、1.0μg、2.0μg、3.0μg、4.0μg、5.0μg、7.5μg、10.0μg、12.5μg亚硝酸钠)，分别置于50mL带塞比色管中。于标准管与试样管中分别加入2mL4g/L对氨基苯磺酸溶液，混匀，静置3～5min后各加入1mL2g/L盐酸萘乙二胺溶液，加水至刻度，混匀，静置15min，用1 cm比色杯，以零管调节零点，于波长538nm处测吸光度，绘制标准曲线比较。同时做空白试剂。

3.分析结果表达

$$X=\frac{m_2\times 1000}{m_3\times\frac{V_1}{V_0}\times 1000} \tag{5-2-2}$$

式中：X为试样中亚硝酸钠的含量(mg/kg)；m_2为测定用样液中亚硝酸钠的质量(μg)；1000为单位换算系数；m_3为试样质量(g)；V_1为测定用样液体积(mL)；V_0为试样处理液总体积(mL)。

计算结果保留2位有效数字。

在重复性条件下获得的2次独立测定结果的绝对差值不得超过算术平均值的10%。

本方法亚硝酸盐检出限为0.5mg/kg。

三、注意事项

(一)离子色谱法

1.固相萃取柱使用前的活化

固相萃取柱在使用前需要进行活化处理，其活化过程为：C_{18}柱(1.0mL)使用前依次用10mL甲醇、15mL水通过，静置活化30min。Ag柱(1.0mL)和Na柱(1.0mL)用10mL水通过，静置活化30min。

2.避免环境污染

实验中所用到的玻璃器皿在使用前均需依次用2mol/L氢氧化钾和水分别浸泡4h，然后用一级水冲洗3～5次，晾干备用。注意实验环境，避免实验室环境中的亚硝酸盐污染试样。

使用离子色谱检测时，可根据试样浓度及仪器条件调整进样体积，标准曲线和试样进样体积保持一致。为保护色谱柱，可在色谱柱前端接与对应色谱柱的保护柱，以增长色谱柱使用寿命。在检测完标准曲线或高浓度试样后，可以运行一遍空白试剂以清洗管路，以免高浓度试样残留影响结果准确性。

（二）分光光度法

1. 避免环境污染

实验过程中使用的比色管、容量瓶等玻璃器皿应用稀盐酸浸泡 24h，然后用一级水冲洗干净，倒扣在管架上控水，自然晾干。注意避免环境中的硝酸盐污染实验试剂或试样。

2. 比色皿的选择与使用

比色皿透光面是由能够透过所使用的波长范围的光的材料制成，常见为石英比色皿和普通硅酸盐光学玻璃比色皿。低于 350nm 的光谱（紫外）区工作的比色皿，必须使用石英或熔硅石制成透光面的石英比色皿。石英比色皿既可用于紫外区，又可用于可见光区域，而普通光学玻璃比色皿只能用于 350～2000nm 的可见光及近红外光谱区域。亚硝酸盐检测波长为 538nm，出于经济考虑，选用普通光学玻璃比色皿即可。

检测时应正确拿取分光光度计比色皿，只接触两侧的毛玻璃面，避免触碰光学面，也避免将光学面与硬物或脏污接触。使用前检查光学面洁净程度，如有残液可先用滤纸轻轻吸附，然后再用镜头纸或丝绸擦拭。比色皿在使用过后应立即用水冲洗，必要时可使用乙醇或稀酸溶液清洗。

分光光度计应提前预热至少 30min 后使用，这样可使机器更稳定，数据更准确。

四、所用设备及检测流程示意图

乳粉中亚硝酸盐测定设备图如图 5-2-2 所示，乳粉中亚硝酸盐检测流程示意图如图 5-2-3 所示。

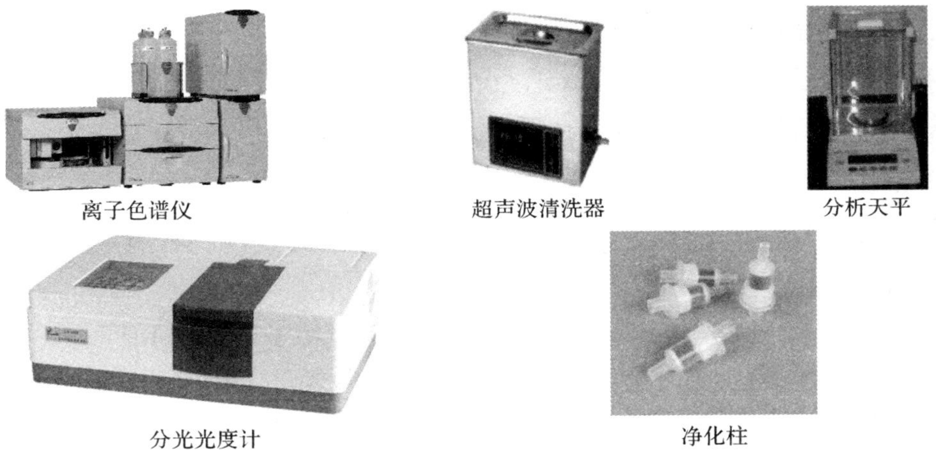

图 5-2-2　乳粉中亚硝酸盐测定设备图

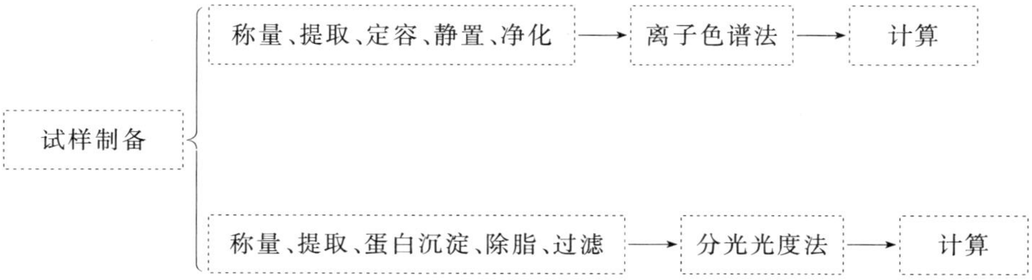

图 5-2-3　乳粉中亚硝酸盐检测流程示意图

第三节　乳粉中铅的检测

随着人们生活节奏的加快，乳粉等便于携带冲泡的产品逐渐受到人们的青睐，其安全性评价指标备受关注。铅是自然界中分布很广的一种微量元素，在地壳中的含量为0.0016%。铅元素可能会导致人体出现运动和感官异常、降低人体免疫力、不孕不育，造成胎儿和儿童先天智力低下、老年人痴呆等严重影响。婴儿胃肠道位置较高，体内代谢和肾脏排出毒物的能力较差，最易受到铅伤害。乳粉制品从原材料选取到加工过程中，都可能不定量的引入重金属铅污染。因此，全程监控并降低乳粉中铅含量对于食品安全极为重要。

目前我国制定的乳粉标准中对于铅（以 Pb 计）的限量要求为 0.2mg/kg，检测标准为《食品安全国家标准 食品中铅的测定》（GB 5009.12—2023）。该标准包括 3 个检测方法，分别为石墨炉原子吸收光谱法、电感耦合等离子体质谱法、火焰原子吸收光谱法。

一、测定原理（参照 GB 5009.12）

1. 石墨炉原子吸收光谱法

试样消解处理后，经石墨炉原子化，在 283.3nm 处测定吸光度。在一定浓度范围内，铅的吸光度值与铅含量成正比，与标准系列比较定量。

2. 电感耦合等离子体质谱法（见 GB 5009.268 第一法）

试样经消解后，由电感耦合等离子体质谱仪测定，以元素特定质量数（质荷比，m/z）定性，采用外标法，以待测元素质谱信号与内标元素质谱信号的强度比与待测元素的浓度成正比进行定量分析。

3. 火焰原子吸收光谱法

试样经处理后，铅离子在一定 pH 条件下与二乙基二硫代氨基甲酸钠（DDTC）形成络合物，经 4-甲基-2-戊酮（MIBK）萃取分离，导入原子吸收光谱仪中，经火焰原子化，在 283.3nm 处测定吸光度。在一定浓度范围内，铅的吸光度值与铅含量成正比，与标准系列比较定量。

二、具体实验操作过程

(一)石墨炉原子吸收光谱法

1.仪器及设备

(1)原子吸收光谱仪:配石墨炉原子化器、附铅空心阴极灯。

(2)分析天平:感量分别为0.1mg和1mg。

(3)可调式电热炉、可调式电热板。

(4)微波消解系统:配聚四氟乙烯消解内罐。

(5)恒温干燥箱。

(6)压力消解罐:配聚四氟乙烯消解内罐。

2.分析步骤

(1)试样前处理

1)湿法消解。称取混合均匀试样0.2～3g(精确至0.001g)于消化管中,加入10mL硝酸和0.5mL高氯酸(加入的硝酸、高氯酸体积可根据实际情况调节),放数粒玻璃珠,在可调式电热炉上消解(参考条件:120℃/0.5～1h;升至180℃/2～4h、升至200～220℃)。若消化液呈棕褐色,再加少量硝酸,消解至冒白烟,消化液呈无色透明或略带黄色,赶酸至近干,停止消解,冷却后用水定容至10mL或25mL,混匀备用。同时做试剂空白试验。亦可采用锥形瓶,在可调式电热板上,按上述操作方法进行湿法消解。

2)微波消解。称取混合均匀的试样0.2～2g(精确至0.001g)于微波消解罐中,加入5～10mL硝酸(可根据试样的称样量、性质调整硝酸使用量),按照微波消解的操作步骤消解试样(参考条件:120℃恒温5min,升温至160℃恒温10min,升温至180℃恒温10min,升温时间均为5min)。冷却后取出消解罐,在电热板上于140～160℃赶酸至近干。消解罐放冷后,将消化液转移至10mL或25mL容量瓶中,用少量水洗涤消解罐2～3次,合并洗涤液于容量瓶中并用水定容至刻度,混匀备用。同时做试剂空白试验。

3)压力罐消解。称取混合均匀的试样0.2～2g(精确至0.001g)于消解内罐中,加入5～10mL硝酸(可根据试样的称样量、性质调整硝酸使用量)。盖好内盖,旋紧不锈钢外套,放入恒温干燥箱,于140～160℃下保持4～5h。冷却后缓慢旋松外罐,取出消解内罐,放在可调式电热板上于140～160℃赶酸至近干。冷却后将消化液转移至10mL或25mL容量瓶中,用少量水洗涤内罐和内盖2～3次,合并洗涤液于容量瓶中并用水定容至刻度,混匀备用。同时做试剂空白试验。

(2)试样分析

1)仪器参考条件。根据各自仪器性能调至最佳状态。参考条件见表5-3-1所示。

表5-3-1　石墨炉原子吸收光谱法仪器参考条件

元素	波长/nm	狭缝/nm	灯电流/mA	干燥	灰化	原子化
铅	283.3	0.5	8～12	85～120℃/40～50s	750℃/40～50s	2300℃/4～5s

2)测定。按质量浓度由低到高的顺序分别将10μL铅标准系列溶液和5μL磷酸二氢铵-硝酸钯溶液(可根据所使用的仪器确定最佳进样量、最佳基体改进剂)同时注入石墨炉,原子化后测其吸光度值,以质量浓度为横坐标,吸光度值为纵坐标,制作标准曲线。

在与测定标准溶液相同的实验条件下,将10μL空白溶液或试样溶液与5μL磷酸二氢铵-硝酸钯溶液(可根据所使用的仪器确定最佳进样量)同时注入石墨炉,原子化后测其吸光度值,与标准系列比较定量。

3.分析结果表达

试样中铅的含量按式(5-3-1)计算:

$$X=\frac{(\rho-\rho_0)\times V}{m\times 1000} \qquad (5-3-1)$$

式中:X 为试样中铅的含量(mg/kg);ρ 为试样溶液中铅的质量浓度(μg/L);ρ_0 为空白溶液中铅的质量浓度(μg/L);V 为试样消化液的定容体积(mL);m 为试样称样量(g);1000为单位换算系数。

当铅含量≥1.00mg/kg时,计算结果保留3位有效数字;当铅含量<1.00mg/kg时,计算结果保留2位有效数字。

当样品中铅含量>1mg/kg时,在重复性条件下获得的2次独立测定结果的绝对差值不得超过算术平均值的10%;≤1mg/kg且>0.1mg/kg时,在重复性条件下获得的2次独立测定结果的绝对差值不得超过算术平均值的15%;≤0.1mg/kg时,在重复性条件下获得的2次独立测定结果的绝对差值不得超过算术平均值的20%。

当称样量为0.5g,定容体积为10mL时,检出限为0.02mg/kg,定量限为0.04mg/kg。

(二)电感耦合等离子体质谱法

1.仪器及设备

(1)电感耦合等离子体质谱仪(ICP-MS)。

(2)天平:感量分别为0.1mg和1mg。

(3)微波消解仪:配有聚四氟乙烯消解内罐。

(4)压力消解罐:配有聚四氟乙烯消解内罐。

(5)恒温干燥箱。

(6)控温电热板。

(7)超声水浴箱。

2.分析步骤

(1)标准溶液配制

移取单元素标准贮备液或多元素混合标准贮备液,用硝酸溶液(5+95)逐级稀释至适宜待测试样浓度及仪器状态的铅元素标准工作溶液系列。

移取适量内标单元素贮备液或内标多元素标准贮备液,用硝酸溶液(5+95)配制合适浓度的内标使用液,内标元素参考浓度范围为25~100μg/L,低质量数元素可以适当提高使用液浓度。

注:内标溶液既可在配制混合标准工作溶液和样品消化液中手动定量加入,亦可由仪器在线加入。

(2)试样前处理

1)微波消解法。称取混合均匀的试样 0.2～0.5g(精确至 0.001g)于微波消解罐中，加入 5～10mL 硝酸，加盖放置 1h 或过夜，旋紧罐盖，按照微波消解仪标准操作步骤进行消解(参考条件：120℃恒温 5min，升温至 150℃恒温 10min，升温至 190℃恒温 20min，升温时间均为 5min)。冷却后取出，缓慢打开罐盖排气，用少量水冲洗内盖，将消解罐放在控温电热板上或超声水浴箱中，于 100℃加热 30min 或超声脱气 2～5min，用水定容至 25mL 或 50mL，混匀备用，同时做空白试验。

2)压力罐消解法。称取混合均匀的试样 0.2～1g(精确至 0.001g)于消解内罐中，加入 5mL 硝酸，放置 1h 或过夜，旋紧不锈钢外套，放入恒温干燥箱消解(参考条件：80℃恒温 2h，120℃恒温 2h，160～170℃恒温 4h)，于 150～170℃消解 4h，冷却后，缓慢旋松不锈钢外套，将消解内罐取出，在控温电热板上或超声水浴箱中，于 100℃加热 30min 或超声脱气 2～5min，用水定容至 25mL 或 50mL，混匀备用，同时做空白试验 。

(3)试样分析

1)仪器参考条件。仪器操作条件见表 5-3-2 所示：

表 5-3-2 电感耦合等离子体质谱仪操作参考条件

参数名称	参　数	参数名称	参　数
射频功率	1500W	雾化器	高盐/同心雾化器
等离子体气流量	15L/min	采样锥/截取锥	镍/铂锥
载气流量	0.80L/min	采样深度/mm	8～10
辅助气流量	0.40L/min	采集模式	跳峰
氦气流量	4～5L/min	检测方式	自动
雾化室温度	2℃	每峰测定点数	1～3
样品提升速率	0.3 r/s	重复次数	2～3

注 1：铅元素分析模式：普通/碰撞反应池。

注 2：对没有合适消除干扰模式的仪器，需采用干扰校正方程对测定结果进行校正。(^{208}Pb 推荐的校正方程：[^{208}Pb]=[206]+[207]+[208])

测定参考条件：在调谐仪器达到测定要求后，编辑测定方法，根据待测元素的性质选择相应的内标元素。(铅 Pb 元素推荐 m/z：206/207/208；内标：^{185}Re/^{209}Bi)

2)测定。将混合标准溶液注入电感耦合等离子体质谱仪中，测定待测元素和内标元素的信号响应值，以待测元素的浓度为横坐标，待测元素与所选内标元素信号响应值的比值为纵坐标，绘制标准曲线。

将空白溶液和试样溶液分别注入电感耦合等离子体质谱仪中，测定待测元素和内标元素的信号响应值，根据标准曲线得到消解液中待测元素的浓度。

3. 分析结果表达

试样中待测元素的含量按式(5-3-2)计算：

$$X=\frac{(\rho-\rho_0)\times V\times f}{m\times 1000} \qquad (5-3-2)$$

式中：X 为试样中待测元素的含量(mg/kg)；ρ 为试样溶液中被测元素的质量浓度(μg/

L)；ρ_0为空白溶液中被测元素的质量浓度（μg/L）；V为试样消化液的定容体积（mL）；f为试样稀释倍数；m为试样称样量（g）；1000为单位换算系数。

计算结果保留3位有效数字。

样品中各元素含量>1mg/kg时，在重复性条件下获得的2次独立测定结果的绝对差值不得超过算术平均值的10%；≤1mg/kg且>0.1mg/kg时，在重复性条件下获得的2次独立测定结果的绝对差值不得超过算术平均值的15%；≤0.1mg/kg时，在重复性条件下获得的2次独立测定结果的绝对差值不得超过算术平均值的20%。

当称样量为0.5g，定容体积至50mL时，该方法对铅元素的检出限为0.02mg/kg，定量限为0.05mg/kg。

（三）火焰原子吸收光谱法

1. 仪器及设备

（1）原子吸收光谱仪：配火焰原子化器，附铅空心阴极灯。

（2）分析天平：感量分别为0.1mg和1mg。

（3）可调式电热炉、可调式电热板。

2. 标准溶液配制

（1）标准品

硝酸铅[$Pb(NO_3)_2$，CAS号：10099-74-8]：纯度>99.99%。或经国家认证并授予标准物质证书的一定浓度的铅标准溶液。

（2）标准溶液配制

1）铅标准储备液（1000mg/L）：称取1.5985g（精确至0.0001g）硝酸铅，用少量硝酸溶液（1+9）溶解，移入1000mL容量瓶，加水至刻度，混匀。

2）铅标准中间液（10.0mg/L）：吸取铅标准储备液（1000mg/L）1.00mL于100mL容量瓶中，加硝酸溶液（5+95）至刻度，混匀。

3. 分析步骤

（1）试样前处理

见本节第一法1）湿法消解。

（2）试样分析

1）仪器参考条件。根据各自仪器性能调至最佳状态。参考条件见表5-3-3所示。

表5-3-3 火焰原子吸收光谱法仪器参考条件

元素	波长/nm	狭缝/nm	灯电流/mA	燃烧头高度/mm	空气流量/(L/min)
铅	283.3	0.5	8～12	6	8

2）标准曲线制作。分别吸取铅标准使用液0mL、0.25mL、0.50mL、1.00mL、1.50mL和2.00mL（相当0μg、2.50μg、5.00μg、10.0μg、15.0μg和20.0μg铅）于125mL分液漏斗中，补加水至60mL。加2mL柠檬酸铵溶液（250g/L），溴百里酚蓝水溶液（1g/L）3～5滴，用氨水溶液（1+1）调pH至溶液由黄变蓝，加硫酸铵溶液（300g/L）10mL，二乙基二硫代氨基甲酸钠溶液（50g/L）10mL，摇匀。放置5min左右，加入10mL的4-甲基-

2-戊酮，剧烈振摇提取 1min，静置分层后，弃去水层，将 4 -甲基- 2 -戊酮层放入 10mL 带塞刻度管中，得到标准系列溶液。

将标准系列溶液按质量由低到高的顺序分别导入火焰原子化器，原子化后测其吸光度值，以铅的质量为横坐标，吸光度值为纵坐标，制作标准曲线。

3)试样溶液的测定。将试样消化液及试剂空白溶液分别置 125mL 分液漏斗中，同标准曲线进行相同操作流程后得到试样溶液和空白溶液。将试样溶液和空白溶液分别导入火焰原子化器，原子化后测其吸光度值，与标准系列比较定量。

4. 分析结果表达

试样中铅的含量按式(5 - 3 - 3)计算：

$$X=\frac{m_1-m_0}{m_2} \qquad (5-3-3)$$

式中：X 为试样中铅的含量(mg/kg)；m_1 为试样溶液中铅的质量(μg)；m_0 为空白溶液中铅的质量(μg)；m_2 为试样称样量(g)。

当铅含量≥10.0mg/kg 时，计算结果保留 3 位有效数字；当铅含量＜10.0mg/kg 时，计算结果保留 2 位有效数字。

在重复性条件下获得的 2 次独立测定结果的绝对差值不得超过算术平均值的 10%。

当称样量为 0.5g 时，该方法的检出限为 0.4mg/kg，定量限为 1.2mg/kg。

三、注意事项

(一)石墨炉原子吸收法

1. 样品前处理

由于试样称样量较小，因此在称样前必须混匀样品，保证试样均匀。小心操作，防止试样损失，避免试样粘在反应器内壁，以免试样消解不完全。加酸时可沿罐壁加入，将罐壁粘连的试样冲下。

在湿法消解过程中，应低温缓慢加热，以防温度过高，瞬间产生大量泡沫导致样液溢出，影响结果的准确性。乳粉中有机物含量较多，因此在湿法消解时要特别注意高氯酸的加入。建议试样在加入硝酸与高氯酸混合液后静置一夜，使样品中的有机成分先部分反应，同时消耗部分酸液，减缓消解时的剧烈反应。温度达到 200℃时确保消解液中只有少量的有机成分存在，否则高氯酸的氧化电位在此温度下会迅速升高，有爆炸风险。

微波及压力罐消解前旋紧罐盖，消解完成冷却至室温后缓慢旋开罐盖，注意防止气体喷溅损失试样或对身体造成伤害。微波及压力罐消解后需冲洗罐盖。在消解或赶酸过程中，应避免试样溅出或挥干，以防铅元素损失。转样时应注意少量多次，确保转移完全。同时注意在等效情况下，尽量选择环境友好的处理方法。

2. 避免环境污染

铅在自然环境中广泛分布，实验过程应注意避免因环境污染影响实验结果的准确性。实验所用试剂要求优级纯,实验用水要求二级水。实验过程所用玻璃器皿及消解反应罐等接触试样的器皿,均需用硝酸溶液浸泡 24h 以上(若急用可用 20%硝酸溶液煮沸 30～60min)后用水反复冲洗,最后用去离子水冲洗干净,避免残留污染。实验操作台保持干净,避免环境中的铅污染试样。仪器检测时,应注意观察试剂空白的吸光值,避免仪器管路、试剂耗材等存在残留或污染,影响定量准确性。

3.仪器设备维护

试样及标准品应注意其酸度不宜过高,酸度过高会降低石墨管的使用寿命。新石墨管安装完成后,需进行老化后使用。注意进样针的安装角度及排气,避免管路中的气泡影响进样量。空心阴极灯需预热至少 30min 后使用。

(二)电感耦合等离子体质谱法

1.样品前处理

本法中试样前处理的注意点与石墨炉原子吸收法微波消解及压力罐消解的注意点相同。

2.避免环境污染

此部分与本节石墨炉原子吸收法注意点相似,应确保实验过程无管路、试剂、环境等外部污染。

3.仪器维护

仪器设备雾化器中心毛细管口径非常小,因此要求试样溶解彻底,不含有沉淀或漂浮物。为防止堵塞管路,可在进样前使用滤膜进行过滤。但需注意前期进行相关耗材验收,以防污染试样。乳粉中含有少量无机盐,矩管及采样锥、截取锥,矩管是 ICP-MS 中比较容易积碳和积盐的位置,定期可将矩管浸入硝酸溶液中浸泡过夜,冲洗干净后晾干再安装使用。采样锥和截取锥的清洗,首选用无尘净化棉签蘸超纯水,轻轻擦拭锥的正反两面,再用超纯水冲净后晾干使用,注意清洗时控制力度,不要破坏锥孔;嵌片可放入 10%硝酸或纯水中超声清洗 5min,再用超纯水冲净后晾干使用。定期检查锥孔大小,锥孔不宜过大,若锥孔过大,则需更换进样锥采样锥。仪器开机后预热一段时间,使其稳定后再进行测量。

(三)火焰原子吸收法

1.试样处理

试样前处理为湿法消解,在消解及转样过程中需注意的问题与本节石墨炉原子吸收法中阐述的注意点相同。试样消化液及试剂空白溶液转移至分液漏斗时,用水少量多次洗涤容量瓶或比色管,确保转移完全。

2. 防止环境污染

与上述两法相同,对实验用水及试剂纯度要求较高。实验所用玻璃器皿均需使用(1+5)硝酸浸泡 24h 以上后,用水及二级水冲洗干净。实验操作区域保持干净卫生,避免环境污染试样,条件允许试剂耗材可单独存放,避免交叉污染。

3. 设备操作及仪器维护

火焰原子吸收光谱法适宜检测消化液中铅含量较大的试样,其检出限、定量限相对于本节第石墨炉原子吸收法、电感耦合等离子体质谱法而言较高。当燃气参数设置符合要求,样本提升量仍然较低时,应检查喷雾器是否正常,喷雾器毛细管堵塞将影响样本提升量及吸光度值。不符合要求时,可通过微调转动调节喷雾器喷出口与撞击球的对位,达到两者位置正切,以提高雾化效率,确保雾化室内壁及燃烧头清洁,定期用超声波及有机溶剂清洁雾化室都有利于提高雾化效率。仪器需提前预热至稳定状态后使用。测量完成后,用蒸馏水洗喷以清除残留。检测中及实验刚结束时,燃烧头温度较高,请勿靠近燃烧头,以免烫伤。仪器使用乙炔气,定期检查气体管路是否漏气,接口处是否密封良好,以及钢瓶及减压表情况,以保证实验安全。

四、所用主要设备及检测流程示意图

(一)设备图

1. 石墨炉原子吸收光谱法

石墨炉原子吸收光谱法测定乳粉中铅的设备图如图 5-3-1 所示。

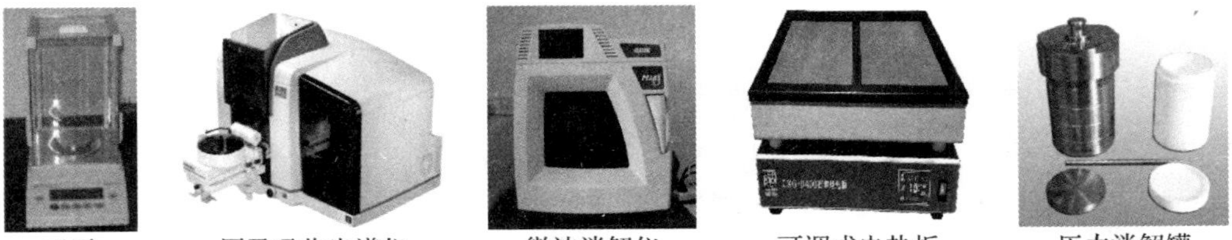

天平　原子吸收光谱仪　微波消解仪　可调式电热板　压力消解罐

图 5-3-1　石墨炉原子吸收光谱法测定乳粉中铅的设备图

2. 电感耦合等离子体质谱法

电感耦合等离子体质谱法测定乳粉中铅的设备图如图 5-3-2 所示。

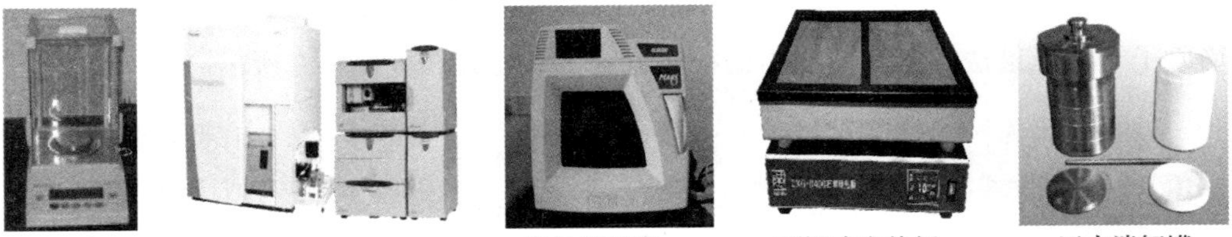

天平　ICP-MS　微波消解仪　可调式电热板　压力消解罐

图 5-3-2　电感耦合等离子体质谱法测定乳粉中铅的设备图

3. 火焰原子吸收光谱法

火焰原子吸收光谱法测定乳粉中铅的设备图如图 5-3-3 所示。

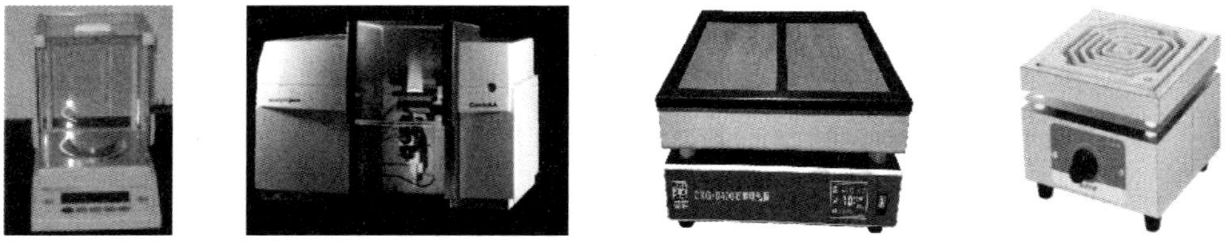

天平　原子吸收光谱仪(火焰)　可调式电热板　可调式电热炉

图 5-3-3　火焰原子吸收光谱法测定乳粉中铅的设备图

(二)检测流程图

1. 石墨炉原子吸收光谱法

石墨炉原子吸收光谱法测定乳粉中铅的检测流程示意图如图 5-3-4 所示。

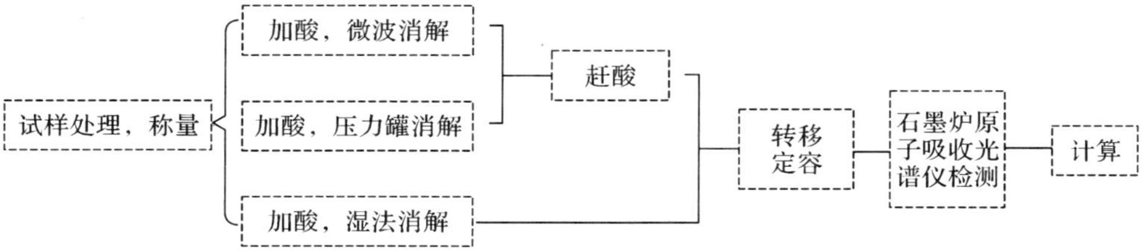

图 5-3-4　石墨炉原子吸收光谱法测定乳粉中铅的检测流程示意图

2. 电感耦合等离子体质谱法

电感耦合等离子体质谱法测定乳粉中铅的检测流程示意图如图 5-3-5 所示。

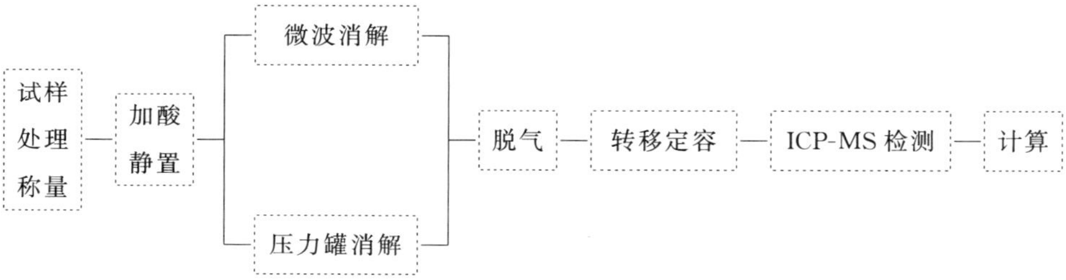

图 5-3-5　电感耦合等离子体质谱法测定乳粉中铅的检测流程示意图

3. 火焰原子吸收光谱法

火焰原子吸收光谱法检测乳粉中铅的检测流程示意图如图 5-3-6 所示。

图 5-3-6　火焰原子吸收光谱法检测乳粉中铅的流程示意图

第四节 乳粉中砷的检测

乳粉是人们在日常生活中广泛食用的一种食品，其安全性与人体健康密切相关。砷含量作为安全性评价指标之一，一直是日常监控的重要指标。砷在动物体内有很强的蓄积性，并有致畸、致癌、致突变等作用，可诱发皮肤癌、膀胱癌、肺癌、肝癌等疾病。乳粉中砷污染主要是由于工业废物污染、农药残留和乳粉加工过程中使用的化学添加剂不纯等原因。

目前我国制定的污染物限量标准对乳粉和调制乳粉中砷（以 As 计）的限量要求为 0.5mg/kg，检测标准为《食品安全国家标准 食品中总砷及无机砷的测定》(GB 5009.11—2014)。该标准分为 2 篇，第一篇规定了食品中总砷的测定方法，包括 3 个检测方法，分别为电感耦合等离子体质谱法、氢化物发生原子荧光光谱法及银盐法；第二篇规定了食品中无机砷的测定方法。

一、测定原理（参照 GB 5009.11）

1. 电感耦合等离子体质谱法

样品经酸消解处理为样品溶液，样品溶液经雾化由载气送入 ICP 炬管中，经过蒸发、解离、原子化和离子化等过程，转化为带电荷的离子，经离子采集系统进入质谱仪，质谱仪根据质荷比进行分离。对于一定的质荷比，质谱的信号强度与进入质谱仪的离子数成正比，即样品浓度与质谱信号强度成正比。通过测量质谱的信号强度对试样溶液中的砷元素进行测定。

2. 氢化物发生原子荧光光谱法

试样经湿法消解或干灰化法处理后，加入硫脲使五价砷预还原为三价砷，再加入硼氢化钠或硼氢化钾使还原生成砷化氢，由氩气载入石英原子化器中分解为原子态砷，在高强度砷空心阴极灯的发射光激发下产生原子荧光，其荧光强度在固定条件下与被测液中的砷浓度成正比，与标准系列比较定量。

3. 银盐法

试样经消解后，以碘化钾、氯化亚锡将高价砷还原为三价砷，然后与锌粒和酸产生的新生态氢生成砷化氢，经银盐溶液吸收后，形成红色胶态物，与标准系列比较定量。

二、具体实验操作过程

（一）电感耦合等离子体质谱法

1. 仪器及设备

（1）电感耦合等离子体质谱仪（ICP-MS）。

（2）微波消解系统。

（3）压力消解器。

(4)恒温干燥箱:50～300℃。

(5)控温电热板:50～200℃。

(6)超声水浴箱。

(7)天平:感量分别为0.1mg和1mg。

2.分析步骤

(1)试样前处理

1)微波消解法。称取混合均匀样品0.2～0.5g(精确至0.001g)于消解罐中,加入5mL硝酸,放置30min,盖好安全阀,将消解罐放入微波消解系统中,按适宜步骤进行消解,消解完全后赶酸,将消化液转移至25mL容量瓶或比色管中,用少量水洗涤内罐3次,合并洗涤液并定容至刻度,混匀。同时做空白试验。

2)高压密闭消解法。称取混合均匀固体试样0.20～1.0g(精确至0.001g)于消解内罐中,加入5mL硝酸浸泡过夜。盖好内盖,旋紧不锈钢外套,放入恒温干燥箱,140～160℃保持3～4h,自然冷却至室温,然后缓慢旋松不锈钢外套,将消解内罐取出,用少量水冲洗内盖,放在控温电热板上于120℃赶去棕色气体。取出消解内罐,将消化液转移至25mL容量瓶或比色管中,用少量水洗涤内罐3次,合并洗涤液并定容至刻度,混匀。同时做空白试验。

(2)试样分析

1)仪器参考条件。RF功率1550W;载气流速1.14L/min;采样深度7mm;雾化室温度2℃;Ni采样锥;Ni截取锥。

质谱干扰主要来源于同量异位素、多原子、双电荷离子等,可采用最优化仪器条件、干扰校正方程进行校正或采用碰撞池、动态反应池技术方法消除干扰。砷的干扰校正方程为:$^{75}As={}^{75}As-{}^{77}M(3.127)+{}^{82}M(2.733)-{}^{83}M(2.757)$;采用内标校正、稀释样品等方法校正非质谱干扰。砷的m/z为75,选^{72}Ge为内标元素。

推荐使用碰撞/反应池技术,在没有碰撞/反应池技术的情况下,使用干扰方程消除干扰的影响。

2)试样分析测定。吸取适量砷标准使用液(1.00mg/L),用硝酸溶液(2+98)配制砷浓度分别为0ng/mL、1.0ng/mL、5.0ng/mL、10ng/mL、50ng/mL和100ng/mL的标准系列溶液。

当仪器真空度达到要求时,用调谐液调整仪器灵敏度、氧化物、双电荷、分辨率等各项指标;当仪器各项指标达到测定要求时,编辑测定方法、选择相关消除干扰方法,引入内标,观测内标灵敏度、脉冲与模拟模式的线性拟合,符合要求后,将标准系列引入仪器。进行相关数据处理,绘制标准曲线,计算回归方程。

相同条件下,将试剂空白溶液、样品溶液分别引入仪器进行测定。根据回归方程计算出样品中砷元素的浓度。

3.分析结果表达

试样中砷含量按式(5-4-1)计算:

$$X=\frac{(c-c_0)\times V\times 1000}{m\times 1000\times 1000} \quad (5-4-1)$$

式中：X 为试样中砷的含量(mg/kg)；c 为试样消化液中砷的测定浓度(ng/mL)；c_0 为试样空白消化液中砷的测定浓度(ng/mL)；V 为试样消化液总体积(mL)；m 为试样质量(g)；1000 为单位换算系数。

计算结果保留 2 位有效数字

在重复性条件下获得的 2 次独立测定结果的绝对差值不得超过算术平均值的 20%。

称样量为 1g，定容体积为 25mL 时，该方法的检出限为 0.003mg/kg，定量限为 0.010mg/kg。

(二)氢化物发生原子荧光光谱法

1.仪器及设备

(1)原子荧光光谱仪。

(2)天平：感量分别为 0.1mg 和 1mg。

(3)控温电热板：50～200℃。

(4)马弗炉。

2.分析步骤

(1)试样前处理

1)湿法消解。称取混合均匀的试样 1.0～2.5g(精确至 0.001g)，置于 50～100mL 锥形瓶中，同时做 2 份试剂空白。加硝酸 20mL，高氯酸 4mL，硫酸 1.25mL，放置过夜。次日，置于电热板上加热消解。若消解液处理至 1mL 左右时仍有未分解物质或色泽变深，取下放冷，补加硝酸 5～10mL，再消解至 2mL 左右，如此反复 2～3 次，注意避免炭化。继续加热至消解完全后，再持续蒸发至高氯酸的白烟散尽，硫酸的白烟开始冒出。冷却，加水 25mL，再蒸发至冒硫酸白烟。冷却，用水将内溶物转入 25mL 容量瓶或比色管中，加入硫脲＋抗坏血酸溶液 2mL，补加水至刻度，混匀，放置 30min，待测。按同一操作方法做空白试验。

2)干灰化法。称取混合均匀的试样 1.0～2.5g(精确至 0.001g)，置于 50～100mL 坩埚中，同时做 2 份试剂空白。加 150g/L 硝酸镁 10mL 混匀，低热蒸干，将 1g 氧化镁覆盖在干渣上，于电炉上炭化至无黑烟，移入 550℃马弗炉灰化 4h。取出放冷，小心加入盐酸溶液(1＋1)10mL 以中和氧化镁并溶解灰分，转入 25mL 容量瓶或比色管，向容量瓶或比色管中加入硫脲＋抗坏血酸溶液 2mL，另用硫酸溶液(1＋9)分次洗涤坩埚后合并洗涤液至 25mL 刻度，混匀，放置 30min，待测。按同一操作方法做空白试验。

(2)试样分析

1)仪器参考条件。a)负高压：260V；b)砷空心阴极灯电流：50～80mA；c)载气：氩气；d)载气流速：500mL/min；e)屏蔽气流速：800mL/min；f)测量方式：荧光强度；g)读数方式：峰面积。

2)检测分析。取 25mL 容量瓶或比色管 6 支，依次准确加入 1.00μg/mL 砷标准使用液 0mL、0.10mL、0.25mL、0.50mL、1.5mL 和 3.0mL(分别相当于砷浓度 0ng/mL、4.0ng/mL、10ng/mL、20ng/mL、60ng/mL、120ng/mL),各加硫酸溶液(1+9)12.5mL,硫脲+抗坏血酸溶液 2mL,补加水至刻度,混匀后放置 30min 后测定。

仪器预热稳定后,将试剂空白、标准系列溶液依次引入仪器进行原子荧光强度的测定。以原子荧光强度为纵坐标,砷浓度为横坐标,绘制标准曲线,得到回归方程。

相同条件下,将样品溶液分别引入仪器进行测定。根据回归方程计算出样品中砷元素的浓度。

3.分析结果表达

试样中砷含量按式(5-4-2)计算。

$$X=\frac{(c-c_0)\times V\times 1000}{m\times 1000\times 1000} \quad (5-4-2)$$

式中:X 为试样中砷的含量(mg/kg);c 为试样被测液中砷的测定浓度(ng/mL);c_0 为试样空白消化液中砷的测定浓度(ng/mL);V 为试样消化液总体积(mL);m 为试样质量(g);1000 为单位换算系数。

计算结果保留 2 位有效数字。

在重复性条件下获得的 2 次独立测定结果的绝对差值不得超过算术平均值的 20%。

称样量为 1g,定容体积为 25mL 时,该方法的检出限为 0.010mg/kg,定量限为 0.040mg/kg。

(三)银盐法

1.仪器及设备

(1)分光光度计。

(2)100~150mL 锥形瓶:19 号标准口。

(3)导气管:管口 19 号标准口,或经碱处理后洗净的橡皮塞与锥形瓶密合时不应漏气。管的另一端管径为 1.0mm。

(4)吸收管:10mL 刻度离心管作吸收管用。

测砷装置如图 5-4-1 所示。

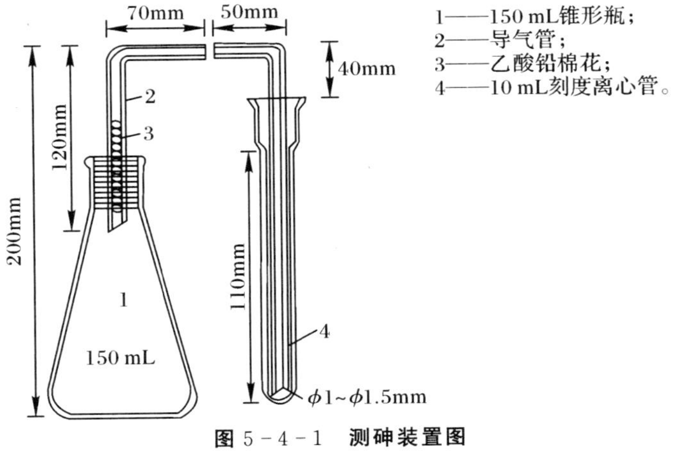

图 5-4-1 测砷装置图

2.分析步骤

(1)试样前处理

1)硝酸-高氯酸-硫酸法。称取5.0～10.0g试样(精确至0.001g)置于250～500mL定氮瓶中,先加少许水湿润。加数粒玻璃珠、10～15mL硝酸-高氯酸混合液,放置片刻,小火缓缓加热,待作用缓和,放冷。沿瓶壁加入5mL或10mL硫酸,再加热,至瓶中液体开始变成棕色时,不断沿瓶壁滴加硝酸-高氯酸混合液至有机质分解完全。加大火力,至产生白烟,待瓶口白烟冒净后,瓶内液体再产生白烟为消化完全,该溶液应澄清透明无色或微带黄色,放冷。(在操作过程中应注意防止爆沸或爆炸)加20mL水煮沸,除去残余的硝酸至产生白烟为止,如此处理2次,放冷。将冷后的溶液移入50mL或100mL容量瓶中,用水洗涤定氮瓶,洗涤液并入容量瓶中,放冷,加水至刻度,混匀。定容后的溶液每10mL相当于1g试样,相当加入硫酸量1mL。称取与消化试样相同量的硝酸-高氯酸混合液和硫酸,按同一方法做空白试验。

2)硝酸-硫酸法。以硝酸代替硝酸-高氯酸混合液进行操作。

3)灰化法。称取试样5.0g(精确至0.001g)置于坩埚中,加1g氧化镁及10mL硝酸镁溶液,混匀,浸泡4h。于低温或置水浴锅上蒸干,用小火炭化至无烟后移入马弗炉中加热至550℃,灼烧3～4h,冷却后取出。加5mL水湿润后,用细玻棒搅拌,再用少量水洗下玻棒上附着的灰分至坩埚内。放水浴上蒸干后移入马弗炉550℃灰化2h,冷却后取出。加5mL水湿润灰分,再慢慢加入10mL盐酸溶液(1+1),然后将溶液移入50mL容量瓶中,坩埚用盐酸溶液(1+1)洗涤3次,每次5mL,洗涤液均并入容量瓶中,再加水至刻度,混匀。定容后的溶液每10mL相当于1g试样,其加入盐酸量不少于(中和需要量除外)1.5mL。全量供银盐法测定时,不必再加盐酸,按同一操作方法做空白试验。

(2)试样分析

1)用湿法消化液。分别吸取0mL、2.0mL、4.0mL、6.0mL、8.0mL、10mL砷标准使用液(相当0μg、2.0μg、4.0μg、6.0μg、8.0μg、10μg)置于6个150mL锥形瓶中,加水至40mL,再加10mL盐酸溶液(1+1)。

于试样消化液、试剂空白液及砷标准溶液中各加3mL碘化钾溶液(150g/L)、0.5mL酸性氯化亚锡溶液,混匀,静置15min。各加入3g锌粒,立即分别塞上装有乙酸铅棉花的导气管,并使管尖端插入盛有4mL银盐溶液的离心管中的液面下,在常温下反应45min后,取下离心管,加三氯甲烷补足4mL。用1 cm比色杯,以零管调节零点,于波长520nm处测吸光度,绘制标准曲线。

2)用灰化法消化液。取灰化法消化液及试剂空白液分别置于150mL锥形瓶中。吸取0mL、2.0mL、4.0mL、6.0mL、8.0mL、10mL砷标准使用液(相当0.0μg、2.0μg、4.0μg、6.0μg、8.0μg、10μg砷),分别置于150mL锥形瓶中,加水至43.5mL,再加6.5mL盐酸。之后按本法(1)自“于试样消化液”起依法操作。

3.分析结果表达

试样中砷含量按式(5－4－3)计算：

$$X=\frac{(A_1-A_2)\times V_1\times 1000}{m\times V_2\times 1000\times 1000} \quad (5-4-3)$$

式中：X 为试样中砷的含量(mg/kg)；A_1 为测定用试样消化液中砷的质量(ng)；A_2 为试剂空白液中砷的质量(ng)；V_1 为试样消化液总体积(mL)；m 为试样质量(g)；V_2 为测定用试样消化液的体积(mL)。

计算结果保留 2 位有效数字。

在重复性条件下获得的 2 次独立测定结果的绝对差值不得超过算术平均值的 20％。

称样量为 1g，定容体积为 25mL 时，该方法的检出限为 0.2mg/kg，定量限为 0.7mg/kg。

三、注意事项

(一)电感耦合等离子体质谱法

1.样品前处理

乳粉中含有大量脂肪等有机物，不易完全消解。在消解前注意试样不要粘连在反应罐内壁，以免消解不完全。注意观察试样消解液是否澄清透明或泛微黄，无明显沉淀。注意赶酸时温度不宜过高，实验经验 180℃下赶酸虽可缩短赶酸时间，但总砷有所损失。另需注意赶酸余量，切记不可赶至尽干。转移试样时，小心操作避免溅出。

2.仪器维护

仪器设备雾化器中心毛细管口径非常小，因此要求试样溶解彻底，为防止管路堵塞，可在进样前使用滤膜进行过滤。但需注意前期进行耗材验收，以防试样污染。乳粉中含有少量无机盐，矩管及采样锥、截取锥是 ICP－MS 中比较容易积碳和积盐的位置，定期可将矩管浸入硝酸溶液中浸泡过夜，冲洗干净后晾干再安装使用。采样锥和截取锥的清洗首选用无尘净化棉签蘸超纯水轻轻擦拭锥的正反两面，再用超纯水冲净后晾干使用。注意清洗时控制力度，以免破坏锥孔。

(二)氢化物发生原子荧光光谱法

1.样品前处理

乳粉中含有较多有机质，在湿法消解时，加入消解液后静置过夜，使得试样与酸液充分融合，同时反应部分消解液，有利于后续消解。消解过程温度不宜过高，120～150℃即可，以免反应过速炭化或挥干，造成砷的损失。原子荧光检测需先使用硫脲将试样中的五价砷转化为三价砷。硫脲-抗坏血酸溶液需现用现配，加入硫脲后混匀静置 30min，使其充分反应转化。

2. 避免污染

污染问题是影响测量准确性的重要因素。主要为器皿污染、试剂污染、环境污染及仪器使用过程中污染等。实验所用玻璃器皿需用硝酸溶液浸泡 24h 后，用水及去离子水冲洗干净晾干使用。实验所用试剂尽量满足优级纯纯度，避免试剂干扰。测量完标准曲线或高浓度样品后，可运行空白溶液或载流，冲洗后再进行测定，试样检测完毕后及时运行清洗程序，避免管路残留。根据实际情况定期或当空白值难以降低时，将载流管、还原管、进样针放置于 20% 硝酸内，运行程序冲洗管路，再置于一级水中冲洗。

3. 载流及还原剂的选择

因硝酸有较强的氧化性，为避免其与还原剂硫脲-抗坏血酸反应，实验优先选择盐酸作为载流。在还原剂硼氢化物的浓度为 2.0% 时，载流最好选择 5.0% 的酸液以保持废液为酸性，否则硼氢化物会在管道压力最低处沉积，而后导致管道堵塞。硼氢化钠(钾)容易潮解失效，开封后注意防潮贮存。硼氢化物溶液现用现配，注意配制顺序，硼氢化物需溶解在碱性溶剂中，以保持溶液的稳定性。

(三)银盐法

1. 湿法消解过程

(1)严格控制消化温度。硝酸蒸发完全后，硫酸开始蒸发，温度大约为 220℃，水-硫酸的最高沸点是在 300℃ 以上。当温度上升到 300℃ 时，砷就会挥发，造成砷的损失。

(2)消除硝酸干扰。硝酸对砷化氢的产生有强烈干扰，25mL 试液中含有 0.1mL 浓硝酸，其吸光度也会降低 30% 以上，因此在赶酸时一定要将硝酸全部挥发。可用番木鳖碱-硫酸粉糊来检测硝酸是否除净(番木鳖碱-硫酸粉糊的制作方法：用玻璃研钵番木鳖碱 2～3mg 与无水硫酸钠 2～3g 充分混合，而后滴加适量的浓硫酸搅拌混合。配好后立即使用，不能保存)。在硫酸的白烟出口处，将放有番木鳖碱-硫酸粉糊的玻璃棒插入观察，如有硝酸蒸气冒出，则粉糊部分就会变成黄褐色或淡黄色。颜色的浓淡应该作为判断硝酸浓度的指标。另外，在消解过程中不能使样品炭化，否则会造成砷的损失。

2. 干灰化法消解过程

灰化助剂加入试样中，应充分混匀，否则结果偏低。在使用箱形电炉时，必须注意滤材和发热体的材料引起的污染。

四、所用主要设备及检测流程示意图

(一)设备图

1. 电感耦合等离子体质谱法

电感耦合等离子体质谱法测定乳粉中砷的含量设备图如图 5-4-2 所示。

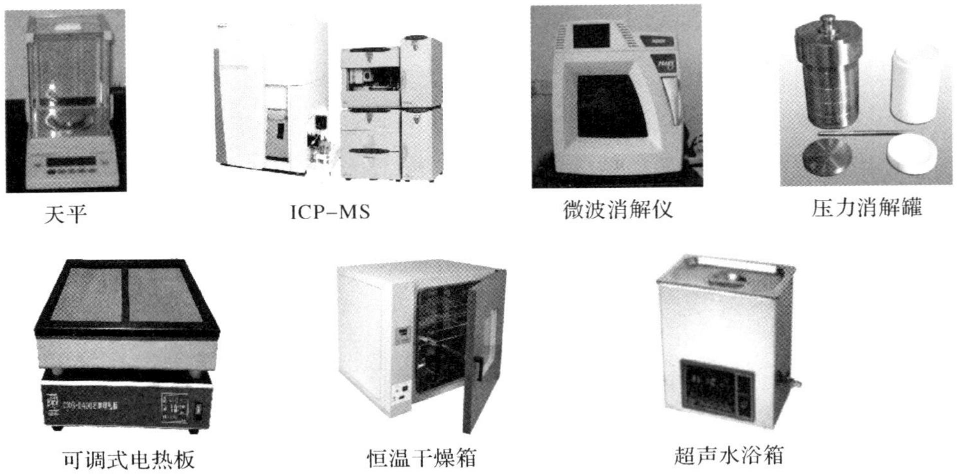

图 5-4-2　电感耦合等离子体质谱法测定乳粉中砷的含量设备图

2.氢化物发生原子荧光光谱法

氢化物发生原子荧光光谱法测定乳粉中砷的含量设备图如图 5-4-3 所示。

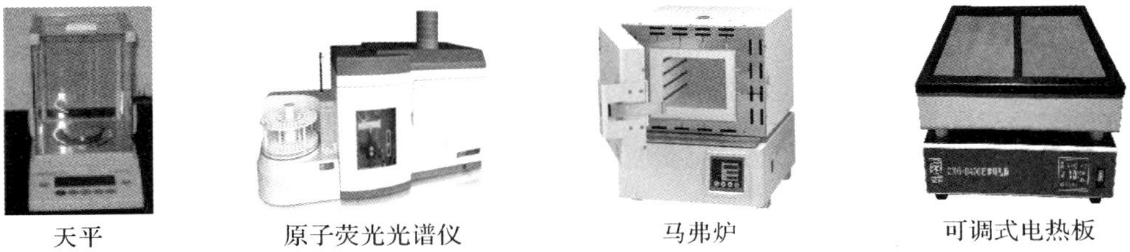

图 5-4-3　氢化物发生原子荧光光谱法测定乳粉中砷的含量设备图

3.银盐法

银盐法测定乳粉中砷的含量装置设备图如图 5-4-4 所示。

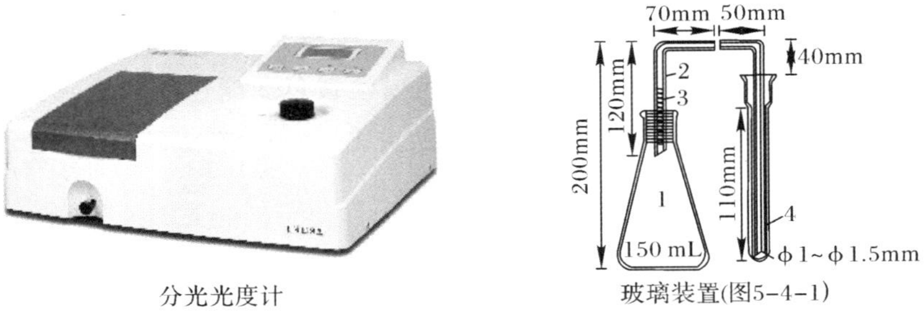

图 5-4-4　银盐法测定乳粉中砷的含量装置设备图

(二)检测流程图

1.电感耦合等离子体质谱法

电感耦合等离子体质谱法测定乳粉中砷的含量检测流程示意图如图 5-4-5 所示。

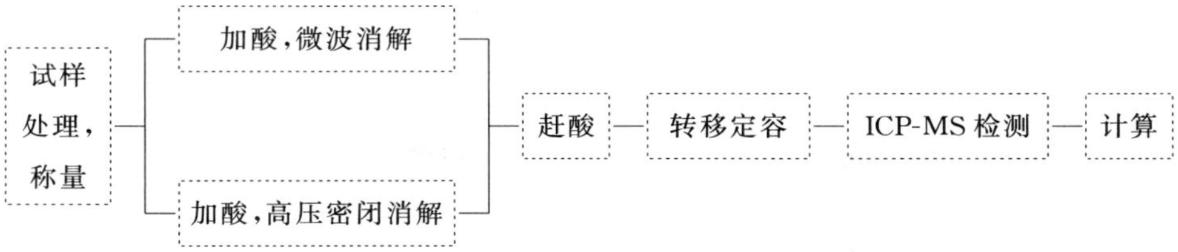

图 5－4－5　电感耦合等离子体质谱法测定乳粉中砷的含量检测流程示意图

2. 氢化物发生原子荧光光谱法

氢化物发生原子荧光光谱法测定乳粉中砷的含量流程示意图如图 5－4－6 所示。

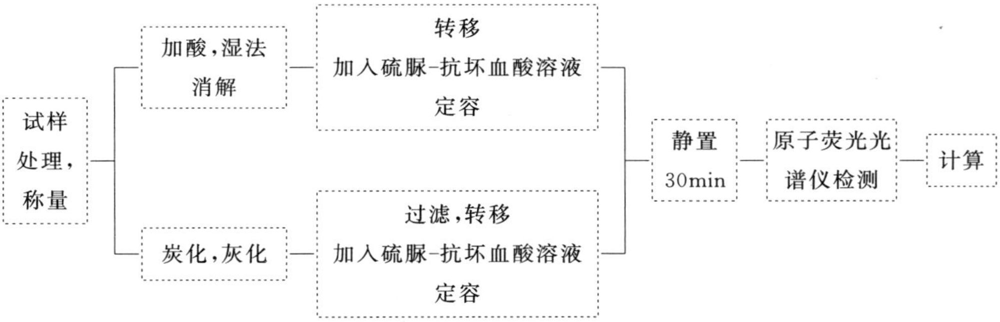

图 5－4－6　氢化物发生原子荧光光谱法测定乳粉中砷的含量检测流程示意图

3. 银盐法

银盐法测定乳粉中砷的含量检测流程示意图如图 5－4－7 所示。

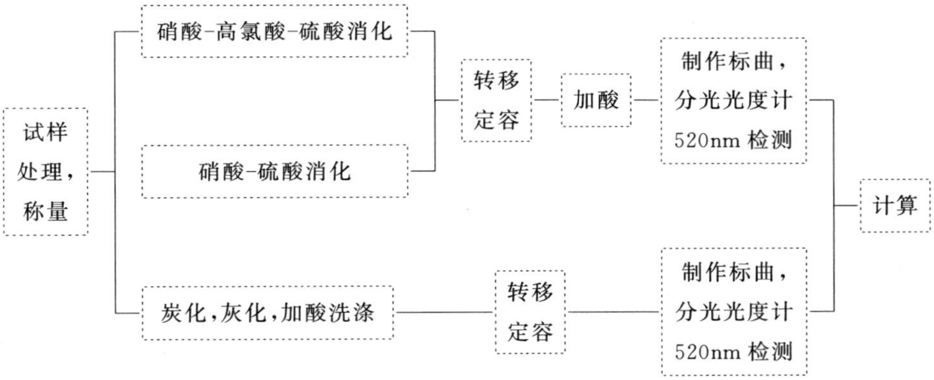

图 5－4－7　银盐法测定乳粉中砷的含量检测流程示意图

第五节　乳粉中总汞的检测

随着社会的发展，人们对于食品安全的关注度日益提升。乳粉的高营养价值及便于携带等特点符合当下人们快节奏生活的需求，成为日常生活中必需的营养食品，特别是对婴幼儿，是其最重要的食物与营养物质之一。因此其食品安全监控十分重要。汞具有神经、肾脏、免疫、生殖以及胚胎、发育毒性，可引起感觉障碍、向心性视野缩小、肾损伤、自身免疫疾病等,对于食品安全的影响显著。

目前我国标准中尚未对乳粉中总汞或甲基汞制定限量,对于生乳、巴氏杀菌乳、灭菌乳、调制乳、发酵乳的总汞限量要求为0.01mg/kg。检测标准为《食品安全国家标准 食品中总汞及有机汞的测定》(GB 5009.17—2021)。该标准分为两篇,其中第一篇规定了食品中总汞的检测方法,包括4个检测方法,分别为原子荧光光谱法、直接进样测汞法、电感耦合等离子体质谱法及冷原子吸收光谱法。

一、测定原理(参照 GB 5009.17)

1. 原子荧光光谱法

试样经酸加热消解后,在酸性介质中,试样中汞被硼氢化钾或硼氢化钠还原成原子态汞,由载气(氩气)带入原子化器中,在汞空心阴极灯照射下,基态汞原子被激发至高能态,在由高能态回到基态时,发射出特征波长的荧光,其荧光强度与汞含量成正比,用外标法定量。

2. 直接进样测汞法

样品经高温灼烧及催化热解后,汞被还原成汞单质,用金汞齐富集或直接通过载气带入检测器,在253.7nm波长处测量汞的原子吸收信号,或由汞灯激发检测汞的原子荧光信号,用外标法定量。

3. 电感耦合等离子体质谱法(参照 GB 5009.268)

试样经消解后,由电感耦合等离子体质谱仪测定,以元素特定质量数(质荷比,m/z)定性,采用外标法,以待测元素质谱信号与内标元素质谱信号的强度比与待测元素的浓度成正比进行定量分析。

4. 冷原子吸收光谱法

汞蒸气对波长253.7nm的共振线具有强烈的吸收作用。试样经过酸消解或催化酸消解使汞转为离子状态,在强酸性介质中以氯化亚锡还原成元素汞,载气将元素汞吹入汞测定仪,进行冷原子吸收测定,在一定浓度范围其吸收值与汞含量成正比,用外标法定量。

二、具体实验操作过程

(一)原子荧光光谱法

1. 仪器及设备

(1)原子荧光光谱仪:配汞空心阴极灯。

(2)电子天平:感量分别为0.01mg、0.1mg和1mg。

(3)微波消解系统。

(4)压力消解器。

(5)恒温干燥箱:50～300℃。

(6)控温电热板:50～200℃。

(7)超声水浴箱。

2.分析步骤

(1)试样预处理

乳粉均质后装入洁净聚乙烯瓶中,密封于2～8℃冰箱冷藏备用。

(2)试样前处理

1)微波消解法。称取固体试样0.2～0.5g(精确至0.001g)置于消解罐中,加入5～8mL硝酸,加盖放置1h,对于难消解的样品再加入0.5～1mL过氧化氢,旋紧罐盖,按照微波消解仪的标准操作步骤进行消解(消解条件参考:120℃恒温5min,升温至160℃恒温10min,升温至190℃恒温25min,升温时间均为5min),冷却后取出,缓慢打开罐盖排气,用少量水冲洗内盖,将消解罐放在控温电热板上或超声水浴箱中,80℃下加热或超声脱气3～6min赶去棕色气体。取出消解内罐,将消化液转移至25mL容量瓶中,用少量水分3次洗涤内罐,洗涤液合并于容量瓶中并定容至刻度,混匀备用,同时做空白试验。

2)压力罐消解法。称取固体试样0.2～1.0g(精确至0.001g),置于消解内罐中,加入5mL硝酸,放置1h或过夜,盖好内盖,旋紧不锈钢外套,放入恒温干燥箱,140～160℃下保持4～5h,在箱内自然冷却至室温,缓慢旋松不锈钢外套,将消解内罐取出,用少量水冲洗内盖,将消解内罐放在控温电热板上或超声水浴箱中,80℃下加热或超声脱气3～6min赶去棕色气体。取出消解内罐,将消化液转移至25mL容量瓶中,用少量水分3次洗涤内罐,洗涤液合并于容量瓶中并定容至刻度,混匀备用,同时做空白试验。

3)回流消化法。称取试样1.0～4.0g(精确到0.001g),置于消化装置锥形瓶中,加玻璃珠数粒及30mL硝酸,5mL硫酸,转动锥形瓶防止局部炭化。低温加热,待开始发泡即停止加热,发泡停止后,加热回流2h。若如加热过程中溶液变棕色,再加5mL硝酸,继续回流2h,消解到样品完全溶解,一般呈淡黄色或无色。待冷却后从冷凝管上端小心加入20mL水,继续加热回流10min,放置冷却后,用适量水冲洗冷凝管,冲洗液并入消化液中,将消化液经玻璃棉过滤于100mL容量瓶内,用少量水洗涤锥形瓶、滤器,洗涤液并入容量瓶内,加水至刻度,混匀备用,同时做空白试验。

(3)试样分析

1)仪器参考条件。根据各自仪器性能调至最佳状态。a)光电倍增管负高压:240V;b)汞空心阴极灯电流:30mA;c)原子化器温度:200℃;d)载气流速:500mL/min;e)屏蔽气流速:1000mL/min。

2)试样测定。设定好仪器最佳条件,连续用硝酸溶液(1+9)进样,待读数稳定之后,转入标准系列溶液测量,由低到高浓度顺序测定标准溶液的荧光强度,以汞的质量浓度为横坐标,荧光强度为纵坐标,绘制标准曲线,计算得到回归方程。

转入试样测量,先用硝酸溶液(1+9)进样,使读数基本回零,再分别测定处理好的试样空白溶液和试样溶液。

3.分析结果表达

试样中汞的含量按式(5－5－1)计算：

$$X=\frac{(\rho-\rho_0)\times V\times 1000}{m\times 1000\times 1000} \quad (5-5-1)$$

式中：X 为试样中汞的含量(mg/kg)；ρ 为试样溶液中汞含量(μg/L)；ρ_0 为空白溶液中汞含量(μg/L)；V 为试样消化液的定容总体积(mL)；m 为试样称样量(g)；1000 为单位换算系数。

当汞含量≥1.00mg/kg 时，计算结果保留 3 位有效数字；当汞含量<1.00mg/kg 时，计算结果保留 2 位有效数字。

样品中汞含量>1mg/kg 时，在重复性条件下获得的 2 次独立测定结果的绝对差值不得超过算术平均值的 10%；≤1mg/kg 且>0.1mg/kg 时，在重复性条件下获得的 2 次独立测定结果的绝对差值不得超过算术平均值的 15%；≤0.1mg/kg时，在重复性条件下获得的 2 次独立测定结果的绝对差值不得超过算术平均值的 20%。

当样品称样量为 0.5g，定容体积为 25mL 时，该方法的检出限为 0.003mg/kg，定量限为 0.01mg/kg。

(二)直接进样测汞法

1.仪器及设备

(1)直接测汞仪。

(2)电子天平：感量分别为 0.01mg、0.1mg 和 1mg。

(3)样品舟：镍舟或石英舟。

(4)载气：氧气(99.9%)或空气；氩氢混合气[(9∶1体积比)(99.9%)]。

2.分析步骤

(1)仪器参考条件。根据所使用的直接测汞仪仪器性能调至最佳状态。

(2)样品舟净化。将样品舟中残留的样品灰烬处理干净后，可使用仪器自带加热程序或马弗炉高温灼烧(600～800℃)20min 以上，去除汞残留。

(3)标准曲线的制作。分别吸取 0.1mL 的低浓度和高浓度汞标准系列溶液置于样品舟中(低浓度标准系列汞质量为 0ng、1.0ng、5.0ng、10.0ng、20.0ng、30.0ng、40.0ng，高浓度标准系列汞质量为 40.0ng、80.0ng、100ng、200ng、300ng、400ng、600ng。)，按照仪器设定的参考条件，按照汞质量由低到高的顺序，依次进行标准系列溶液的测定，记录信号响应值。以各系列标准溶液中汞的质量(ng)为横坐标，以其对应的信号响应值为纵坐标，分别绘制低浓度或高浓度汞标准曲线。

(4)试样的测定。称取混合均匀试样 0.05～0.5g(精确至 0.000 1g 或 0.001g)于样品舟中，按照仪器设定的参考条件进行测定，获得相应的原子吸收信号值或原子荧光光谱信号值，从标准曲线读取对应的汞质量，计算出样品中汞的含量，每个样品做平行样品测定，取平均值。

3.分析结果表达

试样中汞的含量按式(5－5－2)计算:

$$X=\frac{m_0\times1000}{m\times1000\times1000} \tag{5-5-2}$$

式中:X 为试样中汞的含量(mg/kg);m_0 为试样中的汞质量(ng);m 为试样称样量(g);1000 为单位换算系数。

当汞含量≥1.00mg/kg 时,计算结果保留 3 位有效数字;当汞含量<1.00mg/kg 时,计算结果保留 2 位有效数字。

样品中汞含量>1mg/kg 时,在重复性条件下获得的 2 次独立测定结果的绝对差值不得超过算术平均值的 10%;≤1mg/kg 且>0.1mg/kg 时,在重复性条件下获得的 2 次独立测定结果的绝对差值不得超过算术平均值的 15%;≤0.1mg/kg 时,在重复性条件下获得的 2 次独立测定结果的绝对差值不得超过算术平均值的 20%。

当样品称样量为 0.1g 时,该方法的检出限为 0.0002mg/kg,定量限为 0.0005mg/kg。

(三)电感耦合等离子体质谱法(参照 GB 5009.268)

1.仪器及设备

(1)电感耦合等离子体质谱仪(ICP－MS)。

(2)天平:感量分别为 0.1mg 和 1mg。

(3)微波消解仪:配有聚四氟乙烯消解内罐。

(4)压力消解罐:配有聚四氟乙烯消解内罐。

(5)恒温干燥箱:200～300℃。

(6)控温电热板:50～200℃。

(7)超声水浴箱。

2.分析步骤

(1)试样前处理

1)微波消解法。称取混合均匀的试样 0.2～0.5g(精确至 0.001g)于微波消解罐中,加入 5～10mL 硝酸,加盖放置 1h 或过夜,旋紧罐盖,按照微波消解仪标准操作步骤进行消解(消解参考条件:120℃恒温 5min,升温至 150℃恒温 10min,升温至 190℃恒温 20min,升温时间均为 5min)。冷却后取出,缓慢打开罐盖排气,用少量水冲洗内盖,将消解罐放在控温电热板上或超声水浴箱中,于 100℃加热 30min 或超声脱气 2～5min,用水定容至 25mL 或 50mL,混匀备用,同时做空白试验。

2)压力罐消解法。称取混合均匀的试样 0.2～1g(精确至 0.001g)于消解内罐中,加入 5mL 硝酸,放置 1h 或过夜,旋紧不锈钢外套,放入恒温干燥箱消解(消解参考条件:80℃恒温 2h,120℃恒温 2h,160～170℃恒温 4h),于 150～170℃消解 4h,冷却后,缓慢旋松不锈钢外套,将消解内罐取出。在控温电热板上或超声水浴箱中,于 100℃加热 30min 或超声脱气 2～5min,用水定容至 25mL 或 50mL,混匀备用,同时做空白试验。

(2)试样分析

1)仪器参考条件。仪器操作条件见表 5-3-2 所示。

表 5-3-2 电感耦合等离子体质谱仪操作参考条件

参数名称	参 数	参数名称	参 数
射频功率	1500W	雾化器	高盐/同心雾化器
等离子体气流量	15L/min	采样锥/截取锥	镍/铂锥
载气流量	0.80L/min	采样深度/mm	8~10
辅助气流量	0.40L/min	采集模式	跳峰(Spectrum)
氦气流量	4~5L/min	检测方式	自动
雾化室温度	2℃	每峰测定点数	1~3
样品提升速率	0.3r/s	重复次数	2~3

注:汞元素分析模式:普通/碰撞反应池。

测定参考条件:在调谐仪器达到测定要求后,编辑测定方法,根据待测元素的性质选择相应的内标元素。(汞 Hg 元素推荐 m/z:200/202;内标:^{185}Re/^{209}Bi)

2)标准溶液配制。移取单元素标准贮备液或多元素混合标准贮备液,用硝酸溶液(5+95)逐级稀释至适宜待测试样浓度及仪器状态的铅元素标准工作溶液系列。

取适量内标单元素贮备液或内标多元素标准贮备液,用硝酸溶液(5+95)配制合适浓度的内标使用液,内标元素参考浓度范围为 25~100μg/L,低质量数元素可以适当提高使用液浓度。

注:内标溶液既可在配制混合标准工作溶液和样品消化液中手动定量加入,亦可由仪器在线加入。

3)试样分析。将混合标准溶液注入电感耦合等离子体质谱仪中,测定待测元素和内标元素的信号响应值,以待测元素的浓度为横坐标,待测元素与所选内标元素信号响应值的比值为纵坐标,绘制标准曲线。

将空白溶液和试样溶液分别注入电感耦合等离子体质谱仪中,测定待测元素和内标元素的信号响应值,根据标准曲线得到消解液中待测元素的浓度。

3.分析结果表达

试样中待测元素的含量按式(5-5-3)计算:

$$X=\frac{(\rho-\rho_0)\times V\times f}{m\times 1000} \quad (5-5-3)$$

式中:X 为试样中汞的含量(mg/kg);ρ 为试样溶液中汞的质量浓度(μg/L);ρ_0 为空白溶液中汞的质量浓度(μg/L);V 为试样消化液的定容体积(mL);f 为试样稀释倍数;m 为试样称样量(g);1000 为单位换算系数。

计算结果保留 3 位有效数字。

样品中各元素含量>1mg/kg 时,在重复性条件下获得的 2 次独立测定结果的绝对差值不得超过算术平均值的 10%;≤1mg/kg 且>0.1mg/kg 时,在重复性条件下获得的

2 次独立测定结果的绝对差值不得超过算术平均值的 15%；≤0.1mg/kg 时，在重复性条件下获得的 2 次独立测定结果的绝对差值不得超过算术平均值的 20%。

当称样量为 0.5g，定容体积至 50mL 时，该方法对汞元素的检出限为 0.001mg/kg，定量限为 0.003mg/kg。

(四)冷原子吸收光谱法

1. 仪器和设备

(1)测汞仪：配气体循环泵、气体干燥装置、汞蒸气发生装置及汞蒸气吸收瓶，或全自动测汞仪。

(2)天平：感量分别为 0.01mg、0.1mg 和 1mg。

(3)微波消解系统。

(4)压力消解器。

(5)恒温干燥箱：200～300℃。

(6)控温电热板：50～200℃。

(7)超声水浴箱。

注：玻璃器皿及聚四氟乙烯消解内罐均需以硝酸溶液(1+4)浸泡 24h，用自来水反复冲洗，最后用离子水冲洗干净。

2. 分析步骤

(1)试样预处理

乳粉均质后装入洁净聚乙烯瓶中，密封于 2～8℃冰箱冷藏备用。

(2)试样前处理

1)微波消解法。称取固体试样 0.2～0.5g(精确至 0.001g)置于消解罐中，加入 5～8mL 硝酸，加盖放置 1h，对于难消解的样品再加入 0.5～1mL 过氧化氢，旋紧罐盖，按照微波消解仪的标准操作步骤进行消解(消解条件参考：120℃恒温 5min，升温至 160℃恒温 10min，升温至 190℃恒温 25min，升温时间均为 5min)，冷却后取出，缓慢打开罐盖排气，用少量水冲洗内盖，将消解罐放在控温电热板上或超声水浴箱中，80℃下加热或超声脱气 3～6min 赶去棕色气体。取出消解内罐，将消化液转移至 25mL 容量瓶中，用少量水分 3 次洗涤内罐，洗涤液合并于容量瓶中并定容至刻度，混匀备用，同时做空白试验。

2)压力罐消解法。称取固体试样 0.2～1.0g(精确至 0.001g)，置于消解内罐中，加入 5mL 硝酸，放置 1h 或过夜，盖好内盖，旋紧不锈钢外套，放入恒温干燥箱，140～160℃下保持 4～5h，在箱内自然冷却至室温，缓慢旋松不锈钢外套，将消解内罐取出，用少量水冲洗内盖，将消解罐放在控温电热板上或超声水浴箱中，80℃下加热或超声脱气 3～6min 赶去棕色气体。取出消解内罐，将消化液转移至 25mL 容量瓶中，用少量水分 3 次洗涤内罐，洗涤液合并于容量瓶中并定容至刻度，混匀备用，同时做空白试验。

3)回流消化法。称取 1.0～4.0g(精确至 0.001g)试样,置于消化装置锥形瓶中,加玻璃珠数粒及 30mL 硝酸,5mL 硫酸,转动锥形瓶防止局部炭化。低温加热,待开始发泡即停止加热,发泡停止后,加热回流 2h。如加热过程中溶液变棕色,再加 5mL 硝酸,继续回流 2h,消解到样品完全溶解,一般呈淡黄色或无色,待冷却后从冷凝管上端小心加入 20mL 水,继续加热回流 10min。放置冷却后,用适量水冲洗冷凝管,冲洗液并入消化液中,将消化液经玻璃棉过滤于 100mL 容量瓶内,用少量水洗涤锥形瓶、滤器,洗涤液并入容量瓶内,加水至刻度,混匀备用,同时做空白试验。

(3)试样分析

1)仪器参考条件。打开测汞仪,预热 1h,并将仪器性能调至最佳状态。

2)标准曲线的制作。分别将 5.0mL 标准系列溶液置于测汞仪的汞蒸气发生器中,连接抽气装置,沿壁迅速加入 3.0mL 还原剂氯化亚锡(100g/L),迅速盖紧瓶塞,随后有气泡产生,立即通过流速为 1.0L/min 的氮气或经活性炭处理的空气,使汞蒸气经过氯化钙干燥管进入测汞仪中,从仪器读数显示的最高点测得其吸收值。然后,打开吸收瓶上的三通阀,将产生的剩余汞蒸气吸收于高锰酸钾溶液(50g/L)中,待测汞仪上的读数达到零点时进行下一次测定,同时做空白试验。求得吸光度值与汞质量关系的一元线性回归方程。

3)试样溶液的测定。分别吸取样液和试剂空白液各 5.0mL 置于测汞仪的汞蒸气发生器的还原瓶中,同标准曲线进行相同操作。将所测得吸光度值代入标准系列溶液的一元线性回归方程中求得试样溶液中汞含量。

3.分析结果表达

试样中汞含量按式(5－5－4)计算:

$$X=\frac{(m_1-m_2)\times V_1\times 1000}{m\times V_2\times 1000\times 1000} \tag{5-5-4}$$

式中:X 为试样中汞含量(mg/kg);m_1 为试样溶液中汞质量(ng);m_2 为空白液中汞质量(ng);V_1 为试样消化液定容总体积(mL);m 为试样称样量(g);V_2 为测定样液体积(mL);1000 为单位换算系数。

当汞含量≥1.00mg/kg 时,计算结果保留 3 位有效数字;当汞含量<1.00mg/kg 时,计算结果保留 2 位有效数字。

样品中汞含量>1mg/kg 时,在重复性条件下获得的 2 次独立测定结果的绝对差值不得超过算术平均值的 10%;≤1mg/kg 且>0.1mg/kg 时,在重复性条件下获得的 2 次独立测定结果的绝对差值不得超过算术平均值的 15%;≤0.1mg/kg时,在重复性条件下获得的 2 次独立测定结果的绝对差值不得超过算术平均值的 20%。

当样品称样量为 0.5g,定容体积为 25mL 时,方法检出限为 0.002mg/kg,方法定量限为 0.007mg/kg。

三、注意事项

(一)原子荧光光谱法

1. 试样前处理

微波及压力罐消解的方式,其试样取样量较小,因此在称样前应充分混匀待测试样。在转样定容时小心操作,避免试样溅出损失。汞为低温元素,且不稳定、易挥发,在高温、非密闭环境下易损失,因此在前处理中要注意保持低温、密闭环境,以免其在前处理过程中损失。

2. 避免环境污染

乳粉中污染物的含量及限量都很低,因此在测试过程中应避免环境污染试样。实验过程使用玻璃器皿需经硝酸溶液浸泡 24h 或高温处理后,用水反复冲洗,最后用去离子水冲洗干净,条件允许可使用一次性耗材。实验用水及试剂需具有较高纯度(优级纯)。注意实验废液的收集与处理,避免污染环境。

3. 仪器设备维护

开机后,汞灯需预热稳定后方可使用。汞易富集,在检测完标准曲线或高浓度样品后,可运行空白或载流清洗管路后再进样检测。定期将载流管、还原管、进样针放置于20%硝酸内,运行清洗程序,冲洗管路 4h 左右,冲洗结束后用蒸馏水再次清洗仪器及管路。

(二)直接进样测汞法

本法检出限及定量限较低,避免环境污染试样十分重要。实验所用玻璃器皿均需以硝酸溶液(1+4)浸泡 24h,用自来水反复冲洗,最后用离子水冲洗干净。样品舟净化后可随机运行其中部分空白样品舟以确认达到要求。若相邻样品之间汞含量差别很大,建议在高浓度样品后做一个空白测量以除去残留。所有样品测量完成后,再做一个空白样品测试以除掉系统管路中残留的汞。如果催化管被严重污染,需要对催化管进行活化处理,若处理后仍不满足要求,或出现测量结果重复性差、没有信号值等情况,则需要更换催化管或齐化管。

(三)电感耦合等离子体质谱法

1. 试样前处理

与本节原子荧光光谱法类似,注意样品的均一性以及汞在高温敞开环境下易损失的特点。

2. 避免环境污染

与本节原子荧光光谱法类似,需要保证实验器皿的洁净及试剂的纯度符合要求。

3. 降低仪器记忆效应

使用 ICP－MS 检测乳粉中的汞，优势在于操作方便，检出限、定量限低。但是由于汞易挥发、不稳定的特点，容易在仪器进样系统吸附，不易洗脱，使得仪器在分析汞元素时，具有非常显著的记忆效应。因此在检测时需注意尽量将浓度控制在 20μg/L 以下，以减少汞在管壁、雾室等处的吸附现象，当测定完高含量汞的样品溶液时，可采用含 L－半胱氨酸硝酸溶液、含金的溶液或 5％硝酸溶液清洗管路，以去除汞的记忆效应。

（四）冷原子吸收光谱法

1. 试样前处理

与前述相同，注意试样均一性及汞元素不稳定易挥发特性。

2. 避免环境污染

所用玻璃器皿及聚四氟乙烯消解内罐均需以硝酸溶液（1＋4）浸泡 24h，用自来水反复冲洗，最后用离子水冲洗干净。实验试剂硝酸、盐酸及过氧化氢为优级纯，其余为分析纯，试验用水为一级水。

3. 降低仪器设备影响

干燥剂氯化钙必须保持干燥状态，发现受潮立即更换，否则将阻留汞。废汞吸收瓶应连接在仪器的排气口，如能用 2 只吸收瓶串联，吸收废汞蒸气的效果最好，以确保操作人员的安全。

4. 控制进样温度

实验经验表明溶液温度升高，测定结果也随之升高，当待测液以 15℃ 升高至 40℃ 时，测定峰高将增加 1 倍。温度每升高 5℃ 响应值增加 6％～8％，因此标准与样品必须控制在较近的温度下测定。

四、所用主要设备及检测流程示意图

（一）设备图

1. 原子荧光光谱法

原子荧光光谱法测定乳粉中总汞含量的设备图如图 5－5－1 所示。

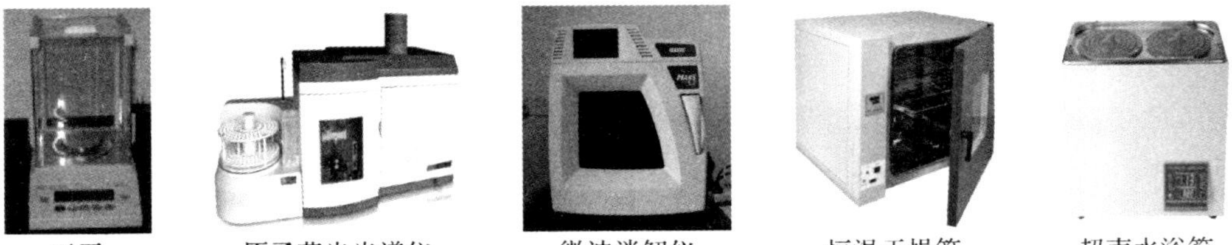

天平　原子荧光光谱仪　微波消解仪　恒温干燥箱　超声水浴箱

图 5－5－1　原子荧光光谱法测定乳粉中总汞含量的设备图

2. 直接进样测汞法

直接进样测汞法测定乳粉中总汞含量的设备图如图 5－5－2 所示。

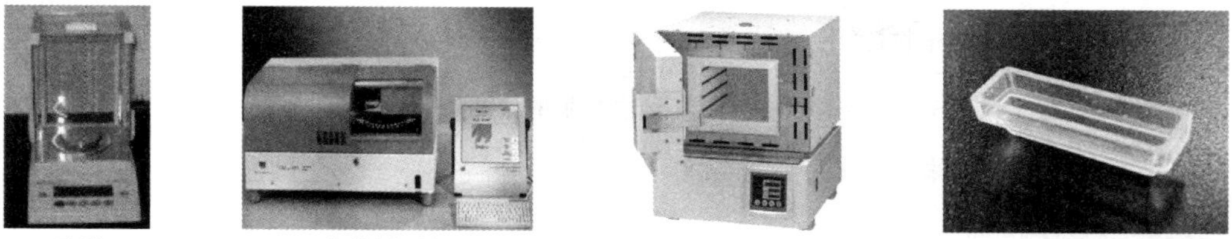

天平　直接测汞仪　马弗炉　石英样品舟

图 5－5－2　直接进样测汞法测定乳粉中总汞含量的设备图

3. 电感耦合等离子体质谱法

电感耦合等离子体质谱法测定乳粉中总汞含量的设备图如图 5－5－3 所示。

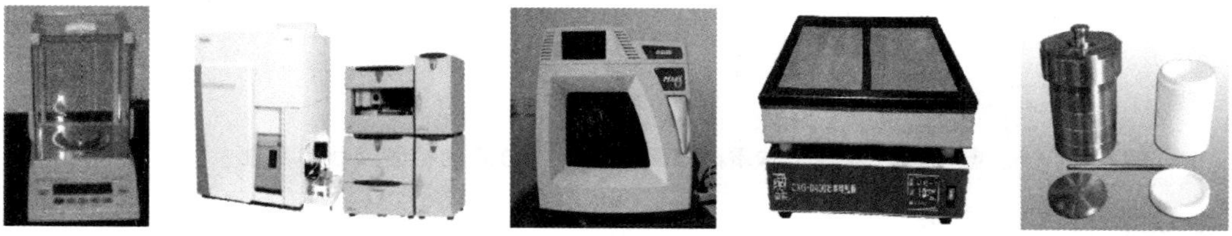

天平　ICP-MS　微波消解仪　可调式电热板　压力消解罐

图 5－5－3　电感耦合等离子体质谱法测定乳粉中总汞含量的设备图

4. 冷原子吸收光谱法

冷原子吸收光谱法测定乳粉中总汞含量的设备图如图 5－5－4 所示。

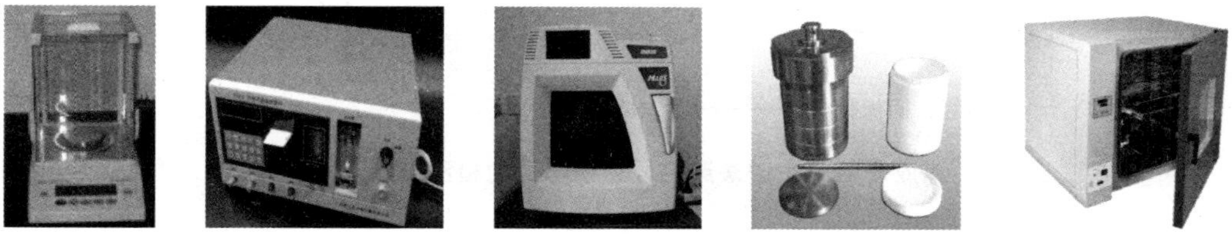

天平　测汞仪　微波消解仪　压力消解罐　恒温干燥箱

图 5－5－4　冷原子吸收光谱法测定乳粉中总汞含量的设备图

（二）检测流程示意图

1. 原子荧光光谱法

原子吸收光谱法测定乳粉中总汞的检测流程示意图如图 5－5－5 所示。

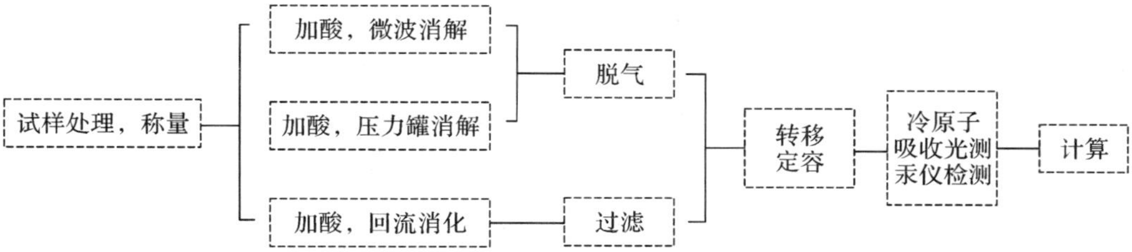

图 5－5－5　原子吸收光谱法测定乳粉中总汞的检测流程示意图

2. 直接进样测汞法

直接测汞法测定乳粉中总汞的检测流程示意图如图 5-5-6 所示。

图 5-5-6　直接测汞法测定乳粉中总汞的检测流程示意图

3. 电感耦合等离子体质谱法

电感耦合等离子体质谱法测定乳粉中的总汞流程示意图如图 5-5-7 所示。

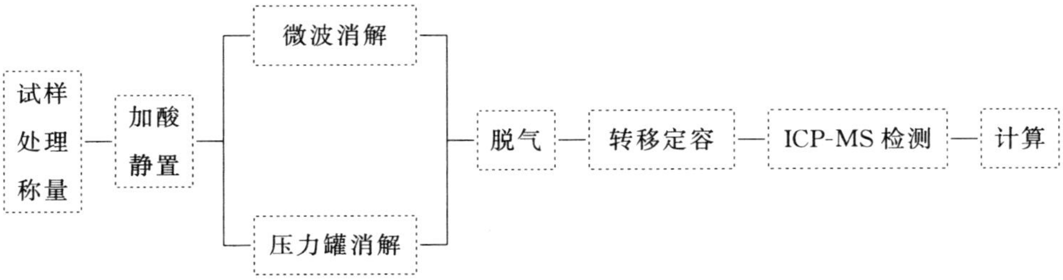

图 5-5-7　电感耦合等离子体质谱法测定乳粉中总汞的检测流程示意图

4. 冷原子吸收光谱法

冷原子吸收光谱法测定乳粉中总汞的检测流程示意图如图 5-5-8 所示。

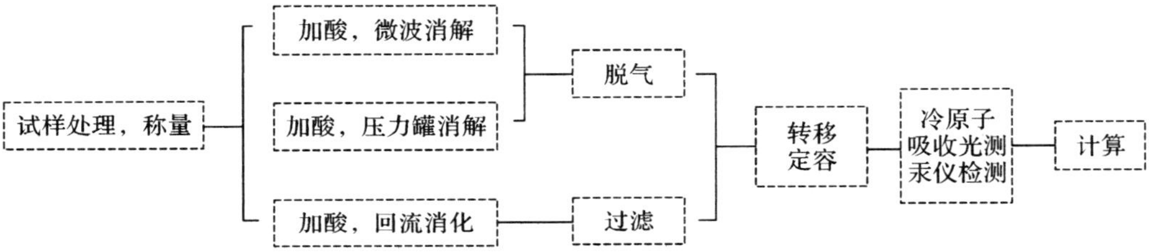

图 5-5-8　冷原子吸收光谱法测定乳粉中总汞的检测流程示意图

第六节　乳粉中铬的检测

铬在自然界中分布广泛，在人体的代谢中起着重要作用，然而它也是毒性很强的重金属之一，其中六价铬对人体伤害最大。过量的铬在人体很难代谢，影响骨骼的生长，可对肝、肾等内脏器官和 DNA 造成损伤，还会引发过敏性哮喘，大剂量暴露可导致癌症。随着环境污染日渐加剧，铬作为一种有毒污染物，对乳粉品质有着重要影响。乳粉原料乳中含有微量的铬，可能来源于草原、水源或动物饲料中。在乳粉加工环节也可能引入铬。部分劣质乳制品用铬含量较高的动物水解蛋白来替代乳蛋白，或使用工业明胶，都可能会造成乳粉中铬含量超标。

目前我国制定的乳粉标准中对于铬(以 Cr 计)的限量要求为 2.0mg/kg，检测标准为《食品安全国家标准 食品中铬的测定》(GB 5009.123—2023)。该标准包含 2 个方法：石墨炉原子吸收光谱法及电感耦合等离子体质谱法，均适用于乳粉中铬含量的测定。

一、测定原理(参照 GB 5009.123)

1. 石墨炉原子吸收光谱法

试样经消解处理后，采用石墨炉原子吸收光谱法，在 357.9nm 处测定吸收值，在一定浓度范围内其吸收值与标准系列溶液比较定量。

2. 电感耦合等离子体质谱法

试样经消解后，由电感耦合等离子体质谱仪测定，以元素特定质量数(质荷比 m/z)定性，采用外标法，以待测元素质谱信号与内标元素质谱信号的强度比与待测元素的浓度成正比进行定量分析。

二、具体实验操作过程

(一)石墨炉原子吸收光谱法

1. 仪器及设备

(1)原子吸收光谱仪：配石墨炉原子化器，附铬空心阴极灯。

(2)微波消解系统：配聚四氟乙烯消解内罐。

(3)可调式电热炉或可调式电热板。

(4)压力消解器：配四氟乙烯消解内罐。

(5)马弗炉。

(6)恒温干燥箱。

(7)分析天平：感量分别为 0.1mg 和 1mg。

2. 分析步骤

(1)试样前处理

1)湿式消解法。称取混合均匀试样 0.2～3g(精确至 0.001g)于消化管中，加入 10mL 硝酸和 0.5mL 高氯酸，在可调式电热炉上消解(参考条件：120℃保持 0.5～1h、升温至 180℃保持 2～4h、升温至 200～220℃)。若消化液呈棕褐色，冷却后，再加少量硝酸，消解至冒白烟，消化液呈无色透明或略带黄色，赶酸至 0.5mL 左右后取出消化管，冷却后用水定容至 10mL 或 25mL，混匀备用，同时做空白试验。也可采用锥形瓶于可调式电热板上，按上述操作方法进行湿法消解。

2)微波消解法。称取混合均匀的试样 0.2～0.5g(精确至 0.001g)于微波消解罐中，加入 5～10mL 硝酸，按照微波消解的操作步骤消解试样(参考条件：120℃恒温 5min，升温至 160℃恒温 10min，升温至 180℃恒温 10min，升温时间均为 5min)。必要时，在加酸后加盖放置 1h 或过夜后再按照微波消解程序消解试样。冷却后取出消解罐，于 140～160℃赶酸至 1mL 左右。消解罐放冷后，将消化液转移至 10mL 或 25mL 容量瓶中，用少量水洗涤消解罐 2～3 次，合并洗涤液，用水定容至刻度，混匀备用，同时做空白试验。

3)压力罐消解法。称取混合均匀的试样 0.2～1g(精确至 0.001g)于消解内罐中,加入 5～10mL 硝酸。盖好内盖,旋紧不锈钢外套,放入恒温干燥箱,于 140～160℃下保持 4～5h,必要时,在加酸后加盖放置 1h 或过夜后再旋紧不锈钢外套,放入恒温干燥箱消解试样。冷却后缓慢旋松不锈钢外套,取出消解内罐,于 140～160℃赶酸至 1mL 左右。冷却后将消化液转移至 10mL 或 25mL 容量瓶中,用少量水洗涤内罐和内盖 2～3 次,合并洗涤液于容量瓶中并用水定容至刻度,混匀备用,同时做空白试验。

4)干式消解法。称取混合均匀试样 0.5～5g(精确至 0.001g)于坩埚中,小火加热,炭化至无烟,转移至马弗炉中,于 550℃灰化 3～4h。冷却取出,对于灰化不彻底的试样,加数滴硝酸,小火加热,小心蒸干,再转入 550℃马弗炉中,继续灰化 1～2h,至试样呈白灰状,冷却取出,用适量硝酸溶液(1+1)溶解后转移至 10mL 或 25mL 容量瓶中,用少量水洗涤坩埚 2～3 次,合并洗涤液于容量瓶中并用水定容至刻度,混匀备用,同时做空白试验。

(2)试样分析

1)仪器参考条件。根据各自仪器性能调至最佳状态。参考条件见表 5-6-1 所示。

表 5-6-1　石墨炉原子吸收法参考条件

元　素	波长/nm	狭缝/nm	灯电流/mA	干　燥	灰　化	原子化
铬	357.9	0.2	5～7	85～120℃ /30～50s	800～1200℃ /15～30s	2500～2750℃ /4～5s

2)试样测定。按质量浓度由低到高的顺序,分别取 10μL 标准系列溶液、5μL 磷酸二氢铵溶液(可根据使用仪器选择最佳进样量),同时注入石墨管,原子化后测其吸光度值,以质量浓度为横坐标,吸光度值为纵坐标,绘制标准曲线。(磷酸二氢铵溶液作为基体改进剂,可根据使用仪器及样品基质选择添加)。

在与测定标准溶液相同的实验条件下,分别取 10μL 标准系列溶液、5μL 磷酸二氢铵溶液(可根据使用仪器选择最佳进样量),同时注入石墨管,原子化后测其吸光度值,根据标准曲线得到待测液中铬的质量浓度。若测定结果超出标准曲线范围,用硝酸溶液(5+95)稀释后测定。

3.分析结果表达

试样中铬的含量按式(5-6-1)计算:

$$X=\frac{(\rho-\rho_0)\times f\times V}{m\times 1000} \tag{5-6-1}$$

式中:X 为试样中铬的含量(mg/kg);ρ 为测定样液中铬的含量(ng/mL);ρ_0 为空白液中铬的含量(ng/mL);f 为稀释倍数;V 为样品消化液的定容体积(mL);m 为样品称样量(g);1000 为单位换算系数。

当铬含量≥1mg/kg 时,保留 3 位有效数字;当铬含量<1mg/kg 时,保留 2 位有效

数字。

试样中铬含量>1mg/kg时，在重复性条件下获得的2次独立测定结果的绝对差值不得超过算术平均值的10%；0.1mg/kg<试样中铬含量≤1mg/kg时，在重复性条件下获得的2次独立测定结果的绝对差值不得超过算术平均值的15%；试样中铬含量≤0.1mg/kg时，在重复性条件下获得的2次独立测定结果的绝对差值不得超过算术平均值的20%。

以取样量为0.5g，定容体积为10mL时，该方法的检出限为0.01mg/kg，定量限为0.03mg/kg。

(二)电感耦合等离子体质谱法(参考GB 5009.268第一法)

1.仪器及设备

(1)电感耦合等离子体质谱仪(ICP-MS)。

(2)天平：感量分别为0.1mg和1mg。

(3)微波消解仪：配有聚四氟乙烯消解内罐。

(4)压力消解罐：配有聚四氟乙烯消解内罐。

(5)恒温干燥箱。

(6)控温电热板。

(7)超声水浴箱。

2.分析步骤

(1)试样前处理

1)微波消解法。称取混合均匀的试样0.2～0.5g(精确至0.001g)于微波消解罐中，加入5～10mL硝酸，加盖放置1h或过夜，旋紧罐盖，按照微波消解仪标准操作步骤进行消解(参考条件：120℃恒温5min，升温至150℃恒温10min，升温至190℃恒温20min，升温时间均为5min)。冷却后取出，缓慢打开罐盖排气，用少量水冲洗内盖，将消解罐放在控温电热板上或超声水浴箱中，于100℃加热30min或超声脱气2～5min，用水定容至25mL或50mL，混匀备用，同时做空白试验。

2)压力罐消解法。称取混合均匀的试样0.2～1g(精确至0.001g)于消解内罐中，加入5mL硝酸，放置1h或过夜，旋紧不锈钢外套，放入恒温干燥箱消解(参考条件：80℃恒温2h，120℃恒温2h，160～170℃恒温4h)，于150～170℃消解4h，冷却后，缓慢旋松不锈钢外套，将消解内罐取出，在控温电热板上或超声水浴箱中，于100℃加热30min或超声脱气2～5min，用水定容至25mL或50mL，混匀备用，同时做空白试验。

(2)试样分析

1)仪器参考条件。仪器操作条件见表5-6-2。

表 5-6-2　电感耦合等离子体质谱仪操作参考条件

参数名称	参　数	参数名称	参　数
射频功率	1500W	雾化器	高盐/同心雾化器
等离子体气流量	15L/min	采样锥/截取锥	镍/铂锥
载气流量	0.80L/min	采样深度/mm	8～10
辅助气流量	0.40L/min	采集模式	跳峰(Spectrum)
氦气流量	4～5L/min	检测方式	自动
雾化室温度	2℃	每峰测定点数	1～3
样品提升速率	0.3r/s	重复次数	2～3

注:铬元素分析模式:碰撞反应池。

测定参考条件:在调谐仪器达到测定要求后,编辑测定方法,根据待测元素的性质选择相应的内标元素。(铬 Cr 元素推荐 m/z:52/53;内标:^{45}Sc/^{72}Ge)。

2)标准溶液配制。移取单元素标准贮备液或多元素混合标准贮备液,用硝酸溶液(5+95)逐级稀释至适宜待测试样浓度及仪器状态的铅元素标准工作溶液系列。

取适量内标单元素贮备液或内标多元素标准贮备液,用硝酸溶液(5+95)配制合适浓度的内标使用液,内标元素参考浓度范围为 25～100μg/L,低质量数元素可以适当提高使用液浓度。

注:内标溶液既可在配制混合标准工作溶液和样品消化液中手动定量加入,亦可由仪器在线加入。

3)测定。将混合标准溶液注入电感耦合等离子体质谱仪中,测定待测元素和内标元素的信号响应值,以待测元素的浓度为横坐标,待测元素与所选内标元素信号响应值的比值为纵坐标,绘制标准曲线。

将空白溶液和试样溶液分别注入电感耦合等离子体质谱仪中,测定待测元素和内标元素的信号响应值,根据标准曲线得到消解液中待测元素的浓度。

3.分析结果表达

试样中待测元素的含量按式(5-6-2)计算:

$$X=\frac{(\rho-\rho_0)\times V\times f}{m\times 1000} \qquad (5-6-2)$$

式中:X 为试样中待测元素的含量(mg/kg);ρ 为试样溶液中被测元素的质量浓度(μg/L);ρ_0 为空白溶液中被测元素的质量浓度(μg/L);V 为试样消化液的定容体积(mL);f 为试样稀释倍数;m 为试样称样量(g);1000 为单位换算系数。

计算结果保留 3 位有效数字

样品中各元素含量>1mg/kg 时,在重复性条件下获得的 2 次独立测定结果的绝对差值不得超过算术平均值的10%；≤1mg/kg且大于0.1mg/kg时，在重复性条件下获得的2次独立测定结果的绝对差值不得超过算术平均值的15%；≤0.1mg/kg时，在重复性条件下获得的2次独立测定结果的绝对差值不得超过算术平均值的20%。

当称样量为0.5g，定容体积至50mL时，该方法对铬元素的检出限为0.05mg/kg，定量限为0.2mg/kg。

三、注意事项

(一)石墨炉原子吸收光谱法

1. 样品前处理

由于试样称样量较小，在称量前需注意样品的均一性，以保证称量试样具有代表性。转移试样时应小心操作，防止试样损失，避免试样粘在反应器内壁，以免试样消解不完全。在消解或赶酸过程中，应避免试样烧干。干灰化法在灰化完成后溶解转移时要小心操作，避免灰化物损失。同时注意在等效情况下，尽量选择环境友好的前处理方法。

2. 标准溶液配制

注意标准溶液需要逐级稀释，稀释倍数不超过100倍。若选用石墨炉自动稀释工作曲线，稀释倍数尽量不超过10倍，以免定量不准确。根据仪器设备的要求及灵敏度，确保适宜的上机浓度。保证样品浓度在曲线范围内，若样品浓度较高，可稀释后进样。注意核对标准溶液的储存条件及有效期，工作液现用现配。

3. 避免环境污染

一般来说，乳粉中污染物基本以痕量存在，实验过程应避免环境污染。实验过程所用玻璃器皿及消解反应罐等接触试样的器皿，均需以硝酸溶液浸泡24h以上，用水反复冲洗，最后用去离子水冲洗干净，避免残留污染。仪器检测时注意观察试剂空白的吸光值，避免仪器管路、试剂耗材等存在残留或污染，影响定量准确性。

4. 仪器设备使用及维护

试样及标准品应注意其酸度不宜过高，酸度过高会降低石墨管的使用寿命。新石墨管安装完成后，需进行老化后使用。注意进样针的安装角度及排气，避免管路中的气泡影响进样量。铬为高温元素，注意其原子化温度不宜过低，以免原子化不完全影响检测准确性。

(二)电感耦合等离子体质谱法(参考GB 5009.268石墨炉原子吸收光谱法)

1. 样品前处理

本法中试样前处理的注意点与石墨炉原子吸收光谱法微波消解及压力罐消解的注

意点相同。

2. 避免环境污染

此部分与本节第一法注意点相似，应确保实验过程无管路、试剂、耗材、环境等外部污染。

3. 仪器维护

仪器设备雾化器中心毛细管口径非常小，为防止管路堵塞，可在进样前使用滤膜进行过滤。但需注意前期应进行相关耗材验收，以防污染试样。乳粉中含有少量无机盐，可定期将矩管浸入硝酸溶液中浸泡过夜，冲洗干净后晾干再安装使用。采样锥和截取锥的清洗方式首选用无尘净化棉签蘸超纯水轻轻擦拭锥的正反两面，再用超纯水冲净后晾干使用，注意清洗时控制力度，避免破坏锥孔；嵌片可放入 10% 硝酸或纯水中超声清洗 5min，再用超纯水冲净后晾干使用。定期检查锥孔大小，锥孔不宜过大，若锥孔过大需更换进样锥采样锥。仪器开机后预热一段时间使其稳定再进行测量。

四、所用主要设备及检测流程示意图

（一）设备图

1. 石墨炉原子吸收光谱法

石墨炉原子吸收光谱法测定乳粉中铬的含量设备图如图 5-6-1 所示。

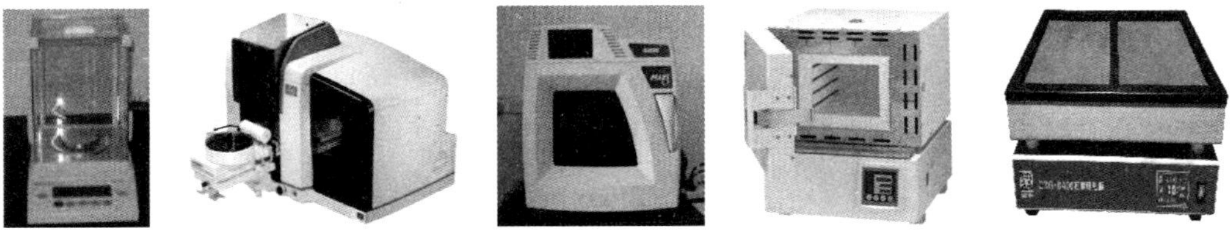

图 5-6-1　石墨炉原子吸收光谱法测定乳粉中铬的含量设备图

2. 电感耦合等离子体质谱法

电感耦合等离子体质谱法测定乳粉中铬的设备图如图 5-6-2 所示。

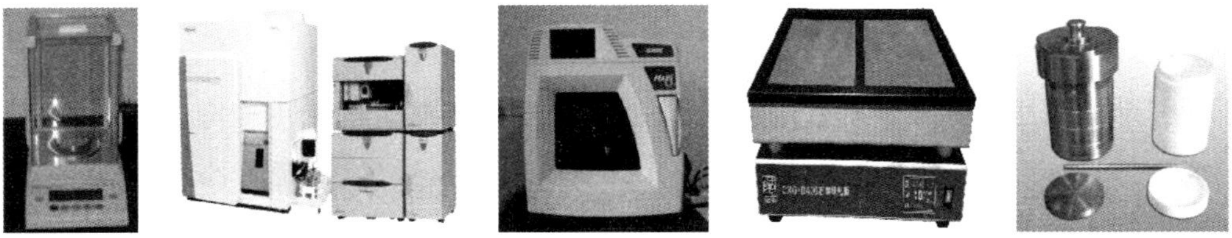

图 5-6-2　电感耦合等离子体质谱法测定乳粉中铬的设备图

（二）检测流程示意图

1. 石墨炉原子吸收光谱法

石墨炉原子吸收法测定乳粉中铬的检测流程示意图如图 5-6-3 所示。

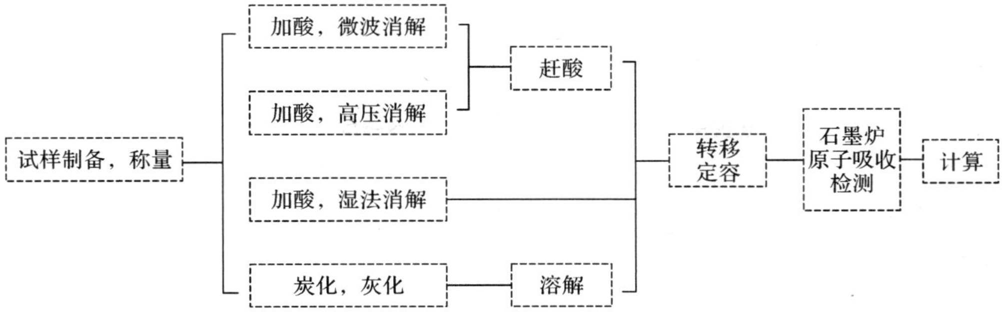

图 5-6-3 石墨炉原子吸收法测定乳粉中铬的检测流程示意图

2. 电感耦合等离子体质谱法

电感耦合等离子体质谱法测定乳粉中铬的检测流程示意图如图 5-6-4 所示。

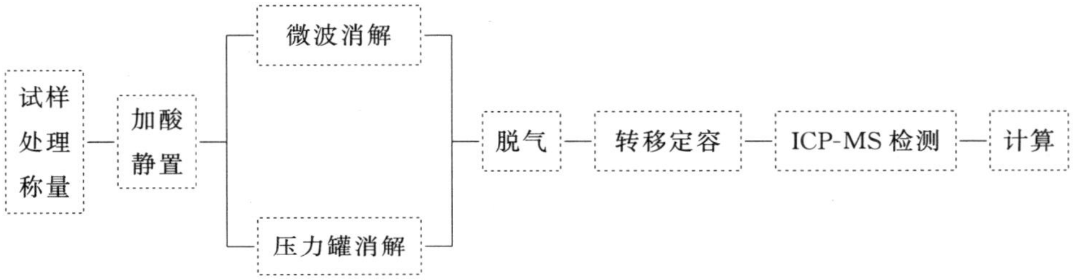

图 5-6-4 电感耦合等离子体质谱法测定乳粉中铬的检测流程示意图

第七节 乳粉中三聚氰胺的检测

三聚氰胺，俗称密胺、蛋白精，分子式为 $C_3H_6N_6$，国际纯粹与应用化学联合会(IUPAC)命名为“1,3,5-三嗪-2,4,6-三胺”，是一种三嗪类含氮杂环有机化合物，常被用作化工原料，不可用于食品加工或食品添加物。2017 年 10 月 27 日，世界卫生组织国际癌症研究机构公布的致癌物清单中三聚氰胺在 2B 类致癌物清单。

2011 年 4 月 6 日，《关于三聚氰胺在食品中的限量值的公告》中明确：三聚氰胺不是食品原料，也不是食品添加剂，禁止人为添加到食品中。对在食品中人为添加三聚氰胺的，依法追究法律责任。三聚氰胺作为化工原料，可用于塑料、涂料、黏合剂、食品包装材料的生产。资料表明，三聚氰胺可能从环境、食品包装材料等途径进入到食品中，其含量很低。为确保人体健康和食品安全，根据《食品安全法》及其实施条例规定，在总结《乳与乳制品中三聚氰胺临时管理限量值公告》(2008 年第 25 号公告)实施情况基础上，考虑到国际食品法典委员会已提出食品中三聚氰胺限量标准，特制定我国三聚氰胺在食品中的限量值：婴儿配方食品中三聚氰胺的限量值为 1mg/kg，其他食品中三聚氰胺的限量值为 2.5mg/kg，高于上述限量的食品一律不得销售。

2012 年 7 月 2 日，国际食品法典委员会第 35 届会议审查通过了液态婴儿配方食品中三聚氰胺限量为 0.15mg/kg。2012 年 7 月 5 日，联合国负责制定食品安全标准的国际食品法典委员会限定牛奶中三聚氰胺含量不得超过0.15mg/kg。

目前我国制定的乳粉三聚氰胺的检测标准为《原料乳与乳制品中三聚氰胺检测方法》(GB/T 22388—2008),包括高效液相色谱法、液相色谱-质谱/质谱法、气相色谱-质谱联用法(GC-MS和GC-MS/MS法)3种测定方法。

一、测定原理(参照GB/T 22388)

1. 高效液相色谱法

试样用三氯乙酸溶液-乙腈提取,经阳离子交换固相萃取柱净化后,用高效液相色谱法测定,用外标法定量。

2. 液相色谱-质谱/质谱法

试样用三氯乙酸溶液提取,经阳离子交换固相萃取柱净化后,用液相色谱-质谱/质谱法测定,用外标法定量。

3. 气相色谱-质谱联用法(GC-MS和GC-MS/MS法)

试样经超声提取、固相萃取净化后,进行硅烷化衍生,衍生产物采用选择离子监测质谱扫描模式(SIM)或多反应监测质谱扫描模式(MRM),用化合物的保留时间和质谱碎片的丰度比定性,用外标法定量。

二、具体实验操作过程

(一)高效液相色谱仪(HPLC法)

1. 仪器及设备

(1)高效液相色谱仪:配有紫外检测器或二极管阵列检测器。

(2)分析天平:感量分别为0.0001g和0.01g。

(3)离心机:转速不低于4000r/min。

(4)超声波水浴。

(5)固相萃取装置。

(6)氮气吹干仪。

(7)涡旋混合器。

(8)具塞塑料离心管:50mL。

(9)研钵。

(10)阳离子交换固相萃取柱。

2. 分析步骤

(1)试样前处理

1)提取。称取2g(精确至0.01g)试样于50mL具塞塑料离心管中,加入15mL三氯乙酸溶液和5mL乙腈,超声提取10min,再振荡提取10min后,以不低于4000r/min的转速离心 10min。上清液经三氯乙酸溶液润湿的滤纸过滤后，用三氯乙酸溶液定容至 25mL，移取 5mL 滤液，加入 5mL 水混匀后作待净化液。

2)净化。将待净化液转移至固相萃取柱中，依次用 3mL 水和 3mL 甲醇洗涤，抽至近干后，用 6mL 氨化甲醇溶液洗脱。整个固相萃取过程流速不超过 1mL/min。洗脱液于 50℃下用氮气吹干，残留物(相当于 0.4g 样品)用 1mL 流动相定容，涡旋混合 1min，过微孔滤膜后供 HPLC 测定。

(2)试样分析

1)高效液相色谱参考测定条件

a)色谱柱：C_8 柱(柱长 250mm、内径 4.6mm、粒径 5μm)，或相当者；C_{18} 柱(柱长 250mm、内径 4.6mm、粒径 5μm)，或相当者。

b)流动相：C_8 柱，离子对试剂缓冲液-乙腈(85+15，体积比)，混匀；C_{18} 柱，离子对试剂缓冲液(柠檬酸 2.10g、辛烷磺酸钠 2.16g，溶解，定容至 1000mL，调节 pH 至 3.0)-乙腈(90+10，体积比)，混匀。

c)流速：1.0mL/min。

d)柱温：40℃。

e)波长：240nm。

f)进样量：20μL。

2)标准曲线的绘制

用流动相将三聚氰胺标准储备液逐级稀释得到的浓度为 0.8μg/mL、2μg/mL、20μg/mL、40μg/mL、80μg/mL 的标准工作液，浓度由低到高进样检测，以峰面积-浓度作图，得到标准曲线回归方程。

3)定量测定

待测样液中三聚氰胺的响应值应在标准曲线线性范围内，超过线性范围则应稀释后再进样分析。

空白实验除不称取样品外，均按上述测定条件和步骤进行。

3.分析结果表达

试样中三聚氢胺的含量按式(5-7-1)计算：

$$X=\frac{A\times c\times V\times 1000}{A_s\times m\times 1000}\times f \qquad (5-7-1)$$

式中：X 为试样中三聚氰胺的含量(mg/kg)；A 为样液中三聚氰胺的峰面积；c 为标准溶液中三聚氰胺的浓度(μg/mL)；V 为样液最终定容体积(mL)；A_s 为标准溶液中三聚氰胺的峰面积；m 为试样的质量(g)；f 为稀释倍数；1000 为单位换算系数。

本方法的定量限为 2mg/kg。

在添加浓度为 2～10mg/kg 浓度范围内，回收率在 80%～110%之间，相对标准偏差<10%。

在重复性条件下获得的 2 次独立测定结果的绝对差值不得超过算术平均值的 10%。

(二)液相色谱-质谱/质谱法(LC－MS/MS法)

1.仪器及设备

(1)液相色谱-质谱/质谱(LC－MS/MS)仪:配有电喷雾的离子源(ESI)。

(2)分析天平:感量分别为0.0001g和0.01g。

(3)离心机:转速不低于4000r/min。

(4)超声波水浴。

(5)固相萃取装置。

(6)氮气吹干仪。

(7)涡旋混合器。

(8)具塞塑料离心管:50mL。

(9)研钵。

(10)阳离子交换固相萃取柱。

2.分析步骤

(1)样品前处理

1)提取。称取1g(精确至0.01g)试样于50mL具塞塑料离心管中,加入8mL三氯乙酸溶液和2mL乙腈,超声提取10min,再振荡提取10min后,以不低于4000r/min的转速离心10min。上清液经三氯乙酸溶液润湿的滤纸过滤后,作待净化液。

2)净化。将待净化液转移至固相萃取柱中,依次用3mL水和3mL甲醇洗涤,抽至近干后,用6mL氨化甲醇溶液洗脱。整个固相萃取过程流速不超过1mL/min。洗脱液于50℃下用氮气吹干,残留物(相当于1g试样)用1mL流动相定容,涡旋混合1min,过微孔滤膜后供LC－MS/MS测定。

(2)分析步骤

1)LC参考条件

a)色谱柱:强阳离子交换与反向C_{18}混合填料,混合比例(1∶4)(柱长150mm、内径2.0mm、粒长5μm),或相当者。

b)流动相:等体积的乙酸铵溶液和乙腈充分混合,用乙酸调节pH＝3.0后备用。

c)进样量:10μL。

d)柱温:40℃。

e)流速:0.2mL/min。

2)MS/MS参考条件

a)电离方式:电喷雾电离、正离子。

b)离子喷雾电压:4kV。

c)雾化气:氮气,2.815kg/cm^2(40 psi)。

d)干燥气:氮气,流速10L/min,温度350℃。

e)碰撞气:氮气。

f)分辨率：Q1(单位)Q3(单位)。

g)扫描模式：多反应监测(MRM)，母离子 m/z 127，定量离子 m/z 85，定性子离子 m/z 68。

h)停留时间：0.3s。

i)裂解电压：100V。

j)碰撞能量：m/z 127>85 为 20V，m/z 127>68 为 35V。

3)标准曲线的绘制

取空白样品按照上述方法处理，用所得的样品溶液将三聚氰胺标准储备液逐级稀释得到的浓度为 0.01、0.05、0.1、0.2、0.5μg/mL 的标准工作液，浓度由低到高进样检测，以定量子离子峰面积-浓度作图，得到标准曲线回归方程。

4)定量测定

待测样液中三聚氰胺的响应值应在标准曲线线性范围内，超过线性范围则应稀释后在进样分析。

5)定性判定

按照上述条件测定试样和标准工作溶液，如果试样中的质量色谱峰保留时间与标准工作溶液一致(变化范围在±2.5%之内)；样品中目标化合物的 2 个离子的相对丰度于浓度相当标准溶液的相对丰度一致，相对丰度偏差不超过表 5-7-1 中的规定，则可判断样品中存在三聚氰胺。

表 5-7-1　定性离子相对丰度的最大允许偏差

相对离子丰度	>50%	>20%~50%	>10%~20%	≤10%
允许的相对误差	±20%	±25%	±30%	±50%

空白实验除不称取样品外，均按上述测定条件和步骤进行。

3.分析结果表达

按式(5-7-2)计算

$$X=\frac{A\times c\times V\times 1000}{A_s\times m\times 1000}\times f \qquad (5-7-2)$$

式中：X 为试样中三聚氰胺的含量(mg/kg)；A 为样液中三聚氰胺的峰面积；c 为标准溶液中三聚氰胺的浓度(μg/mL)；V 为样液最终定容体积(mL)；A_s 为标准溶液中三聚氰胺的峰面积；m 为试样的质量(g)；f 为稀释倍数；1000 为单位换算系数。

本方法的定量限为 0.01mg/kg。

在添加浓度 0.01~0.5mg/kg 浓度范围内，回收率在 80%~110%之间，相对标准偏差<10%。

在重复性条件下获得的 2 次独立测定结果的绝对差值不得超过算术平均值的 15%。

(三)气相色谱-质谱联用法(GC-MS 和 GC-MS/MS 法)

该方法包括了气相色谱-质谱法及气相色谱-串联质谱法。

1. 仪器及设备

(1)气相色谱-质谱(GC-MS)仪:配有电子轰击的电离离子源(EI)。

(2)气相色谱-质谱/质谱(GC-MS/MS)仪:配有电子轰击的电离离子源(EI)。

(3)电子恒温箱。

(4)分析天平:感量分别为0.0001g和0.01g。

(5)离心机:转速不低于4000r/min。

(6)超声波水浴。

(7)固相萃取装置。

(8)氮气吹干仪。

(9)涡旋混合器。

(10)具塞塑料离心管:50mL。

(11)研钵。

(12)阳离子交换固相萃取柱。

2. 分析步骤

(1)样品前处理

1)提取

a)气相色谱-质谱法。称取5g(精确至0.01g)样品于50mL具塞比色管,加入25mL三氯乙酸溶液,涡旋振荡30s,再加入15mL三氯乙酸溶液,超声提取15min,加入2mL乙酸铅溶液,用三氯乙酸溶液定容至刻度。充分混匀后,转移上层提取液约30mL至50mL离心试管,以不低于4000r/min的转速离心10min,上清液待净化。准确移取5mL的待净化液至固相萃取柱中,再用3mL水、3mL甲醇淋洗,弃淋洗液,抽至近干后用3mL氨化甲醇溶液洗脱,收集洗脱液,50℃下氮气吹干。

b)气相色谱-质谱/质谱法。称取0.5g(精确至0.01g)试样,加入5mL甲醇水溶液,涡旋混匀2min后,超声提取15~20min,以不低于4000r/min的转速离心10min,取上清液200μL用微孔滤膜过滤,50℃下氮气吹干。

2)衍生化

取上述氮气吹干残留物,加入600μL的吡啶和200μL衍生化试剂,混匀,70℃反应30min后,供GC-MS或GC-MS/MS法定量检测或确证。

(2)试样分析

1)仪器参考条件

a)气相色谱-质谱法:①色谱柱:5%苯基二甲基聚硅氧烷石英毛细管柱(柱长30m、内径0.25mm、粒径0.25μm),或相当者。②流速:1.0mL/min。③程序升温:70℃保持1min,以10℃/min的速率升温至200℃,保持10min。④传输线温度:280℃。⑤进样口温度:250℃。⑥进样方式:不分流进样。⑦进样量:1μL。⑧电离方式:电子轰击电离(EI)。⑨电离能量:70eV。⑩离子源温度:230℃。⑪扫描模式:选择离子扫描,定性离子 m/z 99、171、327、342,定量离子 m/z 327。

b)气相色谱-质谱/质谱法：①色谱柱：5%苯基二甲基聚硅氧烷石英毛细管柱(柱长30 m、内径0.25mm、粒径0.25μm)或相当者。②流速：1.3mL/min。③程序升温：75℃保持1min，以30℃/min的速率升温至220℃，再以5℃/min的速率升温至250℃，保持2min。④进样口温度：250℃。⑤接口温度：250℃。⑥进样方式：不分流进样。⑦进样量：1μL。⑧电离方式：电子轰击电离(EI)。⑨电离能量：70eV。⑩离子源温度：220℃。⑪四级杆温度：150℃。⑫碰撞气：氩气，0.2394Pa(1.8 mTorr)。⑬碰撞能量：15V。⑭扫描方式：多反应监测(MRM)，定量离子 m/z 342>327，定性离子 m/z 342>327，m/z 342>171。

2)标准曲线的绘制

a)气相色谱-质谱法

准确吸取三聚氰胺标准溶液0mL、0.4mL、0.8mL、1.6mL、4mL、8mL、16mL，分别置于7个100mL容量瓶中，用甲醇稀释至刻度，各取1mL用氮气吹干，经过衍生配制成浓度分别为0μg/mL、0.05μg/mL、0.1μg/mL、0.2μg/mL、0.5μg/mL、1μg/mL、2μg/mL的标准溶液。反应液供GC－MS测定。以标准工作溶液浓度为横坐标，定量离子质量色谱峰面积为纵坐标，绘制标准工作曲线。

b)气相色谱-质谱/质谱法

准确吸取三聚氰胺标准溶液0mL、0.04mL、0.08mL、0.4mL、0.8mL、4mL、8mL，分别置于7个100mL容量瓶中，用甲醇稀释至刻度，各取1mL用氮气吹干，经过衍生配制成浓度分别为0μg/mL、0.005μg/mL、0.01μg/mL、0.05μg/mL、0.1μg/mL、0.5μg/mL、1μg/mL的标准溶液。反应液供GC－MS/MS测定。以标准工作溶液浓度为横坐标，定量离子质量色谱峰面积为纵坐标，绘制标准工作曲线。

3)定量测定

待测样液中三聚氰胺的响应值应在标准曲线线性范围内，超过线性范围则应对净化液稀释，重新衍生化后再进行分析。

4)定性判定

a)气相色谱-质谱法

以标准样品的保留时间和监测离子(m/z 99、171、342)定性，待测样品中4个离子的丰度比与标准品的相同离子丰度比相差≤20%。

b)气相色谱-质谱/质谱法

以标准样品的保留时间以及多反应监测离子(m/z 342>327、m/z 342>171)定性，其他定性判定原则同上。

空白实验除不称取样品外，均按上述测定条件和步骤进行。

3.分析结果表达

$$X=\frac{A\times c\times V\times 1000}{A_s\times m\times 1000}\times f \tag{5-7-3}$$

式中：X 为试样中三聚氰胺的含量(mg/kg)；A 为样液中三聚氰胺的峰面积；c 为标准溶液中三聚氰胺的浓度(μg/mL)；V 为样液最终定容体积(mL)；A_s 为标准溶液中三聚氰胺

的峰面积；m 为试样的质量(g)；f 为稀释倍数；1000 为单位换算系数。

本方法中，GC－MS 法的定量限为 0.05mg/kg，GC－MS/MS 法的定量限为 0.005mg/kg。

气相色谱-质谱法：在添加浓度 0.05～2mg/kg 浓度范围内，回收率在 70%～110% 之间，相对标准偏差<10%。

气相色谱-质谱/质谱法：在添加浓度 0.005～1mg/kg 浓度范围内，回收率在 90%～105% 之间，相对标准偏差<10%。

在重复性条件下获得的 2 次独立测定结果的绝对差值不得超过算术平均值的 15%。

三、注意事项

1. 高效液相色谱仪(HPLC 法)

(1)当使用阳离子交换固相萃取柱时，每一步操作应保持柱体湿润，在用洗脱溶剂洗脱前，应保证柱体中的水被抽干，若含有水会导致样品净化效果不佳。

(2)当采用液相色谱进行检测时应关注色谱柱的分离度，对于复杂样品在三聚氰胺出峰时间附近会有干扰。

2. 液相色谱-质谱/质谱法(LC－MS/MS 法)

(1)使用阳离子交换固相萃取柱时注意点与本节第一法相同。

(2)在采用液相色谱-质谱/质谱法进行检测中，其标准曲线为基质匹配标准曲线。用基质匹配的原因是液相色谱-质谱/质谱仪的检测原理及构造导致目标化合物进入仪器后会产生基质抑制或基质增强效应。故需要选择同类型样品的空白基质进行标准溶液匹配，从而校准基质效应，增加检测结果的可靠性。

3. 气相色谱-质谱联用法(GC－MS 和 GC－MS/MS 法)

气相色谱-质谱联用法检测的难点在于三聚氰胺不易气化，需要进行衍生化，衍生温度的控制十分关键。

四、所用设备及检测流程示意图

(一)设备图

1. 高效液相色谱法(HPLC 法)

高效液相色谱法测定乳粉中三聚氰胺的含量设备图如图 5－7－1 所示。

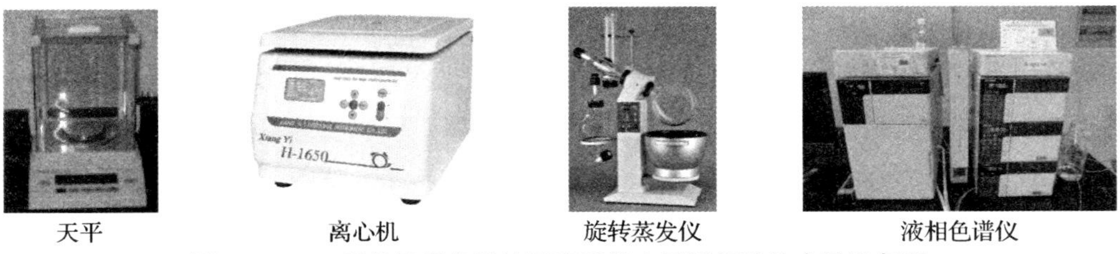

天平　　离心机　　旋转蒸发仪　　液相色谱仪

图 5－7－1　高效液相色谱法测定乳粉中三聚氰胺的含量设备图

2. 液相色谱-质谱/质谱法(LC-MS/MS 法)

液相色谱-质谱/质谱法测定乳粉中三聚氰胺含量设备图如图 5-7-2 所示。

天平　离心机　旋转蒸发仪　液相色谱-质谱仪

图 5-7-2　液相色谱-质谱/质谱法测定乳粉中三聚氰胺含量设备图

3. 气相色谱-质谱联用法(GC-MS 和 GC-MS/MS 法)

气相色谱-质谱联用法测定乳粉中三聚氰胺含量设备图如图 5-7-3 所示。

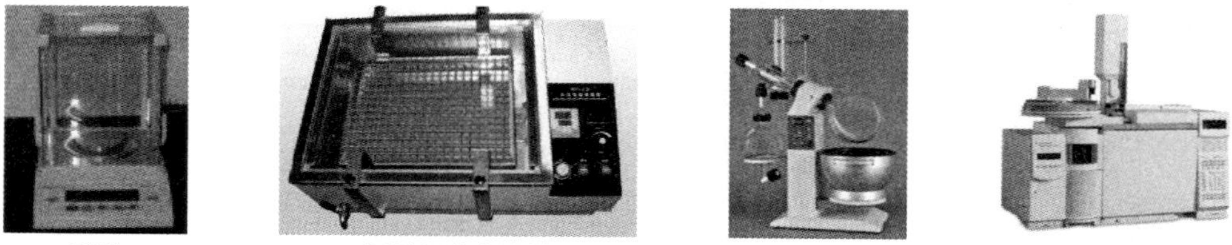

天平　恒温振荡水浴槽　旋转蒸发仪　气相色谱-质谱仪

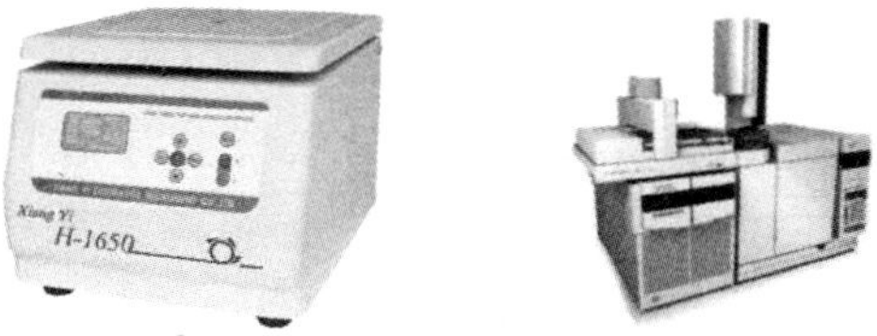

离心机　气相色谱-质谱/质谱仪

图 5-7-3　气相色谱-质谱联用法测定乳粉中三聚氰胺含量设备图

(二)检测流程示意图

乳粉中三聚氰胺检测流程示意图如图 5-7-4 所示,乳粉中三聚氰胺检测液相色谱图如图 5-7-5 所示,乳粉中三聚氰胺检测液相色谱-串联质谱图如图 5-7-6 所示,乳粉中三聚氰胺检测气相色谱-质谱图如图 5-7-7 所示,乳粉中三聚氰胺检测气相色谱-质谱/质谱图如图 5-7-8 所示。

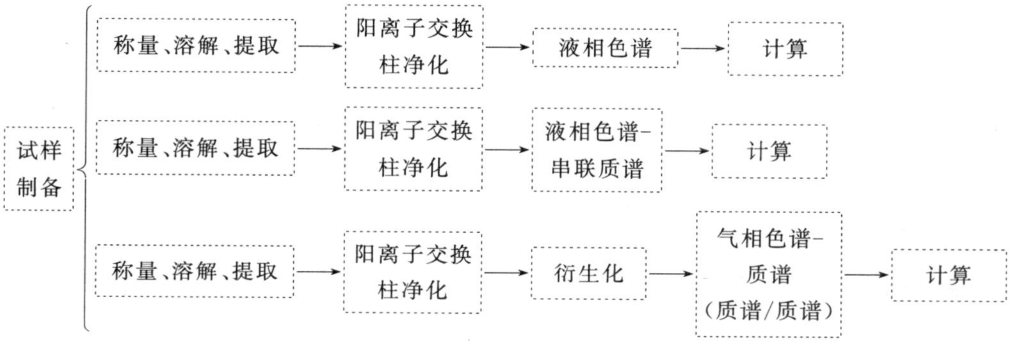

图 5-7-4　乳粉中三聚氰胺检测流程示意图

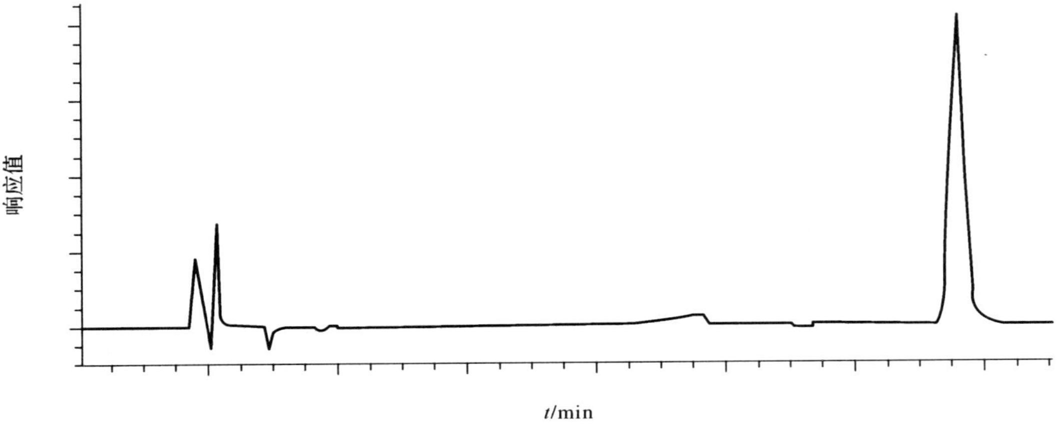

图 5-7-5 乳粉中三聚氰胺检测液相色谱图

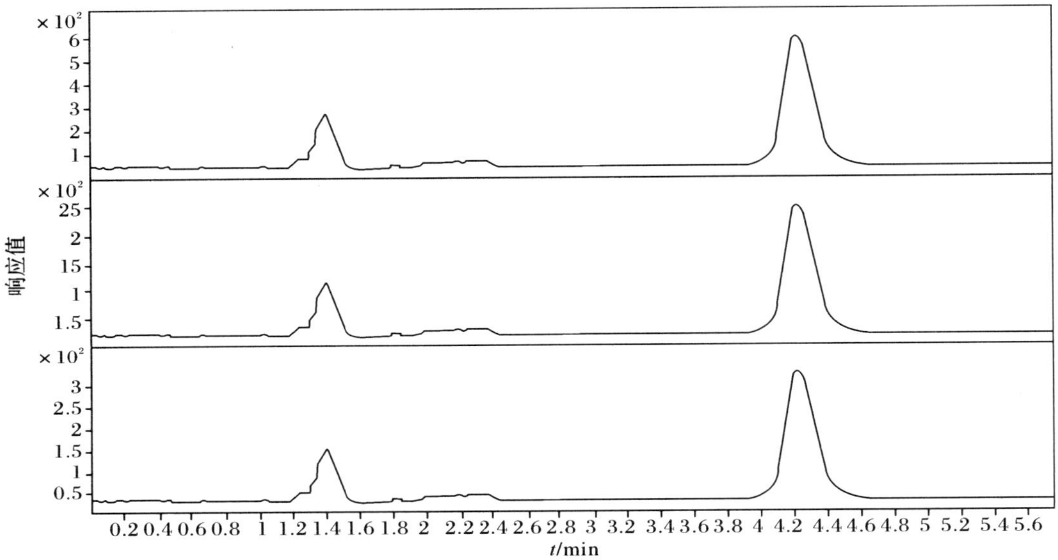

图 5-7-6 乳粉中三聚氰胺检测液相色谱-串联质谱图

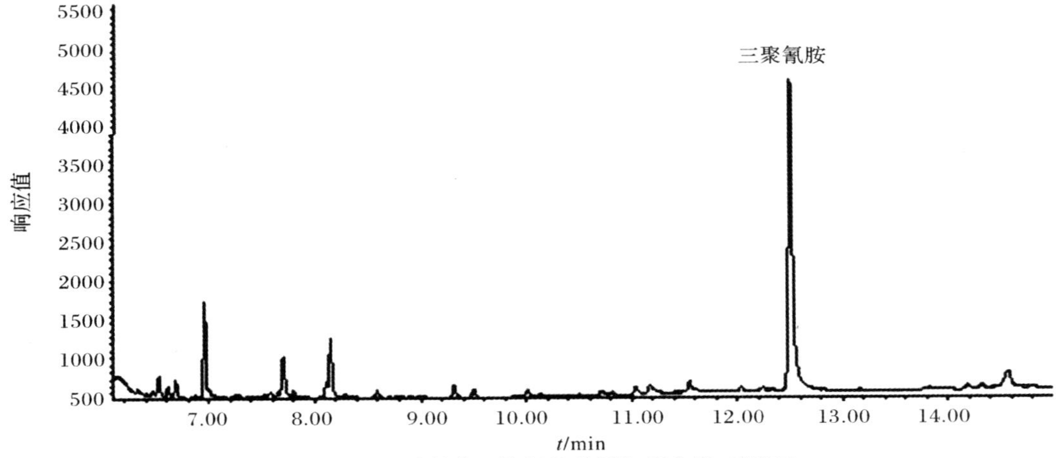

图 5-7-7 乳粉中三聚氰胺检测气相色谱-质谱图

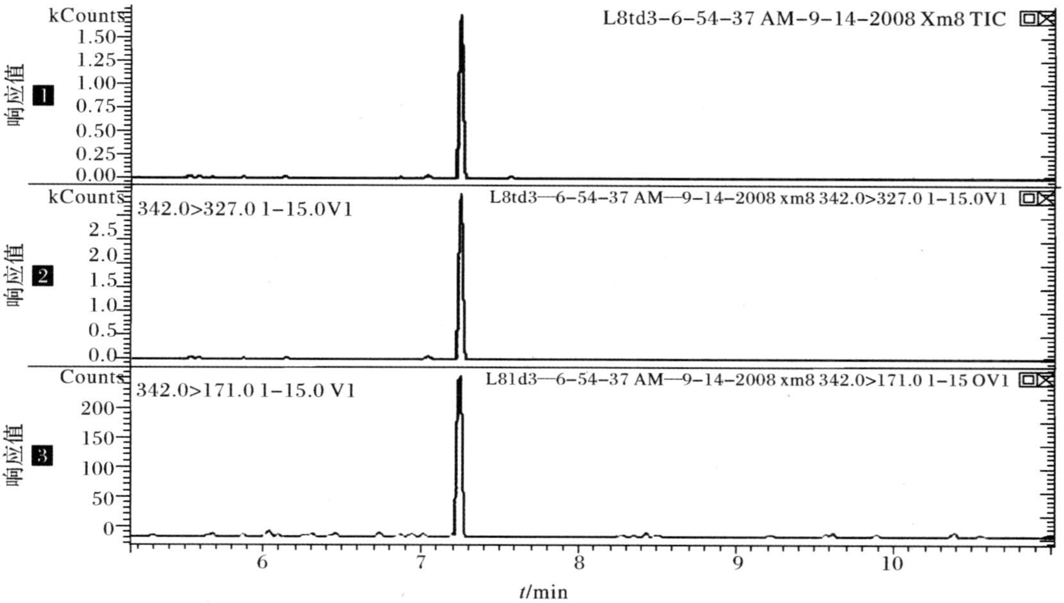

图 5-7-8　乳粉中三聚氰胺检测气相色谱-质谱/质谱图

第六章 乳粉中兽药残留检测

第一节 乳粉中阿苯达唑、阿苯达唑亚砜、阿苯达唑-2-氨基砜的检测

阿苯达唑系苯并咪唑类衍生物，其在体内迅速代谢为亚砜、砜醇和2-胺砜醇，具有广谱驱虫作用。在体内代谢为亚砜类或砜类后，抑制寄生虫对葡萄糖的吸收，导致虫体糖原耗尽，或抑制延胡索酸还原酶系统，阻碍ATP的产生，使寄生虫无法存活和繁殖。本品不但对成虫作用强，对未成熟虫体和幼虫也有较强作用，还有杀虫卵作用。

阿苯达唑类驱虫药为人畜共用的驱虫药。少数人用药会出现不良反应，2岁以下小儿、孕妇、哺乳期妇女禁用。对牲畜的用药也有明确的要求，如奶牛泌乳期禁用，牛羊妊娠期前45d内忌用。我国《食品安全国家标准》(GB 31650—2019)食品中兽药最大残留限量中规定阿苯达唑在奶的最大残留限量为100mg/kg，因此，检测乳粉中的阿苯达唑及其代谢物对乳粉安全具有重要的意义。

目前我国制定了相应的检测标准，包括有(GB 31658.11—2021)，(GB/T 22972—2008)。以下介绍强制标准(GB 31658.11—2021)的检测方法。

一、测定原理(参照GB 31658.11)

试料中残留的阿苯达唑及其代谢物经碱化，再经乙腈和乙酸乙酯提取，最后经酸性氧化铝柱及混合型阳离子交换固相萃取柱净化，采用高效液相色谱-荧光检测器检测，用外标法定量。

二、具体实验操作过程

1. 仪器设备

(1)高效液相色谱仪：配荧光检测器。

(2)分析天平：感量分别为0.01g和0.01mg。

(3)均质机。

(4)涡旋混合器。

(5)离心机:转速可达10000r/min。

(6)固相萃取装置。

(7)氮吹仪。

2.测定步骤

(1)提取

先将乳粉用37℃的温水按比例冲调为液态奶,再取2g(精确至±0.02g)冲调好的液态奶置于50mL离心管中,加10mol/L氢氧化钠溶液50μL、0.004g/mL焦亚硫酸钠溶液0.5mL,涡旋1min,加乙腈10mL、乙酸乙酯5mL,涡旋,振荡5min,以10000r/min的转速离心5min,移取上清液。加无水硫酸钠5g,振荡5min,以10000r/min的转速离心5min,取上清液,40℃氮气吹至近干。残渣加正己烷5mL,涡旋1min,再加入0.2mol/L盐酸水-乙腈溶液2mL,涡旋1min,静置分层,弃去上层正己烷,取下层溶液备用。

(2)净化

酸性氧化铝固相萃取柱依次用0.2mol/L盐酸水-乙腈溶液3mL、0.1mol/L乙二胺四乙酸二钠溶液3mL活化,取备用液过柱,收集流出液,用0.2mol/L盐酸水-乙腈溶液1mL淋洗,合并流出液,加0.2mol/L盐酸溶液8mL混匀。再通过依次用甲醇3mL、0.1mol/L乙二胺四乙酸二钠溶液3mL、水3mL、0.2mol/L盐酸溶液3mL活化的混合型阳离子交换固相萃取柱,用0.2mol/L盐酸溶液3mL、甲醇3mL淋洗,抽干1min,10%氨化乙腈溶液5mL洗脱,抽干,收集洗脱液,40℃水浴氮气吹干。用复溶液(10mL乙腈、10mL甲醇,加0.5mol/L乙酸铵溶液80mL,混匀)1.0mL溶解残余物,过尼龙微孔滤膜后,供高效液相色谱测定(上机溶液应在72h内完成测定)。

(3)测定条件

1)色谱柱:C_{18}(柱长150mm、内径4.6mm、粒径5μm),或相当者。

2)柱温:30℃。

3)进样量:20μL。

4)激发波长:290nm。

5)发射波长:330nm。

6)流动相:A为乙腈,B为甲醇,C为0.5mol/乙酸铵溶液,梯度洗脱条件见表6-1-1。

表6-1-1 流动相梯度洗脱条件

时间/min	流速/(mL/min)	A/%	B/%	C/%
0.0	1.0	10	10	80
10.0	1.0	45	10	45
15.0	1.0	70	10	20
20.0	1.0	70	10	20
20.1	1.0	10	10	80
25.0	1.0	10	10	80

3.分析结果表达

$$X=\frac{C_s \times A \times V}{A_s \times m} \tag{6-1-1}$$

式中:X 为试样中相应的阿苯达唑或各代谢物残留量的数值(mg/kg);A 为试样中相应的阿苯达唑或代谢物的峰面积;A_S 为标准溶液中相应的阿苯达唑或代谢物的峰面积;C_S 为标准溶液中相应的阿苯达唑或代谢物浓度的数值(μg/mL);V 为最终试样定容体积的数值(mL);m 为试样质量的数值(g)。

本方法的批内相对标准偏差≤15%,批间相对标准偏差≤20%。

本方法中阿苯达唑、阿苯达唑砜、阿苯达唑亚砜、阿苯达唑-2-氨基砜在牛奶中的检出限为0.02mg/kg,定量限为0.05mg/kg。

三、注意事项

(1)阿苯达唑几乎不溶于水,因此在配制标准溶液时采用乙腈和二甲基亚砜(DMSO)混合溶液溶解标准物质,待标准物质完全溶解,后续标准工作溶液可采用乙腈进行逐级稀释。

(2)阿苯达唑对光、热都较为敏感,因此标准物质和标准溶液的保存要注意避光和温度控制。同时检测样品也需要控制储存条件。

四、所用主要设备及检测流程示意图

乳粉中阿苯达唑检测设备图如图6-1-1所示,乳粉中阿苯达唑检测流程图如图6-1-2所示 。

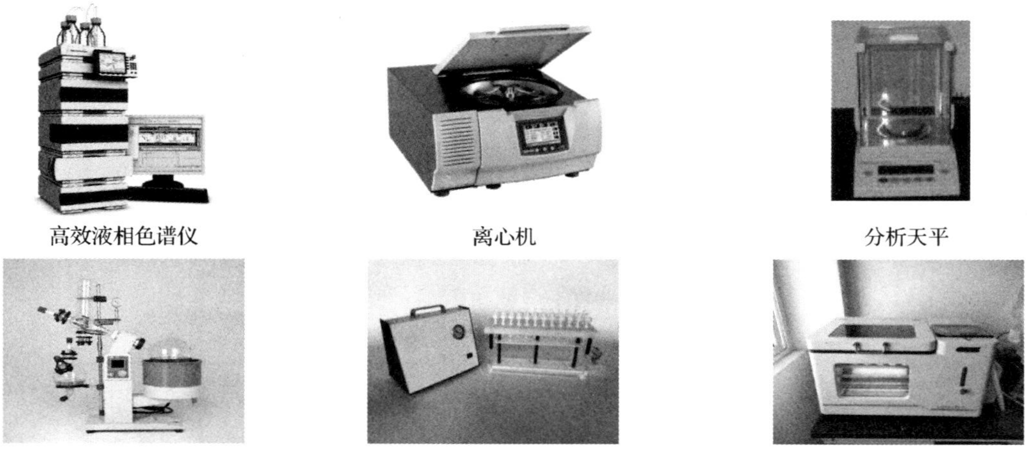

图6-1-1 乳粉中阿苯达唑检测设备图

试样制备 → 提取 → 净化 → 液相色谱 → 计算

图6-1-2 乳粉中阿苯达唑检测流程图

第二节　乳粉中氯霉素的检测

氯霉素，是一种抗生素，化学式为 $C_{11}H_{12}Cl_2N_2O_5$，易溶于甲醇、乙醇、丙醇及乙酸乙酯，微溶于乙醚及氯仿，不溶于石油醚及苯。氯霉素极稳定，其水溶液经 5h 煮沸也不失效。由于氯霉素分子中有 2 个不对称碳原子，所以氯霉素有 4 个光学异构体，其中只有左旋异构体具有抗菌能力。

氯霉素对革兰氏阳性、阴性细菌均有抑制作用，且对后者的作用较强。其中对伤寒杆菌、流感杆菌、副流感杆菌和百日咳杆菌的作用比其他抗生素强，对立克次体感染，如斑疹伤寒也有效，但对革兰氏阳性球菌的作用不及青霉素和四环素。抗菌作用机制是与核蛋白体 50S 亚基结合，抑制肽酰基转移酶，从而抑制蛋白质合成。

各种细菌都能对氯霉素发生耐药性，其中以大肠杆菌、痢疾杆菌、变形杆菌等较为多见，伤寒杆菌及葡萄球菌较少见。细菌对氯霉素产生耐药性比较慢，可能是通过基因的逐步突变而产生的，但可自动消失。细菌也可以通过 R 因子的转移而获得耐药性，获得 R 因子的细菌能产生氯霉素乙酰转移酶(acetyltransferase)，使氯霉素灭活。

2017 年 10 月 27 日，世界卫生组织国际癌症研究机构公布的致癌物清单初步整理参考，氯霉素在 2A 类致癌物清单中。

2019 年 12 月 27 日，氯霉素被列入食品动物中禁止使用的药品及其他化合物清单。

目前，我国制定的国家标准、行业标准中关于乳粉中氯霉素的检测多采用液相色谱-质谱/质谱法参照(GB 31658.2—2022)，也有采用气相色谱-质谱法参照(GB/T 22338—2008 的第一法)。

一、测定原理

1.液相色谱-质谱/质谱法(参照 GB 31658.2—2022)

试样中氯霉素残留用水溶解、乙酸乙酯萃取后，用 HLB 固相萃取柱净化，用液相色谱-串联质谱仪检测，用外标法定量。

2.气相色谱-质谱法[参照 GB/T 22338—2008(第一法)]

样品经乙酸乙酯提取，用 4%氯化钠溶液和正己烷液液萃取，佛罗里硅土固相萃取柱净化，以甲苯为反应介质，用 N,O 双(三甲基烷基)三氟乙酰胺-三甲基氯硅烷(BSTFA+TMCS,99+1)硅烷化，用气相色谱-负化学电离源质谱仪测定，用内标法定量。

二、具体实验操作过程

(一)液相色谱-质谱/质谱法

1.仪器和设备

(1)液相色谱-质谱联用仪。

(2)分析天平：感量分别为 0.01g 和 0.1mg。

(3)涡旋混匀器。

(4)固相萃取装置。

(5)氮吹浓缩仪。

(6)C_{18}固相萃取柱(500mg/3mL)。

2. 试样的制备与保存

乳粉常温避光保存。

3. 测定步骤

(1)提取

称取5g试样(精确到±0.02g),加入内标溶液(氘代-氯霉素)250mL置于50mL离心管中,加入5mL乙腈、5mL 4%氯化钠溶液,涡旋震荡,以4000r/min的转速离心10min。取上清液,残渣重复提取1次,加正己烷5mL涡旋1min,以2000r/min的转速离心10min。弃去上清液,正己烷重复处理1次,加水饱和的乙酸乙酯5mL,涡旋1min,以2000r/min的转速离心10min。上清液转移至15mL离心管中,重复提取1次,氮气吹干,加水-乙腈(95∶5)溶解,备用。

(2)净化

依次用甲醇、水活化固相萃取柱,取提取液上样,用3mL水、4mL流动相洗脱,收集洗脱液,整个净化过程保持流速1mL/min,加水饱和乙酸乙酯4mL,涡旋1min,以2000r/min的转速离心10min,取上清液,重复处理1次,合并上层溶液,氮气吹干,加流动相1mL溶解,液相色谱-质谱/质谱法检测。

(3)测定条件

1)参考液相色谱条件

a)色谱柱:Acquity UPLC BEH C_{18}色谱柱(柱长15cm、内径3.2mm、粒径5μm)。

b)流动相:甲醇-水(50∶50)。

c)流速:0.4mL/min。

d)柱温:30℃。

e)进样量:20μL。

2)参考质谱条件

a)电离模式:ESI^-。

b)扫描方式:多反应监测。

c)电离电压:2.8kV。

d)源温:120℃。

e)脱溶剂气速:500L/h。

f)锥孔气速:20L/h。

g)驻留时间:0.6s。

h)氯霉素及内标定量离子对、定性离子对对应的锥孔电压和碰撞能量见表6-2-1。

表 6-2-1　氯霉素、氘代氯霉素定量离子对、定性离子对

目标化合物	母离子(*m/z*)	子离子(*m/z*)	锥孔电压/V	碰撞能量/eV
氯霉素	320.60	152.20*	28	18
		256.90	11	28
		194.15	13	28
氘代氯霉素	326.30	157.20	28	18

* 为定量离子。

(4)定量测定

取试样和相应的标准溶液，作单点或多点校准，按内标法以色谱峰面积定量。

(5)定性测定

在相同实验条件下，在扣除背景后的样品质量色谱图中，所选择的离子对均出现。经对比，所选离子对的丰度比与标准品离子对的丰度比，其值在允差范围内(允差范围值见表 6-2-2)，则可判断样品中存在对应的被测物。

表 6-2-2　定性确证时相对离子丰度的最大允许误差

相对离子丰度	>50%	>20%~50%	>10%~20%	≤10%
允许的相对误差	±20%	±25%	±30%	±50%

(6)空白试验

取空白试样，除不加标准溶液外，采用相同的测定步骤进行平行操作。

4. 分析结果表达

$$X=\frac{A\times A'_{iS}\times C_s\times C_{iS}\times V}{A_{iS}\times A_S\times C'_{iS}\times m} \qquad (6-2-1)$$

式中：X 为试样中被测组分残留量(μg/kg)；A 为供试溶液中氯霉素的峰面积；A'_{iS} 为对照品中内标的峰面积；C_S为对照品中氯霉素的浓度(ng/mL)；C_{is} 为供试溶液中氯霉素内标的浓度(ng/mL)；V 为溶解残余物所用溶液的体积(mL)；A_{iS}为试样溶液氯霉素内标的峰面积；A_S 为对照品中氯霉素的峰面积；C'_{is} 为对照溶液中氯霉素内标的浓度(ng/mL)；m 为试样质量(g)。

(二)气相色谱-质谱法

1. 仪器和设备

(1)气相色谱-质谱联用仪。

(2)分析天平：感量分别为 0.01g 和 0.1mg。

(3)涡旋混匀器。

(4)固相萃取装置。

(5)氮吹浓缩仪。

(6)弗罗里硅土柱(500mg/3mL)。

(7)旋转蒸发仪。

2. 测定步骤

(1)样品处理

1)提取。称取 10g 试样(精确到±0.01g),加入内标溶液(氘代-氯霉素)1.0mL 置于 50mL 离心管中,加入 30mL 乙酸乙酯,震荡 30min,以 4000r/min 的转速离心 2min,取上清液,残渣重复提取 1 次,合并提取液,35℃旋转蒸发至 1~2mL 备用。

2)净化。提取浓缩液加入 1mL 甲醇,用 20mL4%氯化钠溶液和 20mL 正己烷液液萃取,弃去正己烷层,水相用 40mL 乙酸乙酯分两次萃取,合并乙酸乙酯层,35℃旋转蒸发至近干,备用。

弗罗里硅土柱依次用 5mL 甲醇、5mL 甲醇-乙醚(3+7)和 5mL 乙醚活化。将带净化残渣用 5.0mL 乙醚溶解上样,用 5.0mL 乙醚淋洗弗罗里硅土柱,5.0mL 甲醇-乙醚(3+7)洗脱,洗脱液氮吹干,待硅烷化。

3)硅烷化。净化后的试样用 0.2mL 甲苯溶解,加入 0.1mL 硅烷化试剂[N、O、双(三甲基硅基)三氟乙酰胺-三甲基氯硅烷(99+1)]混合,于 70℃衍生化 60min,氮气缓慢吹干,用 1.0mL 正己烷定容,待测定。

(2)参考测定条件

1)色谱柱:DB-5MS(柱长 30m、内径 0.25mm、粒径 0.25mm)。

2)色谱柱温度:50℃保持 1min,25℃/min 升至 280℃,保持 5min。

3)进样口温度:250℃。

4)进样方式:不分流模式。

5)载气:高纯氦气。

6)流速:1.0mL/min。

7)进样量:1.0mL。

8)接口温度:280℃。

9)离子源:化学电离负离子模式(NCI)。

10)离子源温度:150℃。

11)四级杆温度:106℃。

12)反应气:甲烷。

13)选择监测离子见表 6-2-3。

表 6-2-3 监测离子

药物名称	监测离子(m/z)	定量离子(m/z)	相对离子丰度比/%	允许相对误差/%
氯霉素	466	466	100	/
	468		71	±20
	376		32	±25
	378		19	±30

(3)定性测定

如果检出色谱峰的保留时间与标准物质一致，并在扣除背景后所选择的离子均出现，且相对离子丰度比与标准物质的丰度比在偏差允许范围内，可判定样品中存在氯霉素。

(4)内标工作曲线

配制基质标准溶液，以标准溶液的浓度为横坐标，待测组分与内标物峰面积比为纵坐标，绘制内标工作曲线。

(5)定量

以 $m/z466$(m -氯霉素和氯霉素)为定量离子，样品溶液中氯霉素衍生物的响应值应在仪器测定的线性范围内。

3. 分析结果表达

$$X=\frac{c \times V}{m} \tag{6-2-2}$$

式中：X 为试样中被测组分残留量(mg/kg)；c 为从内标标准工作曲线上得到的被测组分浓度(ng/mL)；V 为试样溶液定容体积(mL)；m 为试样质量(g)。

氯霉素测定底限为 0.1mg/kg。

三、注意事项

(1)对于液相色谱-质谱/质谱法，进行乳制品中兽药残留等检测中需要特别关注的是：基质效应的影响，液相色谱-质谱/质谱法产生基质效应的原因一般认为是由于基质中的非挥发性组分与待测物质，在雾滴表面离子化的过程中产生竞争，影响电喷雾接口处的离子化效率。这些非挥发性的基质组分将雾滴吸引在一起，阻止其裂解成更小的微滴。根据接口处离子化和离子蒸发过程中的变化情况，这种竞争可能会增强(离子增强)或者妨碍(离子抑制)被分析物离子的形成效能。基质效应的干扰物质分为 2 类，一类是“内源性物质”，该类物质来源于目标化合物本身，并最终被保留在提取液中，包括了盐、强极性化合物、表面活性剂及与目标化合物结构类似的脂类、肽类、胺类等；另一类是“外源性物质”主要来源于检测过程的外部条件，包括了聚合物残留、离子对试剂、有机酸、缓冲溶液等。因此在使用该技术的时候应重点考虑如何消除基质效应，减少基质效应对最终检测结果的影响。

(2)固相萃取柱在使用时应关注洗脱溶液的配比问题。

(3)乳粉在乙酸乙酯提取过程中容易乳化，因此在第 1 遍吸取乙酸乙酯层时应注意乳化层不吸取，在第 2 次提取时可增加离心时间减少乳化层。

(4)在用气相色谱-质谱法进行检测中应特别注意衍生化过程，衍生试剂的配制、衍生温度及衍生时间。

四、所用主要设备及检测流程示意图

乳粉中氯霉素检测主要设备图如图 6－2－1 所示，乳粉中氯霉素检测液相色谱-质谱/质谱法流程示意图如图 6－2－2 所示，乳粉中氯霉素检测气相色谱-质谱法流程示意图如图 6－2－3 所示。

液相色谱-质谱/质谱仪

离心机

分析天平

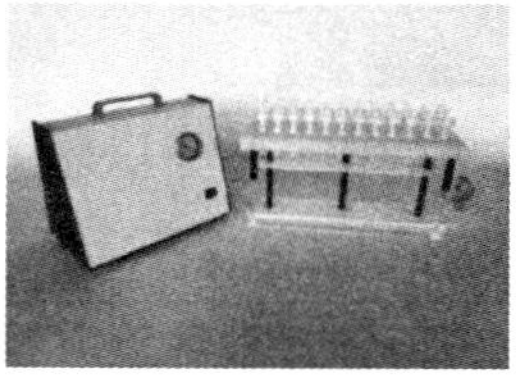
固相萃取装置

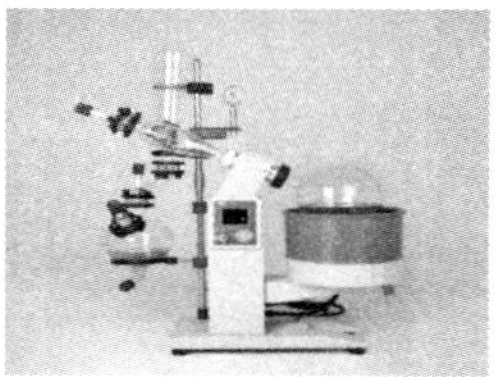
旋转蒸发仪

氮吹仪

气相色谱-质谱仪

图 6－2－1　乳粉中氯霉素检测主要设备图

图 6－2－2　乳粉中氯霉素检测液相色谱-质谱/质谱法检测流程示意图

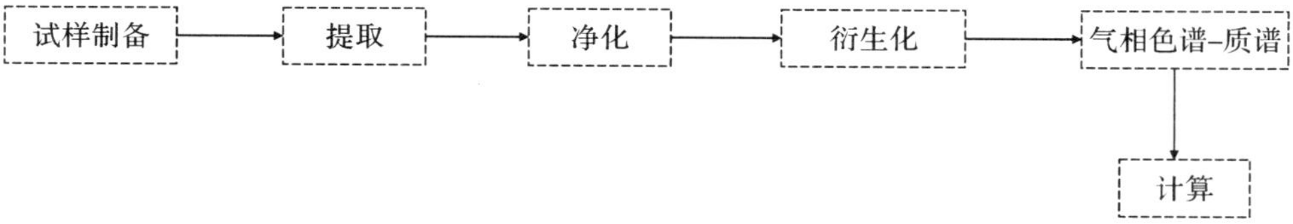

图 6－2－3　乳粉中氯霉素检测气相色谱-质谱法检测流程示意图

第三节　乳粉中四环素族的检测

四环素是一种有机化合物，分子式为 $C_{22}H_{24}N_2O_8$。本身及其盐类都是黄色或淡黄色的晶体，在干燥状态下极为稳定，除金霉素外，其他的四环素族的水溶液都相当稳定。四环素族能溶于稀酸、稀碱等，略溶于水和低级醇，但不溶于醚及石油醚。四环素族抗生素主要包括有金霉素、土霉素、四环素。四环素族抗生素有共同的化学结构母体。金霉素和土霉素都是四环素的衍生物，前者是氯四环素(chloretracyelin)，后者是氧四环素(oxyeracyein)，四环素族均为酸碱两性化合物。四环素类抗生素是 20 世纪 40 年代发现的一类具有菲烷母核的广谱抗生素，该类抗生素广泛应用于革兰氏阳性和阴性细菌、细胞内支原体、衣原体和立克次氏体引起的感染。此外，包括美国在内的一些国家，四环素还被大量用作生长促进剂投喂给动物，其毒性不大，但副作用多见，如恶心、呕吐，食欲减退，二重感染，

影响骨骼和牙齿的生长等。

目前我国制定的乳制品四环素类兽药残留的检测方法主要集中在液相色谱法、液相色谱-质谱/质谱法及酶联免疫法等。相应的检测标准有《牛奶和奶粉中土霉素、四环素、金霉素、强力霉素残留量的测定 液相色谱-紫外检测法》(GB/T 22990—2008)、《动物源性食品中四环素类药物残留量的测定 高效液相色谱法》(GB 31658.6—2021)、《动物源性食品中四环素类药物残留量的测定 液相色谱-质谱/质谱法与高效液相色谱法》(GB/T 21317—2007)、《出口牛奶中 b -内酰胺类和四环素类药物残留快速检测法 ROSA 法》(SN/T 3256—2012)。

我国《食品安全国家标准》(GB 31650—2019)食品中兽药最大残留量中规定土霉素、金霉素、四环素在牛奶、羊奶中最大残留限量为 100mg/kg。

一、测定原理

1. 高效液相色谱法(参照 GB/T22990—2008)

用 0.1mol/L Na_2EDTA-Mcllvaine 缓冲溶液提取试样中四环素族抗生素残留,用Oasis HLB 或相当的固相萃取柱和羧酸型阳离子交换柱净化,用液相色谱仪测定,用外标法定量。

2. 液相色谱-质谱/质谱法(参照 GB/T 21317—2007)

试样中,四环素族残留量用 0.1mol/L Na_2EDTA - Mcllvaine 缓冲溶液提取,经过滤和离心后,上清液用 HLB 固相萃取柱净化,用液相色谱-质谱/质谱法测定,用外标法定量。

3. ROSA 筛选法

ROSA 检测方法是利用 ROSA 分析仪测定药物残留,该方法是基于胶体金免疫技术。试剂条胶体金结合垫上包被微生物手提抗体胶体金复合物,检测线包被金霉素抗体,控制线包被微生物受体二抗。当样品中含有四环素类药物时,会与检测线包被抗体竞争结合金标复合物,金标复合物与检测线包被抗原结合形成红色线,未与检测线包被抗原结合的金标复合物移动至控制线与第二抗体结合形成红色线。检测线显色的强度与样品所含药物浓度成反比,检测线浅于控制线的为阳性,检测线深于或等于控制线的为阴性,控制线不全或没有颜色为无效检测。

二、具体实验操作过程

(一)液相色谱法

1. 仪器和设备

(1)液相色谱仪:配有紫外检测器。

(2)分析天平:感量分别为 0.1mg 和 0.01g。

(3)涡旋振荡器。

(4)冷冻离心机:转速大于 5000r/min。

(5)固相萃取装置。

(6)真空泵。

(7)氮气吹干仪。

(8)pH 计:测量精度±0.02。

(9)刻度样品管:10mL,精度为 0.1mL。

(10)固相萃取柱:Oasis HLB,500mg,6mL。使用前分别用 5mL 甲醇和 10mL 水预处理,保持柱体湿润。

(11)羧酸型阳离子交换柱:500mg,6mL。使用前用 5mL 甲醇预处理,保持柱体湿润。

2.测定步骤

(1)样品处理

1)提取。奶粉试样称取 2g(精确到 0.01g),置于 50mL 塑料离心管中。向试样中加入 20mL0.1mol/L Na_2EDTA-Mcllvaine 缓冲溶液,于涡旋振荡器上混合 2min,于 10℃环境中,以 5000r/min 的转速离心 10min,上清液过滤至另一支离心管中。残渣中再加入 20mL 缓冲溶液,重复提取 1 次,合并上清液。

2)净化。将上清液通过处理好的 Oasis HLB 柱,待上清液完全流出后,用 5mL 甲醇-水淋洗,弃去全部流出液。减压抽干 5min,最后用 5mL 甲醇洗脱,收集洗脱液于 10mL 样品管中。

将收集的洗脱液通过羧酸型阳离子交换柱,待洗脱液全部流出后,用 5mL 甲醇洗柱,减压抽干,用 4mL0.01mol/L 草酸-乙腈溶液洗脱,收集洗脱液于 10mL 样品管中,45℃氮气吹至 1.5mL 左右,流动相定容至 2mL,供液相色谱测定。

(2)测定条件

1)色谱柱:Kromasil 100 - 5C_{18}(粒径 5μm,柱长 150mm,内径 4.6mm),或相当者。

2)流动相:0.01mol/L 草酸溶液-乙腈-甲醇(77+18+5)。

3)流速:1.0mL/min。

4)柱温:40℃。

5)检测波长:350nm。

6)进样量:60μL。

(3)液相色谱测定

将混合标准工作溶液分别进样,以浓度为横坐标,峰面积为纵坐标,绘制标准工作曲线,用标准工作曲线对样品进行定量,样品溶液中土霉素、四环素、金霉素、强力霉素的响应值均应在仪器测定的线性范围内。在上述色谱条件下,土霉素、四环素、金霉素、强力霉素的参考保留时间分别为 3.09min、3.73min、8.27min 和 12.53min。

3.分析结果表达

被测物残留量的测定按式(6-3-1)计算:

$$X=\frac{c\times V}{m} \tag{6-3-1}$$

式中:X 为试样中被测组分残留量(μg/kg);c 为从标准工作曲线得到的被测组分溶液浓

度(ng/mL);*V* 为溶解残留物所用流动相体积(mL);*m* 为供试试样质量(g)。

计算结果应扣除空白值。

测定结果用平行测定的算术平均值表示,保留 3 位有效数字。批内相对标准偏差≤15%,批间相对标准偏差≤20%。

(二)液相色谱-质谱/质谱法

1.仪器和设备

(1)液相色谱-串联质谱仪。

(2)分析天平:感量分别为 0.1mg 和 0.01g。

(3)涡旋振荡器。

(4)冷冻离心机:转速大于 5000r/min。

(5)固相萃取装置。

(6)真空泵。

(7)氮气吹干仪。

(8)pH 计:测量精度±0.02。

(9)刻度样品管:10mL,精度为 0.1mL。

(10)固相萃取柱:Oasis HLB,500mg,6mL。使用前分别用 5mL 甲醇和 10mL 水预处理,保持柱体湿润。

2.分析步骤

(1)样品处理

1)提取。奶粉试样称取 5g(精确到 0.01g),置于 50mL 塑料离心管中。向试样中加入 50mL 0.1mol/L Na_2EDTA - Mcllvaine 缓冲溶液,于涡旋振荡器上混合 1min,冰水浴超声 10min,冷却至 0～4℃于 10℃水浴中,以 5000r/min 的转速离心 10min,用快速滤纸过滤,待净化。

2)净化。准确吸取 10mL 提取液,以 1 滴/s 的速度过 HLB 固相萃取柱,待样液流出后,依次用 5mL 水和 5mL 甲醇＋水淋洗,弃去全部流出液,减压抽干,用 10mL 甲醇＋乙酸乙酯(1＋9)洗脱。洗脱液氮吹近干,用 1.0mL 甲醇＋三氟乙酸水溶解残渣,过 0.22mm 滤膜,液相色谱-质谱/质谱法测定。

(2)检测条件

1)参考液相条件

a)色谱柱:Inertisil C_8 - 3(柱长 150mm、内径 2.1mm、粒径 5mm)。

b)流动相:甲醇＋10mmol/L 三氟乙酸,梯度洗脱(见表 6 - 3 - 1)。

c)流速:0.3mL/min。

d)柱温:30℃。

e)进样量:30μL。

表 6-3-1　色谱梯度洗脱

时间/min	甲醇/%	10mmol/L 三氟乙酸/%
0	5.0	95.0
5.0	30.0	70.0
10.0	33.5	66.5
12.0	65.0	35.0
17.5	65.0	35.0
18.0	5.0	95.0
25.0	5.0	95.0

2)质谱条件

a)离子化模式:电喷雾正离子模式(ESI+)。

b)质谱扫描方式:多反应监测(MRM)。

c)雾化气:6L/min。

d)气帘气:10L/min。

e)喷雾电压:4500V。

f)去溶剂温度:500℃。

g)去溶剂气流:6L/min。

h)碰撞气:6L/min。

i)监测离子的碰撞电压见表 6-3-2。

表 6-3-2　四环素类药物的碰撞电压

化合物	母离子(*m/z*)	子离子(*m/z*)	驻留时间/(m/s)	碰撞电压/eV
土霉素	461	426	50	27
		443*	50	21
四环素	445	410*	50	29
		427	50	19
金霉素	479	444*	50	33
		462	50	27
强力霉素	445	154	50	37
		428*	50	29

注:* 为定量离子。

(3)定性测定

待测样品中化合物色谱峰的保留时间与标准溶液相比变化范围应在±2.5%之间。待测化合物的定性离子的信噪比应大于 S/N>3,定量离子的信噪比应大于 S/N>10。其定性离子与浓度相当的标准溶液中相应的定性离子的相对丰度相比,偏差不超过表 6-3-3规定的范围,则可以确定试样中检出相应的四环素族。

表 6-3-3　定性确证时相对离子丰度的最大允许偏差

相对离子丰度	>50%	>20%～50%	>10%～20%	≤10%
允许的相对偏差	±20%	±25%	±30%	±50%

(4)定量测定

若试样检出与混合标准工作液一致的四环素类，根据标准工作曲线按内标法以内标校正后的响应值计算得到其含量。

3. 分析结果表达

$$X=\frac{A_x\times c_S\times V}{A_S\times m} \tag{6-3-2}$$

式中：X 为试样中被测组分残留量(μg/kg)；A_x 为测定液中待测组分的峰面积；c_S 为标准溶液中待测组分的含量(mg/L)；V 为定容体积(mL)；A_s 标准液中待测组分的峰面积；m 为供试试样质量(g)。

四环素、金霉素、强力霉素、土霉素测定低限为 50μg/kg。

(三)ROSA 筛选法

1. 仪器和设备

(1)ROSA 分析仪。

(2)ROSA 温育器。

(3)移液器。

2. 分析步骤

(1)测定

ROSA 温育器恒温至(56±1)℃，打开温育器盒子，将检测条放在温育器内，将试剂条上的塑料膜小心揭开至白线位置，将牛奶样品充分摇匀，用移液器取(300±15)mL 牛奶样品，从试剂条的加样槽边缘小心加入样品。将塑料膜盖回，将温育器盖子盖上，温育器自动开始 8min 倒计时，8min 后，从温育器中取出试纸条。

(2)结果判定

1)目视比色法

取出试纸条后观察 C 线和 T 线，按照以下条件判定结果：①T 线浅于 C 线的为阳性；②T 线深于或等于 C 线的为阴性；③C 线不全或没有颜色的为无效检测。

2)ROSA 分析仪读数

将检测条插入仪器的读数室中，按 enter 键开始读数，约 11s 后，显示以下结果：①显示的值为正数，即为阳性结果；②显示的值为负数，即为阴性结果。

该方法为初筛方法，当检测结果为阳性时，应采取其他检测手段进行确认。

该方法检出限为：金霉素 30μg/L、土霉素为 30μg/L，四环素为 10μg/L。

三、注意事项

(1)实验过程中需要用到的 Mcllvaine 缓冲溶液，pH 对结果及回收率的影响较大，应尽量调节到 4.0±0.05 这个范围内。

(2)三氟乙酸对液质的负源影响较大，主要体现在对负离子有很强的抑制性，会对质量分析器造成一定的污染，因此在使用三氟乙酸作为流动相后，应用大量水进行清洗，如果响应值降低十分严重时，可通过清洗离子源来解决。

(3)对于胶体金免疫技术来讲，存在一定的假阳性和假阴性，因此当结果存疑时，应采用其他手段进行确证。

四、所用主要设备及检测流程示意图

乳粉中四环素类检测主要设备图如图 6-3-1 所示，乳粉中四环素类液相色谱检测流程图如图 6-3-2 所示，乳粉中四环素类液相色谱-质谱/质谱检测流程图如图 6-3-3 所示。

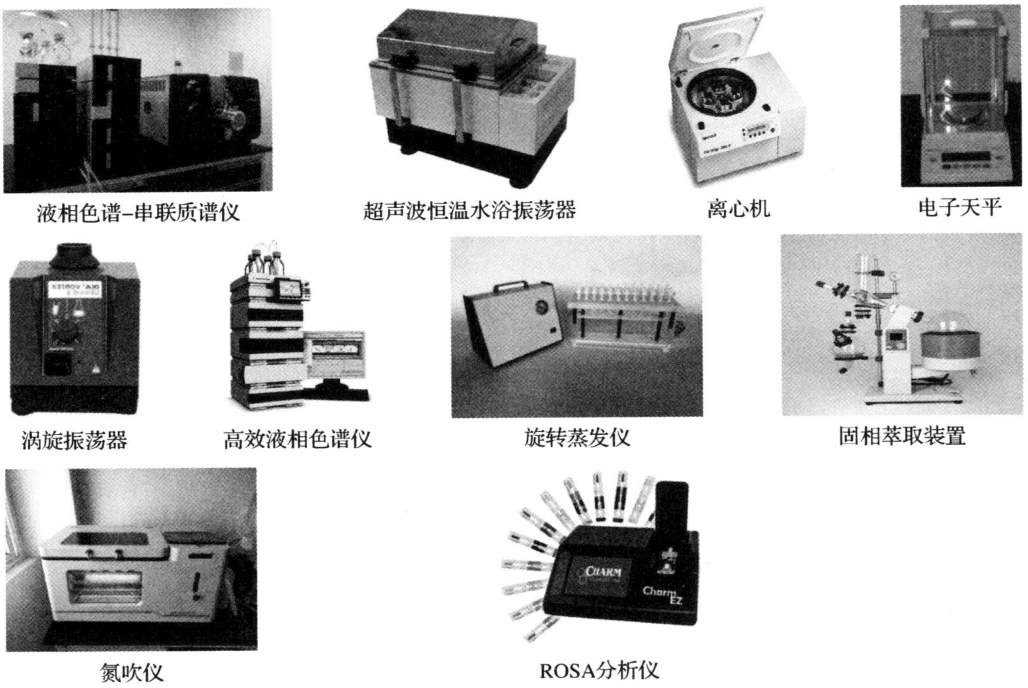

图 6-3-1 乳粉中四环素类检测主要设备图

图 6-3-2 乳粉中四环素类液相色谱检测流程图

图 6-3-3 乳粉中四环素类液相色谱-质谱/质谱检测流程图

第四节 乳粉中喹诺酮类药物残留的检测

喹诺酮类兽药是一种人工合成的广谱抗菌药物，具有抗菌谱广、抗菌活性强等特点。这类药物在兽医临床上被广泛应用，用于治疗动物的多种感染性疾病。

第一代喹诺酮类药物主要包括萘啶酸、恶喹酸、吡咯酸。该类药物抗菌谱较窄，抗菌作用弱，且有明显的中枢神经系统副作用，因此使用受限。第二代喹诺酮类药物中以哌啶酸为代表，该类药物在抗菌谱、抗菌作用、体内代谢等方面优于第一代，对革兰氏阴性菌有较强的抗菌作用，用于尿路及肠道感染，第二代喹诺酮类药物包括：新恶酸、噻喹酸、吡喹酸、吡哌酸。第三代喹诺酮类药物是一系列新型氟取代的喹诺酮衍生物，其抗菌谱明显优于第一代和第二代。在抗菌活性上有明显的提升，其不良反应较弱。对葡萄球菌、肺炎球菌、某些厌氧菌、支原体等均有良好的疗效，特别是绿脓杆菌效果良好。第三代喹诺酮类药物包括诺氟沙星、培氟沙星、依诺沙星、氧氟沙星、环丙沙星、氟甲喹、氨氟沙星、妥苏沙星、多氟沙星等。

喹诺酮类药物作为可被用于家畜养殖过程中使用的兽药，我国对其在乳制品中的残留限量做出了明确的规定。《食品安全国家标准》(GB 31650—2019)食品中兽药最大残留限量中规定达氟沙星在奶中的最大残留限量为 30mg/kg，恩诺沙星在奶中的最大残留限量为 100mg/kg，氟甲喹在奶中的最大残留限量为 50mg/kg。

目前，我国制定的国家标准、行业标准中关于喹诺酮类药物残留的检测方法主要采用液相色谱、液相色谱-串联质谱法。包括《食品安全国家标准 牛奶中喹诺酮类药物多残留的测定 高效液相色谱法》(GB 29692—2013)、《动物源性食品中 14 种喹诺酮药物残留检测方法 液相色谱-质谱/质谱法》(GB/T 21312—2007)、《进出口动物源食品中喹诺酮类药物残留量检测方法》(SN/T 1751.2—2007)第 2 部分：液相色谱-质谱/质谱法。

一、测定原理

1.液相色谱法(参照 GB 29692—2013)

样品中喹诺酮残留物经乙腈提前旋转蒸发至近干，经流动相溶解，用高效液相色谱-荧光检测器测定，用外标法定量。

2.液相色谱-串联质谱法(参照 GB/T 21312—2007)

用 0.1mol/LEDTA - Mellvaine 缓冲液(pH＝4.0)提取样品中的喹诺酮类抗生素，经过滤和离心后，上清液经 HLB 固相萃取柱，用高效液相色谱-质谱/质谱检测器测定，用阴性样品基质加标外标法定量。

二、具体实验操作过程

(一)液相色谱法

1.仪器和设备

(1)液相色谱：配荧光检测器。

(2)分析天平：感量分别为0.01g和0.1mg。

(3)涡旋混匀器。

(4)离心机。

(5)旋蒸仪。

2. 测定步骤

(1)提取

称取2±0.05g试样，加入磷酸100mL，乙腈4mL，涡旋混匀，震荡5min，以10000r/min的转速离心10min，取上清液于另1支离心管中，加入正己烷5mL，涡旋1min，静置，取下层清液于25mL于鸡心瓶中，残渣中加乙腈4mL，重复提取1次，上清液经正己烷分配，合并2次提取液，于50℃旋蒸至近干，用流动相1.0mL溶解残余量，供液相色谱测定。

(2)参考测定条件

1)色谱柱：C_{18}(柱长250、内径4.6mm、粒径5μm)。

2)流动相：0.05mol/L磷酸溶液-三乙胺+乙腈(90+10，体积比)。

3)流动相：1.8mL/min。

4)检测波长：激发波长280nm；发射波长450nm。

5)柱温：30℃。

6)进样量：20mL。

(3)标准曲线制备

精确量取喹诺酮类药物混合标准工作液，用流动相稀释，制备成浓度环丙沙星、恩诺沙星、沙拉沙星和二氟沙星为5ng/mL、10ng/mL、100ng/mL、300ng/mL和500ng/mL的系列标准溶液，供液相色谱测定。

(4)测定法

取试样溶液和相应的标准溶液，作单点或多点校准，用外标法，以峰面积计算。

3. 分析结果表达

$$X=\frac{c\times V}{m} \qquad (6-4-1)$$

式中：X为供试试样中相应喹诺酮类药物残留量(mg/kg)；c为试样溶液中相应喹诺酮药物的浓度(ng/mL)；V为溶解残渣所用流动相的体积(mL)；m为试样质量(g)。

本方法环丙沙星、沙拉沙星和二氟沙星的检测限为25μg/kg，定量限为50μg/kg，达氟沙星的检测限为7.5μg/kg，定量限为15μg/kg。

(二)液相色谱-串联质谱法

1. 仪器和设备

(1)液相色谱-串联质谱仪。

(2)分析天平：感量分别为0.01g和0.1mg。

(3)涡旋混匀器。

(4)离心机。

(5)氮吹仪。

(6)固相萃取装置。

(7)pH 计。

(8)超声提取仪。

(9)HLB 固相萃取柱(200mg,6mL,使用前用甲醇、水活化)。

2. 测定步骤

(1)提取

称取试样 5g(精确至 0.01g)加入 0.1mol/L EDTA - Mellvaine 缓冲液(pH=4.0),40mL,冰水浴超声 10min,冷却至 0~4℃,以 10000r/min 的转速离心 5min,过滤后待净化。

(2)净化

吸取 10mL 待净化液过 HLB 固相萃取柱,样液流出完毕后,依次用 2mL5%甲醇水淋洗,减压抽干,最后用 6mL 甲醇洗脱,将洗脱液氮吹至近干,用 1.0mL0.2%甲酸水溶液定容,用液相色谱-串联质谱法检测。

(3)基质标准溶液制备

将混合工作曲线用初始流动项稀释至 2.5~100ng/mL,称取与试样同样基质的阴性样品 5.0g,加入标准系列溶液 1.0mL,按上述所述提取、净化。

(4)参考测定条件

1)液相色谱

a)色谱柱:C_{18}(柱长 100、内径 2.1mm、粒径 1.7μm)。

b)流动相:A 甲醇+乙腈(40+60),B 0.2%甲酸水溶液,梯度洗脱(表 6-4-1)。

c)流速:0.2mL/min。

d)进样量:20μL。

表 6-4-1　色谱梯度洗脱

时间/min	甲醇-乙腈/%	0.2%甲酸水
0.0	10	90
6.0	30	70
9.0	50	50
9.5	100	0
10.5	100	0
11.0	10	90
15.0	10	90

2)质谱条件

a)电离模式:电喷雾电离正离子模式(ESI+)。

b)扫描模式:MRM 多反应监测。

c)毛细管电压:2.0kV。

d)源温度:110℃。

e)脱溶剂气温度:350℃。

f)脱溶剂气气流:500L/h。

g)定量定性离子对碰撞电压、锥孔电压见表6-4-2。

表6-4-2 定量定性离子对碰撞电压、锥孔电压

化合物	母离子/(m/z)	子离子/(m/z)	碰撞能量/eV	锥孔电压/V
吡哌酸	304.3	271.1	21	38
		189.0	32	38
培氟沙星	334.3	290.3	17	38
		233.2	25	38
氧氟沙星	362.2	318.3	18	38
		261.2	27	38
依诺沙星	321.4	303.3	19	50
		233.9	22	50
诺氟沙星	320.3	302.3	19	50
		276.3	17	50
环丙沙星	322.2	314.3	19	36
		288.3	17	36
恩诺沙星	360.3	316.4	19	38
		342.3	23	38
单氟沙星	358.3	340.3	25	38
		82.0	42	38
洛美沙星	352.3	265.2	23	36
		308.3	17	36
沙拉沙星	386.3	342.3	18	40
		299.3	20	40

(5)定性测定

试样中目标化合物色谱峰保留时间与标准溶液中色谱峰保留时间相比较，其变化范围应在±2.5%之间。

待测化合物定性离子的色谱峰信噪比应≥3%，定量离子的色谱峰信噪比应≥10%。

其定性离子与浓度相当的标准溶液中相应的定性离子的相对丰度相比，偏差不超过表6-4-3规定的范围，则可以确定试样中检出相应的喹诺酮类。

表6-4-3 定性确证时相对离子丰度的最大允许偏差

相对离子丰度	>50%	>20%~50%	>10%~20%	≤10%
允许的相对偏差	±20%	±25%	±30%	±50%

(6)定量测定

若试样检出与混合标准工作液一致的喹诺酮类，根据标准工作曲线按基质标准曲线外标法计算得到相应喹诺酮含量。

3. 分析结果表达

$$X=\frac{c\times V}{m} \tag{6-4-2}$$

式中：X 为供试试样中相应喹诺酮类药物残留量（$\mu g/kg$）；c 为试样溶液中相应喹诺酮药物的浓度（ng/mL）；V 为溶解残渣所用流动相的体积（mL）；m 为试样质量（g）。

在牛奶中氟甲喹、萘啶酸、奥索利酸、西诺沙星、恩诺沙星、单诺沙星、洛美沙星、氧氟沙星的检出限为 0.5μg/kg，环丙沙星为 1.2μg/kg，沙拉沙星、诺氟沙星、培氟沙星、吡哌酸为 1.0μg/kg，依诺沙星为 1.5μg/kg。

在牛奶中为氟甲喹、萘啶酸、奥索利酸、西诺沙星、恩诺沙星、单诺沙星、洛美沙星、氧氟沙星的定量限为 2μg/kg，环丙沙星为 4μg/kg，沙拉沙星、诺氟沙星、培氟沙星、吡哌酸为 3μg/kg，依诺沙星为 5μg/kg。

三、注意事项

（1）在进行固相萃取时应注意柱体保持湿润，如若柱体中液体流干应尽快补液。

（2）在液相色谱-串联质谱定量中采用的是基质标准曲线，基质标准曲线的作用在于改善样品带来的基质效应。

四、所用主要设备及检测流程示意图

乳粉中喹诺酮检测设备图如图 6-4-1 所示，乳粉中喹诺酮检测流程示意图如图 6-4-2 所示。

液相色谱-串联质谱仪

超声波恒温水浴振荡器

离心机

电子天平

涡旋振荡器

高效液相色谱仪

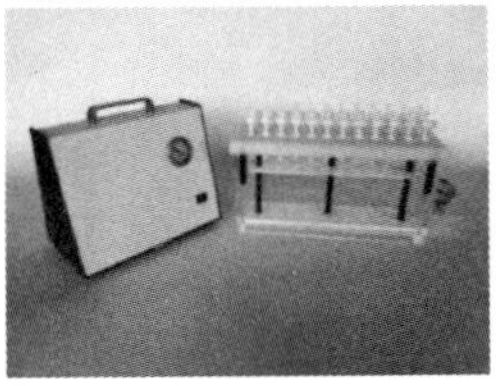
旋转蒸发仪

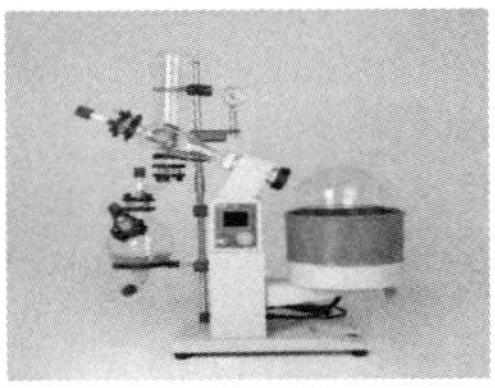
固相萃取装置

氮吹仪

图 6-4-1　乳粉中喹诺酮检测设备图

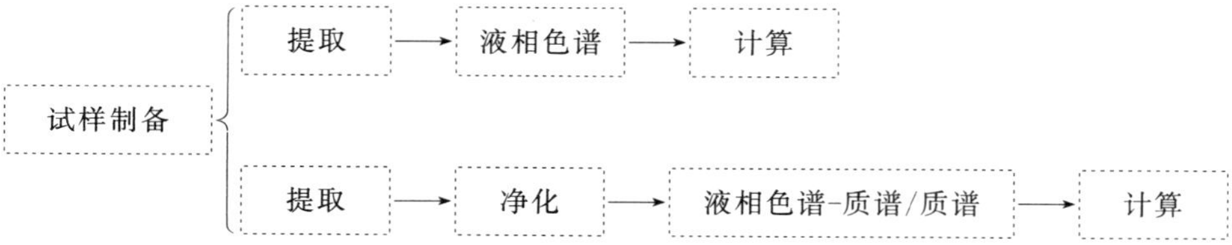

图 6－4－2　乳粉中喹诺酮检测流程示意图

第五节　乳粉中常山酮的检测

常山酮，化学名为 6－氯－7－溴－3－[3－(3－羟基－2－哌啶基)－丙酮基]－4(3H)－喹唑啉酮氢溴酸盐。它是根据中药常山中提取的常山碱，并采用人工合成技术的一种新型广谱抗球虫药。对鸡的柔嫩、毒害、堆型、变位、巨型、布氏艾美耳球虫均有效；对球虫的子孢子、第一代和第二代裂殖体均有明显的抑杀作用；对大多数革兰氏阳性菌也有效，且无交叉耐药性。常山酮氢溴酸盐作为一种饲料添加剂广泛应用于防治家禽的球虫病，也应用于牛泰勒梨形虫病的治疗。

目前我国尚无乳粉中该项目的检测方法相关标准。可供参考是《食品安全国家标准 动物性食品中常山酮残留量的测定 高效液相色谱法》(GB 29693—2013)。该标准适用于鸡的肌肉和肝脏组织中常山酮残留量的测定。

我国制定的《食品安全国家标准》(GB31650—2019)食品中兽药最大残留量中规定常山酮在牛肌肉、脂肪、肝、肾中的最大残留限量分别是 10μg/kg、25μg/kg、30μg/kg、30μg/kg，规定在牛的泌乳期禁用；在鸡的肌肉、脂＋皮、肝中的最大残留限量分别是 100μg/kg、200μg/kg、130μg/kg。

一、测定原理

样品中残留的常山酮，用胰蛋白酶酶解，经乙酸乙酯提取，液液萃取，HLB 柱净化，采用高效液相色谱-紫外检测器测定，用外标法定量。

二、具体实验操作过程

1. 仪器及设备

(1)高效液相色谱仪：配紫外检测器。

(2)分析天平：感量为 0.01mg。

(3)天平：感量为 0.01g。

(4)离心机：5000r/min。

(5)均质机。

(6)涡旋振荡器。

(7)旋转蒸发仪。

(8)氮吹仪。

(9)固相萃取装置。

(10)恒温水浴箱。

(11)滤膜:0.45μm。

2.测定步骤

(1)样品处理

1)提取。称取样品1g(精确到0.01g)于100mL离心管中,加入37℃10mL水涡旋溶解样品。加胰蛋白酶50mg,涡动1min,用10%碳酸钠溶液调pH至8.0,于40℃水浴下酶解3h。取出,放至室温,加10%碳酸钠溶液2mL,涡动1min,再加乙酸乙酯20mL,涡动10s,在冰水浴中静置3min,立即以2000r/min的转速离心2min,将上清液转入100mL分液漏斗中。下层液用乙酸乙酯20mL重复提取1次,合并2次上清液于同1支分液漏斗中,加0.125mol/L乙酸铵溶液10mL,振摇1min,静置2min,收集下层水相。再加0.125mol/L乙酸铵溶液10mL,重复萃取1次,合并2次水相,转至鸡心瓶中,于38℃旋转蒸发,除尽残余的乙酸乙酯,备用。

2)净化。HLB柱依次用甲醇3mL、水3mL和0.125mol/L乙酸铵3mL活化,取备用液过柱,控制流速1mL/min,用甲苯2mL洗涤,挤干,用甲醇3mL洗脱,收集洗脱液,于38℃氮气吹干,用流动相1.0mL溶解残余物,混匀,滤膜过滤,供高效液相色谱测定。

3)基质匹配标准溶液的配制。精确量取10μg/mL的常山酮标准储备液适量,用甲醇溶解并稀释,配制成浓度为50μg/L、100μg/L、300μg/L、500μg/L和1000μg/L的系列标准溶液,各取1.0mL,分别加至经提取、净化步骤处理的空白试料洗脱液中,于38℃水浴下氮气吹干,用流动相1.0mL溶解残余物,供高效液相色谱法测定。

(2)测定条件

1)色谱柱:C_{18}(柱长150mm、内径3.9mm、粒径4μm),或相当者。

2)流动相:乙腈-0.25mol/L乙酸铵缓冲液-水。

3)流速:1.0mL/min。

4)柱温:30℃。

5)检测波长:243nm。

6)进样体积:25μL。

(3)测定方法

取试样溶液和相应的对照溶液,作单点或多点校准,用外标法,以峰面积计算。对照溶液及试样溶液中常山酮响应值应在仪器检测的线性范围之内。

3.分析结果表达

试样中常山酮的残留量按式(6-5-1)计算

$$X=\frac{c\times V}{m} \qquad (6-5-1)$$

式中:X为供试试样中常山酮的残留量(μg/kg);c为试样溶液中常山酮浓度(μg/mL);V为溶解残留物所用流动相体积(mL);m为供试试料质量(g)。

计算结果需扣除空白试样值，测定结果用平行测定的算术平均值表示，保留3位有效数字。批内相对标准偏差≤15%，批间相对标准偏差≤20%。

三、注意事项

（1）本方法采用乙酸乙酯提取，提取过程中会出现乳化现象，可以采用提高离心转速的方法破除乳化层。

（2）本实验参考的试验方法采用了基质匹配标准曲线进行定量，而在实际检测奶粉样品中采用标准溶液进行定量就能够满足检测要求。液相色谱并没有出现影响定量的基质效应，加标实验结果也能够满足检测要求。

四、所用主要设备及检测流程示意图

乳粉中常山酮检测主要设备图如图6-5-1所示，乳粉中常山酮检测流程示意图如图6-5-2所示。

高效液相色谱仪

离心机

分析天平

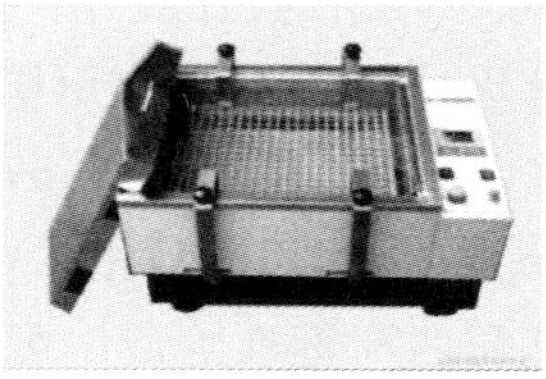
水浴振荡器

氮吹仪

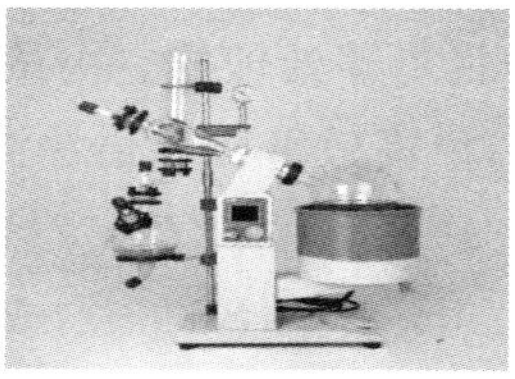
旋转蒸发仪

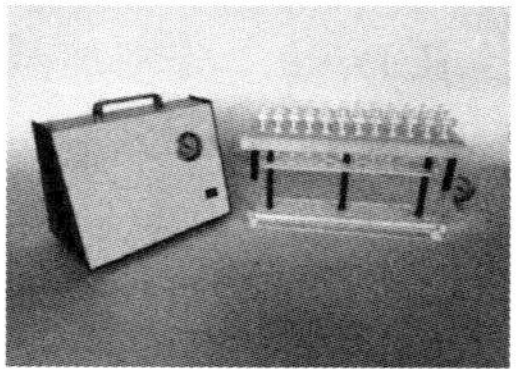
固相萃取装置

图6-5-1　乳粉中常山酮检测主要设备图

试样制备 → 提取 → 净化 → 液相色谱 → 计算

图6-5-2　乳粉中常山酮检测流程示意图

第六节　乳粉中妥曲珠利及其代谢物的检测

妥曲珠利是三嗪酮化合物，具有广谱抗球虫活性。其作用机理是干扰球虫细胞核分裂和线粒体，影响虫体的呼吸和代谢功能，能使细胞内质网膨大，发生严重空泡化，从而对发育阶段的虫体（滋养体、裂殖体及配子体）有直接杀灭作用，但并不影响免疫力的产生。用于预防仔猪和犊牛的球虫病。商品说明书规定不得用于体重超过80kg的牛和育肥期犊牛，也不得用于供人类食用的泌乳期奶牛。

目前该兽药在我国没有适用于乳粉检测的相关国家标准，本章节参考《动物源食品

中地克珠利、妥曲珠利、妥曲珠利亚砜和妥曲珠利砜残留量的检测高效液相色谱 质谱/质谱法》(SN/T 2318—2009)。

一、测定原理

试样中的地克珠利、妥曲珠利、妥曲珠利亚砜和妥曲珠利砜残留用乙酸乙酯提取，通过凝胶渗透色谱(GPC)净化后，用高效液相色谱-串联质谱(HPLC－MS/MS)检测器测定，用内标法定量。

二、具体实验操作过程

1.仪器和设备

(1)高效液相色谱-串联质谱仪：配有电喷雾离子源(ESI)。

(2)凝胶渗透色谱仪。

(3)涡旋振荡器。

(4)旋转蒸发器。

(5)均质器。

(6)离心机：最大转速≥3000r/min。

2.测定步骤

(1)样品处理

1)提取

称取1.0g奶粉样品(精确至0.01g)于50mL离心管中，用37℃度温水6mL，使奶粉充分溶解后，加入适量内标工作液，涡旋混合30s后，加入25mL乙酸乙酯和5g无水硫酸钠，以10000r/min的均质提取1min，以3000r/min的转速离心10min。10mL提取液于15mL的玻璃管中，45℃下氮气吹干。用乙酸乙酯-环己烷(50＋50)溶解残渣并定容至10mL，待GPC净化。

2)净化

a)凝胶渗透色谱条件：①净化柱：22g S－X3 Bio－Beads填料，(柱长)200mm×20mm(内径)，或相当者。②流动相：乙酸乙酯-环己烷(50＋50)，流速：5.0mL/min。③进样量：5mL。④净化程序：弃去7.5mL以前的洗脱液，收集7.5～12.5min的洗脱液。

b)净化过程：按上述的条件进行GPC净化。净化后将收集的洗脱液蒸干，用1mL甲醇-水(80＋20)溶解残渣，涡漩振荡，过0.45mm滤膜，供HPLC－MS/MS分析。

(2)参考测定条件

1)液相色谱条件

a)色谱柱：C_{18}色谱柱(柱长150mm、内径2.1mm、粒径5μm)，或相当者。

b)流动相：0.1%乙酸水溶液-乙腈(45＋55)。

c)流速：200μL/min。

d)色谱柱温度：30℃。

e)进样量:10μL。

2)质谱条件

a)离子化模式:电喷雾负离子扫描模式(ESI—)。

b)质谱扫描方式:多反应监测(MRM)。

c)鞘气压力:30unit。

d)辅助气压力:8unit。

e)负离子模式电喷雾电压(IS):—3500V。

f)毛细管温度:320℃。

g)源内诱导解离电压:10V。

h)Q1、Q3 分辨率:0.7。

i)碰撞气:高纯氩气。

j)碰撞气压力:1.5mTorr。

k)其它质谱参数见表 6-6-1。

表 6-6-1　被测物的采集时间段、离子对和碰撞能量

化合物	保留时间/min	离子对(*m*/*z*)	碰撞能量/eV
妥曲珠利亚砜	4.73	440.1/371.1*	18
		440.1/383.1	14
妥曲珠利砜	7.81	456.0/456.0*	0
地克珠利	11.02	404.1/334.0*	19
		404.1/335.0	19
妥曲珠利	13.53	424.0/424.0*	0
氘代妥曲珠利砜	13.61	427.0/427.0*	0

注:* 为定量离子对。对于不同质谱仪器,仪器参数可能存在差异,测定前应将质谱参数优化到最佳。

(3)定量测定

根据样液中被测物的含量情况,选定响应值相近的混合标准工作液。标准工作溶液和样液中分析物的响应值均应在仪器的检测线性范围内。对标准工作溶液和样液等体积进样测定。

(4)定性测定

地克珠利和妥曲珠利亚砜有 2 组离子对,能够定性分析。在相同实验条件下,扣除背景后的样品质量色谱图中,所选择的离子对均出现。经对比所选离子对的丰度比与标准品离子对的丰度比,其值在允差范围内(允差范围值参见表 6-6-2),则可判断样品中存在对应的被测物 。

表 6-6-2　定性确证时相对离子丰度的最大允许误差

相对离子丰度	>50%	>20%~50%	>10%~20%	≤10%
允许的相对误差	±20%	±25%	±30%	±50%

3.分析结果表达

试样中的残留含量，按式(6－6－1)计算：

$$X=\frac{c_s \times A \times c_i \times A_{si} \times V}{A_s \times c_{si} \times A_i \times m} \qquad (6-6-1)$$

式中：X 为试样中待测组分残留量(μg/kg)；c_s 为标准工作溶液中被测物的浓度(ng/mL)；A 为样品中被测组分的峰面积；A_s 为混合标准工作溶液中被测组分的峰面积；c_i 为样液中内标物的浓度(ng/mL)；c_{si} 为标准工作溶液中内标物的浓度(ng/mL)；A_{si} 为标准工作溶液中内标物的峰面积；A_i 为样液中内标物的峰面积；V 为样液最终定容体积(mL)；m 为样品的重量(g)。

三、注意事项

液相色谱-串联质谱法要注意基质效应对目标物检测的影响。本方法采用内标法进行定量，能够减小基质对检测结果的影响。在实际检测过程中，如果采用内标法标准工作溶液进行定量时，基质效应仍然影响较大，则可以尝试采用基质匹配标准工作溶液进行定性定量分析，以得到更加准确的检测结果。

四、所用主要设备及检测流程示意图

乳粉中妥曲珠利检测主要设备图如图 6－6－1 所示，乳粉中妥曲珠利检测流程图如图 6－6－2 所示。

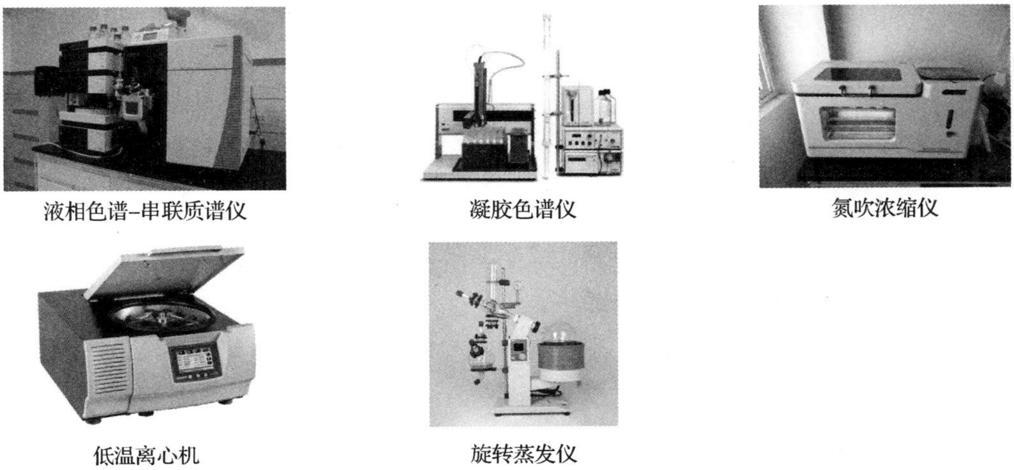

图 6－6－1　乳粉中妥曲珠利检测主要设备图

试样制备 ⟶ 提取 ⟶ 净化 ⟶ 液相色谱-串联质谱 ⟶ 计算

图 6－6－2　乳粉中妥曲珠利检测流程图

第七节　乳粉中卡巴氧的检测

卡巴氧和喹乙醇均为兽用抗菌素，都具有良好的抗菌效果，喹乙醇还具有促进蛋白同化，提高饲料转化率的作用。但卡巴氧具有致癌性，食用后有可能对人产生致癌风险。喹乙醇有中度至明显的蓄积毒性，对大多数动物有明显的致畸作用，对人也有潜在的“三致性”，即致畸形，致突变和致癌。

卡巴氧和喹乙醇在动物体内会参与代谢，卡巴氧代谢物为喹噁啉-2-羧酸，喹乙醇代谢物3-甲基喹噁啉-2-羧酸。因此，对卡巴氧和喹乙醇的检测实际是测定其代谢物的残留量。目前可采用的国标是《牛奶和奶粉中卡巴氧和喹乙醇代谢物残留量的测定 液相色谱-串联质谱法》(GB/T 22984—2008)。

一、测定原理

用甲醇溶液消化试样，使牛奶和奶粉中天然存在的酶失活，然后加入蛋白酶水解，经盐酸酸化，离心过滤后，用固相萃取柱净化，用液相色谱-串联质谱仪测定，用内标法定量。

二、具体实验操作过程

1. 仪器和设备

(1)液相色谱-串联质谱仪：配有电喷雾离子源。

(2)固相萃取真空装置。

(3)氮吹浓缩仪。

(4)涡旋振荡器。

(5)分析天平：感量分别为0.1mg和0.01g。

(6)真空泵。

(7)低温离心机：可制冷到4℃，转速大于5000r/min。

(8)移液器量程：10～100μL和100～1000μL。

(9)聚丙烯离心管：15mL和50mL具塞。

(10)pH计：精度±0.02 pH单位。

(11)MAX固相萃取柱。

2. 测定步骤

(1)提取

1)牛奶样品。准确称取5g牛奶样品(精确到0.01g)，置于50mL聚丙烯离心管中，加入一定量的内标溶液，使其浓度为2.0ng/g，再加入10mL0.6%甲酸溶液，混匀后，置于(47±3)℃振荡水浴中振摇1h；加入3mL 1.0mol/L Tris溶液，再加入0.3mL蛋白酶水溶液，充分混匀后，置于(47±3)℃振荡水浴中酶解16～18h。加入20mL 0.3mol/L盐酸，振荡 5min，在 10℃水浴中以 5000r/min 的转速离心 15min，取上清液过滤。

2）奶粉。取 12.5g 奶粉于烧杯中，加适量 35～50℃水将其溶解，待冷却至室温后，加水至总质量为 100g，充分混匀后准确称取 5g 样品（精确到 0.01g），置于 50mL 聚丙烯离心管中，按照牛奶的处理方法进行处理。

（2）净化

将上述提取液以 1mL/min 的流速全部通过 Oasis MAX 固相萃取柱（用 3mL 甲醇和 3mL 水活化）。分别用 15mL 乙酸钠-甲醇溶液淋洗，真空抽干 15min。再用 5mL 甲醇、3mL 水、5mL 0.1mol/L 盐酸和 3mL 甲醇-水溶液分别淋洗，真空抽干 15min，然后用 2mL 乙酸乙酯淋洗固相萃取柱，弃去全部淋出液，最后用 3mL 甲酸-乙酸乙酯溶液洗脱。在 45℃氮气吹干，准确加入 1.0mL 甲酸-甲醇溶液溶解残渣，过 0.2μm 滤膜，供液相色谱-串联质谱仪测定。

（3）参考测定条件

1）液相色谱参考条件

a）色谱柱：ODS，（粒径 3μm、柱长 100mm、内径 2.1mm），或相当者。

b）流动相：甲醇、乙腈以及 0.1%甲酸溶液（时间梯度见表 6－7－1）。

c）流速：0.2mL/min。

d）柱温：30℃。

e）进样量：30μL。

表 6－7－1　流动相时间梯度

时间/min	甲醇/%	乙腈/%	0.1%甲酸/%
0.0	13	7	90
10.0	45	15	40
10.1	64	16	20
13.1	13	7	80
20.0	13	7	80

2）质谱参考条件

a）离子源：电喷雾离子源。

b）扫描方式：正离子扫描。

c）检测方法：多反应检测。

d）分辨率：单位质量分辨率。

e）电喷雾电压：5000V。

f）雾化气流速：8.0L/min。

g）气帘气流速：7.0L/min。

h）辅助气流速：5.0L/min。

i）离子源温度：450℃。

j)定性离子对、定量离子对及其他质谱参数见表 6-7-2。

表 6-7-2 质谱参数

化合物名称	定性离子对(m/z)	定量离子对(m/z)	定量内标离子对(m/z)	去簇电压/V	聚焦电压/V	碰撞电压/V	碰撞池出口电压/V
喹噁啉-2-羧酸	175.0/129.2	175.0/131.2	179.2/133.2	26	120	23	12
	175.0/131.2			26	120	21	12
3-甲基喹噁啉-2-羧酸	189.2/143.1	189.2/145.1	179.2/133.2	26	120	23	12
	189.2/145.1			26	120	21	12

(4)定性测定

每种被测组分选择 1 个母离子,2 个以上子离子,在相同实验条件下,样品中待测物质的保留时间,与混合标准工作溶液中对应的保留时间偏差在±2.5%之内,各分析物的参考保留时间见表 6-7-3,样品中各组分定性例子的相对丰度与浓度接近的混合标准工作溶液中对应的定性离子的相对丰度进行比较,若偏差不超过表 6-7-4 规定的范围,则可判定为样品中存在对应的待测物。

表 6-7-3 分析化合物参考保留时间 单位:min

化合物名称	保留时间
喹噁啉-2-羧酸	10.10
3-甲基喹噁啉-2-羧酸	11.11

表 6-7-4 定性确定时相对离子丰度的最大允许偏差

相对离子丰度	>50%	20%~50%	10%~20%	≤10%
允许最大偏差	±20%	±25%	±30%	±50%

(5)定量测定

用混合标准工作溶液分别进样,以分析化合物和内标化合物的峰面积比为纵坐标,以分析化合物和内标化合物的浓度比为横坐标,做标准工作曲线,用标准工作曲线对样品进行定量,样品溶液中喹噁啉-2-羧酸和 3-甲基喹噁啉-2-羧酸的响应值均应在仪器测定的线性范围内。

3.分析结果表达

试样中每种化合物残留量按式(6-7-1)计算:

$$X=c_s\times\frac{A}{A_s}\times\frac{c_i}{c_{si}}\times\frac{A_{si}}{A_i}\times\frac{V}{m}\times\frac{1000}{1000} \tag{6-7-1}$$

式中:X 为试样中被测物残留量(μg/kg);c_s 为基质标准工作溶液中被测物的浓度(ng/mL);A 为试样溶液中被测物的色谱峰面积;A_s 为基质标准工作溶液中被测物的色谱峰面积,c_i 为试样溶液中内标物的浓度(ng/mL);c_{si} 为基质标准工作溶液中内标物的浓度(ng/mL);A_{si} 为基质标准工作溶液中内标物的色谱峰面积;A_i 为试样溶液中内标物的色谱峰面积;V 为样液最终定容体积(nL);m 为试样溶液所代表试样的质量(g);1000 为单位换算系数。

计算结果应扣除空白值。

三、注意事项

1. 内标物的选择

本方法采用喹噁啉-2-羧酸-d_4标准物质为内标，对喹噁啉-2-羧酸和3-甲基喹噁啉-2-羧酸2个化合物进行定量，如果条件允许也可以配合使用各个化合物相对应的同位素内标。

2. MAX固相萃取柱

净化过程中选用的MAX固相萃取柱，在使用过程中应当特别注意上样后，用碱性溶液淋洗，淋洗去除杂质后要完全抽干固相色谱柱，再进行后续步骤的淋洗和洗脱步骤。

四、所用主要设备及检测流程示意图

乳粉中卡巴氧检测主要设备图如图6-7-1所示，乳粉中卡巴氧检测流程示意图如图6-7-2所示。

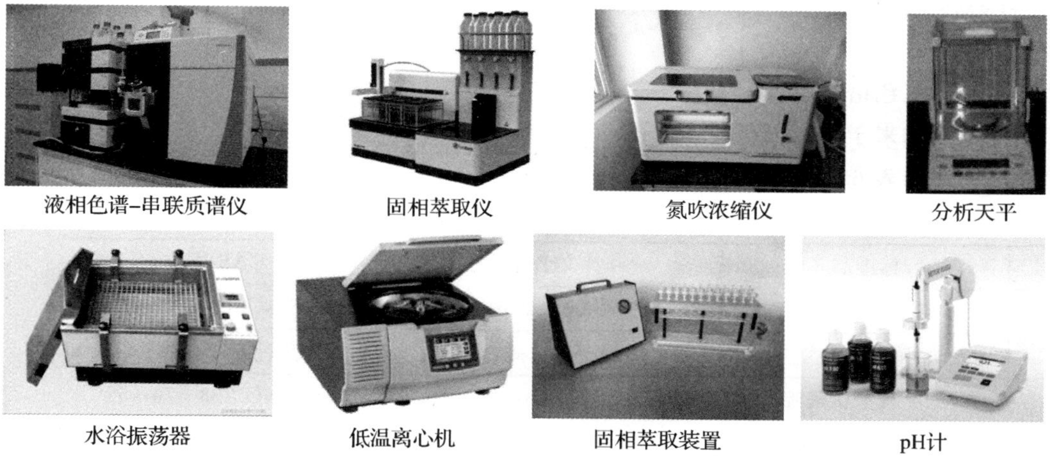

图6-7-1　乳粉中卡巴氧检测主要设备图

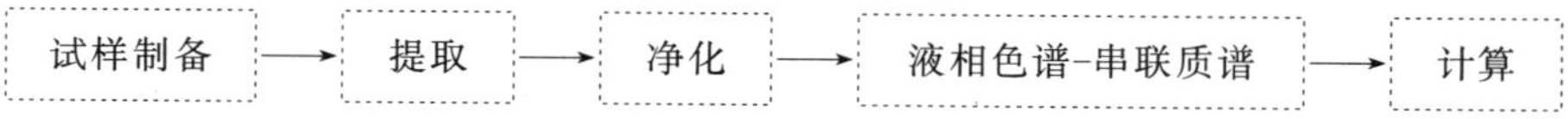

图6-7-2　乳粉中卡巴氧检测流程示意图

第八节　乳粉中农兽药多残留的检测

随着社会的发展，在国际贸易中对乳及乳制品的检验检测要求越来越多，也越来越高，传统的检测方法已不能完全满足检验检测要求。而随着检验检测技术的发展，快速高效的高通量检测技术发展迅速，在检验乳及乳制品质量安全方面发挥着越来越重要的作用。这里选择本实验室开发的兽药残留、农药残留、兴奋剂、亚硝基化合物等高通量检测方法，对乳及乳制品中高通量检测技术进行举例说明。

一、乳制品中62项兽药残留检测方法

磺胺类、大环内酯类、喹诺酮类、激素类等兽药正越来越多地应用于畜牧业，然而这些药物的不合理使用，会导致残留在动物源性食品中，从而危害人类健康。世界各国都非常关注食物中兽药的残留限量，除了我国的（GB 31650—2019）、（GB 31650.1—2022），国际食品法典委员会（CAC）和其他等许多国家都对其限量做了规定。

药物残留分析的一个新兴趋势是发展通用的高通量检测方法，能够监测属于不同的药物类的各种各样化合物。本方法采用新型固相萃取前处理技术净化提取液和Q-Exactive液相色谱质谱联用系统，建立了乳制品中62种兽药残留同时快速分析的方法。

（一）实验部分

1.仪器、试剂与材料

（1）仪器

超高效液相色谱-四极杆/静电场轨道阱高分辨质谱仪（Ultimate 3000 Q-Exactive UPLC-HRMS，美国Thermoscientific公司）。

（2）试剂

1）乙腈、甲酸（色谱纯，美国Fisher公司）。

2）其他试剂均来于国产分析纯。

3）标准物质如表6-8-1。

表6-8-1 标准物质列表

序号	标准品	英文名称	CAS号
1	磺胺甲基嘧啶	Sulfamerazine	CAS NO. 127-79-7
2	磺胺噻唑	Sulfathiazole	CAS NO. 72-14-0
3	三甲氧苄氨嘧啶	Trimethoprim	CAS NO. 738-70-5
4	磺胺甲噻二唑	Sulfamethizole	CAS NO. 144-82-1
5	磺胺二甲异噁唑	Sulfisoxazole	CAS NO. 127-69-5
6	磺胺嘧啶	Sulfadiazine	CAS NO. 68-35-9
7	磺胺氯哒嗪	Sulfachlorpyridazine	CAS NO. 80-32-0
8	磺胺对甲氧嘧啶	Sulfamethoxydiazine	CAS NO. 651-06-9
9	磺胺间二甲氧嘧啶	Sulfadimethoxypyrimidine	CAS NO. 155-91-9
10	磺胺喹噁啉	Sulfaquinoxaline	CAS NO. 59-40-5
11	磺胺邻二甲基氧嘧啶	Sulfadoxine	CAS NO. 2447-57-6
12	磺胺甲氧哒嗪	Sulfamethoxypyridazine	CAS NO. 80-35-3
13	磺胺二甲嘧啶	Sulfadimethoxine	CAS NO. 122-11-2
14	磺胺吡啶	Sulfapyridine	CAS NO. 144-83-2
15	磺胺甲噁唑	Sulfamethoxazole	CAS NO. 723-46-6

表 6-8-1**(续)**

序 号	标准品	英文名称	CAS号
16	磺胺胍	Sulfaguanidine	CAS NO. 57-67-0
17	磺胺苯吡唑	Sulfaphenazole	CAS NO. 526-08-9
18	洛美沙星	Lomefloxacin	CAS NO. 98079-51-7
19	环丙沙星	Ciprofloxacin	CAS NO. 85721-33-1
20	恩诺沙星	Enrofloxacin	CAS NO. 93106-60-6
21	氧氟沙星	Ofloxacin	CAS NO. 82419-36-1
22	诺氟沙星	Norfloxacin	CAS NO. 70458-96-7
23	奥比沙星	Orbifloxacin	CAS NO. 113617-63-3
24	丹诺沙星	Danofloxacin	CAS NO. 119478-55-6
25	司帕沙星	Sparfloxacin	CAS NO. 110871-86-8
26	沙拉沙星	Sarafloxacin	CAS NO. 98105-99-8
27	麻保沙星	Marbofloxacin	CAS NO. 115550-35-1
28	依诺沙星	Enoxacin	CAS NO. 74011-58-8
29	氟甲喹	Flumequine	CAS NO. 42835-25-6
30	氟罗沙星	Fleroxcain	CAS NO. 79660-72-3
31	双氟沙星	Difloxacin	CAS NO. 91296-86-5
32	培氟沙星	Pefloxacin	CAS NO. 149676-40-4
33	萘啶酸	Nalidixic acid	CAS NO. 389-08-2
34	红霉素	Erythromycin	CAS NO. 114-07-8
35	林可霉素	Lincomycin	CAS NO. 154-21-2
36	螺旋霉素	Spiramycin	CAS NO. 8025-81-8
37	罗红霉素	Roxithromycin	CAS NO. 80214-83-1
38	交沙霉素	Josamycin	CAS NO. 16846-24-5
39	替米考星	Tilmicosin	CAS NO. 108050-54-0
40	泰乐菌素	Tylosin	CAS NO. 74610-55-2
41	克林霉素	Clindamycin	CAS NO. 21462-39-5
42	吉他霉素	Kitasamycin	CAS NO. 1392-21-8
43	竹桃霉素	Oleandomycin	CAS NO. 2751-09-9
44	二甲硝基咪唑	Dimetridazole	CAS NO. 551-92-8
45	羟基甲硝唑	Metronidazole-OH	CAS NO. 13551-92-3
46	羟基异丙硝唑	Ipronidazole-OH	CAS NO. 35175-14-5
47	异丙硝唑	Ipronidazole	CAS NO. 14885-29-1
48	奥硝唑	Ornidazole	CAS NO. 166734-83-4

表 6-8-1(续)

序号	标准品	英文名称	CAS 号
49	甲硝唑	Metronidazole	CAS NO. 443-48-1
50	2-甲基-5-硝基咪唑	2-Methyl-5-nitroimidazole	CAS NO. 88054-22-2
51	金霉素	Chlorotetracycline	CAS NO. 64-72-2
52	强力霉素	Doxycycline	CAS NO. 24390-14-5
53	去甲基金霉素	Demethylchlortetracycline	CAS NO. 64-73-3
54	头孢噻呋	Ceftiofur	CAS NO. 80370-57-6
55	头孢匹林	Cefapirin	CAS NO. 24356-60-3
56	苯唑西林	Oxacillin	CAS NO. 7240-38-2
57	双氯青霉素	Dicloxacillin	CAS NO. 13412-64-1
58	氯唑西林	Cloxacillin	CAS NO. 7081-44-9
59	萘夫西林	Nafcillin	CAS NO. 7177-50-6
60	氨苄西林	Ampicillin	CAS NO. 7177-48-2
61	青霉素 G	Penicillin G	CAS NO. 113-98-4
62	青霉素 V	Penicillin V	CAS NO. 132-98-9

(3)供试样品

羊乳、羊乳粉。

(4)材料

PRiME HLB(60mg,3mL,美国 Waters 公司)、Oasis-HLB(60mg,3mL,美国 Waters 公司)。

(5)标准溶液的配制

分别适量精确称取 62 种标准品,每种都用甲醇配制成浓度为 1mg/mL 的标准储备液,放置于−18℃冰箱保存。使用时可以将储备液通过方法中的初始流动相稀释成适当浓度的标准工作液。其中青霉素类易分解,选择现用现配。

2. 样品前处理

(1)称取 1g(精确至 0.01g)液态乳样品到 50mL 离心管中,加入 0.2%甲酸乙腈 4mL,涡旋摇匀 30s,振荡提取 30min,以 10000r/min 的高速转速离心 10min,取上清液准备过 Oasis® PRiME HLB 固相萃取柱,收集全部流出液于 45℃水浴下氮气吹干。1mL 的乙腈-0.1%甲酸水(体积比=1∶9)定容,涡旋 90s,过 0.22μm 滤膜,上仪器测定。

(2)称取 0.45g(精确至 0.01g)奶粉样品到 50mL 离心管中,溶解入 3mL 温水(50~70℃),加入 0.2%甲酸乙腈 7mL,涡旋摇匀,振荡提取 30min,以 10000r/min 的高速转速离心 20min,取全部上清液准备过 Oasis® PRiME HLB 固相萃取柱,收集全部流出液于 45℃水浴下氮气吹干。1mL 的乙腈-0.1%甲酸水(体积比=1∶9)定容,涡旋 90s,过 0.22μm 滤膜,上仪器测定。

3. 仪器条件

(1)色谱条件

1)色谱柱:Thermo Hypersil GOLD aQ(柱长 100mm、内径 2.1mm、粒径 1.9μm)。

2)流动相 A:0.1%甲酸水,流动相 B:乙腈。

3)柱温箱:35℃。

4)流速:0.3mL/min,梯度洗脱程序:0~1min,10%B;1~6min,10%~80%(梯度曲线:3);6~7min,保持 80%B(梯度曲线:5);7.1~8min,保持 10%B,其中梯度曲线 3($y=ax$,$0<a<1$,$0<x<1$),9。

5)进样量:10μL。

(2)质谱条件

1)离子源:可加热的电喷雾离子源(HESI-Ⅱ)。

2)质量分析器为 Orbitrap。

3)电离方式:ESI 正离子(ESI+)。

4)扫描模式:数据依赖性扫描 Full MS-ddMS^2。

5)扫描范围:100~1000m/z。

6)喷雾电压:3.8kV。

7)透镜电压:55V。

8)毛细管温度:320℃。

9)鞘气(氮气 N_2)压力:40psi。

10)辅助气(氮气 N_2)压力:10bar。

11)辅助气温度:350℃。

12)分辨率:Full mass 为 70000,MS/MS 为 17500。

13)最大驻留时间:一级全扫描 200ms,二级扫描 100ms,精确质量数见表 6-8-2。

表 6-8-2 62 种兽药的母离子和子离子精确质量数、碰撞能量

序号	化合物	保留时间/min	离子化模式	母离子(m/z)	子离子 1(m/z)	子离子 2(m/z)	碰撞能量 eV
1	磺胺胍	1.13	[M+H]+	215.05916	158.02707	149.02336	20
2	2-甲基-5-硝基咪唑	1.45	[M+H]+	128.04562	98.04795	111.04313	90
3	甲硝唑	1.77	[M+H]+	172.07196	128.04578	—	20,40,60
4	头孢匹林	1.96	[M+H]+	424.06552	292.0575	320.05334	16
5	磺胺嘧啶	2.27	[M+H]+	251.05984	156.01151	98.98463	30
6	磺胺吡啶	2.77	[M+H]+	250.06471	156.01157	184.08719	35
7	林可霉素	2.86	[M+H]+	407.22153	126.12802	—	20,40,60
8	磺胺噻唑	2.88	[M+H]+	256.021	156.01149	108.04473	20,40,60
9	磺胺甲基嘧啶	2.92	[M+H]+	265.07568	156.01152	190.02831	35

表 6-8-2(续)

序　号	化合物	保留时间/min	离子化模式	母离子(m/z)	子离子1(m/z)	子离子2(m/z)	碰撞能量 eV
10	氨苄西林	2.96	[M+H]+	350.11758	106.0655	192.04791	20
11	青霉素 G	2.98	[M+H]+	335.10617	128.05305	91.05464	50
12	三甲氧苄氨嘧啶	3.01	[M+H]+	291.14517	123.06679	261.09839	50
13	羟基甲硝唑	3.02	[M+H]+	188.06693	123.05563	126.03013	35
14	诺氟沙星	3.05	[M+H]+	320.14078	205.0784	233.10873	60
15	洛美沙星	3.05	[M+H]+	352.14676	265.1149	308.15735	35
16	依诺沙星	3.05	[M+H]+	321.13602	206.07185	250.06224	60
17	氧氟沙星	3.07	[M+H]+	362.15143	318.16141	261.10361	35
18	培氟沙星	3.07	[M+H]+	334.15625	233.1087	205.07704	60
19	丹诺沙星	3.10	[M+H]+	358.1564	82.06564	96.08123	60
20	磺胺二甲嘧啶	3.11	[M+H]+	279.09113	204.04398	124.08715	35
21	磺胺甲噻二唑	3.11	[M+H]+	271.03189	156.01154	108.04475	20,40,60
22	磺胺对甲氧嘧啶	3.13	[M+H]+	281.06757	156.01154	126.06644	30
23	环丙沙星	3.15	[M+H]+	332.14142	231.05676	98.9846	60
24	二甲硝基咪唑	3.17	[M+H]+	142.06123	95.06079	56.05011	70
25	麻保沙星	3.17	[M+H]+	363.14734	72.08136	261.10376	20,40,60
26	氟罗沙星	3.19	[M+H]+	370.1373	326.14755	269.08969	35
27	奥比沙星	3.26	[M+H]+	396.15302	295.10544	352.16312	35
28	恩诺沙星	3.28	[M+H]+	360.17166	245.10895	203.06152	60
29	磺胺甲氧哒嗪	3.29	[M+H]+	281.07034	156.01152	108.04471	30
30	司帕沙星	3.30	[M+H]+	393.17343	292.12558	349.18362	35
31	去甲基金霉素	3.30	[M+H]+	465.10568	448.07971	430.06918	20
32	磺胺氯哒嗪	3.32	[M+H]+	285.02078	156.01147	108.04472	20,40,60
33	双氟沙星	3.32	[M+H]+	400.14691	299.0993	356.1571	40
34	金霉素	3.35	[M+H]+	479.12155	462.095	444.08493	20
35	螺旋霉素	3.35	[M+H]+	843.52045	174.11266	142.12254	20
36	羟基异丙硝唑	3.35	[M+H]+	186.08766	168.07701	82.06566	20,40,60
37	磺胺间二甲氧嘧啶	3.37	[M+H]+	311.08096	156.0769	108.04472	35
38	沙拉沙星	3.38	[M+H]+	386.13147	299.09912	342.14148	35
39	萘夫西林	3.39	[M+H]+	415.13269	128.0531	256.0975	40
40	克林霉素	3.39	[M+H]+	425.18732	126.12799	—	20,40,60
41	奥硝唑	3.40	[M+H]+	220.04846	128.04572	—	35

表 6-8-2(续)

序　号	化合物	保留时间/min	离子化模式	母离子(m/z)	子离子 1(m/z)	子离子 2(m/z)	碰撞能量 eV
42	磺胺甲噁唑	3.40	[M+H]+	254.05974	156.01154	108.04475	35
43	磺胺二甲异噁唑	3.47	[M+H]+	268.07516	156.01155	113.07126	20
44	异丙硝唑	3.52	[M+H]+	170.09259	109.07641	84.08131	60
45	强力霉素	3.52	[M+H]+	445.16101	428.13425	359.02859	20
46	头孢噻呋	3.61	[M+H]+	524.03601	241.03911	210.02065	20
47	磺胺喹噁啉	3.63	[M+H]+	301.07605	156.0112	108.0445	35
48	磺胺苯吡唑	3.66	[M+H]+	315.09119	265.1149	308.15735	35
49	磺胺邻二甲基氧嘧啶	3.72	[M+H]+	311.08115	156.01155	108.04476	35
50	红霉素	3.80	[M+H]+	734.47491	158.11775	576.37396	15
51	替米考星	3.80	[M+H]+	869.57434	174.11258	694.46985	30
52	青霉素 V	3.86	[M+H]+	351.10202	229.06467	257.05951	19
53	泰乐菌素	3.87	[M+H]+	916.52716	174.11261	88.07617	20,40,60
54	氟甲喹	4.05	[M+H]+	262.08774	220.04066	238.05119	70
55	萘啶酸	4.08	[M+H]+	233.09232	205.06107	187.05046	60
56	苯唑西林	4.15	[M+H]+	402.11185	160.04289	243.07666	17
57	氯唑西林	4.23	[M+H]+	436.07355	178.00571	220.01628	20
58	双氯青霉素	4.44	[M+H]+	470.03674	160.04286	310.99814	15
59	罗红霉素	4.47	[M+H]+	837.5387	679.43811	158.11763	15
60	竹桃霉素	4.50	[M+H]+	814.46527	109.06508	174.11266	20,40,60
61	吉他霉素	4.63	[M+H]+	786.4646	126.12799	—	20,40,60
62	交沙霉素	4.80	[M+H]+	828.47449	174.11267	109.06515	20

(二)结果与讨论

1.提取溶剂的选择

鲜乳及乳粉为高蛋白样品，在提取中需沉淀蛋白和去除脂肪，在实验选择了乙腈、0.2%甲酸乙腈和80%乙腈水溶液分别对牛奶和复原后奶粉进行提取，通过加标回收率比较提取效果，当用含有0.2%甲酸的乙腈溶液提取时，牛奶中的大多数兽药均有较高回收率；用80%乙腈水溶液提取时，许多目标物的回收率较低，基质效应较高；用纯乙腈提取时，有些抗生素(头孢氨苄、青霉素G、脱乙基金霉素、氯四环、强力霉素、红霉素和青霉素V)提取回收率过低(低于50%)。因此选择含0.2%甲酸的乙腈作为提取溶剂。

2.净化方法的优化

乳中含有大量的卵磷脂(PC)、磷脂酰乙醇胺(PE)和鞘磷脂(SM)，这些磷脂成分会对样品分析产生干扰，为了降低磷脂带来的干扰，实验中比较了 2 种不同的固相萃取柱（PRiME HLB 和 Oasis－HLB）的净化效果。

结果表明，利用 PRiME HLB 可有效地去除磷酯类化合物，而 Oasis－HLB 柱对兽药抗生素的回收率比 PRiME HLB 柱降低了 25%左右，所以选择 PRiME HLB 柱进行净化。

3. 色谱及质谱条件的优化

（1）流动相的选择。考察了甲醇-甲酸水、乙腈-甲酸水、甲醇-水以及乙腈-水作为流动相，使用 Thermo Hypersll GOLD aQ（柱长 100mm、内径 2.1mm、粒径 1.9μm）色谱柱，用相同的色谱方法分离。结果表明，流动相是甲醇-甲酸水时，在较低浓度时，青霉素类、头孢类甚至不保留；流动相是乙腈-水、甲醇-水时，喹诺酮类、大环内酯类、四环素类的峰型严重拖尾；流动相是乙腈-甲酸水时，各类化合物都得到了较好的分离，出峰时间理想，峰形尖锐且对称，因此，选用乙腈-甲酸水为流动相。

（2）质谱条件的优化。为了兼顾检测灵敏度及质谱精确质量数要求，选择数据依赖性全扫描 Full MS－ddMS^2 方式。而分辨率影响检测离子的质量精确度，实验发现当一级扫描分辨率 R 达到 70000 时，目标化合物得到很好的分离，响应值能够满足检测要求，基质干扰大大降低。为了同时提高定性和定量的准确性，一级质谱全扫选择分辨率 $R=70000$，二级质谱扫描选择分辨率 $R=17500$。

只有选择合适的能量，才能获得适当的子离子碎片，实验室中对碰撞能量进行优化。设定不同碰撞能量，考察子离子响应强度，择优选择出每个兽药合适的碰撞能量，提高子离子的检测灵敏度。

（3）基质效应考察。Magda Caban 等人使用一个简单的方程来确定基质效应（ME）。

$$ME(\%)=\left(\frac{B-D}{A}-1\right)\times 100 \qquad (6-8-1)$$

式中：A 为被分析物的标准溶液的峰面积；B 为从萃取后加入目标化合物的样品中记录的分析物的峰面积；D 为空白样品中分析物的峰面积；100 为单位换算系数。

如果 ME＜－20%时，存在基质减弱效应；而当 ME＞20%时，存在基质增强效应；当 ME 在－20%～20%范围之内时，表示基质效应弱，可以忽略。本方法有约半数目标分析物的 ME＜－20%，表明基质抑制较为明显，而采用基质标准匹配的校准方法来计算 ME，则会显著地降低基质效应。

（4）方法学验证。磺胺类、喹诺酮类和硝基咪唑类化合物的基质匹配校准曲线在 0.5～20μg/L范围内，四环素类、大环内酯类和β-内酰胺类物质在 1～100μg/L 范围内呈良好的线性关系。相关系数 r^2 在 0.9901～0.9998 范围内。LODs 范围为 0.5～1.0μg/kg，LOQs 范围为 1.25～10.0μg/kg。

通过“3 水平 6 平行”实验，对精密度进行评价。日内 RSD 在 0.4%～14.5%范围内，日间 RSD 在 2.0%～15.4%范围内。在空白乳样品中添加 3 个浓度水平（LOQs、2×LOQs、4×LOQs），每水平 6 个平行，对回收率进行评价，牛乳样品的平均回收率为 60.6%～127.1%，牛乳粉样品的平均回收率为 60.1%～114.7%。

(三)结论

利用 UPLC－Q ExactiveOrbitrap HRMS,建立了快速筛查与准确分析牛奶及奶粉中 62 种兽药残留的方法。利用新型固相萃取结合高分辨质谱技术,既能有效的消除乳制品中磷脂类化合物带来的干扰,又能提高对目标物的准确定性及定量分析。同时它特有的数据依赖全扫描方式,使其准确性得到了进一步的提高。该方法前处理简单、结果可靠、重现性好,可用于乳及乳粉中多种兽药残留的快速筛查与检测。

二、生乳中 83 种农药残留检测方法

国家标准(GB 2763—2021)规定了生乳中 125 种农药残留的限量要求,而目前生乳中具有限量要求的农药残留指定检测方法有 27 个,但仍有 71 种农药无对应检测方法,本方法旨在建立一种简单快速、能够同时测定多种农药残留量的高通量方法。

本方法基于 QuEChERS 技术,结合超高效液相色谱-串联质谱法,对(GB 2763—2021)规定的生羊乳中有限量要求的 83 种农药残留进行定性定量分析。

(一)实验部分

1. 仪器与试剂

(1)仪器:AB Sciex Qtrap－5500 液相色谱-串联质谱仪(美国 AB SCIEX 公司)。

(2)标准品:喹氧灵、嗪氨灵、杀螟硫磷等 83 种农药(见表 6－8－3)混合标准溶液(纯度≥95%,上海安谱实验科技公司)。

(3)试剂:甲醇、乙腈、甲酸(色谱纯,德国默克公司);甲酸铵、乙酸、无水硫酸镁、氯化钠(分析纯,天津科密欧化学试剂公司);C_{18} 净化粉末(天津博纳艾杰尔公司);PSA 净化粉末(上海安谱实验科技公司);实验用水由 Milli－Q 超纯水仪制备。

2. 仪器条件

(1)色谱条件

1)色谱柱:ACQUITY UPLC BEH C_{18}(柱长 100mm、内径 2.1mm、粒径 1.7μm)。

2)流动相 A:甲醇,流动相 B:1mmol/L 甲酸铵溶液(含 0.1%甲酸,体积比)。梯度洗脱程序:0～1min,97%B;1～1.5min,85%B～97%B;1.5～2.5min,80%B～85%B;2.5～18min,50%B～80%B;18～23min,30%B～50%B;23～27min,2%B～30%B;27～27.5min,2%B～97%B;27.5～30min,97%B。

3)柱温:40℃。

4)进样量: 5μL。

(2)质谱条件

1)离子源:电喷雾离子源(ESI)。

2)采集方式:正负离子源切换模式。

3)监测方式:分段时间多反应监测模式(sMRM)。

4)离子源电压:5.5kV/－4.5kV。

5)辅助气温度:550℃。

6)气帘气压力:0.24mPa。

7)辅助气压力:0.38mPa。

8)雾化气压力:0.38mPa。

9)83 种农药的质谱参数见表 6－8－3。

表 6－8－3　83 种农药质谱参数

序　号	化合物	英文名称	农药类别	母离子 (*m*/*z*)	子离子 (*m*/*z*)	碰撞能量 /(ce)/V	去簇势能 /(DP)/V
1	苯并烯氟菌唑	Benzovindiflupyr	杀菌剂	396	368*,91	－30,－60	－112
2	苯菌酮	Metrafenone	杀菌剂	409	209.1*,227.1	21,27	71
3	苯醚甲环唑	Difenoconazole	杀菌剂	406.1	251*,337	35,24	105
4	苯嘧磺草胺	Saflufenaci	除草剂	501.1	459*,349	18,38	95
5	苯线磷	Fenamiphos	杀虫剂	304.2	217.1*,202	31,47	90
6	吡虫啉	Imidacloprid	杀虫剂	256.1	175*,209	27,22	45
7	吡噻菌胺	Penthiopyrad	杀菌剂	360	276*,256	20,28	30
8	吡唑醚菌酯	Pyraclostrobin	杀菌剂	388.1	194*,163	18,36	50
9	吡唑萘菌胺	Isopyrazam	杀菌剂	360.2	244*,340.3	30,22	110
10	丙环唑	Propiconazole	杀菌剂	342.1	159*,161	43,43	70
11	丙溴磷	Profenofos	杀虫剂	373	302.9*,345.2	25,18	80
12	虫酰肼	Tebufenozide	杀虫剂	353.1	133.1*,297.1	24,11	35
13	除虫脲	Diflubenzuron	杀虫剂	311	158*,141.2	20,49	45
14	敌敌畏	Dichlorvos	杀虫剂	221	109*,127	23,27	70
15	丁苯吗啉	Fenpropimorph	杀菌剂	304.1	147.1*,117.1	36,75	50
16	丁氟螨酯	Cyflumetofen	杀螨剂	465.2	173*,249.1	30,19	40
17	啶虫脒	Acetamiprid	杀虫剂	223	126*,99	28,60	65
18	啶酰菌胺	Boscalid	杀菌剂	343	307*,140	28,27	100
19	毒死蜱	Chlorpyrifos	杀虫剂	350	198*,97	28,45	75
20	多菌灵	Carbendazim	杀菌剂	192	160*,132	25,41	80
21	多杀霉素 A	Spinosad A	杀虫剂	732.4	142*,98.1	35,95	110
22	多杀霉素 D	Spinosad D	杀虫剂	746.4	142*,98	34,101	110
23	噁唑菌酮	Famoxadone	杀菌剂	392	331*,238	12,24	45
24	二甲戊灵	Pendimethalin	除草剂	282.1	212*,194	15,28	40
25	二嗪磷	Diazinon	杀虫剂	305	169*,153	28,28	90
26	粉唑醇	Flutriafol	杀菌剂	302.1	123*,109	39,43	69

表 6-8-3(续)

序　号	化合物	英文名称	农药类别	母离子(m/z)	子离子(m/z)	碰撞能量/(ce)/V	去簇势能/(DP)/V
27	呋虫胺	Dinotefuran	杀虫剂	203.1	129*,157	16,11	35
28	氟苯虫酰胺	Flubendiamide	杀虫剂	705.1	531.1*,571.1	55,45	150
29	氟苯脲	Teflubenzuron	杀虫剂	381.1	158.2*,141.2	23,53	71
30	氟吡菌胺	Fluopicolide	杀菌剂	382.9	172.9*,364.9	35,23	50
31	氟吡菌酰胺	Fluopyram	杀菌剂	397	207.9*,172.9	30,40	60
32	氟虫腈	Fipronil	杀虫剂	435	330*,250	−24,−38	−25
33	氟虫脲	Flufenoxuron	杀虫剂	489	158.1*,141.2	27,65	71
34	氟啶虫胺腈	Sulfoxaflor	杀虫剂	278	174*,154	12,37	59
35	氟硅唑	Flusilazole	杀菌剂	316	247.1*,165	26,37	50
36	氟酰脲	Novaluron	杀虫剂	493	158.1*,141.1	27,69	91
37	甲胺磷	Methamidophos	杀虫剂	142	94*,125	19,18	57
38	甲拌磷	Phorate	杀虫剂	261	75*,47	21,53	51
39	甲基毒死蜱	Chlorpyrifos - Methyl	杀虫剂	322	125.1*,125.1	28,28	65
40	甲基嘧啶磷	Pirimiphos - Methyl	杀虫剂	306.1	164.1*,108	29,40	90
41	甲萘威	Carbaryl	杀虫剂	202.1	145*,127	15,40	56
42	联苯肼酯	Bifenazate	杀螨剂	301.1	198.1*,170.1	14,29	55
43	甲氰菊酯	Fenpropathrin	杀虫剂	350.3	125.2*,97.2	23,46	85
44	甲维盐	Emamectinbenzoate	杀虫剂	886.5	82*,158.1	110,41	50
45	喹氧灵	Quinoxyfen	杀菌剂	307.9	162*,197.1	57,45	170
46	乐果	Dimethoate	杀虫剂	230	199*,125	13,29	56
47	联苯菊酯	Bifenthrin	杀螨剂	440.3	181.1*,166.2	22,58	40
48	联苯三唑醇	Bitertanol	杀菌剂	338.2	269*,251	13,16	20
49	螺虫乙酯	Spirotetramat	杀虫剂	374	302*,330	24,20	87
50	螺甲螨酯	Spiromesifen	杀螨剂	388	273*,255	23,38	65
51	螺螨酯	Spirodiclofen	杀螨剂	411.2	313.1*,71.1	15,30	83
52	氯苯胺灵	Chlorpropham	植物生长调节剂	214	172*,154	12,23	55
53	咪鲜胺	Prochloraz	杀菌剂	376.2	308*,266	15,22	20
54	咪唑菌酮	Fenamidone	杀菌剂	312.1	92*,65	38,71	77
55	醚菊酯	Etofenprox	杀虫剂	394.2	177.1*,107.1	19,59	30
56	醚菌酯	Kresoxim - Methyl	杀菌剂	314.1	267*,222	9,20	60
57	嘧菌环胺	Cyprodini	杀菌剂	226.1	93*,108.1	50,35	96

表 6-8-3(续)

序号	化合物	英文名称	农药类别	母离子(m/z)	子离子(m/z)	碰撞能量/(ce)/V	去簇势能/(DP)/V
58	嘧菌酯	Azoxystrobin	杀菌剂	404.1	372*,344.1	20,34	80
59	嘧霉胺	Pyrimethanil	杀菌剂	200	183*,168	33,40	30
60	灭多威	Methomyl	杀虫剂	163	88*,106	12,14	38
61	灭线磷	Ethoprophos	杀线虫剂	243	97*,131	43,26	67
62	嗪氨灵	Triforine	杀菌剂	434.9	390*,214.9	14,38	32
63	氰氟虫腙	Metaflumizone	杀虫剂	507	178*,287	32,33	30
64	氰戊菊酯	Fenvalerate	杀虫剂	437	167*,125	19,59	30
65	炔螨特	Propargite	杀螨剂	368	231*,175	14,21	20
66	噻草酮	Cycloxydim	除草剂	326.2	280.2*,180.2	18,26	90
67	噻虫胺	Clothianidin	杀虫剂	250	169.1*,132	17,21	35
68	噻虫啉	Thiacloprid	杀虫剂	253.1	126.1*,99.1	29,57	81
69	噻虫嗪	Thiamethoxam	杀虫剂	292	211*,181	16,30	30
70	噻菌灵	Thiabendazole	杀菌剂	202	175*,131	34,43	100
71	噻螨酮	Hexythiazox	杀螨剂	353	228*,168	21,33	56
72	噻嗪酮	Buprofezin	杀菌剂	306.2	201.1*,116.2	17,22	60
73	三唑醇	Triadimenol	杀菌剂	296.1	70*,227	40,11	15
74	三唑酮	Triadimefon	杀菌剂	294	197*,225	21,17	70
75	杀螟硫磷	Fenitrothion	杀虫剂	278.1	124.8*,109.1	23,26	120
76	杀扑磷	Methidathion	杀虫剂	303	145*,85	13,28	59
77	杀线威	Oxamyl	杀虫剂	237.1	72*,90.1	32,11	20
78	霜霉威	Propamocarb	杀菌剂	189	102*,74	24,34	70
79	四螨嗪	Clofentezine	杀螨剂	303	138*,102	21,47	51
80	特丁硫磷	Terbufos	杀虫剂	289.1	103.1*,233.2	13,9	53
81	涕灭威	Aldicarb	杀虫剂	208	116*,89	11,25	20
82	戊菌唑	Penconazole	杀菌剂	284	159*,70	39,29	81
83	溴氰虫酰胺	Cyantraniliprole	杀虫剂	475	286*,444	18,27	30

注：* 为定量离子。

(3)样品前处理方法

称取 5g(精确至 0.01g)生乳于 50mL 离心管中，加入 1g NaCl，涡旋混匀，再加入 10mL 乙腈和 10μL 乙酸，混合均匀，振荡提取 15min，以 4000r/min 的转速离心 5min。准确移取 2.00mL 上清液，转移至 15mL 离心管中(内含无水 $MgSO_4$ 300mg，PSA 100mg，C_{18} 100mg)，涡旋混匀 1min，以 4000r/min 的转速离心 5min，取上清液，过0.22μm 有机滤膜，上机分析测定。

(二)结果与讨论

1. 质谱条件优化

将浓度为 100ng/mL 的农药标准溶液通过针泵注射的方式注入质谱，并进行一级质谱全扫描，分别在电喷雾正离子模式和负离子模式下对83种农药化合物进行扫描，81种农药在正离子模式下响应值及稳定性良好，而氟虫腈在负模式下的响应更强，苯并烯氟菌唑在正离子模式下存在质谱干扰，因此氟虫腈和苯并烯氟菌唑采用负离子模式扫描。通过优化二级质谱参数确定各化合物的定量离子对和定性离子对以及质谱参数。为增加检测灵敏度和定量重现性，采用sMRM扫描方式，减少同一时间段内的质谱扫描离子对数量。

2. 色谱条件优化

对比了Thermo Gold aQ、Waters ACQUITY UPLC HSS T3、Waters ACQUITY UPLC BEH C_{18} 3款色谱柱的分离效果，BEH色谱柱出峰在整个分析时间内分布均匀，而且响应值较高。考察了不同流动相组成的分离效果，发现当流动相为甲醇-0.1%甲酸水（含1mmol/L甲酸铵）时，各化合物离子化效率和分离效果均得到提升。大部分化合物在乙腈-0.1%甲酸水（含1mmol/L甲酸铵）体系下出峰时间较早，如二苯胺出峰时间早、分离效果差；而用含甲醇体系做流动相时，二苯胺分离效果提升，且苯菌酮、苯醚甲环唑的响应值显著提高。

3. 前处理条件优化

(1)提取溶剂。采用改进的QuEChERS提取净化方法，以回收率和基质干扰作为考察指标进行评价。首先考察了甲醇、乙腈、乙酸乙酯分别作为提取溶剂的情况，结果发现甲醇提取效率不高，乙酸乙酯提取后基质效应较大，而乙腈对于大多数农药的提取回收率在80%以上，因此选择乙腈为提取溶剂。在乙腈中加入0.1%(V/V)乙酸会显著提高噻虫啉、噻虫嗪、噻虫胺等农药的提取效率，因此选择含0.1%(V/V)乙酸的乙腈为提取溶剂。

(2)净化条件选择。常见的净化材料有N-丙基乙二胺(PSA)、十八烷基硅烷(C_{18})、石墨化碳黑(GCB)等，PSA一般用于吸附极性化合物如有机酸等，C_{18}一般用于吸附非极性化合物如脂肪等，GCB常用于吸附大分子类色素物质。羊乳中含有脂肪酸、乳糖等极性物质以及脂类、固醇和蛋白质等非极性物质。本研究还考察了新型净化材料多壁碳纳米管，其吸附色素能力优于GCB，但会导致部分农药回收率降低，因此未选用多壁碳纳米管净化。研究中对不同用量的无水MgSO4、PSA、C_{18}净化试剂进行了考察，包括：①150mg $MgSO_4$＋50mg PSA＋50mg C_{18}；②300mg $MgSO_4$＋50mg PSA＋50mg C_{18}；③300mg $MgSO_4$＋100mg PSA＋100mg C_{18}；④400mg $MgSO_4$＋100mg PSA＋100mg C_{18}；⑤400mg $MgSO_4$＋150mg PSA＋150mg C_{18}。结果发现，选用300mg无水硫酸镁＋100mg PSA＋100mg C_{18}时净化效果最好，回收率较理想。

(3)基质效应考察。基质效应在质谱检测中较为普遍，研究中使用空白羊乳样品提取液和溶剂分别配制混合标准溶液，通过对比两者峰面积响应的比值来评价基质效应(ME)，ME＝B(基质标准溶液的响应值)/A(溶剂标准溶液的响应值)。结果表明，83种农药的ME值在0.60～0.85之间，说明以基质抑制效应为主，其中杀虫剂类农药如苯线磷、甲胺磷、杀螟硫磷等农药的基质抑制作用较强，为保证定量结果的准确，选择使用基质匹配标准曲线进行校正。

(4)方法学考察。使用空白样品基质提取液配制质量浓度为1ng/mL，2ng/mL，

5ng/mL,10ng/mL,20ng/mL 的混合标准溶液,建立标准曲线。83 种农药在 1～20ng/mL 范围内线性良好,相关系数(r)均大于 0.999。

以 3 倍信噪比对应的添加水平作为检出限(LOD),并以能够保证分析结果准确性和精密度的添加水平作为报告限(检测报告出具的定量限)。83 种农药的 LOD 在 0.02～3.16μg/kg 之间,报告限均为 4.0μg/kg,能够满足 GB 2763—2021 中生乳农药残留限量要求。

(5)回收率与精密度。对空白生羊乳样品进行 83 种农药的加标回收实验,加标水平依次为 4μg/kg,8μg/kg 和 40μg/kg,每个水平重复测定 6 次,计算加标回收率和相对标准偏差(RSD),实验结果表明,生羊乳中 83 种农药的加标回收率为 69.6%～110.0%,RSD 为 0.6%～11%,方法的准确性和精密度符合农药残留量检测要求。

(三)结论

建立的改进 QuEChERS 结合超高效液相色谱-串联质谱法测定生乳中农药残留量高通量分析方法,解决了 GB 2763－2021 中 83 种有限量要求的农药残留量定性定量检测,大幅度提高了检测效率,符合当前国内外乳及乳制品中农药残留量高通量的检测需求。

三、乳及乳制品中 48 种食源性兴奋剂快速检测方法

乳及乳制品是运动员营养餐蛋白质的主要来源之一,但由于兴奋剂类药物的不合理应用,在乳及乳制品中可能存在食源性兴奋剂类药物残留。兴奋剂主要有 β-激动剂、β-阻断剂、蛋白同化剂、糖皮质激素、类固醇、利尿剂等 6 大类。为满足各大赛事对兴奋剂检测的相关要求,检测时效性十分重要,但现有的兴奋剂检测方法,多是按照兴奋剂类别分类检测,检测效率较低、检测周期长,本研究利用液相色谱-高分辨质谱检测技术,对 6 大类共 48 项兴奋剂进行快速筛查和定量分析,大幅度提高了检测效率。

目前针对兴奋剂的检测方法有气相色谱法、气相色谱-质谱联用法、液相色谱法、液相色谱-质谱联用法,其中“三重四极杆串联”质谱技术使用较常见,但也存在对较为复杂基质的抗干扰能力不足、可能存在假阳性等缺点,而高分辨率质谱具有更好的抗干扰能力、定性更加准确,非常适用于多种兴奋剂的高通量筛查及定量测定。常用的高分辨率质谱有飞行时间质谱(Q－TOF)和静电场轨道阱质谱(Orbitrap),Q Exactive 静电场轨道阱质谱将高选择性四极杆的离子过滤与 Orbitrap 高分辨准确质量数测量技术相结合,实现了高通量目标化合物的筛选和准确定量分析的统一,本方法采用 Q Exactive 静电场轨道阱质谱技术建立了高灵敏度、高选择性、高通量的兴奋剂快速定性筛查方法及定量确认方法。

(一)实验部分

1.仪器和材料

(1)设备

液相色谱-串联高分辨质谱仪(Q－Exactive 赛默飞世尔科技公司)。

(2)试剂和材料

1)48 种兴奋剂标准品及其内标(购于 Sigma 和 Dr. Ehrenstorfer GmbH 公司)。

2)乙腈、甲酸、氯化钠等其他试剂均为分析纯。

3)液态奶及奶粉样品(购于超市)。

2. 实验方法

(1)标准溶液配制

准确适量称取48种兴奋剂标准品,用甲醇配制成浓度各为1mg/mL标准储备液,−18℃避光冷冻保存;用甲醇将储备液稀释成浓度为1μg/mL的混合标准溶液;用甲醇将内标储备液稀释成浓度均为1μg/mL的混合同位素内标中间液。标准工作溶液用水稀释,现配现用。

(2)样品提取净化

准确称取2g(精确至0.01g)试样置于50mL具塞离心管中,加入适量混合同位素内标中间液体,涡旋混匀。加入10.0mL含1%甲酸的乙腈溶液,涡旋提取5min,以4500r/min的转速离心5min。取5.0mL上清液,加入Captiva EMR-Lipid固相萃取柱中,保持流速约3mL/min,用2mL含1%甲酸的乙腈洗脱,收集上样流出液及洗脱液,40℃氮吹至近干,加入1.00mL乙腈-水(体积比,1+1)超声复溶,过有机滤膜,上机待分析。

(3)液相色谱-高分辨质谱检测条件

1)色谱条件

a)色谱柱:CAPCELL PAKC18(2.0mm×150mm,5μm)。

b)流动相A为含0.05%甲酸的水液,流动相B为乙腈,梯度洗脱条件:0～1min,95%A;1～2min,95%→80%A:2min→6min,80%→40%A;6.0～8.0min,40%→20%A;8.0～8.5min,20%→10%A,8.5～10.5min,10%A,10.5～11.0min,10%～95%A,11.0～15.0min,95%A。

c)流速:0.3mL/min。

d)进样量:5μL。

e)柱温箱:35℃。

2)质谱条件

a)质量分析器为Q Exactive Orbitrap。

b)可加热的电喷雾离子源(HESI-Ⅱ)。

c)毛细管温度:320℃。

d)离子传输管温度:300℃。

e)喷雾电压:3.5kV(ESI+),2.5kV(ESI−)。

f)鞘气(氮气N_2)流速:40Arb。

g)辅助气(氮气N_2)流速:10Arb。

h)采用正、负同时扫描的Fullmass-dd-MS^2模式,一级质谱全扫描分辨率:扫描范围为m/z 150～500,分辨率R=70000,C-trap最大容量(AGC target)为5×10^5,C-trap最大注入时间100ms。

i)数据依赖二级子离子全扫描(dd-ms^2),分辨率R=17500,C-trap最大容量(AGC target)为5×10^4,C-trap最大注入时间50ms,动态排除5s。

表 6-8-4 48 种兴奋剂类化合物及内标信息列表

类 别	序 号	中文名称	英文名称	分子式	CAS 号	内 标
β-激动剂	1	克仑特罗	Clenbuterol	$C_{12}H_{18}Cl_2N_2O$	37148-27-9	克仑特罗-D_9
	2	沙丁胺醇	Salbutamol	$C_{13}H_{21}NO_3$	18559-94-9	沙丁胺醇-D_3
	3	莱克多巴胺	Ractopamine	$C_{18}H_{23}NO_3$	97825-25-7	莱克多巴胺-D_6
	4	特布他林	Terbutaline	$C_{12}H_{19}NO_3$	23031-25-6	沙丁胺醇-D_3
	5	沙美特罗	Salmeterol	$C_{25}H_{37}NO_4$	89365-50-4	沙美特罗-D3
	6	非诺特罗	Fenoterol	$C_{17}H_{21}NO_4$	13392-18-2	—
	7	妥布特罗	Tulobuterol	$C_{12}H_{18}ClNO$	41570-61-0	莱克多巴胺-D_6
	8	喷布特罗	Penbutolol	$C_{18}H_{29}NO_2$	36507-48-9	喷布特罗-D_9
	9	西马特罗	Cimaterol	$C_{12}H_{17}N_3O$	54239-37-1	西马特罗-D_7
	10	肾上腺素	Epinephrine	$C_9H_{13}NO_3$	51-43-4	肾上腺素-D_6
	11	普萘洛尔	Propranolol	$C_{16}H_{21}NO_2$	525-66-6	普萘洛尔-D_7
	12	阿替洛尔	Atenolol	$C_{14}H_{22}N_2O_3$	29122-68-7	阿替洛尔-D_7
	13	美托洛尔	Metoprolol	$C_{15}H_{25}NO_3$	37350-58-6	美托洛尔-D_7
	14	克仑丙罗	Clenproperol	$C_{11}H_{16}Cl_2N_2O$	38339-11-6	克仑特罗-D_9
	15	去甲乌药碱	Demethyl-Coclaurine	$C_{16}H_{17}NO_3$	5843-65-2	—
	16	曲托喹酚	Tretoquinol	$C_{19}H_{23}NO_5$	21650-42-0	莱克多巴胺-D_6
蛋白同化类	17	美雄酮	Metandienone	$C_{20}H_{28}O_2$	72-63-9	睾酮-D_3
	18	司坦唑醇	Stanozolol	$C_{21}H_{32}N_2O$	10418-03-8	16β-羟基司坦唑醇-D_3
	19	甲基睾酮	Methyltestosterone	$C_{20}H_{30}O_2$	58-18-4	甲睾酮-D_3
	20	丙酸睾酮	Testosterone propionate	$C_{22}H_{32}O_3$	57-85-2	甲睾酮-D_3
	21	诺龙	Nandrolone	$C_{18}H_{26}O_2$	434-22-0	勃地酮-D_3
	22	丙酸诺龙	Nandrolone propionate	$C_{21}H_{30}O_3$	7207-92-3	甲睾酮-D_3
	23	苯丙酸诺龙	Nandrolonephenyl propionate	$C_{27}H_{34}O_3$	62-90-8	—
	24	勃地酮	Boldenone	$C_{19}H_{26}O_2$	846-48-0	勃地酮-D_3
	25	群勃龙	Trenbolone	$C_{18}H_{22}O_2$	10161-33-8	勃地酮-D_3
	26	睾酮	Testosterone	$C_{19}H_{28}O_2$	58-22-0	睾酮-D_3
	27	泽仑诺	Zeranol	$C_{18}H_{26}O_5$	26538-44-3	α-玉米赤霉烯醇-D_5
	28	脱氢表雄酮	dehydroepian drosterone	$C_{19}H_{28}O_2$	53-43-0	脱氢表雄酮-D_2
	29	齐帕特罗	Zilpaterol	$C_{14}H_{19}N_3O_2$	119520-05-7	—

表 6-8-4(**续**)

类 别	序 号	中文名称	英文名称	分子式	CAS号	内 标
糖皮质激素	30	泼尼松	Prednisone	$C_{21}H_{26}O_5$	1953/3/2	氢化可的松-D_3
	31	泼尼松龙	Prednisolone	$C_{21}H_{28}O_5$	50-24-8	氢化可的松-D_3
	32	地塞米松	Dexamethasone	$C_{22}H_{29}FO_5$	1950/2/2	地塞米松-D_5
	33	倍他米松	Betamethasone	$C_{22}H_{29}FO_5$	378-44-9	氢化可的松-D_3
	34	氟氢可的松	Fludrocortisone	$C_{21}H_{29}FO_5$	127-31-1	氢化可的松-D_3
	35	甲基泼尼松龙	Methylprednisolone	$C_{22}H_{30}O_5$	83-43-2	氢化可的松-D_3
	36	倍氯米松	Beclomethasone	$C_{22}H_{29}ClO_5$	4419-39-0	氢化可的松-D_3
	37	可的松	Cortisone	$C_{21}H_{28}O_5$	1953/6/5	氢化可的松-D_3
	38	氢化可的松	Hydrocortisone	$C_{21}H_{30}O_5$	50-23-7	氢化可的松-D_3
利尿剂	39	乙酰唑胺	Acetazolamide	$C_4H_6N_4O_3S_2$	59-66-5	氢氯噻嗪-$^{13}CD_2$
	40	坎利酮	Canrenone	$C_{22}H_{28}O_3$	976-71-6	坎利酮-D_6
	41	氯噻酮	Chlortalidone	$C_{14}H_{11}ClN_2O_4S$	77-36-1	坎利酮-D_6
	42	呋塞米	Furosemide	$C_{12}H_{11}ClN_2O_5S$	54-31-9	呋塞米-D_5
	43	螺内酯	Spironolactone	$C_{24}H_{32}O_4S$	1952/1/7	坎利酮-D_6
	44	苄氟噻嗪	Bendrofluazide	$C_{15}H_{14}F_3N_3O_4S_2$	73-48-3	苄氟噻嗪-D_5
	45	氯噻嗪	Chlorothiazide	$C_7H_6ClN_3O_4S_2$	58-94-6	氢氯噻嗪-$^{13}CD_2$
	46	氢氯噻嗪	Hydrochlorothiazide	$C_7H_8ClN_3O_4S_2$	58-93-5	氢氯噻嗪-$^{13}CD_2$
	47	氨苯蝶啶	Triamterene	$C_{12}H_{11}N_7$	396-01-0	氨苯蝶啶-D_5
	48	精磺胺(4-氨基-6氯苯-1,3-二磺酰胺)	4-Amino-6-chlorobenzene-1,3-disulfonamide	$C_6H_8ClN_3O_4S_2$	121-30-2	氢氯噻嗪-$^{13}CD_2$
同位素内标	1	沙丁胺醇-D_3	Salbutamol-D_3	$C_{13}H_{18}D_3NO_3$	1219798-60-3	—
	2	克仑特罗-D_9	Clenbuterol-D_9	$C_{12}H_9Cl_2D_9N_2O$	129138-58-5	
	3	莱克多巴胺-D_6	Ractopamine-D_6	$C_{18}H_{18}ClD_6NO_3$	1276197-17-1	
	4	沙美特罗-D_3	Salmeterol-D_3	$C_{25}H_{34}D_3NO_4$	497063-94-2	
	5	美托洛尔-D_7	Metoprolol-D_7	$C_{15}H_{18}D_7NO_3$	959787-96-3	
	6	普萘洛尔-D_7	Rac-Propranolol-D_7	$C_{16}H_{14}D_7NO_2$	344298-99-3	
	7	阿替洛尔-D_7	Atenolol-D7	$C_{14}H_{15}D_7N_2O_3$	1202864-50-3	
	8	肾上腺素-D_6	Epinephrine-D_6	$C_9H_7D_6NO_3$	1219803-77-6	
	9	西马特罗-D_7	Cimaterol-D_7	$C_{12}H_{10}D_7N_3O$	1228182-44-2	
	10	喷布特罗-D_9	Penbutolol-D_9	$C_{18}H_{21}ClD_9NO_2$	1346605-01-3	
	11	甲睾酮-D_3	Methyltestosterone-D_3	$C_{20}H_{27}D_3O_2$	96425-03-5	

表 6-8-4(续)

类　别	序　号	中文名称	英文名称	分子式	CAS 号	内标
同位素内标	12	17β-勃地酮-D_3	17β-Boldenone-D_3	$C_{19}H_{23}D_3O_2$	361432-76-0	—
	13	睾酮-D_3	Testosterone-D_3	$C_{19}H_{25}D_3O_2$	77546-39-5	
	14	α-玉米赤霉烯醇-D_5	alpha-Zearalenol-D_5	$C_{18}H_{19}D_5O_5$	—	
	15	司坦唑醇-D_3	Stanozolol-D_3	$C_{21}H_{29}D_3N_2O$	88247-87-4	
	16	氢化可的松-D_3	Hydrocortisone-D_3	$C_{21}H_{27}D_3O_5$	115699-92-8	
	17	地塞米松-D_5	Dexamethasone-D_5	$C_{22}H_{24}D_5FO_5$	358731-91-6	
	18	坎利酮-D_6	Canrenone-D_6	$C_{22}H_{22}D_6O_3$	—	
	19	呋塞米-D_5	Furosemide-D_5	$C_{12}H_6D_5ClN_2O_5S$	1189482-35-6	
	20	苄氟噻嗪-D_5	Bendroflumethiazide-D_5	$C_{15}H_9D_5F_3N_3O_4S_2$	1330183-13-5	
	21	氢氯噻嗪-$^{13}CD_2$	Hydrochlorothiazide-D_2	$C_7H_6ClD_2N_3O_4S_2$	1219798-89-6	
	22	氨苯蝶啶-D_5	Triamterene-D_5	$C_{12}H_6N_7D_5$	1189922-23-3	
	23	脱氢表雄酮-D6	Dehydroepiandrosterone-D_2	$C_{19}H_{30}O_2$	IST8512D2	

(二)结果与讨论

1. 色谱条件的优化

色谱条件的优化同时分离多种包括β-激动剂类、蛋白同化制剂类、糖皮质激素、利尿剂等在内的兴奋剂,各兴奋剂化合物差异较大,且含有坎利酮和螺内酯、地塞米松和倍他米松、泼尼松龙和可的松3对同分异构体,对色谱分离提出了较高的要求。为了获得较好的分离效果和尖锐的峰形,实验比较了0.05%甲酸水、0.1%甲酸水、2mmol/L的乙酸铵,发现加入甲酸可以提高目标化合物离子化率,当流动相为0.1%甲酸水时泼尼松等糖皮质激素类络合-COOH基团从而离子化,当降低甲酸水浓度为0.05%,糖皮质激素类离子化为稳定的H峰,且峰型有所改善,并减少了出峰时间较快的肾上腺素、莱克多巴胺等化合物的拖尾现象,乙酸铵的加入对于峰形的改善效果并不明显,本着"实验步骤尽量简单化、结果保持稳定性"的原则,本方法的水相采用0.05%甲酸水。同时实验比较了乙腈和甲醇作为流动相有机相的情况,用甲醇时,基质标准中各目标化合物干扰大,肾上腺素等化合物有拖尾现象,而用乙腈时,可改善拖尾现象。因此本实验采用乙腈-0.05%甲酸水体系作为流动相，梯度洗脱。

2. 质谱条件的优化

(1)扫描方式的选择

质谱的扫描方式分别采取了平行反应监测(PRM)模式、全扫描数据依赖的二级扫描 Full MS - data dependent MS^2(dd - MS^2)模式进行扫描。由于 PRM 模式要求在同一个时间段目标化合物不能过多(一般不超过 8 个)，否则会造成扫描点数不够，但是蛋白同化制剂类、β-激动剂类等目标化合物化学性质相似，保留时间接近，因此采用 PRM 模式会导致部分化合物扫描点数不够，数据采集不全。采用高分辨质谱的一级质谱全扫描加数据依赖的二级质谱扫描(Fullmass - dd - MS^2)，对选定的质量数范围进行一级质谱全扫描，同时设定目标物列表，对列表中的母离子进行二级质谱扫描。使得分析结果用一级质谱定量，二级质谱定性，可以同时满足定性和定量的要求。

在正、负离子同时扫描方式下进行一级质谱全扫描，实验发现大部分的兴奋剂类目标化合物为$[M+H]^+$或者$[M+H]^-$分子离子峰，但采用三重四级杆质谱检测时，螺内酯的$[M+H]^+$峰没有它脱去 1 分子乙酰基硫基后的$[M-C2H3OS]^+$响应值高，可的松和泼尼松龙的 $[M-COOH]^-$峰比$[M+H]^+$峰相应高，但在高分辨质谱上，2 种离子峰响应值差不多，相比之下$[M+H]^+$峰更加稳定，这可能是因为高分辨质谱和三重四级杆质谱结构差别所致。

(2)分辨率的选择

高分辨质谱的最大优势是其具有较高的分辨率，可完成一级质谱定量，并且可以通过高分辨率降低样品中基质的干扰，考虑到 48 种目标化物和 23 种内标化合物的性质及其乳制品基质特点，本实验采用分辨率 $R=70000$、17500、35000，在空白牛奶基质中添加 2.0μg/kg 兴奋剂混标，比较提取离子色谱图，在分辨率 $R=70000$ 的条件下，能有效去除目标物化合物的干扰，且所有目标化合物色谱图清晰完整、灵敏度高、重现性好、可准确定性定量，因此选择一级质谱分辨率 $R=70000$ 进行分析检测。

(3)质量准确度

使用高分辨质谱检测目标化合物的精确质量数对于同时准确定性和定量非常重要，测定精确质量数与理论精确质量数越接近，则定性越准确。如表 6 - 8 - 5 所示，目标化合物的质量准确度高，可满足定性要求。

(4)二级质谱条件的优化及谱库的建立

采用数据依赖的二级质谱扫描(dd - MS^2)动态排除模式，当列表中的母离子出现且强度达到设定的阈值，即可自动采集二级数据，动态排除可以保证低含量的共流出组分也获得二级数据，选择合适的碰撞能量，使得丰度最高的子离子与母离子之间比例为 3∶1 左右，获得碎片丰富的二级谱图，用于目标化合物的定性确认。

表 6-8-5　目标化合物的质量准确度及质谱条件

类别	序号	中文名称	离子化模式	子离子		母离子 m/z	保留时间 /min	碰撞能量 /V	RF Lens /V	检出限 /(μg/kg)
				理论精确质量数	测定精确质量数					
β-激动剂类	1	克仑特罗	[M+H]$^+$	277.08690	277.08715	79.12464	4.56	40	55	1
	2	沙丁胺醇	[M+H]$^+$	240.15817	240.15842	89.05961	3.48	35	55	1
	3	莱克多巴胺	[M+H]$^+$	302.17507	302.17532	107.04898	4.22	35	55	1
	4	特布他林	[M+H]$^+$	226.14377	226.14281	152.07048	3.48	35	55	1
	5	沙美特罗	[M+H]$^+$	416.27954	416.27979	91.05411	5.92	35	55	1
	6	非诺特罗	[M+H]$^+$	304.15433	304.15458	107.04903	3.85	35	55	1
	7	妥布特罗	[M+H]$^+$	228.11497	228.11522	154.04158	4.51	35	55	1
	8	喷布特罗	[M+H]$^+$	292.22711	292.22556	236.16423	5.90	30	55	1
	9	西马特罗	[M+H]$^+$	220.14444	220.14469	160.08672	2.56	30	55	1
	10	肾上腺素	[M+H]$^+$	184.09682	184.09682	113.96397	1.07	35	55	50
	11	普萘洛尔	[M+H]$^+$	260.16451	260.16451	116.10678	5.16	35	55	1
	12	阿替洛尔	[M+H]$^+$	267.16904	267.16929	145.06462	3.58	50	55	1
	13	美托洛尔	[M+H]$^+$	268.18951	268.18976	74.05997	4.51	50	55	1
	14	克仑丙罗	[M+H]$^+$	263.07125	263.0715	245.06029	4.29	20	55	1
	15	去甲乌药碱	[M+H]$^+$	272.12695	272.1272	107.049	3.76	35	55	3
	16	曲托喹酚	[M+H]$^+$	346.16490	346.16515	164.07043	4.22	15	55	1
蛋白同化制剂类	17	美雄酮	[M+H]$^+$	301.21621	301.21522	237.17036	7.66	35	55	5
	18	司坦唑醇	[M+H]$^+$	329.25781	329.25767	81.0446	7.69	70	55	2.5
	19	甲基睾酮	[M+H]$^+$	303.23186	303.23066	234.02769	8.24	40	55	5
	20	丙酸睾酮	[M+H]$^+$	345.24242	345.241	89.05955	10.75	35	55	5
	21	诺龙	[M+H]$^+$	275.19952	275.19977	109.06462	7.53	40	55	5
	22	丙酸诺龙	[M+H]$^+$	331.22677	331.22538	109.0647	10.44	40	55	10
	23	苯丙酸诺龙	[M+H]$^+$	407.25629	407.25654	105.06977	11.41	35	55	10
	24	勃地酮	[M+H]$^+$	287.20056	287.19941	121.06459	7.34	35	55	5
	25	群勃龙	[M+H]$^+$	271.16926	271.16837	199.11145	7.20	60	55	5
	26	睾酮	[M+H]$^+$	289.21621	289.21646	97.96464	7.34	25	55	5
	27	泽仑诺	[M+H]$^-$	321.17075	321.17093	277.18085	7.57	50	55	5
	28	脱氢表雄酮	[M+H]$^+$	289.21621	289.21621	267.05856	7.65	—	55	10
	29	齐帕特罗	[M+H]$^+$	262.15500	262.15388	234.0278	3.51	35	55	2

表 6-8-5(**续**)

类别	序号	中文名称	离子化模式	子离子		母离子 m/z	保留时间/min	碰撞能量/V	RF Lens/V	检出限/(μg/kg)
				理论精确质量数	测定精确质量数					
糖皮质激素类	30	泼尼松	[M+H]⁻	403.17623	359.18555	329.17599	6.25	15	55	4
	31	泼尼松龙	[M+H]⁻	405.19188	361.2012	331.19171	6.06	35	55	4
	32	地塞米松	[M−H]⁻	437.19810	393.20743	214.08893	7.57	15	55	2
	33	倍他米松	[M+H]⁺	437.19810	393.20743	214.08893	6.70	15	55	2
	34	氟氢可的松	[M−H]+	381.20718	381.20743	181.10156	6.19	45	55	50
	35	甲基泼尼松龙	[M+H]⁺	375.21660	375.21685	147.08023	8.70	25	55	4
	36	倍氯米松	[M+H]⁺	409.17763	409.17788	257.93451	6.55	20	55	4
	37	可的松	[M+H]⁻	405.19188	361.2012	331.19171	5.91	35	55	2
	38	氢化可的松	[M+H]⁻	407.20753	363.21685	214.08894	10.51	20	55	4
利尿剂	39	乙酰唑胺	[M+H]⁺	222.99541	222.99467	113.96353	4.10	35	55	20
	40	坎利酮	[M+H]⁺	341.21112	341.21003	107.08538	8.42	45	55	5
	41	氯噻酮	[M−H]⁻	337.00553	337.00578	146.02406	5.46	35	55	10
	42	呋塞米	[M−H]⁻	329.00044	329.00069	77.96458	6.71	60	55	5
	43	螺内酯	[M+H]⁺	341.21112	341.21003	107.08538	8.33	45	55	10
	44	苄氟噻嗪	[M−H]⁻	420.03051	420.03076	77.96459	7.43	45	55	2.5
	45	氯噻嗪	[M−H]⁻	293.94155	293.9418	214.96834	4.36	45	55	2.5
	46	氢氯噻嗪	[M−H]⁻	295.95720	295.95745	204.98405	4.55	40	55	5
	47	氨苯蝶啶	[M+H]⁺	254.11385	254.1141	237.08798	4.51	60	55	2.5
	48	精磺胺(4-氨基-6氯苯-1,3-二磺酰胺)	[M−H]⁻	283.95700	283.95735	77.96741	4.19	50	55	20
同位素内标	1	沙丁胺醇-D_3	[M+H]⁺	243.17825	243.17735	151.09431	3.48	35	55	—
	2	克仑特罗-D_9	[M+H]⁺	286.14209	286.14224	204.0199	4.53	35	55	
	3	莱克多巴胺-D_6	[M+H]⁺	308.21273	308.21288	121.06461	4.22	35	55	
	4	沙美特罗-D_3	[M+H]⁺	419.29837	419.29852	149.02312	5.92	35	55	
	5	美托洛尔-D_7	[M+H]⁺	275.23337	275.23352	79.12463	4.48	50	55	
	6	普萘洛尔-D_7	[M+H]⁺	267.20724	267.20739	145.06412	5.14	50	55	
	7	阿替洛尔-D_7	[M+H]⁺	274.21426	274.21441	145.06458	3.58	50	55	
	8	肾上腺素-D_6	[M+H]⁺	190.13448	190.13292	—	1.11	20	55	
	9	西马特罗-D_7	[M+H]⁺	227.18838	227.18853	209.17746	3.56	20	55	

表 6-8-5(续)

类别	序号	中文名称	离子化模式	子离子		母离子 m/z	保留时间/min	碰撞能量/V	RF Lens/V	检出限/(μg/kg)
				理论精确质量数	测定精确质量数					
同位素内标	10	喷布特罗-D_9	$[M+H]^+$	301.28232	301.28247	237.17036	5.90	35	55	—
	11	甲睾酮-D_3	$[M+H]^+$	306.24918	306.24933	97.06461	8.22	35	55	
	12	17β-勃地酮-D_3	$[M+H]^+$	290.21841	290.21836	121.06455	7.87	30	55	
	13	睾酮-D_3	$[M+H]^+$	292.23340	292.23336	97.06496	7.85	35	55	
	14	α-玉米赤霉烯醇-D_5	$[M-H]^-$	324.18648	324.18643	160.01588	7.65	50	55	
	15	司坦唑醇-D_3	$[M+H]^+$	332.27591	332.27586	81.04469	7.66	70	55	
	16	氢化可的松-D_3	$[M-H]^-$	410.22636	410.22631	334.21014	6.16	15	55	
	17	地塞米松-D_5	$[M-H]^-$	442.22839	442.22834	364.2012	6.67	35	55	
	18	坎利酮-D_6	$[M+H]^+$	347.24710	347.2471	107.08538	8.34	45	55	
	19	呋塞米-D_5	$[M-H]^-$	334.03183	334.03178	290.04218	6.69	35	55	
	20	苄氟噻嗪-D_5	$[M-H]^-$	425.06189	425.06184	294.07687	7.41	35	55	
	21	氢氯噻嗪-$^{13}CD_2$	$[M-H]^-$	297.96975	297.9697	206.98079	4.55	40	55	
	22	氨苯蝶啶-D_5	$[M+H]^+$	259.14469	259.14464	242.11923	4.13	60	55	
	23	脱氢表雄酮-D6	$[M+H]^+$	293.23730	293.24443	121.06453	7.52	40	55	

3. 样品前处理条件优化

(1)提取溶剂的选择。由于要同时提取包括β-激动剂类、蛋白同化制剂类、糖皮质激素、利尿剂等在内的多种兴奋剂，目标化合物有较大差异，实验中比较了甲醇、含 0.1%甲酸的甲醇、乙腈、含 0.1%甲酸的乙腈 4 种提取溶剂。当用甲醇和含 1%甲酸的甲醇提取时，提取液通过净化柱时会浑浊，且泽伦诺、倍氯米松、乙酰唑胺等化合物基质增强明显，回收率高至 200%，净化效果差；当提取溶剂为乙腈时，回收率普遍在 70%～120%范围内，但肾上腺素回收率低至 20%、氢氯噻嗪回收率偏高至 300%；当提取液为 0.1%甲酸的乙腈时，回收率均在 60%～120%，基本满足测试要求。

(2)净化柱的选择。比较了 PRiME HLB 固相萃取柱(Waters)和 Captive EMR-LIPID 固相萃取柱(Agilent)。当选用 PRiME HLB 时，非诺特罗、西马特罗、去甲乌药碱、齐帕特罗的回收率均小于 20%；当选用 Captive EMR-LIPID 净化柱进行优化，各目标化合物均获得良好的回收率，可以有效降低沙丁胺醇、特布特罗、丙酸睾酮、氯噻酮的基质抑制效应，可以去除阿替洛尔目标峰附近的干扰峰。因此选用 Captive EMR-LIPID 固相萃取柱进行净化。

(3)定容溶液的选择。实验中比较了乙腈、0.05%甲酸水-乙腈(9∶1,V/V)、0.05%甲酸水-乙腈(1∶1,V/V)3种定容液。结果表明,采用乙腈为定溶液时,肾上腺素峰型差;使用0.05%甲酸水-乙腈(9∶1,V/V),丙酸诺龙、苯丙酸诺龙回收率低至30%,可能是因为这两种化合物几乎不溶于水;选用0.05%甲酸水-乙腈(1∶1,V/V),丙酸诺龙、苯丙酸诺龙回收率明显提高,满足定量要求。因此,选用0.05%甲酸水-乙腈(1∶1,V/V)作为定溶液。

(4)氮气吹干的影响。实验发现肾上腺素等目标化合物受氮气吹干的温度和时间影响较大,当提取液净化后直接上样,肾上腺素回收率在100%左右,但沙丁胺醇、丙酸睾酮等回收率低于60%,这可能是因为提取液未经浓缩,导致目标化合物被稀释,灵敏度降低,影响丙酸睾酮等化合物的准确测定。当氮吹温度低于40℃并吹至近干,立即取出定容,肾上腺素的回收率为100%左右,但当氮吹温度升高,吹干后再定容,回收率不及20%,因此氮吹浓缩时要注意氮吹温度,并且不能吹干。

(5)基质干扰评价。基质效应是采用质谱分析时常遇到的问题,基质效应可增强或减弱目标物的响应值,从而影响检测结果的准确度。实验发现,在牛奶、奶粉、酸奶基质中大部分目标化合物受基质干扰大,比如去甲乌药碱、特布他林、非诺特罗、阿替洛尔、氢化可的松、甲基泼尼松龙、倍氯米松等存在较强的基质抑制效应。为了降低基质效应,获得更加准确的定量结果,本实验采用空白基质加标、同位素内标等方法对目标化合物进行定量分析。

其中氢氯噻嗪同位素内标的选择对结果影响较大,实验中比较了氢氯噻嗪-D_2和氢氯噻嗪-$^{13}CD_2$作为内标时对氢氯噻嗪定量的影响。结果发现用氢氯噻嗪-D_2作为同位素内标时,加标测定值会偏高;而用氢氯噻嗪-$^{13}CD_2$作为内标,则定量结果较准确。分析是由于氢氯噻嗪中存在的氯元素,所以有m/z为296、297、298、299、300、301、302等6个同位素峰,且丰度比为100%、10.5%、42.5%、3.5%、0.2%、0.1%。而氢氯噻嗪-D_2的质荷比为m/z 298,若选用氢氯噻嗪-D_2作为其同位素内标,则氢氯噻嗪m/z 298同位素峰会对内标响应值产生较大的影响,且随着氢氯噻嗪浓度的增加,产生的影响越大。而氢氯噻嗪-$^{13}CD_2$的m/z为300,氢氯噻嗪m/z 300的同位素峰占比仅为3.5%,远小于氢氯噻嗪-D_2的影响,故选择氢氯噻嗪-13CD_2作为氢氯噻嗪的同位素内标。

(6)方法的线性范围、检出限与定量限、回收率及精密度。配制质量浓度分别为定量限LOQ、2倍LOQ、5倍LOQ、10倍LOQ、20倍LOQ的空白基质混合标准溶液,进行测定。以目标化合物的定量离子峰面积(Y)和其质量浓度(X,μg/L),进行线性拟合,得到48个目标化物的线性回归方程,线性关系均良好,相关系数均大于0.991,方法的检出限和定量限能够满足国家反兴奋中心和WADA的要求。

以羊奶、酸奶、奶粉样品为基质,添加48种兴奋剂类化合物的标准溶液,加标水平分别为(LOQ)、2倍LOQ、5倍LOQ,每个加标水平平行测定6个样品。48种兴奋剂类化合物的加标回收率为80.1%～119.4%,RSD为1.0%～9.3%,满足定量测定要求。

(三)结论

建立的利用高效液相色谱-四极杆/静电场轨道阱高分辨质谱测定乳及乳制品中48

种兴奋剂残留的高通量方法,可以用于快速定性筛查和定量分析,高分辨质谱可减少基质的干扰,提高了定性和定量的准确性,数据依赖性的二级质谱全扫描进一步提高了检测的灵敏度和定性的准确性,该检测方法可用于乳及乳制品中兴奋剂的高通量测定。

四、乳制品中亚硝胺类化合物检测方法

亚硝胺是强致癌物,是最重要的化学致癌物之一,是四大食品污染物之一。目前已发现的亚硝胺类化合物有130多种,超过80%的N-亚硝胺类物质是强致癌物。国际癌症研究署(IARC)将N-亚硝基二甲胺、N-亚硝基二乙胺列为2A类致癌物,将N-亚硝基二丙胺、N-亚硝基甲基乙基胺、N-亚硝基吗啉、N-亚硝基吡咯、N-亚硝基哌啶和N-亚硝基二丁胺列为2B类致癌物。亚硝胺类物质由亚硝胺试剂(亚硝酸盐、氮氧化物等)与胺类物质(主要是次级胺类物,包括蛋白质及其降解产物)反应生成。因乳制品中富含蛋白质等高含氮物质,原料腐败、生产及储存不当、环境污染、包装材料迁移等,均有可能造成奶粉中存在N-亚硝胺类物质。而目前对乳制品中N-亚硝胺类物质的研究较少,对乳粉中N-亚硝胺类化合物的含量水平及风险情况尚不明确。

食品中痕量N-亚硝胺类化合物常用检测方法有气相色谱法、气相色谱-质谱法、液相色谱-质谱法等,气相类方法研究相对较多。由于N-亚硝胺类化合物具有分子质量小、极性较大的特性,检测奶粉等复杂样品基质时容易受到干扰,提取净化方法对于准确定量定性起到了重要作用。目前净化方法有QuEChERS、固相微萃取(SPME)、液-液萃取(LLE)、固相萃取(SPE)等,本方法采用PRiME HLB通过型固相萃取柱净化,可有效去除蛋白质、脂肪及磷酯类杂质,并且省去了常规的固相萃取柱净化步骤,简便快速。鉴于部分N-亚硝胺类物质挥发性较强,为减少过程损失,尽量简化提取净化过程。本研究对PRiME HLB通过型固相萃取柱净化方案进行了考察和优化,建立了利用超高效液相色谱-Q-Exactive高分辨质谱仪检测的方法,实现了乳粉中10种N-亚硝胺类化合物的高通量、高分辨快速检测。

(一)实验部分

1.仪器、试剂与材料

(1)设备

Q-Exactive超高效液相色谱-串联高分辨质谱仪(美国赛默飞世尔科技公司)。

(2)试剂及材料

1)PRiME HLB固相萃取小柱(3mL,200mg,美国Waters公司)。

2)10种N-亚硝胺类混合标准品:N-亚硝基-N-乙基苯胺、N-甲基-N-亚硝基苯胺、N-亚硝基二乙胺、N-亚硝基二甲胺、N-亚硝基二丁胺、二丙基亚硝胺、N-亚硝基二苯胺、N-亚硝基甲基乙基胺、N-亚硝基哌啶、N-亚硝基吡咯烷(纯度≥97%,美国o2si公司)。

3)乙腈、甲酸为色谱纯,其他试剂均为分析纯。

4)供试样品:购于销售市场。

2. 样品前处理

称取 2g(精确至 0.001g)样品于 50mL 具塞离心管中，加入 5.0mL 水，迅速混匀，涡旋 2min，再准确加入 10.0mL 乙腈，振荡提取 5min，以 4500r/min 的转速离心 10min，取 2.00mL上清液通过 PRiME HLB 固相萃取柱，收集中间滤液约 1mL，用 0.22μm 有机滤膜过滤，上机检测。

3. 液相色谱-高分辨质谱检测条件

(1)色谱条件

1)色谱柱：Eclipse Plus C_{18} RRHD 柱(柱长 150mm、内径 3.0mm、粒径 1.8μm)。

2)流动相 A：含体积分数 0.1%甲酸的水溶液，流动相 B：含体积分数 0.1%甲酸的甲醇溶液，梯度洗脱条件：0～3.5min，95%A；3.5～4.5min，A 由 95%梯度递减至 80%；4.5～5.5min，保持 80%A；5.5～8.0min，A 由 80%梯度递减至 0%；8.0～10.0min，保持 0%A，10.0～11.0min，A 由 0%A 梯度递增至 95%；11.0～13.0min，保持 95%A，整个过程 B 相应递增或递减。

3)柱温箱：35℃。

4)流速：0.3mL/min。

5)进样量：5μL。

(2)质谱条件

1)Q Exactive Orbitrap 质量分析器；可加热的电喷雾离子源(HESI - Ⅱ)；采用正离子扫描模式(HESI - II+)。

2)平行反应监测模式(PRM，高分辨二级全扫)。

3)喷雾电压：3.5kV。

4)透镜电压：55V。

5)毛细管温度：350℃。

6)辅助气温度：400℃。

7)鞘气(氮气)压力：40Arb(4.58L/min)。

8)辅助气(氮气)压力：5Arb(7.97L/min)。

9)分辨率：35000。

10)最大驻留时间 50ms。

11)10 种 N -亚硝胺类化合物的参考保留时间及质谱参数见表 6 - 8 - 6。

表 6 - 8 - 6 10 种 N -亚硝胺类化合物的色谱及质谱参数

名称	分子离子化形式	分子式	精确质量数(*m/z*)		碰撞能量/V
			母离子	二级碎片离子	
N -亚硝胺- N -乙基苯胺	$[M+H]^+$	$C_8H_{10}N_2O$	151.08659	95.04934	50
N -甲基- N -亚硝基苯胺	$[M+H]^+$	$C_7H_8N_2O$	137.07094	107.07319	60
亚硝基二乙基胺	$[M+H]^+$	$C_4H_{10}N_2O$	103.08659	75.05545	60
N -亚硝基二甲胺	$[M+H]^+$	$C_2H_6N_2O$	75.05529	75.05529	50

表 6-8-6(续)

名　称	分子离子化形式	分子式	精确质量数(m/z)		碰撞能量/V
			母离子	二级碎片离子	
N-亚硝基二丁胺	$[M+H]^+$	$C_8H_{18}N_2O$	159.14919	57.07022	50
二丙基亚硝胺	$[M+H]^+$	$C_{12}H_{10}N_2O$	131.11789	89.07108	50
N-亚硝基二苯胺	$[M+H]^+$	$C_3H_8N_2O$	199.08659	66.04668	60
N-亚硝基甲基乙基胺	$[M+H]^+$	$C_5H_{10}N_2O$	89.07094	61.03993	50
N-亚硝基哌啶	$[M+H]^+$	$C_4H_8N_2O$	115.08659	69.07011	60
亚硝基吡咯烷	$[M+H]^+$	$C_4H_8N_2O$	101.07094	101.07094	60

(二) 结果与讨论

1. 色谱条件的优化

在 C_{18} 反相模式下，预实验考察了甲醇-水体系、乙腈-水体系，在甲醇-水体系中 10 种 N-亚硝胺类化合物的质谱响应值更高，所以选择甲醇-水体系。接着对流动相进行了优化考察，比较了甲醇-0.1%甲酸水、甲醇-5mmol/L 甲酸铵溶液、0.1%甲醇-0.1%甲酸水、0.1%甲醇-5mmol/L 甲酸铵溶液等 4 种流动相体系，发现选用 0.1%甲醇-0.1%甲酸水的体系，N-亚硝胺类化合物的质谱响应值更高、稳定性更好，其中对 N-亚硝基二甲胺(NDMA)的影响最为明显，分析可能是由于该体系在离子化的过程中能够提供更多更稳定的 H^+。

2. 质谱条件优化

Q-Exactive 质谱的高分辨率可以做到准确定性定量，具有高选择性、高专属性特点，可有效降低复杂基质的干扰。实验中主要优化了碰撞能量(NCE)，N-亚硝胺类化合物分子量普遍偏小，离子碎片质荷比较小，在非高分辨质谱上容易受到样品基质干扰，实验中通过质谱条件优化，利用 PRM 模式，选择丰度最高、最稳定的二级碎片离子进行定性定量分析，有效提高了奶粉样品中 N-亚硝胺类化合物检测时的抗干扰性。在选择子离子碎片时，N-亚硝基二甲胺、亚硝基吡咯烷比较特殊，由于结构稳定，它们的分子离子峰不易打碎，主要的二级碎片离子峰与分子离子峰($[M+H]^+$)一致。

3. 提取剂的选择

在奶粉样品用水复原后，分别采用甲醇、乙腈、0.1%甲酸乙腈对奶粉中的 10 种 N-亚硝胺类化合物进行提取，以加标回收率为指标。结果表明，当提取溶剂为甲醇时，上清液过 PRiME HLB 固相萃取柱的净化效果不明显，总离子流图基线变高，仅 N-亚硝基二丁胺、N-亚硝基二苯胺 2 种化合物回收率>80%，其他 8 种化合物的回收率<50%；当提取液为乙腈和 0.1%甲酸乙腈时，回收率无明显差异，均能达到 90%以上，本着简化原则，最终选择乙腈作为提取溶剂。

由于 N-亚硝胺类化合物的易挥发性，浓缩过程会造成较大损失，采用提取液净化后，直接上样测试的方式可以保证良好的回收率。为兼顾提取效率、净化效果及分析测试时的溶剂效应，实验中考察了不同体积乙腈的提取净化效果，在样品用 5.0mL 水复原成乳液后，分别考察了用 4.0mL、6.0mL、8.0mL、10.0mL 乙腈提取的情况，采用 4.0mL 乙腈提取时，由于水相过高导致回收率低；而采用 6.0 及 8.0mL 乙腈提取时，提取及净化效果均能满足检测要求；但 N－亚硝基二甲胺、N－亚硝基吡咯烷、N－亚硝基二苯胺 3 种化合物在分析测试时溶剂效应较强，峰型差而且响应值低；采用 10.0mL 乙腈提取时，回收率均能达到 90%以上，净化效果好，而且有效解决了分析测定时的溶剂效应，所以最终选择 10.0mL 乙腈进行提取。

4. 净化方式的选择

实验中比较了 QuEChERS 法、C_{18} 固相萃取法和 PRiME HLB 固相萃取法，结果表明，选用 QuECHERS 法时，由于奶粉样品基质的复杂性，N－亚硝胺类化合物回收率普遍偏低，尤其 NDMA 回收率较低，仅 30%左右；采取 C_{18} 固相萃取柱净化时，N－亚硝基二丁胺和二丙基亚硝胺的回收率偏低；而选用 PRiME HLB 固相萃取柱净化，可以有效去除奶粉中磷脂、蛋白质等杂质，并能省去活化、淋洗、洗脱等净化步骤，相比 QuEChERS 法更加简便快速，10 种 N－亚硝胺类化合物的回收率均在 90%～110%之间，效果满意。

5. 线性范围和检出限、回收率及精密度

将不同浓度的 N－亚硝胺类化合物的标准溶液按 1.3 中确定的条件进行测定，以化合物的峰面积（Y）与浓度（X，μg/mL）进行线性拟合，在 2～100ng/mL 浓度范围内，线性良好，相关系数（r）均＞0.992。

以信噪比 S/N＝3 计算方法检出限，N－亚硝基二甲胺、N－亚硝基甲基乙基胺、N－亚硝基二乙胺、二丙基亚硝胺为 5.0μg/kg，N－甲基－N－亚硝基苯胺为 4μg/kg，亚硝基吡咯烷、N－亚硝基－N－乙基苯胺、N－亚硝基二丁胺、N－亚硝基二苯胺为 1.5μg/kg，N－亚硝基哌啶为 1.0μg/kg。

选用空白奶粉样品进行 15μg/kg、30μg/kg、75μg/kg 3 个浓度的加标回收率实验。每个加标水平平行测定 6 次，回收率在均在 75.45%～111.7%之间，相对标准偏差（RSD）在 2.1%～9.2%（n=6）之间，表明本方法有良好的准确度和重现性，满足化合物痕量分析质量控制要求。

（三）结论

奶粉中 10 种 N－亚硝胺类化合物残留检测方法操作简便，充分利用了 PRiME HLB 通过型固相萃的净化特性及四极杆/静电场轨道阱高分辨质谱的抗干扰能力强、定性定量准确、灵敏度高的优势，经方法验证和样品检测，证明该方法准确度好、灵敏度高、重复性好、适用性强，适用于奶粉中 10 种 N－亚硝胺类化合物残留量的快速测定。

第七章 乳粉中微生物检测

第一节 乳粉中沙门氏菌的检测

沙门氏菌是一种常见的食源性致病菌，属肠杆菌科，革兰氏阴性肠道杆菌，其污染源主要是人和动物的粪便。通过水、土壤、带菌者和工厂设施等污染食品，并对外界环境具有一定的抵抗力，其在水、奶、肉和蛋类制品中可存活数周至数月。婴幼儿配方乳粉可能被沙门氏菌污染的原因众多，生产环境空气洁净度不达标，工作人员接触生产设备等生产环境而间接造成产品污染，生产设备灭菌不彻底等。我国制定的 GB 29921—2021 食品安全国家标准 预包装食品中致病菌限量中规定沙门氏菌不得检出。我国的乳制品中沙门氏菌检测的最新方法为《食品安全国家标准 食品微生物学检验 沙门氏菌检验》(GB 4789.4—2024)。

一、具体实验操作过程

1. 设备和材料

除微生物实验室常规灭菌及培养设备外，其他设备和材料如下：

(1)冰箱：2～8℃。

(2)恒温培养箱：(36±1)℃、(42±1)℃、(48±2)℃。

(3)均质器。

(4)振荡器。

(5)电子天平：感量为 0.1g。

(6)无菌锥形瓶：容量分别为 500mL、250mL。

(7)无菌吸管：1mL(具 0.01mL 刻度)、10mL(具 0.1mL 刻度)或微量移液器及吸头。

(8)无菌培养皿：直径 60mm、90mm。

(9)无菌试管：规格为 10mm×75mm、15mm×150mm，18mm×180mm。

(10)pH 计或 pH 比色管或精密 pH 试纸。

(11)全自动微生物生化鉴定系统。

(12)无菌小试管：3mm×50mm。

(13)无菌接种环：10μL、1μL。

2. 培养基和试剂

(1)缓冲蛋白胨水(BPW)。

(2)四硫磺酸钠煌绿(TTB)增菌液。

(3)氯化镁孔雀石绿大豆胨(RVS)增菌液。

(4)亚硫酸铋(BS)琼脂。

(5)HE 琼脂。

(6)木糖赖氨酸脱氧胆盐(XLD)琼脂。

(7)沙门氏菌属显色培养基。

(8)三糖铁(TSI)琼脂。

(9)蛋白胨水、靛基质试剂、尿素琼脂(pH=7.2)。

(10)氰化钾(KCN)培养基。

(11)赖氨酸脱羧酶试验培养基。

(12)糖发酵管。

(13)邻硝基酚 β-D 半乳糖苷(ONPG)培养基。

(14)半固体琼脂。

(15)丙二酸钠培养基。

(16)沙门氏菌诊断血清。

(17)生化鉴定试剂盒。

3. 操作步骤

(1)预增菌

无菌操作称取 25g(mL)样品,置于盛有 225mL BPW 的无菌均质杯或合适容器内,以 8000～10000r/min 的均质提取 1～2min,或置于盛有 225mL BPW 的无菌均质袋中,用拍击式均质器拍打 1～2min。若样品为液态,不需要均质,振荡混匀。如需调整 pH,用 1mol/mL NaOH 或 HCl 调 pH 至 6.8±0.2。无菌操作将样品转至 500mL 锥形瓶或其他合适容器内(如均质杯本身具有无孔盖,可不转移样品),如使用均质袋,可直接进行培养,于(36±1)℃培养 8～18h。对于乳粉在加入 BPW 后勿调 pH,也暂不混匀,室温静置(60±5)min,在(36±1)℃培养 16～18h。

(2)选择性增菌

轻轻摇动培养过的样品混合物,移取 1mL,转种于 10mL RVS 内,于(42±1)℃中培养 18～24h。同时,另取 1mL,转种于 10mL 的 TTB 内,低背景菌的样品于(36±1)℃培养 18～24h,高背景菌的样品于(42±1)℃中培养 18～24h。

(3)分离

分别用直径 3mm 的接种环取增菌液 1 环,划线接种于 1 个 BS 琼脂平板和 1 个 XLD 琼脂平板(或 HE 琼脂平板,或沙门氏菌属显色培养基平板),于(36±1)℃分别培养 40～48h(BS 琼脂平板)或 18～24h(XLD 琼脂平板、HE 琼脂平板、沙门氏菌属显色培养基平板),观察各个平板上生长的菌落,各个平板上的菌落特征见表 7-1-1。

表 7-1-1 沙门氏菌属在不同选择性琼脂平板上的菌落特征表

选择性琼脂平板	沙门氏菌
BS 琼脂	菌落呈黑色有金属光泽、棕褐色或灰色，菌落周围培养基可呈黑色或棕色；有些菌株形成灰绿色的菌落，周围培养基不变
HE 琼脂	蓝绿色或蓝色，多数菌落中心黑色或几乎全黑色；有些菌株为黄色，中心黑色或几乎全黑色
XLD 琼脂	菌落呈粉红色，带或不带黑色中心，有些菌株可呈现大的带光泽的黑色中心，或呈现全部黑色的菌落；有些菌株为黄色菌落，带或不带黑色中心
沙门氏菌属显色培养基	按照显色培养基的说明进行判定

(4)生化试验

1)挑取 4 个以上典型或可疑菌落进行生化实验，菌落可以来自不同选择性增菌液的不同分离琼脂中，也可挑选其中 1 个典型或可疑菌落先进行实验，若鉴定为非沙门氏菌，再取余下菌落进行鉴定。接种三糖铁琼脂，先在斜面划线，再于底层穿刺；接种针不要灭菌，直接接种赖氨酸脱羧酶试验培养基和营养琼脂平板，于(36±1)℃培养 18～24h。在三糖铁琼脂和赖氨酸脱羧酶试验培养基内。沙门氏菌属的反应结果见表 7-1-2。将已挑菌落的平板储存于 2～8℃或室温至少保留 24h，以备必要时复查。

表 7-1-2 沙门氏菌属在三糖铁琼脂和赖氨酸脱羧酶试验培养基内的反应结果表

三糖铁琼脂				赖氨酸脱羧酶试验培养基	初步判断
斜面	底层	产气	硫化氢		
K	A	+(-)	+(-)	+	可疑沙门氏菌属
K	A	+(-)	+(-)	-	可疑沙门氏菌属
A	A	+(-)	+(-)	+	可疑沙门氏菌属
A	A	+/-	+/-	-	非沙门氏菌
K	K	+/-	+/-	+/-	非沙门氏菌

注：K 为产碱，A 为产酸；+为阳性；-为阴性；+(-)为多数阳性、少数阴性)+/-为阳性或阴性。

2)对疑似沙门氏菌的接种三糖铁琼脂和赖氨酸脱羧酶试验培养基的同时，可直接接种蛋白胨水(供做靛基质试验)、尿素琼脂(pH 为 7.2)、氰化钾(KCN)培养基，于(36±1)℃培养 18～24h，按表 7-1-3 判定结果。

表 7-1-3 沙门氏菌属生化反应初步鉴别表(一)

反应序号	硫化氢(H_2S)	靛基质	pH7.2 尿素	氰化钾(KCN)	赖氨酸脱羧酶
A_1	+	-	-	-	+
A_2	+	+	-	-	+
A_3	-	-	-	-	+/-

注：+表示阳性，-表示阴性；+/-阳性或阴性。

3)反应序号 A_1：典型反应判定为沙门氏菌属。如尿素、KCN 和赖氨酸脱羧酶 3 项中有 1 项异常，按表 7-1-4 可判定为沙门氏菌。如有 2 项异常为非沙门氏菌。

表 7－1－4　沙门氏菌属生化反应初步鉴别表(二)

pH 为 7.2 的尿素	氰化钾(KCN)	赖氨酸脱羧酶	判定结果
－	－	－	甲型副伤寒沙门氏菌(要求血清学鉴定结果)
－	＋	＋	沙门氏菌Ⅳ或Ⅴ(要求符合本群生化特性)
＋	－	＋	沙门氏菌个别变体(要求血清学鉴定结果)

注:＋表示阳性,－表示阴性。

4)反应序号 A_2:补做甘露醇和山梨醇试验,沙门氏菌靛基质阳性变体 2 项试验结果均为阳性,但需要结合血清学鉴定结果进行判定。

5)反应序号 A_3:补做 ONPG。ONPG 阴性为沙门氏菌,同时赖氨酸脱羧酶阳性,甲型副伤寒沙门氏菌为赖氨酸脱羧酶阴性。

6)必要时按表 7－1－5 进行沙门氏菌生化群的鉴别。

表 7－1－5　沙门氏菌属各生化群的鉴别

项目	Ⅰ	Ⅱ	Ⅲ	Ⅳ	Ⅴ	Ⅵ
卫矛醇	＋	＋	－	－	＋	－
山梨醇	＋	＋	＋	＋	＋	－
水杨苷	－	－	－	＋	－	－
ONPG	－	－	＋	－	＋	－
丙二酸盐	－	＋	＋	－	－	－
KCN	－	－	－	＋	＋	－

注:＋表示阳性,－表示阴性。

如选择生化鉴定试剂盒或全自动微生物生化鉴定系统,可根据 1)的初步判断结果,从营养琼脂平板上挑取可疑菌落,用生理盐水制备成浊度适当的菌悬液,使用生化鉴定试剂盒或全自动微生物生化鉴定系统进行鉴定。

(5)血清学鉴定

1)检查培养物有无自凝性

一般采用 1.2%～1.5%琼脂培养物作为玻片凝集试验用的抗原。首先排除自凝集反应,在洁净的玻片上滴加 1 滴生理盐水,将待试培养物混合于生理盐水滴内,使成为均一性的混浊悬液,将玻片轻轻摇动 30～60s,在黑色背景下观察反应(必要时用放大镜观察),若出现可见的菌体凝集,即认为有自凝性,反之则认为无自凝性。对无自凝的培养物参照表 7－1－6 方法进行血清学鉴定。

表 7－1－6　沙门氏菌种和亚种的生化鉴定

种	肠道沙门氏菌						邦戈尔沙门菌
亚种	肠道亚种	萨拉姆亚种	亚利桑那亚种	双相亚利桑那亚种	豪顿亚种	印度亚种	
项目	Ⅰ	Ⅱ	Ⅲa	Ⅲb	Ⅳ	Ⅵ	Ⅴ
卫矛醇	＋	＋	－	－	－	d	＋
ONPG(2h)	－	－	＋	＋	－	d	＋

表 7-1-6(续)

种	肠道沙门氏菌						邦戈尔沙门菌
	肠道亚种	萨拉姆亚种	亚利桑那亚种	双相亚利桑那亚种	豪顿亚种	印度亚种	
丙二酸盐	−	+	+	+	−	−	−
明胶酶	−	+	+	+	+	+	−
山梨醇	+	+	+	+	+	−	+
氰化钾	−	−	−	−	+	−	+
L(+)-酒石酸盐	+	−	−	−	−	−	−
半乳糖醛酸	−	+	−	+	+	+	+
g-谷氨酰转肽酶	+	+	−	+	+	+	+
b-葡糖醛酸苷酶	d	d	−	+	−	d	−
黏液酸	+	+	+	−(70%)	−	+	+
水杨苷	−	−	−	−	+	−	−
乳糖	−	−	−(75%)	−(75%)	−	d	−
O_1 噬菌体裂解	+	+	−	+	−	+	d

注:+表示阳性,−表示阴性,d表示不定。

2)多价菌体抗原(O)鉴定。

在玻片上划出2个约1cm×2cm的区域,挑取1环待测菌,各放1环于玻片上的每一区域上部,在其中一个区域下部加1滴多价菌体(O)抗血清,在另一区域下部加入1滴生理盐水,作为对照。再用无菌的接种环或针分别将2个区域内的菌苔研成乳状液。将玻片倾斜摇动混合1min,并对着黑暗背景进行观察,任何程度的凝集现象皆为阳性反应。O血清不凝集时,将菌株接种在琼脂量较高的(如2%~3%)培养基上再检查;如果是由于Vi抗原的存在而阻止了O血清凝集反应时,可挑取菌苔于1mL生理盐水中做成浓菌液,在沸水中水浴20~30min,冷却后再进行鉴定。

3)多价鞭毛抗原(H)鉴定

操作同2)。H抗原发育不良时,将菌株接种在半固体琼脂平板的中央,待菌落蔓延生长时,在其边缘部分取菌检查;或将菌株通过接种装有半固体琼脂的小玻管培养1~2代,自远端取菌培养后再鉴定。

二、注意事项及典型菌落图片

(1)要按照标准要求的最长时间培养,减少漏检风险。

(2)由于食品加工的过程,一般食品中的沙门氏菌含量比较低,BPW可使濒临死亡或受损的沙门氏菌恢复活力。

(3)同时使用TTB和SC会降低漏检的情况。TTB和SC需要现用现配,且不宜在冰箱中储存过久。一般SC液体表面出现红色时,则表示其选择性大大降低,不宜继续使用。

(4)TTB特别适合除伤寒沙门氏菌和甲型副沙门氏菌以外绝大部分沙门氏菌的增

菌，而 SC 特别适合伤寒沙门氏菌和甲型副沙门氏菌的增菌。

(5)BS 琼脂和 XLD 琼脂在配制时无需高压，加热煮沸即可；易现用现配，储存于室温暗处，超过 48h 后选择力下降。

(6)XLD 琼脂，HE 琼脂和沙门显色培养基三选一即可，有文献指出沙门显色培养基的灵敏度、选择性和特异性要高于其他 3 种培养基。

(7)三糖铁琼脂先在斜面划线后再于底层刺穿，不可接种太深，否则硫化氢会布满试管底部，影响变色观察。

(8)生化鉴定需要从营养琼脂上挑取新鲜培养的单个菌落进行。

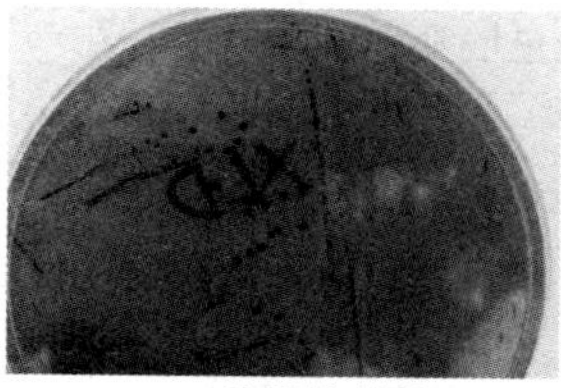
XLD琼脂培养基

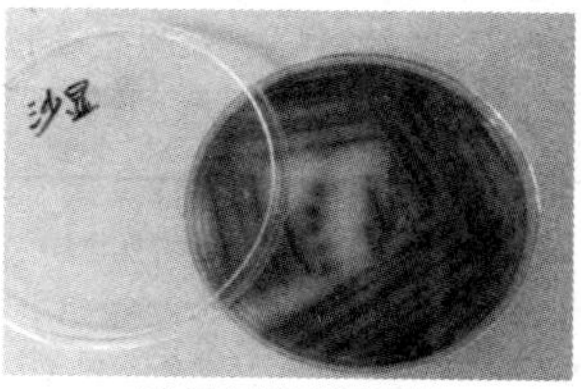
沙门显色培养基

BS琼脂培养基

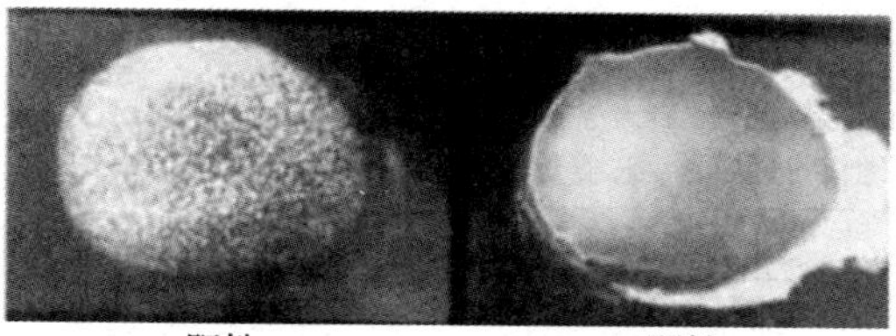
阳性　　阴性

血清学鉴定

图 7-1-1　沙门氏菌在不同培养基上的典型菌落图片及血清学鉴定图片

三、仪器设备及检验流程示意图

乳粉中沙门氏菌检测设备图如图 7-1-2 所示，乳粉中沙门氏菌检测流程示意图如图 7-1-3 所示。

高压灭菌锅

恒温培养箱

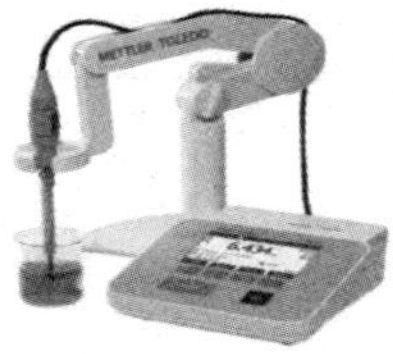
pH计

全自动微生物生化鉴定系统

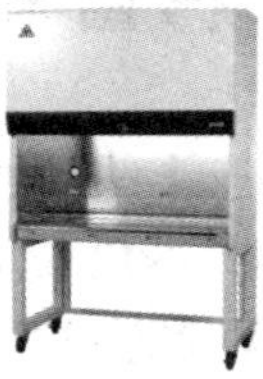
生物安全柜

图 7-1-2　乳粉中沙门氏菌检测设备图

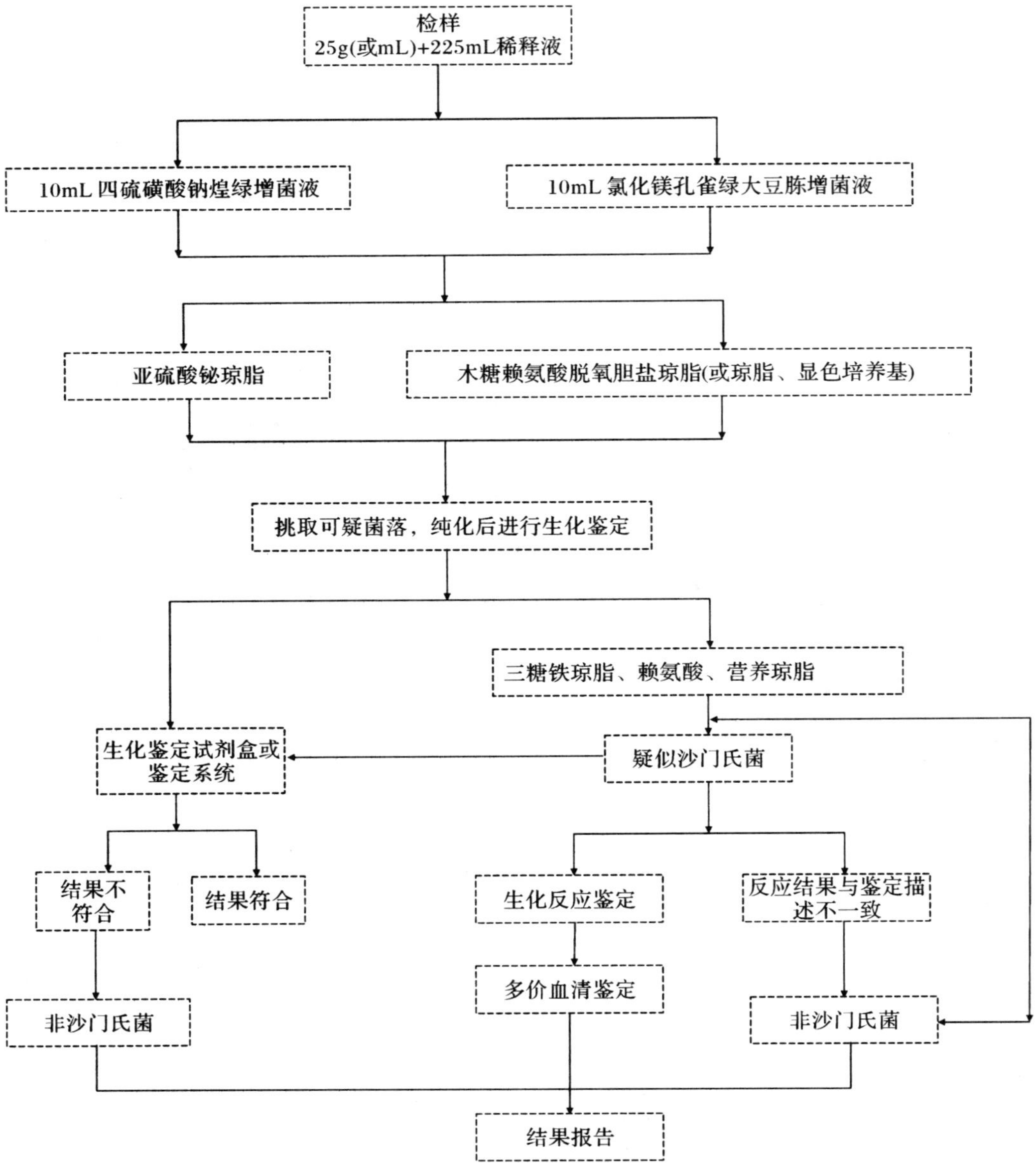

图 7－1－3　乳粉中沙门氏菌检测流程示意图

第二节　乳粉中大肠菌群的检测

大肠菌群是指在一定培养条件下能发酵乳糖、产酸产气的需氧和兼性厌氧革兰氏阴性无芽孢杆菌。它是一组与粪便污染有关的细菌，不代表某一种或某一属的细菌。大肠菌群为卫生指标菌的一种。目前，我国制定的乳粉标准中，对大肠菌群的限量要求为：$n=5$；$c=1$；$m=10$；$M=100$，检测方法主要为：《食品安全国家标准 食品微生物学检验 大肠菌群计数》(GB 4789.3—2016)。该标准有 2 个检测方法，第一法适用于大肠菌群含量较低的食品中大肠菌群的计数;第二法适用于大肠菌群含量较高的食品中大肠菌群的计数,乳粉中用于大肠菌群的检测为第二法。以下是 2 个方法所涉及的设备材料及培养基。

一、具体实验操作过程

(一) MPN 法

1. 设备和材料

除微生物实验室常规灭菌及培养设备外,其他设备和材料如下:

(1)恒温培养箱:(36±1)℃。

(2)冰箱:2~5℃。

(3)恒温水浴箱:(46±1)℃。

(4)天平:感量为 0.1g。

(5)均质器。

(6)振荡器。

(7)无菌吸管:1mL(具 0.01mL 刻度)、10mL(具 0.1mL 刻度)或微量移液器及吸头。

(8)无菌锥形瓶:容量 500mL。

(9)无菌培养皿:直径 90mm。

(10) pH 计或 pH 比色管或精密 pH 试纸。

(11)菌落计数器。

2. 培养基和试剂

(1)月桂基硫酸盐胰蛋白胨(laurylsulfatetryptose,LST)肉汤。

(2)煌绿乳糖胆盐(brilliantgreenlactosebile,BGLB)肉汤。

(3)结晶紫中性红胆盐琼脂(violetredbileagar,VRBA)。

(4)无菌磷酸盐缓冲液。

(5)无菌生理盐水。

(6)1mol/L NaOH 溶液。

(7)1mol/L HCl 溶液。

3. 操作步骤

(1)样品的稀释

1)固体和半固体样品。称取 25g 样品,放入盛有 225mL 磷酸盐缓冲液或生理盐水的无菌均质杯内,以 8000~10000r/min 的转速下均质提取 1~2min,或放入盛有 225mL 磷酸盐缓冲液或生理盐水的无菌均质袋中,用拍击式均质器拍打 1~2min,制成 1∶10 的样品匀液。

2)液体样品。以无菌吸管吸取 25mL 样品置盛有 225mL 磷酸盐缓冲液或生理盐水的无菌锥形瓶(瓶内预置适当数量的无菌玻璃珠),或其他无菌容器中充分振摇,或置于机械振荡器中振摇，充分混匀，制成 1∶10 的样品匀液。

3)样品匀液的 pH 应在 6.5～7.5 之间，必要时分别用 1mol/LNaOH 或 1mol/LHCl 调节。

4)用 1mL 无菌吸管或微量移液器吸取 1∶10 样品匀液 1mL，沿管壁缓缓注入 9mL 磷酸盐缓冲液或生理盐水的无菌试管中(注意吸管或吸头尖端不要触及稀释液面)，振摇试管或换用 1 支 1mL 无菌吸管反复吹打，使其混合均匀，制成 1∶100 的样品匀液。

5)按上述操作，依次制成 10 倍递增系列稀释样品匀液。每递增稀释 1 次，换用 1 支 1mL 无菌吸管或吸头。从制备样品匀液至样品接种完毕，全过程不得超过 15min。

(2)初发酵试验

每个样品，选择 3 个适宜的连续稀释度的样品匀液(液体样品可以选择原液)，每个稀释度接种 3 管月桂基硫酸盐胰蛋白胨(LST)肉汤，每管接种 1mL(如接种量超过 1mL，则用双料 LST 肉汤)，置(36±1)℃中培养(24±2)h，观察到管内是否有气泡产生，(24±2)h 产气者进行复发酵试验(证实试验)，如未产气则继续培养至(48±2)h，产气者进行复发酵试验。未产气者为大肠菌群阴性。

(3)复发酵试验(证实试验)

用接种环从产气的 LST 肉汤管中分别取培养物 1 环，移种于煌绿乳糖胆盐肉汤(BGLB)管中，置(36±1)℃中培养(48±2)h，观察产气情况。产气者为大肠菌群阳性管。

(4)大肠菌群最可能数(MPN)的报告

按(3)确证的大肠菌群 BGLB 阳性管数，检索 MPN 表(表 7-2-1)，报告每 1g(1mL)样品中大肠菌群。

表 7-2-1　乳粉中大肠菌群检测的检索 MPN 表

阳性管数			MPN	95%可信限		阳性管数			MPN	95%可信限	
0.10	0.01	0.001		上限	下限	0.10	0.01	0.001		上限	下限
0	0	0	<3.0	—	9.5	1	3	0	16	4.5	42
0	0	1	3.0	0.15	9.6	2	2	0	21	4.5	42
0	1	0	3.0	0.15	11	2	2	1	28	8.7	94
0	1	1	6.1	1.2	18	2	2	2	35	8.7	94
0	2	0	6.2	1.2	18	2	3	1	36	8.7	94
0	3	0	9.4	3.6	38	3	0	0	23	4.6	94
1	0	0	3.6	0.17	18	2	1	1	27	8.7	94
1	0	1	7.2	1.3	18	2	0	1	9.2	1.4	42
1	0	2	11	3.6	38	2	0	1	14	3.6	42
1	1	0	7.4	1.3	20	2	0	2	20	4.5	42
1	1	1	11	3.6	38	2	1	1	15	3.7	42
1	2	0	11	3.6	42	2	1	1	20	4.5	42
1	2	1	15	4.5	42	2	1	1	27	8.7	94

表 7-2-1(续)

阳性管数			MPN	95%可信限		阳性管数			MPN	95%可信限	
0.10	0.01	0.001		上限	下限	0.10	0.01	0.001		上限	下限
3	0	1	38	8.7	110	3	2	1	150	37	420
3	0	2	64	17	180	3	2	2	210	40	430
3	1	0	43	9	180	3	2	3	290	90	1000
3	1	1	75	17	200	3	3	0	240	42	1000
3	1	2	120	37	420	3	3	1	460	90	2000
3	1	3	160	40	420	3	3	2	1100	180	4100
3	2	0	93	18	420	3	3	3	>1100	420	—

注 1.采用 3 个稀释度,每个稀释度接种 3 管。

2.表中所列检测样品量如改用 1g(mL)、0.1g(mL)、0.01g(mL)时,表中数字相应降低 10 倍,如改为 0.01g(mL)、0.001g(mL)、0.0001g(mL)时,表中数字相应提高 10 倍,以此类推。

(二)平板计数法

1.设备和材料

除微生物实验室常规灭菌及培养设备外,其他设备和材料如下:

(1)恒温培养箱:(36±1)℃。

(2)冰箱:2~5℃。

(3)恒温水浴箱:(46±1)℃。

(4)天平:感量为 0.1g。

(5)均质器。

(6)振荡器。

(7)无菌吸管:1mL(具 0.01mL 刻度)、10mL(具 0.1mL 刻度)或微量移液器及吸头。

(8)无菌锥形瓶:容量 500mL。

(9)无菌培养皿:直径 90mm。

(10) pH 计或 pH 比色管或精密 pH 试纸。

(11)菌落计数器。

2.培养基和试剂

(1)月桂基硫酸盐胰蛋白胨(laurylsulfatetryptose,LST)肉汤。

(2)煌绿乳糖胆盐(brilliantgreenlactosebile,BGLB)肉汤。

(3)结晶紫中性红胆盐琼脂(violetredbileagar,VRBA)。

(4)无菌磷酸盐缓冲液。

(5)无菌生理盐水。

(6)1mol/L NaOH 溶液。

(7)1mol/L HCl 溶液。

3. 操作步骤

(1)样品的稀释

1)固体和半固体样品。称取25g样品,放入盛有225mL磷酸盐缓冲液或生理盐水的无菌均质杯内,以8000～10000r/min的转速下均质提取1～2min,或放入盛有225mL磷酸盐缓冲液或生理盐水的无菌均质袋中,用拍击式均质器拍打1～2min,制成1∶10的样品匀液。

2)液体样品。以无菌吸管吸取25mL样品置盛有225mL磷酸盐缓冲液或生理盐水的无菌锥形瓶(瓶内预置适当数量的无菌玻璃珠),或其他无菌容器中充分振摇,或置于机械振荡器中振摇,充分混匀,制成1∶10的样品匀液。

3)样品匀液的pH应在6.5～7.5之间,必要时分别用1mol/LNaOH或1mol/LHCl调节。

4)用1mL无菌吸管或微量移液器吸取1∶10样品匀液1mL,沿管壁缓缓注入9mL磷酸盐缓冲液或生理盐水的无菌试管中(注意吸管或吸头尖端不要触及稀释液面),振摇试管或换用1支1mL无菌吸管反复吹打,使其混合均匀,制成1∶100的样品匀液。

5)按上述操作,依次制成10倍递增系列稀释样品匀液。每递增稀释1次,换用1支1mL无菌吸管或吸头。从制备样品匀液至样品接种完毕,全过程不得超过15min。

(2)平板计数

1)选取2～3个适宜的连续稀释度,每个稀释度接种2个无菌平皿,每皿1mL。同时取1mL生理盐水加入无菌平皿作空白对照。

2)及时将15～20mL融化并恒温至46℃的结晶紫中性红胆盐琼脂(VRBA)约倾注于每个平皿中。小心旋转平皿,将培养基与样液充分混匀,待琼脂凝固后,再加3～4mL VRBA覆盖平板表层。翻转平板,置于(36±1)℃中培养18～24h。

(3)平板菌落数的选择

选取菌落数在15～150CFU之间的平板,分别计数平板上出现的典型和可疑大肠菌群菌落(如菌落直径较典型小菌落)。典型菌落为紫红色,菌落周围有红色的胆盐沉淀环,菌落直径为0.5mm或更大,最低稀释度平板低于15 CFU的记录具体菌落数。

(4)证实试验

从VRBA平板上挑取10个不同类型的典型和可疑菌落,少于10个菌落的挑取全部典型和可疑菌落。分别移种于BGLB肉汤管内,置(36±1)℃中培养24～48h,观察产气情况。凡BGLB肉汤管产气,即可报告为大肠菌群阳性。

(5)大肠菌群平板计数的报告

经最后证实为大肠菌群阳性的试管比例乘以3.3中计数的平板菌落数,再乘以稀释倍数,即为每g(mL)样品中大肠菌群数。例如,10^{-4}样品稀释液1mL,在VRBA平板上有100个典型和可疑菌落,挑取其中10个接种BGLB肉汤管,证实有6个阳性管,则该样品的大肠菌群数为:$100\times6/10\times10^{4}/g(mL)=6.0\times10^{5}$CFU/g(mL)。若所有稀释度(包括液体样品原液)平板均无菌落生长,则以<1乘以最低稀释倍数计算。

二、注意事项及典型菌落图片

1. MPN 法

MPN 法是统计学和微生物学结合的一种定量检测法。待测样品经系列稀释并培养后，根据其未生长的最低稀释度与生长的最高稀释度，应用统计学概率论推算出待测样品中大肠菌群的最大可能数。

当判定标准中，样品的限量值为“＜0.3”时，则分别取 10mL10^{-1}样品匀液接种到 3 管双料 LST 肉汤管，分取 1mL10^{-1}样品匀液接种到 3 管单料 LST 肉汤管，分别取 1mL10^{-2}样品匀液接种到 3 管单料 LST 肉汤管(如蜂蜜的限量值为 0.3MPN/g，即采取此做法)。

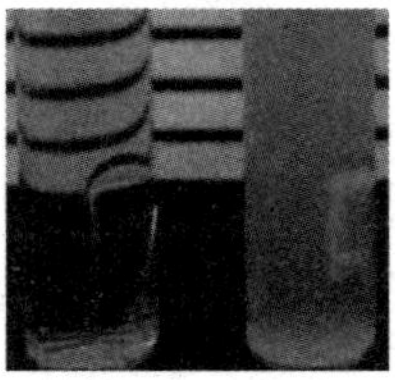

阴性　阳性

LST肉汤管

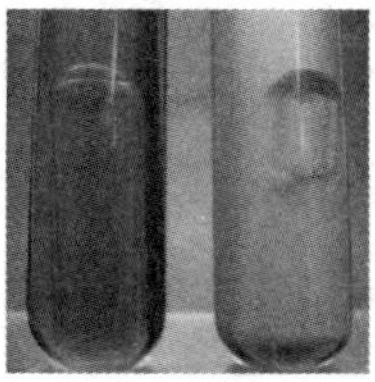

阴性　阳性

BGLB肉汤管

图 7-2-2　乳粉中大肠菌群(第一法)发酵管阴、阳性图片

2. 平板计数法

大肠菌群在固体培养基中发酵乳糖产酸，在指示剂的作用下形成可计数的红色或紫色，带有或不带有沉淀环的菌落。

VRBA 无需高压，煮沸灭菌即可，临用前配制，不得超过 3h。所用到的三角瓶也无需提前灭菌。

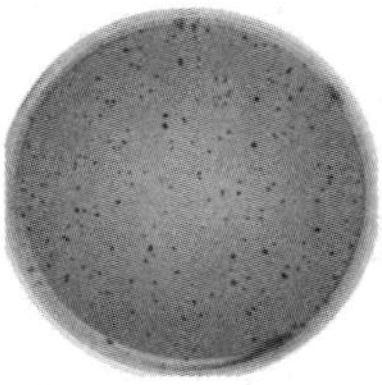

VRBA上典型菌落形态

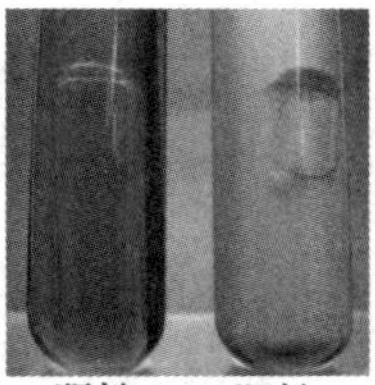

阴性　阳性

BGLB肉汤管

图 7-2-3　乳粉中大肠菌群检测典型菌落(第二法)图片

四、仪器设备图和检测流程示意图

乳粉中大肠菌群检测设备图如图 7-2-6 所示。

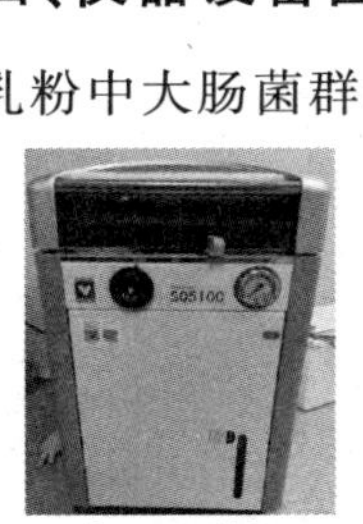

高压灭菌锅

恒温培养箱

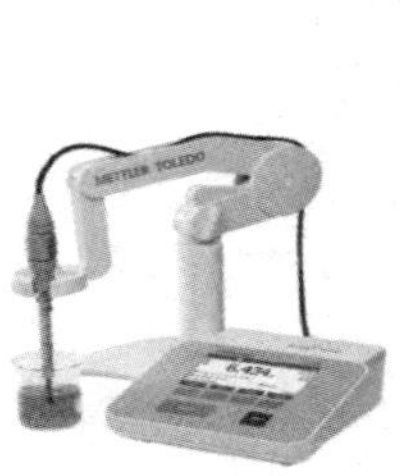

pH计

图 7-2-6　乳粉中大肠菌群检测设备图

1. MPN 法

乳粉中大肠菌群(第一法)检测流程示意图如图 7-2-4 所示。

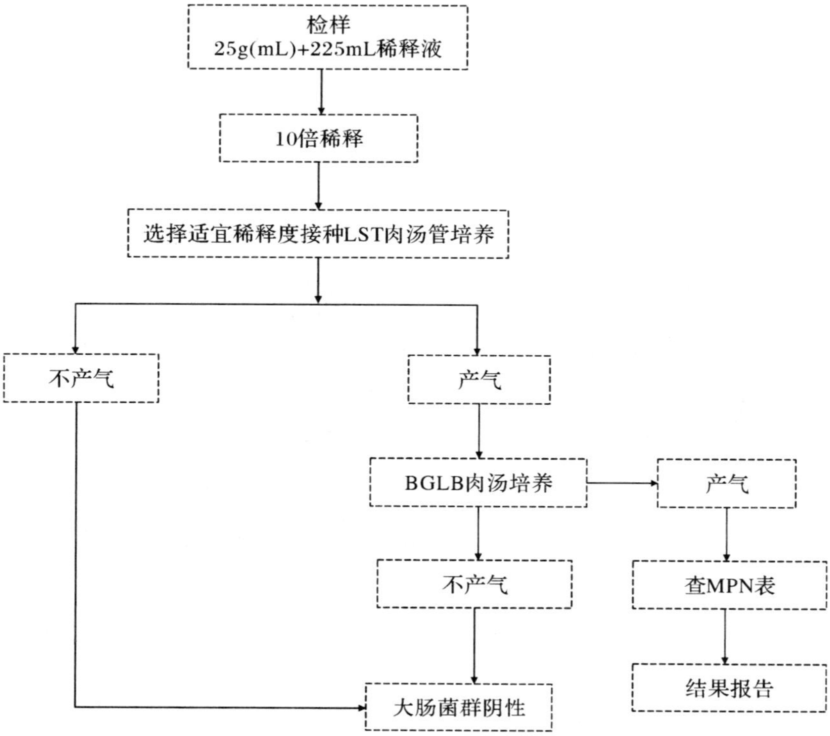

图 7-2-4 乳粉中大肠菌群(第一法)检测流程示意图

2. 平板计数法

乳粉中大肠菌群(第二法)检测流程示意图如图 7-2-5 所示。

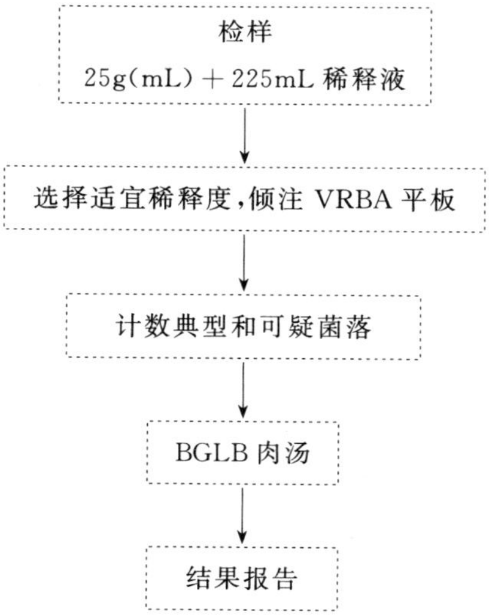

图 7-2-5 乳粉中大肠菌群(第二法)检测流程示意图

第三节　乳粉中金黄色葡萄球菌的检测

金黄色葡萄球菌属于微球菌科葡萄球菌属，典型的金黄色葡萄球菌为球形，显微镜下排列成葡萄状，革兰氏阳性菌。主要污染营养丰富且含水量较高的食品，如乳类及乳制品，肉类，饭菜等。部分全黄色葡萄球菌在一定条件下可产生耐热肠毒素，导致食物中毒。

目前，我国制定的乳粉标准中，对于金黄色葡萄球菌的限量要求为：$n=5$；$c=2$；$m=10$；$M=100$，所采用的检测方法为《食品安全国家标准 食品微生物学检验 金黄色葡萄球菌检验》(GB 4789.10—2016)平板计数法。金黄色葡萄球菌的检测标准包含3个方法：第一法适用于食品中金黄色葡萄球菌的定性检验；第二法适用于金黄色葡萄球菌含量较高的食品中金黄色葡萄球菌的计数；第三法适用于金黄色葡萄球菌含量较低的食品中金黄色葡萄球菌的计数。以下为标准中所涉及的仪器设备和培养基。

一、具体实验操作过程

1. 仪器设备

除微生物实验室常规灭菌及培养设备外，其他设备和材料如下：

(1)恒温培养箱：(36±1)℃。

(2)冰箱：2～5℃。

(3)恒温水浴箱：36～56℃。

(4)天平：感量为0.1g。

(5)均质器。

(6)振荡器。

(7)无菌吸管：1mL(具0.01mL刻度)、10mL(具0.1mL刻度)或微量移液器及吸头。

(8)无菌锥形瓶：容量100mL、500mL。

(9)无菌培养皿：直径90mm。

(10)涂布棒。

(11)pH计或pH比色管或精密pH试纸。

2. 培养基和试剂

(1)7.5%氯化钠肉汤。

(2)血琼脂平板。

(3)Baird-Parker琼脂平板。

(4)脑心浸出液肉汤(BHI)。

(5)兔血浆。

(6)稀释液：磷酸盐缓冲液。

(7)营养琼脂小斜面。

(8)革兰氏染色液。

(9)无菌生理盐水。

具体检测方法及操作步骤如下。

(一)金黄色葡萄球菌定性检验

3. 操作步骤

(1)样品的处理

称取25g样品至盛有225mL7.5%氯化钠肉汤的无菌均质杯内,以8000~10000r/min的转速下均质提取1~2min,或放入盛有225mL7.5%氯化钠肉汤无菌均质袋中,用拍击式均质器拍打1~2min。若样品为液态,吸取25mL样品至盛有225mL的7.5%氯化钠肉汤的无菌锥形瓶中(瓶内可预置适当数量的无菌玻璃珠),振荡混匀。

(2)增菌

将上述样品匀液于(36±1)℃培养18~24h。金黄色葡萄球菌在7.5%氯化钠肉汤中呈混浊生长。

(3)分离

将增菌后的培养物,分别划线接种到Baird-Parker平板和血平板,血平板置(36±1)℃中培养18~24h。Baird-Parker平板置(36±1)℃培养中24~48h。

(4)初步鉴定

金黄色葡萄球菌在Baird-Parker平板上呈圆形,表面光滑、凸起、湿润、菌落直径为2~3mm,颜色呈灰黑色至黑色,有光泽,常有浅色(非白色)的边缘,周围绕以不透明圈(沉淀),其外常有1个清晰带。当用接种针触及菌落时具有黄油样黏稠感。有时可见到不分解脂肪的菌株,除没有不透明圈和清晰带外,其他外观基本相同。从长期贮存的冷冻或脱水食品中分离的菌落,其黑色常较典型菌落浅些,且外观可能较粗糙,质地较干燥。在血平板上,形成菌落较大,圆形、光滑凸起、湿润、金黄色(有时为白色),菌落周围可见完全透明溶血圈。挑取上述可疑菌落进行革兰氏染色镜检及血浆凝固酶试验。

(5)确证鉴定

1)染色镜检:金黄色葡萄球菌为革兰氏阳性球菌,排列呈葡萄球状,无芽胞、无荚膜,直径约为0.5~1μm。

2)血浆凝固酶试验:挑取Baird-Parker平板或血平板上至少5个可疑菌落(小于5个全选),分别接种到5mL BHI和营养琼脂小斜面,置(36±1)℃中培养18~24h。取新鲜配制兔血浆0.5mL,放入小试管中,再加入BHI培养物0.2~0.3mL,振荡摇匀,置(36±1)℃温箱或水浴箱内,每0.5h观察1次,观察6h,如呈现凝固(即将试管倾斜或倒置时,呈现凝块)或凝固体积大于原体积的一半,被判定为阳性结果。同时以血浆凝固酶试验阳性和阴性葡萄球菌菌株的肉汤培养物作为对照。也可用商品化的试剂,按说明书操作,进行血浆凝固酶试验。结果如可疑,挑取营养琼脂小斜面的菌落到5mL BHI,置(36±1)℃中培养18~48h,重复试验。

3)葡萄球菌肠毒素的检验(选做):可疑食物中毒样品或产生葡萄球菌肠毒素的金黄色葡萄球菌菌株的鉴定,应按检测葡萄球菌肠毒素。具体见葡萄球菌肠毒素检测方法(附录1)。

(6)结果与报告

1)结果判定:符合上述情况可判定为金黄色葡萄球菌。

2)结果报告:在25g(mL)样品中检出或未检出金黄色葡萄球菌。

(二)金黄色葡萄球菌平板计数法

4.操作步骤

(1)样品的稀释

1)固体和半固体样品。称取25g样品置于盛有225mL磷酸盐缓冲液或生理盐水的无菌均质杯内,以8000~10000r/min的均质提取1~2min,或置于盛有225mL稀释液的无菌均质袋中,用拍击式均质器拍打1~2min,制成1∶10的样品匀液。

2)液体样品。以无菌吸管吸取25mL样品置于盛有225mL磷酸盐缓冲液或生理盐水的无菌锥形瓶中(瓶内预置适当数量的无菌玻璃珠),充分混匀,制成1∶10的样品匀液。

3)用1mL无菌吸管或微量移液器吸取1∶10样品匀液1mL,沿管壁缓慢注于盛有9mL磷酸盐缓冲液或生理盐水的无菌试管中(注意吸管或吸头尖端不要触及稀释液面),振摇试管或换用1支1mL无菌吸管反复吹打使其混合均匀,制成1∶100的样品匀液。

4)按3)操作程序,制备10倍系列稀释样品匀液。每递增稀释1次,换用1次1mL无菌吸管或吸头。

(2)样品的接种

根据对样品污染状况的估计,选择2~3个适宜稀释度的样品匀液(液体样品可包括原液),在进行10倍递增稀释的同时,每个稀释度分别吸取1mL样品匀液以0.3mL、0.3mL、0.4mL接种量分别加入3块Baird - Parker平板,然后用无菌涂布棒涂布整个平板,注意不要触及平板边缘。使用前,如Baird - Parker平板表面有水珠,可放在25~50℃的培养箱里干燥,直到平板表面的水珠消失。

(3)培养

在通常情况下,涂布后,将平板静置10min,如样液不易吸收,可将平板放在培养箱置(36±1)℃中培养1h;等样品匀液吸收后翻转平板,倒置后于(36±1)℃中培养24~48h。

(4)典型菌落计数和确认

金黄色葡萄球菌在Baird-Parker平板上呈圆形,表面光滑、凸起、湿润、菌落直径为2~3mm,颜色呈灰黑色至黑色,有光泽,常有浅色(非白色)的边缘,周围绕以不透明圈(沉淀),其外常有1个清晰带。当用接种针触及菌落时具有黄油样黏稠感。有时可见到不分解脂肪的菌株,除没有不透明圈和清晰带外,其他外观基本相同。从长期贮存的冷冻或脱水食品中分离的菌落来分析,其黑色常较典型菌落浅些,且外观可能较粗糙,质地较干燥。

1)选择有典型的金黄色葡萄球菌菌落的平板,且同一稀释度3个平板所有菌落数合计在20~200CFU(菌落形成单位)之间的平板,计数典型菌落数。

2)从典型菌落中至少选5个可疑菌落(小于5个全选)进行鉴定试验。分别做染色镜检、血浆凝固酶试验;同时划线接种到血平板(36±1)℃培养18~24h后观察菌落形态,金黄色葡萄球菌菌落较大,圆形、光滑凸起、湿润、金黄色(有时为白色),菌落周围可见完全透明溶血圈。

(5)分析结果表达

1)若只有一个稀释度平板的典型菌落数在20～200CFU之间,计数该稀释度平板上的典型菌落,按式(7-3-1)计算。

$$T=\frac{AB}{Cd} \quad (7-3-1)$$

式中:T为样品中金黄色葡萄球菌菌落数;A为某一稀释度典型菌落的总数;B为某一稀释度鉴定为阳性的菌落数;C为某一稀释度用于鉴定试验的菌落数;d为稀释因子。

2)若最低稀释度平板的典型菌落数<20CFU,计数该稀释度平板上的典型菌落,按式(7-3-1)计算。

3)若某一稀释度平板的典型菌落数>200CFU,但下一稀释度平板上没有典型菌落,计数该稀度平板上的典型菌落,按式(7-3-1)计算。

4)若某一稀释度平板的典型菌落数>200CFU,而下一稀释度平板上虽有典型菌落,但不在20～200CFU范围内,应计数该稀释度平板上的典型菌落,按式(7-3-1)计算。

5)若2个连续稀释度的平板典型菌落数均在20～200CFU之间,按式(7-3-2)计算。

$$T=\frac{A_1B_1/C_1+A_2B_2/C_2}{1.1d} \quad (7-3-2)$$

式中:T为样品中金黄色葡萄球菌菌落数;A_1为第一稀释度(低稀释倍数)典型菌落的总数;B_1为第一稀释度(低稀释倍数)鉴定为阳性的菌落数;C_1为第一稀释度(低稀释倍数)用于鉴定试验的菌落数;A_2为第二稀释度(低稀释倍数)典型菌落的总数;B_2为第二稀释度(低稀释倍数)鉴定为阳性的菌落数;C_2为第二稀释度(低稀释倍数)用于鉴定试验的菌落数;1.1为计算系数;d为稀释因子(第一稀释度)。

(6)报告

根据上面公式计算结果,报告每g(mL)样品中金黄色葡萄球菌菌落数,以CFU/g(mL)表示;如T值为0,则以<1乘以最低稀释倍数报告。

(三)金黄色葡萄球菌MPN计数

5.操作步骤

(1)样品的稀释

1)固体和半固体样品。称取25g样品置于盛有225mL磷酸盐缓冲液或生理盐水的无菌均质杯内,以8000～10000r/min的转速下均质提取1～2min,或置于盛有225mL稀释液的无菌均质袋中,用拍击式均质器拍打1～2min,制成1∶10的样品匀液。

2)液体样品。以无菌吸管吸取25mL样品置于盛有225mL磷酸盐缓冲液或生理盐水的无菌锥形瓶中(瓶内预置适当数量的无菌玻璃珠),充分混匀,制成1∶10的样品匀液。

3)用1mL无菌吸管或微量移液器吸取1∶10样品匀液1mL,沿管壁缓慢注于盛有9mL磷酸盐缓冲液或生理盐水的无菌试管中(注意吸管或吸头尖端不要触及稀释液面),振摇试管或换用1支1mL无菌吸管反复吹打使其混合均匀,制成1∶100的样品匀液。

4)按3)中操作程序,制备10倍系列稀释样品匀液。每递增稀释1次,换用1次1mL

无菌吸管或吸头。

(2)接种和培养

1)根据对样品污染状况的估计，选择 3 个适宜稀释度的样品匀液（液体样品可包括原液），在进行 10 倍递增稀释的同时，每个稀释度分别接种 1mL 样品匀液至 7.5%氯化钠肉汤管（如接种量超过 1mL，则用双料 7.5%氯化钠肉汤），每个稀释度接种 3 管，将上述接种物置(36±1)℃中培养 18～24h。

2)用接种环从培养后的 7.5%氯化钠肉汤管中分别取培养物 1 环，移种于 Baird - Parker 平板(36±1)℃中培养 24～48h。

3)典型菌落确认。金黄色葡萄球菌在 Baird - Parker 平板上呈圆形，表面光滑、凸起、湿润、菌落直径为 2～3mm，颜色呈灰黑色至黑色，有光泽，常有浅色（非白色）的边缘，周围绕以不透明圈（沉淀），其外常有 1 个清晰带。当用接种针触及菌落时具有黄油样黏稠感。有时可见到不分解脂肪的菌株，除没有不透明圈和清晰带外，其他外观基本相同。从长期贮存的冷冻或脱水食品中分离的菌落，其黑色常较典型菌落浅些，且外观可能较粗糙，质地较干燥。

选择有典型的金黄色葡萄球菌菌落的平板，且同一稀释度 3 个平板所有菌落数合计在 20～200CFU 之间的平板，计数典型菌落数。

从典型菌落中至少选 5 个可疑菌落（<5 个全选）进行鉴定试验。分别做染色镜检、血浆凝固酶试验；同时划线接种到血平板置(36±1)℃中培养 18～24h 后观察菌落形态，金黄色葡萄球菌菌落较大，圆形、光滑凸起、湿润、金黄色（有时为白色），菌落周围可见完全透明溶血圈。

(3)结果与报告

根据证实为金黄色葡萄球菌阳性的试管管数，查 MPN 检索表（表 7 - 3 - 1），报告每 g(mL)样品中金黄色葡萄球菌的最可能数，以 MPN/g(mL)表示。

表 7 - 3 - 1　MPN 检索表

阳性管数			MPN	95%置信区间		阳性管数			MPN	95%置信区间	
0.10	0.01	0.001		下限	上限	0.10	0.01	0.001		下限	上限
0	0	0	<3.0	—	9.5	1	2	0	11	3.6	42
0	0	1	3.0	0.15	9.6	1	2	1	15	4.5	42
0	1	0	3.0	0.15	11	1	3	0	16	4.5	42
0	1	1	6.1	1.2	18	2	0	2	9.2	1.4	38
0	2	0	6.2	1.2	18	2	0	1	14	3.6	42
0	3	0	9.4	3.6	38	2	0	2	20	4.5	42
1	0	0	3.6	0.17	18	2	1	0	15	3.7	42
1	0	1	7.2	1.3	18	2	1	1	20	4.5	42
1	0	2	11	3.6	38	2	1	2	27	8.7	94
1	1	0	7.4	1.3	20	2	2	0	21	4.5	42
1	1	1	11	3.6	38	2	2	1	28	8.7	94

表 7-3-1(续)

阳性管数			MPN	95%置信区间		阳性管数			MPN	95%置信区间	
0.10	0.01	0.001		下限	上限	0.10	0.01	0.001		下限	上限
2	2	2	35	8.7	94	3	1	3	160	40	420
2	3	0	29	8.7	94	3	2	0	93	18	420
2	3	1	36	8.7	94	3	2	1	150	37	420
3	0	0	23	4.6	94	3	2	2	210	40	420
3	0	1	38	8.7	110	3	2	3	290	90	1000
3	0	2	64	17	180	3	3	0	240	42	1000
3	1	0	43	9	180	3	3	1	460	90	2000
3	1	1	75	17	200	3	3	2	1100	180	4100
3	1	2	120	37	420	3	3	3	>1100	420	—

注 1.表中所采用的 3 个稀释度,每个稀释度接种 3 管。

2.表中所列检样量若改为 1g(mL)、0.1g(mL)、0.01g(mL)表中数字相应降低 10 倍;若改为 0.01g(mL)、0.001g(mL)、0.0001g(mL)表中数字应相应提高 10 倍,其余类推。

二、注意事项及典型菌落图片

1.金黄色葡萄球菌定性检验

(1)Barid - parker 平板应提前配制,且在冰箱中储存不得超过 48h。

(2)金黄色葡萄球菌在血平板上的菌落较大,菌落周围可见清晰的溶血圈。

(3)在进行血浆凝固酶实验时,应每 0.5h 观察 1 次。有时凝固后还会发生自融现象,若培养 6h 后再去观察结果,可能产生假阴性结果。阳性结果判读:试管倾斜出现凝块或凝固体积大于原体积的一半。

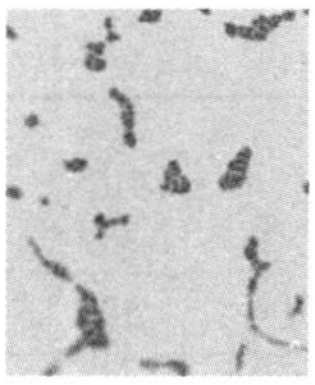

血平板典型菌落形态

镜检图片

图 7-3-1　镜检图片及血平板典型菌落形态图片

2.金黄色葡萄球菌平板计数法

(1)Baird - Parker 平板需要提前配置,否则会比较湿润,不适合涂布。若 Baird - Parker 平板表面有水珠,可放在 25～50℃的培养箱里干燥,直到平板表面的水珠消失。

(2)涂布时尽量不要接触平板边缘,否则会导致样液汇集到边缘,不易计数。

(3)涂布完成后,放置一段时间使培养基吸收样液后再进行后续培养。

(4)若培养 24h 后,有典型菌落则进行证实实验,若无菌落生长则继续培养至 48h 后再观察。

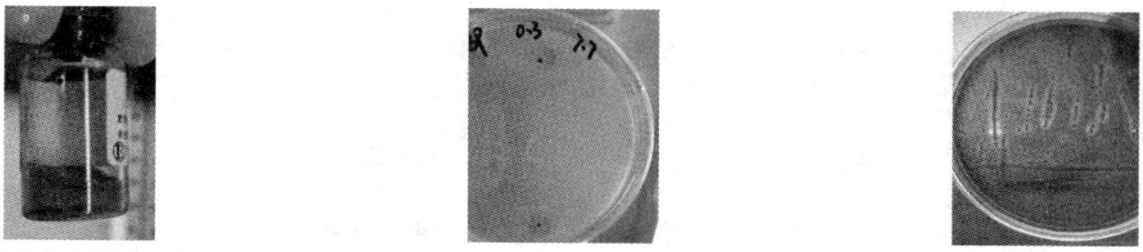

冻干兔血浆试验阳性　　Baird–Parker　　血平板

图 7－3－2　金黄色葡萄球菌的典型菌落形态图片

3. 金黄色葡萄球菌 MPN 计数

将样液在 36℃ 培养 18h 后，若出现浑浊则接种至 BP 平板，若无变化则继续培养至 24h 后接种。

三、仪器设备及检测流程示意图

乳粉中金黄色葡萄球菌检测设备图如图 7－3－3 所示，乳粉中金黄色葡萄球菌检测（第一法）流程示意图如图 7－3－4 所示，金黄色葡萄球菌（第二法）的检测流程示意图如图 7－3－5 所示，金黄色葡萄球菌（第三法）检测流程示意图如图 7－3－6 所示。

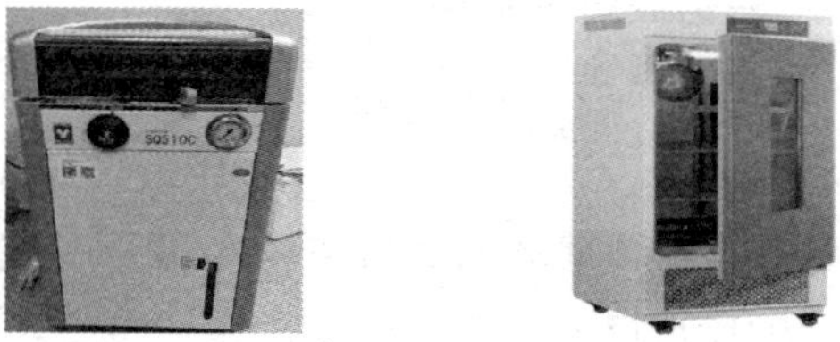

高压灭菌锅　　恒温培养箱

图 7－3－3　乳粉中金黄色葡萄球菌检测设备图

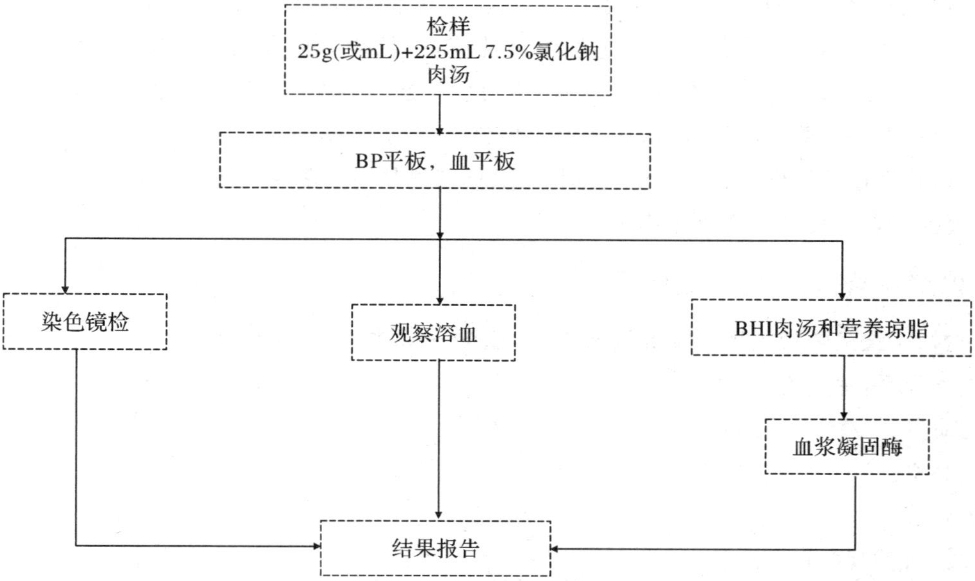

图 7－3－4　乳粉中金黄色葡萄球菌检测(第一法)流程示意图

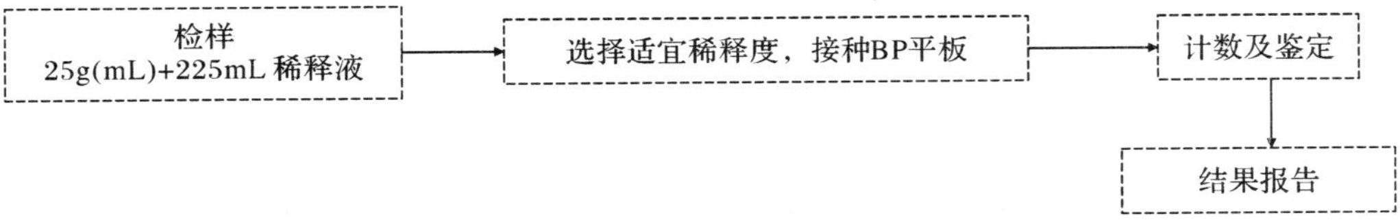

图 7-3-5 金黄色葡萄球菌(第二法)的检测流程示意图

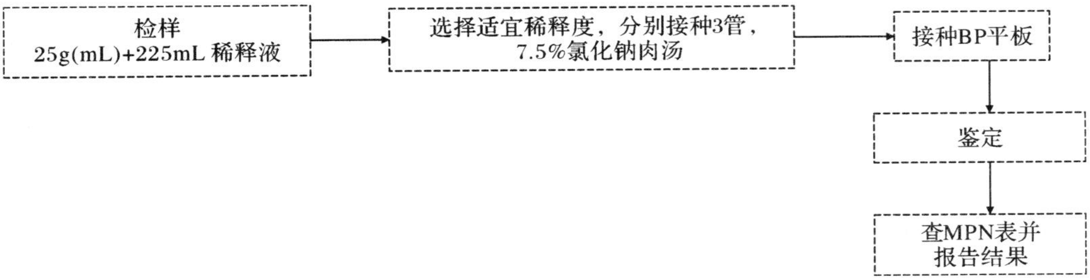

图 7-3-6 金黄色葡萄球菌(第三法)检测流程示意图

附录

葡萄球菌肠毒素检验

一、检测原理

本方法可用 A、B、C、D、E 型金黄色葡萄球菌肠毒素分型酶联免疫吸附试剂盒完成。本方法测定的基础是酶联免疫吸附反应(ELISA)。96 孔酶标板的每 1 个微孔条的 A～E 孔分别包被了 A、B、C、D、E 型葡萄球菌肠毒素抗体；H 孔为阳性质控，已包被混合型葡萄球菌肠毒素抗体；F 孔和 G 孔为阴性质控，包被了非免疫动物的抗体。样品中如果有葡萄球菌肠毒素，游离的葡萄球菌肠毒素则与各微孔中包被的特定抗体结合，形成抗原抗体复合物，其余未结合的成分在洗板过程中被洗掉；抗原抗体复合物再与过氧化物酶标记物(二抗)结合，未结合上的酶标记物在洗板过程中被洗掉；加入酶底物和显色剂并孵育，酶标记物上的酶催化底物分解，使无色的显色剂变为蓝色；加入反应终止液可使颜色由蓝变黄，并终止了酶反应；以 450nm 波长的酶标仪测量微孔溶液的吸光度值，样品中的葡萄球菌肠毒素与吸光度值成正比。

二、仪器设备

除微生物实验室常规灭菌及培养设备外，其他设备和材料如下：

(1)电子天平：感量为 0.01g。

(2)均质器。

(3)离心机。

(4)离心管。

(5)0.2μm 滤膜。

(6)微量加样器(20～200μL、200～1000μL)。

(7)微量多通道加样器(50～300μL)。

(8)自动洗板机。

(9)酶标仪(波长450nm)。

三、试剂盒及培养基

(1)A、B、C、D、E型金黄色葡萄球菌肠毒素分型ELISA检测试剂盒。

(2)肠毒素培养基。

(3)营养琼脂。

四、检测步骤

1.从分离菌株培养物中检测葡萄球菌肠毒素

待测菌株接种营养琼脂斜面(试管内径18mm×柱长180mm)36℃培养24h,用5mL生理盐水洗下菌落,倾入60mL产毒培养基中,36℃振荡培养48h,振速为100次/min,吸出菌液离心,于8000r/min的转速离心20min,加热100℃ 10min,取上清液,取100mL稀释后的样液进行试验。

2.从牛奶和奶粉中提取和检测葡萄球菌毒素

将25g奶粉溶解到125mL、0.25mol/L、pH=8.0的Tris缓冲液中,混匀后同液体牛奶一样按以下步骤制备。将牛奶于15℃,以3500r/min的转速离心10min。将表面形成的一层脂肪层移走,变成脱脂牛奶。用蒸馏水对其进行稀释(1∶20),取100μL稀释后的样液进行试验。

3.检测

(1)制备。所有操作均应在室温(20～25℃)下进行,A、B、C、D、E型金黄色葡萄球菌肠毒素分型ELISA检测试剂盒中所有试剂的温度均应回升至室温方可使用。测定中吸取不同的试剂和样品溶液时应更换吸头,用过的吸头以及废液处理前要浸泡到10%次氯酸钠溶液中过夜。

(2)孵育。将所需数量的微孔条插入框架中(1个样品需要1个微孔条)。将样品液加入微孔条的A～G孔,每孔100μL。H孔加100μL的阳性对照,用手轻拍微孔板充分混匀,用黏胶纸封住微孔以防溶液挥发,置室温下孵育1h。

(3)洗板。将孔中液体倾倒至含10%次氯酸钠溶液的容器中,并在吸水纸上拍打几次以确保孔内不残留液体。每孔用多通道加样器注入250μL的洗液,再倾倒掉并在吸水纸上拍干。重复以上洗板操作4次。本步骤也可由自动洗板机完成。

(4)孵育。每孔加入100μL的酶标抗体,用手轻拍微孔板充分混匀,置室温下孵育1h。

(5)洗板。重复(3)的洗板程序。

(6)孵育。加50μL的TMB底物和50μL的发色剂至每个微孔中,轻拍混匀,置室温黑暗避光处孵育30min。

(7)测量。加入 100μL 的 2mol/L 硫酸终止液，轻拍混匀，30min 内用酶标仪在 450nm 波长条件下测量每个微孔溶液的 OD 值。

4. 分析结果表达

(1)质量控制。测试结果阳性质控的 OD 值要＞0.5，阴性质控的 OD 值要＜0.3，如果不能同时满足以上要求，测试的结果不被认可。对阳性结果要排除内源性过氧化物酶的干扰。

(2)临界值的计算。每 1 个微孔条的 F 孔和 G 孔为阴性质控，2 个阴性质控 OD 值的平均值加上 0.15 为临界值。如：阴性质控 1＝0.08，阴性质控 2＝0.10，则平均值为0.09，临界值为 0.09＋0.15＝0.24。

(3)结果表达。OD 值＜临界值的样品孔判为阴性，表述为样品中未检出某型金黄色葡萄球菌肠毒素；OD 值＞或等于临界值的样品孔判为阳性，表述为样品中检出某型金黄色葡萄球菌肠毒素。

第四节　乳粉中菌落总数的检测

菌落总数是评价食品卫生质量的重要标准，食品安全国家标准 乳粉中对菌落总数的限量要求为 $n=5$；$c=2$；$m=50000$；$M=200000$。若菌落总数超标，则意味着乳粉产品质量不过关。可以通过提高原料奶的质量或改进生产工艺来控制终产品的菌落总数，提高产品质量。目前，乳粉中菌落总数的检测方法为《食品安全国家标准 食品微生物学检验 菌落总数测定》(GB 4789.2—2022)。菌落总数是微生物检测中最常见的项目，但每个环节都需要小心谨慎的操作，以确保结果的准确度。

一、具体实验操作过程

1. 设备和材料

除微生物实验室常规灭菌及培养设备外，其他设备和材料如下：

(1)恒温培养箱：(36±1)℃、(30±1)℃。

(2)冰箱：2～5℃。

(3)恒温装置：(48±2)℃。

(4)天平：感量为 0.1g。

(5)均质器。

(6)振荡器。

(7)无菌吸管：1mL(具 0.01mL 刻度)、10mL(具 0.1mL 刻度)或微量移液器及吸头。

(8)无菌锥形瓶：容量 250mL、500mL。

(9)无菌培养皿：直径 90mm。

(10)pH 计或 pH 比色管或精密 pH 试纸。

(11)放大镜和菌落计数器。

2. 培养基和试剂

(1)平板计数琼脂培养基。

(2)菌落总数测试片:应符合(GB 4789.28)中平板计数琼脂培养基质量控制要求,且主要营养成分与平板计数琼脂培养基配方一致。

(3)无菌磷酸盐缓冲液、无菌生理盐水。

3. 操作步骤

(1)样品的稀释

1)固体和半固体样品。称取 25g 样品置于盛有 225mL 无菌磷酸盐缓冲液或无菌生理盐水的无菌均质杯内,以 8000～1000r/min 的转速下均质提取 1～2min,或放入盛有 225mL 稀释液的无菌均质袋中,用拍击式均质器拍打 1～2min,制成 1∶10 的样品匀液。

2)液体样品。以无菌吸管吸取 25mL 样品置于盛有 225mL 无菌磷酸盐缓冲液或无菌生理盐水的无菌锥形瓶中(瓶内可预置适当数量的无菌玻璃珠),充分混匀,或放入盛有 225mL 稀释液的无菌均质袋中,用拍击式均质器拍打 1～2min,制成 1∶10 的样品匀液。用 1mL 无菌吸管或微量移液器吸取 1∶10 样品匀液 1mL,沿管壁缓慢注于盛有 9mL 稀释液的无菌试管中(注意吸管或吸头尖端不要触及稀释液面),在振荡器上振荡混匀,制成 1∶100 的样品匀液。根据对样品污染状况的估计,选择 1～3 个适宜稀释度的样品匀液(液体样品可包括原液),吸取 1mL 样品匀液于无菌培养皿内,每个稀释度做 2 个培养皿。同时,分别吸取 1mL 空白稀释液加入 2 个无菌培养皿内作空白对照。及时将15～20mL 冷却至 46～50℃的平板计数琼脂培养基(可放置于(48±2)℃恒温装置中保温)倾注培养皿,并转动培养皿使其混合均匀。

(2)培养

水平放置待琼脂凝固后,将平板翻转,置(36±1)℃中培养(48±2)h。水产品置(30±1)℃中培养(72±3)h。如果样品中可能含有在琼脂培养基表面蔓延生长的菌落,可在凝固后的琼脂培养基表面覆盖一薄层平板计数琼脂培养基(约 4mL),凝固后翻转平板,进行培养。如使用菌落总数测试片,应按照测试片所提供的相关技术规程操作。

(3)菌落计数

可用肉眼观察,必要时用放大镜或菌落计数器,记录稀释倍数和相应的菌落数量。菌落计数以菌落形成单位(CFU)表示。选取菌落数在 30～300CFU 之间,无蔓延菌落生长的平板计数菌落总数。低于 30CFU 的平板记录具体菌落数,高于 300CFU 的可记录为多不可计。其中 1 个平板有较大片状菌落生长时,则不宜采用,而应以无较大片状菌落生长的平板作为该稀释度的菌落数;若片状菌落不到平板的一半,而其余一半中菌落分布又很均匀,可计算半个平板后乘 2,代表 1 个平板菌落数。当平板上出现菌落间无明显界线的链状生长时,则将每条单链作为 1 个菌落计数。

4. 分析结果表达

(1)菌落总数的计算方法

1)若只有1个稀释度平板上的菌落数在适宜计数范围内,计算2个平板菌落数的平均值,再将平均值乘以相应稀释倍数,作为每1g(1mL)样品中菌落总数结果。

表7-4-1　稀释度及菌落数表示

稀释度	1:10	1:100	1:1000	计算结果
菌落数/CFU	多不可计,多不可计	124,138	11,14	13100

注:表中数据修约后,可表述为13000或1.3×10^4。

2)若有2个连续稀释度的平板菌落数在适宜计数范围时,按式(7-4-1)计算:

$$N=\frac{\sum C}{(n_1+0.1n_2)\times d} \qquad (7-4-1)$$

式中:N为样品中菌落数;$\sum C$为平板(含适宜范围菌落数的平板)菌落数之和;n_1为第一稀释度(低稀释倍数)平板个数;n_2为第二稀释度(高稀释倍数)平板个数;d为稀释因子(第一稀释度)。

表7-4-2　稀释度及菌落数表示

稀释度	1:100(第一稀释度)	1:1000(第二稀释度)	计算结果
菌落数/CFU	232,244	33,35	24727

注:表中数据修约后,可表述为25000或2.5×10^4。

3)若所有稀释度的平板上菌落数均>300CFU,则对稀释度最高的平板进行计数,其他平板可记录为多不可计,结果按平均菌落数乘以最高稀释倍数计算。

表7-4-3　稀释度及菌落数表示

稀释度	1:10	1:100	1:1000	计算结果
菌落数/CFU	多不可计,多不可计	多不可计,多不可计	442,420	431000

注:表中数据修约后,可表述为430000或4.3×10^5。

4)若所有稀释度的平板菌落数均<30CFU,则应按稀释度最低的平均菌落数乘以稀释倍数计算。

表7-4-4　稀释度及菌落数表示

稀释度	1:10	1:100	1:1000	计算结果
菌落数/CFU	14,15	1,0	0,0	145

注:表中数据修约后,可表述为150或1.5×10^2。

5)若所有稀释度(包括液体样品原液)平板均无菌落生长,则以<1乘以最低稀释倍数计算。

表 7-4-5　稀释度及菌落数表示

稀释度	1:10	1:100	1:1000	计算结果
菌落数/CFU	0,0	1,0	0,0	<10

注：表中数据可表述为<10。

6)若所有稀释度的平板菌落数均不在 30～300CFU 之间，其中一部分<30CFU 或>300CFU 时，则以最接近 30CFU 或 300CFU 的平均菌落数乘以稀释倍数计算。

表 7-4-6　稀释度及菌落数表示

稀释度	1:10	1:100	1:1000	计算结果
菌落数/CFU	312,306	14,19	2,4	3090

注：表中数据修约后，可表述为 3100 或 3.1×10^{3}。

5. 菌落总数的报告

(1)菌落总数<100CFU 时，按“四舍五入”原则修约，以整数报告。

(2)菌落总数≥100CFU 时，第 3 位数字采用“四舍五入”原则修约后，采用 2 位有效数字，后面用 0 代替位数；也可用 10 的指数形式来表示，按“四舍五入”原则修约后，采用 2 位有效数字。

(3)若空白对照上有菌落生长，则此次检验结果无效。

(4)称重取样以 CFU/g 为单位报告，体积取样以 CFU/mL 为单位报告。

二、注意事项

(1)需要注意无菌操作，当空白对照上出现菌落时，整批次的菌落总数数据都会作废。

(2)稀释液的均匀性也会对结果产生影响，可能造成同一梯度的 2 块平皿结果相差甚远，或前后 2 个梯度没有梯度性。所以需要严格按照标准要求，对样品匀液及稀释液进行均质。

(3)一般通过在培养基中添加 TTC 来区分菌落和样品。

(4)培养基在配制的过程中，最大容量不可超过 1L，否则会出现灭菌不彻底的问题。

三、仪器设备及检测流程示意图

乳粉中菌落总数的测定设备图如图 7-4-1 所示，乳粉中菌落总数的测定检测流程示意图如图 7-4-2 所示。

高压灭菌锅

超净工作台

恒温培养箱

图 7-4-1　乳粉中菌落总数的测定设备图

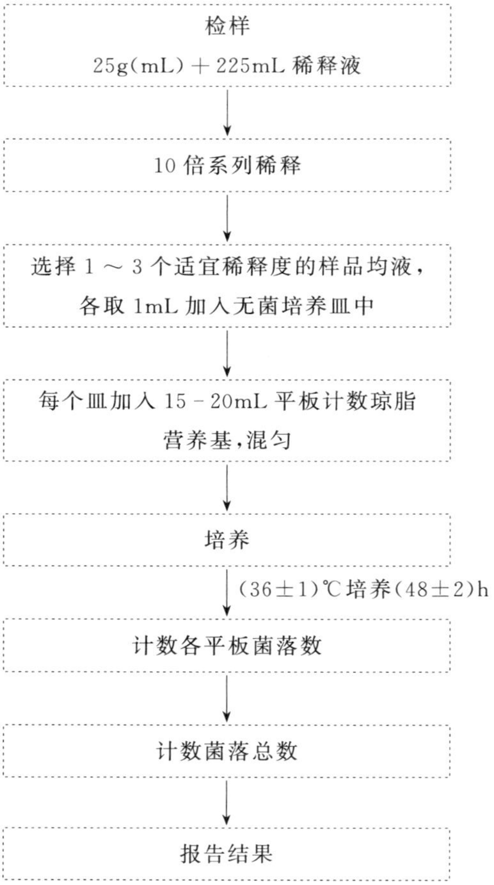

图7－4－2　乳粉中菌落总数的测定检测流程示意图

第五节　乳粉中克罗诺杆菌属的检测

克罗诺杆菌属于革兰氏阴性菌，是一种条件致病菌，该属的细菌是生活于人和动物肠道内的兼性厌氧革兰氏阴性杆菌，隶属于肠杆菌科。2008年克罗诺杆菌正式被确认为肠杆菌科的一个新属，共包括7个亚种，包括阪崎克罗诺杆菌（Cronobacter sakazakii）、丙二酸盐克罗诺杆菌（C. malonaticus）、苏黎世克罗诺杆菌（C. turicensis）、莫金斯克罗诺杆菌（C. muytjensii）、康帝蒙提克罗诺杆菌（C. condimenti）、尤尼沃斯克罗诺杆菌（C. universalis）和都柏林克罗诺杆菌（C. dublinensis）。其中，都柏林克罗诺杆菌包括3个亚种，分别是都柏林克罗诺杆菌都柏林亚种（C. dublinensissubsp. dublinensis），都柏林克罗诺杆菌奶粉亚种（C. dublinensissubsp. lactaridi）和都柏林克罗诺杆菌洛桑亚种（C. dublinensissubsp. lausannensis）。克罗诺杆菌在自然界中广泛存在，主要感染对象为婴儿，该菌的感染率较低，但死亡率很高，因为一旦感染，克罗诺杆菌会穿透血脑屏障引起败血症或脑膜炎致死率高达40％～80％。因此，我国食品安全国家标准 预包装食品中致病菌限量规定，婴儿

(0～6月龄)配方食品和特殊医学用途婴儿配方食品中克罗诺杆菌的检出限为0/100g。克罗诺杆菌的污染与奶粉企业的生产环境以及原辅料息息相关,但传播途径和方式尚不明确。不同于其他肠杆菌科的细菌,克罗诺杆菌更耐热、耐干燥和高渗透压。目前,我国对克罗诺杆菌属的检测标准为(GB 4789.40—2016),该标准包含2个检测方法,适用于婴幼儿配方食品、乳和乳制品及其原料中克罗诺杆菌属的检验。

一、具体实验操作过程

1.设备和材料

除微生物实验室常规灭菌及培养设备外,其他设备和材料如下:

(1)恒温培养箱:(25±1)℃、(36±1)℃、(44±0.5)℃。

(2)冰箱:2～5℃。

(3)恒温水浴箱:(44±0.5)℃。

(4)天平:感量为0.1g。

(5)均质器。

(6)振荡器。

(7)无菌吸管:1mL(具0.01mL刻度)、10mL(具0.1mL刻度)或微量移液器及吸头。

(8)无菌锥形瓶:容量100mL、200mL、2000mL。

(9)无菌培养皿:直径90mm。

(10)pH计或pH比色管或精密pH试纸。

(11)全自动微生物生化鉴定系统。

2.培养基和试剂

(1)缓冲蛋白胨水(buffer peptone water,BPW)。

(2)改良月桂基硫酸盐胰蛋白胨肉汤-万古霉素(modified laurylsulfate tryptose broth - vancomycin medium,简写mLST - Vm)。

(3)阪崎肠杆菌显色培养基。

(4)胰蛋白胨大豆琼脂(trypticasesoyagar,TSA)。

(5)生化鉴定试剂盒:氧化酶试剂。

(一)克罗诺杆菌属定性检验

3.操作步骤

(1)前增菌和增菌

取检样100g(mL)置灭菌锥形瓶中,加入900mL已预热至44℃的缓冲蛋白胨水,用手缓缓地摇动至充分溶解,在(36±1)℃中培养(18±2)h。移取1mL转种于10mL mLST - Vm肉汤,在(44±0.5)℃中培养(24±2)h。

(2)分离

1)轻轻混匀mLST - Vm肉汤培养物,各取增菌培养物1环,分别划线接种于2个阪崎肠杆菌显色培养基平板，显色培养基须符合(GB 4789.28)的要求，置(36±1)℃中培养(24±2)h，或按培养基要求条件培养。

2)挑取至少5个可疑菌落，不足5个时挑取全部可疑菌落，划线接种于TSA平板，置(25±1)℃中培养(48±4)h。

(3)鉴定

自TSA平板上直接挑取黄色可疑菌落，进行生化鉴定。克罗诺杆菌属的主要生化特征见表7-5-1。可选择生化鉴定试剂盒或全自动微生物生化鉴定系统。

表7-5-1　克罗诺杆菌属的主要生化特征

生化试验		特征
黄色素产生		+
氧化酶		−
L-赖氨酸脱羧酶		−
L-鸟氨酸脱羧酶		(+)
L-精氨酸双水解酶		+
柠檬酸水解		(+)
发酵	D-山梨醇	−
	L-鼠李糖	+
	D-蔗糖	+
	D-蜜二糖	+
	苦杏仁苷	+

注：+>99%阳性，->99%阴性；(+)90%～99%阳性，(-)90%～99%阴性。

(4)结果与报告

综合菌落形态和生化特征，报告每100g(mL)样品中检出或未检出克罗诺杆菌属。

(二)克罗诺杆菌属的计数

4.操作步骤

(1)样品的稀释

1)固体和半固体样品。无菌称取样品100g、10g、1g各3份，分别加入900mL、90mL、9mL已预热至44℃的BPW，轻轻振摇使充分溶解，制成1∶10样品匀液，置(36±1)℃中培养(18±2)h。分别移取1mL转种于10mL的mLST-Vm肉汤，置(44±0.5)℃中培养(24±2)h。

2)液体样品。以无菌吸管分别取样品100mL、10mL、1mL各3份，分别加入900mL、90mL、9mL已预热至44℃的BPW，轻轻振摇使充分混匀，制成1∶10样品匀液，置(36±1)℃中培养(18±2)h。分别移取1mL转种于10mL的mLST-Vm肉汤，置(44±0.5)℃中培养(24±2)h。

(2)分离

1)轻轻混匀mLST-Vm肉汤培养物，各取增菌培养物1环，分别划线接种于2个阪崎肠杆菌显色培养基平板，显色培养基须符合 GB 4789.28 的要求，置(36±1)℃中培养(24±2)h，或按培养基要求条件培养。

2)挑取至少 5 个可疑菌落，不足 5 个时挑取全部可疑菌落，划线接种于 TSA 平板。置(25±1)℃中培养(48±4)h。

(3)鉴定

自 TSA 平板上直接挑取黄色可疑菌落，进行生化鉴定。克罗诺杆菌属的主要生化特征见表 7-5-1。可选择生化鉴定试剂盒或全自动微生物生化鉴定系统。

(4)结果与报告

综合菌落形态、生化特征，根据证实为克罗诺杆菌属的阳性管数，查 MPN 检索表(见表 7-5-2)，报告每 100g(mL)样品中克罗诺杆菌属的 MPN 值。

表 7-5-2　MPN 检索表

阳性管数			MPN	95%置信区间		阳性管数			MPN	95%置信区间	
100	10	1		下限	上限	100	10	1		下限	上限
0	0	0	<3.0	—	0.95	2	2	0	2.1	0.45	4.2
0	0	1	0.3	0.015	0.96	2	2	1	2.8	0.87	9.4
0	1	0	0.6	0.015	1.1	2	2	2	3.5	0.87	9.4
0	1	1	0.61	0.12	1.8	2	3	0	2.9	0.87	9.4
0	2	0	0.62	0.12	1.8	2	3	1	3.6	0.87	9.4
0	3	0	0.94	0.36	3.8	3	0	0	2.3	0.46	9.4
1	0	0	0.36	0.017	1.8	3	0	1	3.8	0.87	11
1	0	1	0.72	0.13	1.8	3	0	2	6.4	1.7	18
1	0	2	1.1	0.36	3.8	3	1	0	4.3	0.9	18
1	1	0	0.74	0.13	2	3	1	1	7.5	1.7	20
1	1	1	1.1	0.36	3.8	3	1	2	12	3.7	42
1	2	0	1.1	0.36	4.2	3	1	3	16	4	42
1	2	1	1.5	0.45	4.2	3	2	0	9.3	1.8	42
1	3	0	1.6	0.45	4.2	3	2	1	15	3.7	42
2	0	0	0.92	0.14	3.8	3	2	2	21	4	42
2	0	1	1.4	0.36	4.2	3	2	3	29	9	100
2	0	2	2	0.45	4.2	3	3	0	24	4.2	100
2	1	0	1.5	0.37	4.2	3	3	1	46	9	200
2	1	1	2	0.45	4.2	3	3	2	110	18	410
2	1	2	2.7	0.87	9.4	3	3	3	>110	42	—

注 1.表中所采用的 3 个稀释度，每个稀释度接种 3 管。

2.表中所列检样量若改为 1000g(mL)、100g(mL)、10g(mL)表中数字相应降低 10 倍；若改为 10g(mL)、1g(mL)、0.1g(mL)表中数字应相应提高 10 倍，其余类推。

二、注意事项和典型菌落照片

(1)mLST-Vm 可以放在水浴锅中进行培养,因为空气浴的培养箱可能达不到温度精度的要求。

(2)标准中有规定接种到 2 块阪崎肠杆菌显色培养基,主要是为了避免漏检情况。

(3)克罗诺杆菌属在 TSA 平板上产黄色素。

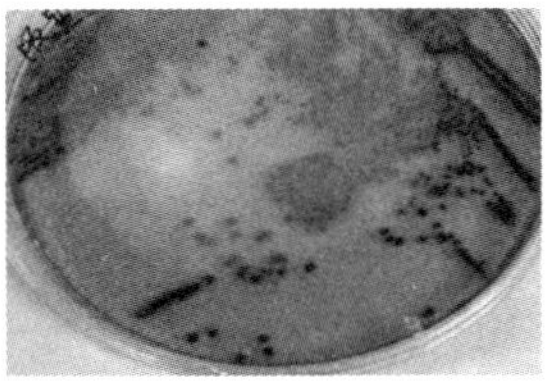
阪崎显色培养基上的典型菌落

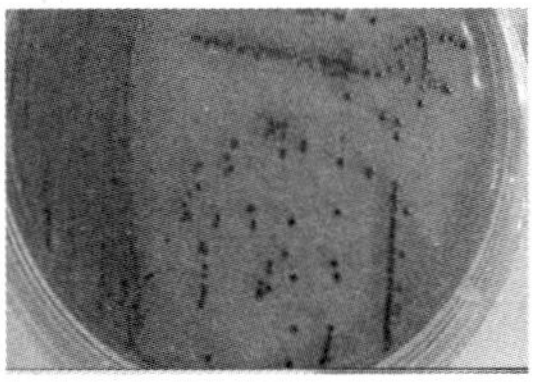
阪崎显色DFI上的典型菌落

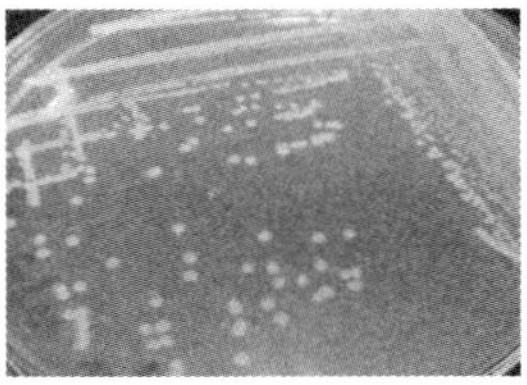
TSA上的典型菌落

图 7-5-1　乳粉中克罗诺杆菌属的典型菌落图片

三、仪器设备及检测流程示意图

乳粉中克罗诺杆菌属的检测设备图如图 7-5-2 所示,乳粉中克罗诺杆菌属的检测流程示意图如图 7-5-3 所示。

全自动微生物鉴定系统

高压灭菌锅

恒温培养箱

图 7-5-2　乳粉中克罗诺杆菌属的检测设备图

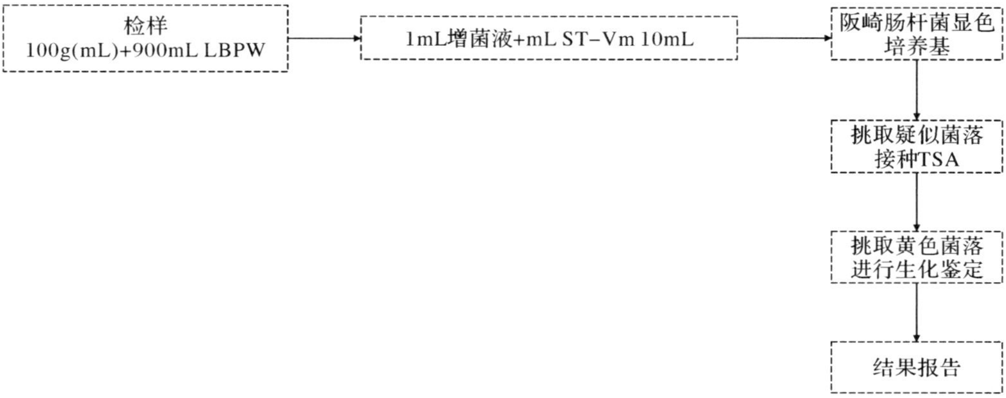

图 7-5-3　乳粉中克罗诺杆菌属的检测流程示意图

第六节　乳粉中双歧杆菌的检测

双歧杆菌属(*Bifidobacterium*)是一种革兰氏阳性、不运动、细胞呈杆状、一端有时呈分叉状、严格厌氧的细菌属，广泛存在于人和动物的消化道、阴道和口腔等生境，是人和动物肠道菌群的重要组成成员之一。双歧杆菌作为一种生理性有益菌，对人体健康具有生物屏障、营养作用、抗肿瘤作用、增强免疫作用、改善胃肠道功能、抗衰老等多种重要的生理功能。双歧杆菌缺少醛酶、葡萄糖，因此其分解代谢途径不同于乳酸菌。双歧杆菌最主要产物主要包括乳酸、乙酸等，可改善机体 pH 值，促进铁和维生素 D 的吸收并提高磷、铁、钙的利用率；双歧杆菌可以通过磷蛋白磷酸酶分解 α-酪蛋白，促进蛋白吸收。当加入婴儿奶粉及食物中后，可有效地改善婴幼儿的排便，增强体质，降低腹泻风险。

在我国，用于双歧杆菌检验的检测标准为《食品安全国家标准 食品微生物学检验 双歧杆菌检验》(GB 4789.34—2016)。本标准适用于双歧杆菌纯菌菌种的鉴定及计数，也适用于食品中仅含有单一双歧杆菌的菌种，即食品中可包含 1 个或多个不同的双歧杆菌菌种。

一、具体实验操作过程

(一)设备、培养基及试剂

1. 设备

除微生物实验室常规灭菌及培养设备外，其他设备和材料如下：

(1)恒温培养箱：(36±1)℃。

(2)冰箱：2～5℃。

(3)天平：感量为 0.01g。

(4)无菌试管：规格 18mm×180mm、规格 15mm×100mm。

(5)无菌吸管：1mL(具 0.01mL 刻度)、10mL(具 0.1mL 刻度)或微量移液器(200～1000μL)及配套吸头。

(6)无菌培养皿：直径 90mm。

2. 培养基和试剂

(1)双歧杆菌培养基。

(2)PYG 培养基。

(3)MRS 培养基。

(4)甲醇：分析纯。

(5)三氯甲烷：分析纯。

(6)硫酸：分析纯。

(7)冰乙酸：分析纯。

(8)乳酸:分析纯。

(二)操作步骤

1.无菌要求

全部操作过程均应遵循无菌操作程序。

2.双歧杆菌的鉴定

(1)纯菌菌种

1)样品处理。半固体或液体菌种直接接种在双歧杆菌琼脂平板或 MRS 琼脂平板。固体菌种或真空冷冻干燥菌种,可先加适量灭菌生理盐水或其他适宜稀释液,溶解菌粉。

2)接种。接种于双歧杆菌琼脂平板或 MRS 琼脂平板。置(36±1)℃中厌氧培养(48±2)h,可延长至(72±2)h。

(2)食品样品

1)样品处理。取样 25.0g(mL),置于装有 225.0mL 生理盐水的灭菌锥形瓶或均质袋内,以 8000~10000r/min 的转速下均质提取 1~2min,或用拍击式均质器拍打 1~2min,制成 1:10 的样品匀液。冷冻样品可先使其在 2~5℃条件下解冻,时间不超过 18h;也可在温度不超过 45℃的条件解冻,时间不超过 15min。

2)接种或涂布。将上述样品匀液接种在双歧杆菌琼脂平板或 MRS 琼脂平板,或取 0.1mL 适当稀释度的样品匀液均匀涂布在双歧杆菌琼脂平板或 MRS 琼脂平板。置(36±1)℃中厌氧培养(48±2)h,可延长至(72±2)h。

3)纯培养。挑取 3 个或以上的单个菌落接种于双歧杆菌琼脂平板或 MRS 琼脂平板。置(36±1)℃中厌氧培养(48±2)h,可延长至(72±2)h。

(3)菌种鉴定

1)涂片镜检。挑取双歧杆菌平板或 MRS 平板上生长的双歧杆菌单个菌落,进行染色。双歧杆菌为革兰氏染色阳性,呈短杆状、纤细杆状或球形,可形成各种分支或分叉等多形态、不抗酸、无芽孢、无动力。

2)生化鉴定。挑取双歧杆菌平板或 MRS 平板上生长的双歧杆菌单个菌落,进行生化反应检测。过氧化氢酶试验为阴性。双歧杆菌的主要生化反应见表 7-6-1。可选择生化鉴定试剂盒或全自动微生物生化鉴定系统。

表 7-6-1 双歧杆菌菌种主要生化反应

编号	项 目	两歧双歧杆菌	婴儿双歧杆菌	长双歧杆菌	青春双歧杆菌	动物双歧杆菌	短双歧杆菌
1	L-阿拉伯糖	-	-	+	+	+	-
2	D-核糖	-	+	+	+	+	+
3	D-木糖	-	+	+	d	+	+
4	L-木糖	-	-	-	-	-	-

表 7－6－1**(续)**

编号	项　目	两歧双歧杆菌	婴儿双歧杆菌	长双歧杆菌	青春双歧杆菌	动物双歧杆菌	短双歧杆菌
5	阿东醇	—	—	—	—	—	—
6	D－半乳糖	d	+	+	+	d	+
7	D－葡萄糖	+	+	+	+	+	+
8	D－果糖	d	+	+	d	d	+
9	D－甘露糖	—	+	+	—	—	—
10	L－山梨糖	—	—	—	—	—	—
11	L－鼠李糖	—	—	—	—	—	—
12	卫矛醇	—	—	—	—	—	—
13	肌醇	—	—	—	—[a]	—	+
14	甘露醇	—	—	—	—[a]	—	—[a]
15	山梨醇	—	—	—	—	—	—[a]
16	α－甲基－D－葡萄糖	—	—	+	—	—	—
17	N－乙酰－葡萄胺	—	—	—	—	—	+
18	苦杏仁苷	—	—	—	+	+	—
19	七叶灵	—	—	+	+	+	—
20	水杨苷	—	+	—	+	+	—
21	D－纤维二糖	—	+	—	d	—	—
22	D－麦芽糖	—	+	+	+	+	+
23	D－乳糖	+	+	+	+	+	+
24	D－蜜二糖	—	+	+	+	+	+
25	D－蔗糖	—	+	+	+	+	+
26	D－海藻糖	—	—	—	—	—	—
27	菊糖	—	—[a]	—	—[a]	—	—[a]
28	D－松三糖	—	+	+	+	—	—
29	D－棉籽糖	—	+	+	+	+	+
30	淀粉	—	—	—	+	—	—
31	肝糖	—	—	—	—	—	—
32	龙胆二糖	—		—	+	+	+
33	葡萄糖酸钠	—	—	—	+	—	—

注：a 表示某些菌株阳性。

＋表示 90％以上菌株阳性，－表示 90％以上菌株阴性，d 表示 11％～89％以上菌株阳性。

3)有机酸测定：测定双歧杆菌的有机酸代谢产物，见附录。

3. 双歧杆菌的计数

(1)纯菌菌种

固体和半固体样品的制备：以无菌操作称取 2.0g 样品，置于盛有 198.0mL 稀释液的无菌均质杯内，以 8000～10000r/min 均质提取 1～2min，或置于盛有 198.0mL 稀释液的无菌均质袋中，用拍击式均质器拍打 1～2min，制成 1∶100 的样品匀液。

液体样品的制备：以无菌操作量取 1.0mL 样品，置于 9.0mL 稀释液中，混匀，制成 1∶10的样品匀液。

(2)食品样品

取样 25.0g(mL)，置于装有 225.0mL 生理盐水的灭菌锥形瓶或均质袋内，于 8000～10000r/min 均质提取 1～2min，或用拍击式均质器拍打 1～2min，制成 1∶10 的样品匀液。冷冻样品可先使其在 2～5℃条件下解冻，时间不超过 18h；也可在温度不超过 45℃的条件解冻，时间不超过 15min。

(3)系列稀释及培养

用 1mL 无菌吸管或微量移液器，制备 10 倍系列稀释样品匀液，于 8000～10000r/min 均质提取 1～2min，或用拍击式均质器拍打 1～2min。每递增稀释一次，即换用 1 次 1mL 灭菌吸管或吸头。根据对样品浓度的估计，选择 2～3 个适宜稀释度的样品匀液，在进行 10 倍递增稀释时，吸取 1.0mL 样品匀液于无菌平皿内，每个稀释度做 2 个平皿。同时，分别吸取 1.0mL 空白稀释液加入 2 个无菌平皿内作空白对照。及时将 15～20mL 冷却至 46℃的双歧杆菌琼脂培养基或 MRS 琼脂培养基(可放置于(46±1)℃恒温水浴箱中保温)倾注平皿，并转动平皿使其混合均匀。从样品稀释到平板倾注要求在 15min 内完成。待琼脂凝固后，将平板翻转，置(36±1)℃中厌氧培养(48±2)h，可延长至(72±2)h。培养后，计数平板上的所有菌落数。

(4)菌落计数

1)可用肉眼观察，必要时用放大镜或菌落计数器，记录稀释倍数和相应的菌落数量。菌落计数以菌落形成单位表示。

2)选取菌落数在 30～300CFU 之间、无蔓延菌落生长的平板计数菌落总数。低于 30CFU 的平板记录具体菌落数，高于 300CFU 的可记录为多不可计。每个稀释度的菌落数应采用 2 个平板的平均数。

3)其中 1 个平板有较大片状菌落生长时，则不宜采用，而应以无片状菌落生长的平板作为该稀释度的菌落数；若片状菌落不到平板的一半，而其余一半中菌落分布又很均匀，即可计算半个平板后乘以 2，代表 1 个平板菌落数。

4)当平板上出现菌落间无明显界线的链状生长时，则将每条单链作为 1 个菌落计数。

(5)分析结果表达

1)若只有 1 个稀释度平板上的菌落数在适宜计数范围内，计算 2 个平板菌落数的平均值，再将平均值乘以相应稀释倍数，作为每克或每毫升中菌落总数结果。

2)若有 2 个连续稀释度的平板菌落数在适宜计数范围内时，按式(7－6－1)计算：

$$N=\frac{\sum C}{(n_1+0.1n_2)\times d} \qquad (7-6-1)$$

式中：N 为样品中菌落数；$\sum C$ 为平板(含适宜范围菌落数的平板)菌落数之和；n_1 为第一稀释度(低稀释倍数)平板个数；n_2 为第二稀释度(高稀释倍数)平板个数；d 为稀释因子(第一稀释度)。

3)若所有稀释度的平板上菌落数均＞300CFU，则对稀释度最高的平板进行计数，其他平板可记录为多不可计，结果按平均菌落数乘以最高稀释倍数计算。

4)若所有稀释度的平板菌落数均＜30CFU，则应按稀释度最低的平均菌落数乘以稀释倍数计算。

5)若所有稀释度(包括液体样品原液)平板均无菌落生长，则以＜1 乘以最低稀释倍数计算。

6)若所有稀释度的平板菌落数均不在 30～300CFU 之间，其中一部分＜30CFU 或＞300CFU 时，则以最接近 30CFU 或 300CFU 的平均菌落数乘以稀释倍数计算。

(6)菌落数的报告

1)菌落数＜100CFU 时，按“四舍五入”原则修约，以整数报告。

2)菌落数≥100CFU 时，第 3 位数字采用“四舍五入”原则修约后，取前 2 位数字，后面用 0 代替位数；也可用 10 的指数形式来表示，按“四舍五入”原则修约后，采用 2 位有效数字。

3)称重取样以 CFU/g 为单位报告，体积取样以 CFU/mL 为单位报告。

4.结果与报告

根据(3)菌种鉴定结果，报告双歧杆菌属的种名。根据(6)菌落计数结果出具报告，报告单位以 CFU/g(mL)表示。

二、注意事项和典型菌落图

菌落计数方式参考(GB 4789.2—2022)中的计数方式。

乳粉中双歧杆菌的典型菌落及镜检图片如图 7－6－1 所示。

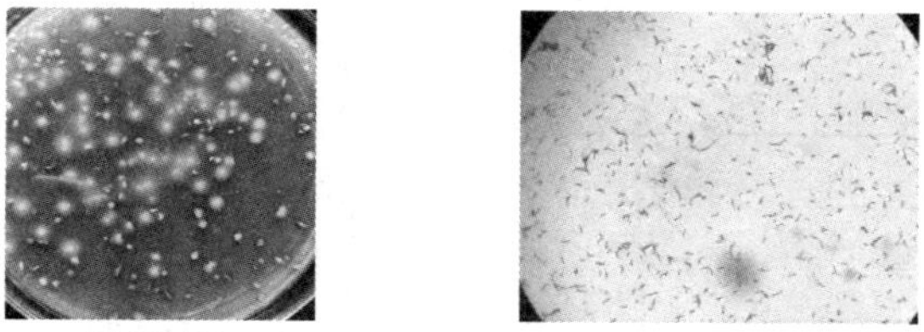

镜检图片　　MRS上典型菌落形态

图 7－6－1　乳粉中双歧杆菌的典型菌落及镜检图片

三、仪器设备及检测流程示意图

乳粉中双歧杆菌的检测设备图如图 7－6－2 所示，乳粉中双歧杆菌的检测流程示意图如图 7－6－3 所示。

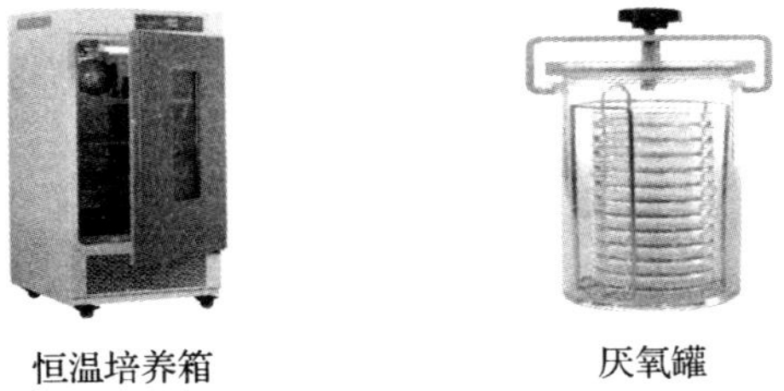

图 7－6－2　乳粉中双歧杆菌的检测设备图

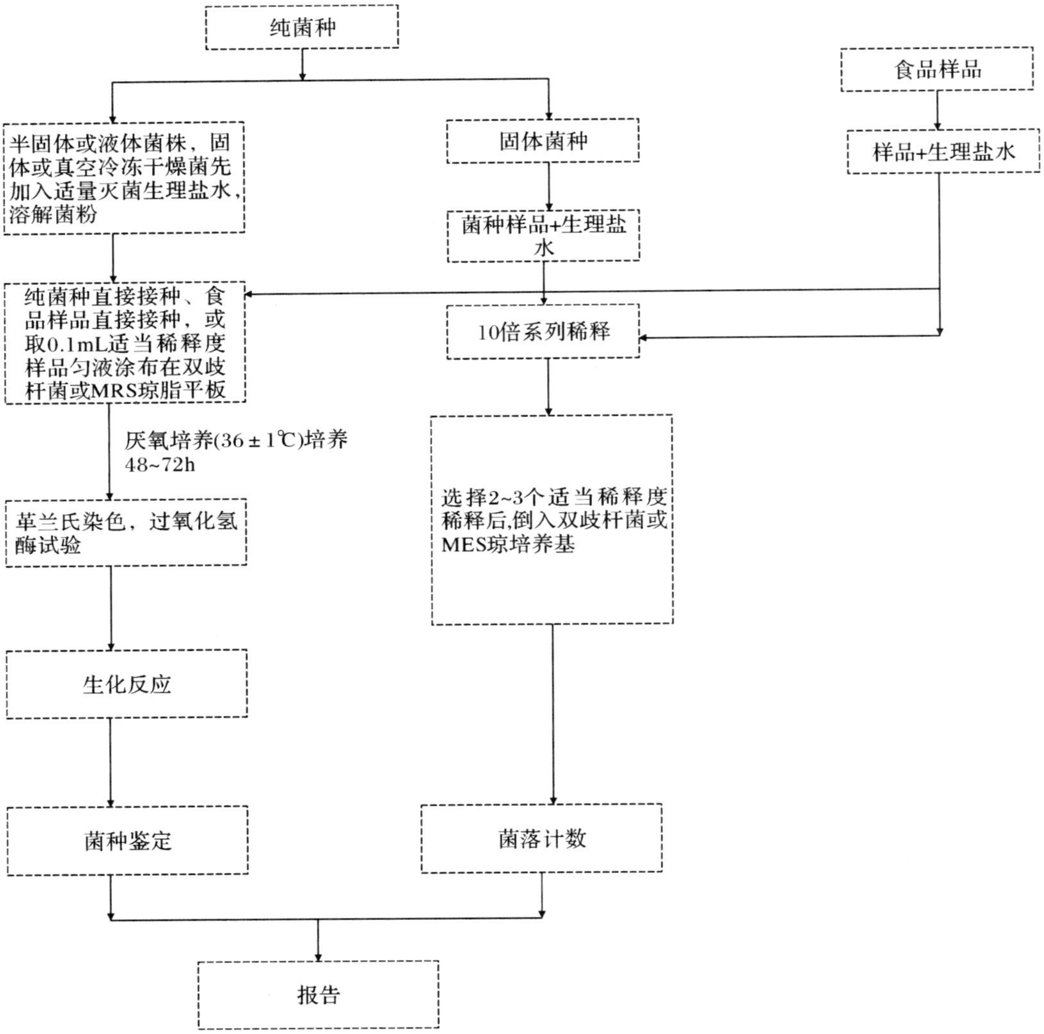

图 7－6－3　乳粉中双歧杆菌的检测流程示意图

附录

双歧杆菌有机酸代谢产物检测方法

一、测定原理

对双歧杆菌的培养形成培养液后，经过乙酸及乳酸处理，液相色谱检测，从而得到培养液中乙酸和乳酸的含量，计算两者比值，若比值＞1，则判定为是双歧杆菌有机酸代谢产物。

二、测定过程

(一)双歧杆菌培养液制备

挑取双歧杆菌琼脂平板或 MRS 琼脂平板上纯培养的双歧杆菌接种于 PYG 液体培养基，同时用未接种菌的 PYG 液体培养基作空白对照，厌氧，置(36±1)℃中培养 48h。

(二)标准溶液配制

1. 乙酸标准溶液

吸取分析纯冰乙酸 5.7mL，加水稀释至 100mL，摇匀，进行标定，配成约 1.0mol/L 的乙酸标准溶液。使用前用 1.0mol/L 氢氧化钠溶液进行标定。

2. 乳酸标准溶液

吸取分析纯乳酸 8.4mL，加水稀释至 100mL，摇匀，进行标定，配成约 1.0mol/L 的乳酸标准溶液。使用前加入 1.0mol/L 氢氧化钠溶液后，用 0.5mol/L 硫酸溶液进行标定。

(三)测定方法

1. 乙酸的处理

取双歧杆菌培养液 2.0～3.0mL 放入 10mL 离心管中，加入 0.2mL50％硫酸溶液(体积分数)，混匀，加入 2.0mL 丙酮，混匀后加过量氯化钠，剧烈振摇 1min，再加入 2.0mL 乙醚，振摇 1min 后，以 3000r/min 离心 5min，将上清液转入另 1 试管中，下层溶液用 2.0mL 丙酮和 2.0mL 乙醚重复提取 2 次，合并有机相，于 40℃水浴中用氮气吹至尽干，用 20mmol/L 的磷酸二氢钠溶液(pH＝2)-乙腈(99＋1)溶解并定容至 1.0mL，混匀后备用。同样操作步骤处理乙酸标准和空白培养液。

2. 乳酸的处理

取双歧杆菌培养液 2.0～3.0mL 放入 10mL 比色管中，在 100℃水浴中放置 10min，加入 0.2mL 50％(体积分数)硫酸溶液，混匀，加入 1.0mL 甲醇，于 58℃水浴 30min 后加水

1.0mL，加三氯甲烷 1.0mL，振摇以 3min，以 3000r/min 离心 5min，取三氯甲烷层分析。同样操作步骤处理乳酸标准和空白培养液。

3. 液相色谱条件

(1)色谱柱：ZorbaxSb－Aq 色谱柱(内径 4.6×柱长 150mm，粒径 5μm)，或等效色谱柱。

(2)流动相：20mmol/L 硫酸二氢钠(pH＝2.0)-乙腈(99＋1)，等度洗脱。

(3)流速：1mL/min。

(4)柱温：35℃。

(5)检测波长：210nm。

4. 检测过程

将制备获得的乙酸处理溶液及乳酸处理溶液按上述测定条件进入液相色谱进行检测，获得乙酸及乳酸含量。

5. 分析结果表达

$$X=\frac{A_{样}-A_{空}}{A_{标}}\times c \tag{7-6-1}$$

式中：X 为样品培养液中乙酸或乳酸的含量(mmol/L)；$A_{样}$ 为样品培养液中乙酸或乳酸的峰面积；$A_{空}$ 为空白培养液中乙酸或乳酸的峰面积；$A_{标}$ 为乙酸或乳酸标准的峰面积；c 为乙酸或乳酸标准溶液的浓度(mmol/L)。

6. 结果判定

如果乙酸(mmol/L)与乳酸(mmol/L)比值＞1，可判定为是双歧杆菌的有机酸代谢产物。

第七节　乳粉中乳酸菌的检测

乳酸菌是一类存在于人类体内的益生菌，为发酵糖类，产物为乳酸的无芽孢革兰氏阳性菌的总称。乳酸菌在食品工业中有 2 方面的作用，一方面是用于发酵食品，提高食品营养价值的同时赋予食品特殊的香味；另一方面当作防腐剂使用，因为能抑制食品中致病菌的繁殖，从而起到增加食品货架期的作用。乳酸菌如今被广泛应用于谷物制品、酿酒、调味品、发酵果蔬，肉制品等食品加工中。乳酸菌通过发酵产生的有机酸、特殊酶系、酸菌素等物质具有特殊生理功能。大量研究资料表明，乳酸菌能促进动物生长、调节胃肠道正常菌群、维持微生态平衡，从而改善胃肠道功能、提高食物消化率和生物效价、降低血清胆固醇、控制内毒素、抑制肠道内腐败菌生长、提高机体免疫力等。在我国，对于乳酸菌的检验方法为《食品安全国家标准 食品微生物学检验 乳酸菌检验》(GB 4789.35—2023)。本标准中乳酸菌主要为乳杆菌属(*Lactobacillus*)、双歧杆菌属(*Bifidobacterium*)和嗜热链球菌属(*Streptococcus*)。

一、具体实验操作过程

(一)设备、培养基及材料

1.设备

除微生物实验室常规灭菌及培养设备外,其他设备和材料如下:

(1)恒温培养箱:(36±1)℃。

(2)厌氧罐或厌氧袋等。

(3)冰箱:2～8℃。

(4)均质器及无菌均质袋、均质杯或灭菌乳钵。

(5)涡旋混匀仪。

(6)天平:感量为0.001g。

(7)无菌试管:规格18mm×180mm、规格15mm×100mm。

(8)无菌吸管:1mL(具0.01mL刻度)、10mL(具0.1mL刻度)或微量移液器及吸头。

(9)无菌锥形瓶:500mL、250mL。

(10)实时定量PCR仪。

(11)恒温水浴锅。

(12)离心机:离心力>10000g。

2.培养基及材料

(1)稀释液。

(2)MRS(ManRogosaSharpe)培养基。

(3)莫匹罗星锂盐(li - mupirocin)和半胱氨酸盐酸盐(cysteine hydrochloride)改良MRS琼脂培养基。

(4)MC(modified chalmers)琼脂培养基。

(5)莫匹罗星锂盐。

(6)半胱氨酸盐酸盐,纯度>99%。

(7)DNA提取液。

(8)10×PCR缓冲液。

(9)dNTPs。

(10)Taq DNA聚合酶:5M/μL。

(11)7种乳酸菌引物探针。

(12)革兰氏染色液。

(13)七叶苷发酵管。

(14)0.5%乳糖发酵管。

(15)0.5%山梨醇发酵管。

(16)0.5%水杨苷发酵管。

(17)0.5%甘露醇发酵管。

(18)0.5%麦芽糖发酵管。

(19)0.5%纤维二糖发酵管。

(20)0.5%蔗糖发酵管。

(二)操作步骤

1.样品制备

(1)样品的全部制备过程均应遵循无菌操作程序。

(2)稀释液在实验前应在(36±1)℃条件下充分预热15~30min。

(3)冷冻样品。可先使其在2~5℃条件下解冻,时间不超过18h;也可在温度不超过45℃的条件解冻,时间不超过15min。

(4)固体和半固体食品。以无菌操作称取25g样品,置于装有225mL生理盐水的无菌均质杯内,以8000~10000r/min的均质提取1~2min,制成1:10样品匀液;或置于225mL生理盐水的无菌均质袋中,用拍击式均质器拍打1~2min制成1:10的样品匀液。

(5)液体样品。液体样品应先将其充分摇匀后,以无菌吸管吸取样品25mL放入装有225mL生理盐水的无菌锥形瓶中(瓶内预置适当数量的无菌玻璃珠),充分振摇,制成1:10的样品匀液。

(6)经特殊技术处理的含乳酸菌食品样品应在相应技术和工艺要求下进行有效处理。

2.稀释与培养

(1)用1mL无菌吸管或微量移液器吸取1:10样品匀液1mL,沿管壁缓慢注于装有9mL生理盐水的无菌试管中(注意吸管尖端不要触及稀释液),振摇试管或换用1支无菌吸管反复吹打使其混合均匀,制成1:100的样品匀液。

(2)另取1mL无菌吸管或微量移液器吸头,按上述操作顺序,做10倍递增样品匀液,每递增稀释1次,需换用1次1mL灭菌吸管或吸头。

(3)经特殊技术处理的含乳酸菌食品样品应在相应技术/工艺要求下进行稀释。

3.乳酸菌计数

(1)乳酸菌总数。乳酸菌总数计数培养条件的选择及结果说明见表7-7-1。

表7-7-1 乳酸菌总数计数培养条件选择及结果说明

样品中所包括的乳酸菌菌属	培养条件的选择及结果说明
仅包括双歧杆菌属	按(GB 4789.34)的规定执行
仅包括乳杆菌属	按照(4)操作。结果即为乳杆菌属总数
仅包括嗜热链球菌	按照(3)操作。结果即为嗜热链球菌总数
同时包括双歧杆菌属和乳杆菌属	(1)按照(4)操作。结果即为乳酸菌总数; (2)如需单独计数双歧杆菌属数目,按照(2)操作

表 7-7-1(续)

样品中所包括的乳酸菌菌属	培养条件的选择及结果说明
同时包括双歧杆菌属和嗜热链球菌	(1)按照(2)和(3)操作,二者结果之和即为乳酸菌总数; (2)如需单独计数双歧杆菌属数目,按照(2)操作
同时包括乳杆菌属和嗜热链球菌	(1)按照(3)和(4)操作,二者结果之和即为乳酸菌总数; (2)按照(3)结果为嗜热链球菌总数; (3)按照(4)结果为乳杆菌属总数
同时包括双歧杆菌属,乳杆菌属和嗜热链球菌	(1)按照(3)和(4)操作,二者结果之和即为乳酸菌总数; (2)如需单独计数双歧杆菌属数目,按照(2)操作

(2)双歧杆菌计数。根据对待检样品双歧杆菌含量的估计,选择 2~3 个连续的适宜稀释度,每个稀释度吸取 1mL 样品匀液于灭菌平皿内,每个稀释度做 2 个平皿。稀释液移入平皿后,将冷却至 48℃的莫匹罗星锂盐和半胱氨酸盐酸盐改良的 MRS 培养基倾注入平皿 15~20mL,转动平皿使混合均匀。置(36±1)℃中厌氧培养(72±2)h,培养后计数平板上的所有菌落数。从样品稀释到平板倾注要求在 15min 内完成。

(3)嗜热链球菌计数。根据待检样品嗜热链球菌活菌数的估计,选择 2~3 个连续的适宜稀释度,每个稀释度吸取 1mL 样品匀液于灭菌平皿内,每个稀释度做 2 个平皿。稀释液移入平皿后,将冷却至 48℃的 MC 培养基倾注入平皿约 15mL,转动平皿使混合均匀。置(36±1)℃中有氧培养(72±2)h,培养后计数。嗜热链球菌在 MC 琼脂平板上的菌落特征为:菌落中等偏小,边缘整齐光滑的红色菌落,直径(2±1)mm,菌落背面为粉红色。

(4)乳杆菌计数。根据待检样品活菌总数的估计,选择 2~3 个连续的适宜稀释度,每个稀释度吸取 1mL 样品匀液于灭菌平皿内,每个稀释度做 2 个平皿。稀释液移入平皿后,将冷却至 48~50℃的 MRS 琼脂培养基倾注入平皿约 15~20mL,转动平皿使混合均匀。置(36±1)℃中厌氧培养 48h,若菌落无生长或较小可延长培养至 72h。从样品稀释到平板倾注要求在 15min 内完成。

3. 菌落计数

可用肉眼观察,必要时用放大镜或菌落计数器,记录稀释倍数和相应的菌落数量。菌落计数以菌落形成单位表示。

(1)选取菌落数在 30~300CFU 之间、无蔓延菌落生长的平板计数菌落总数。低于 30CFU 的平板记录具体菌落数,高于 300CFU 的可记录为多不可计。每个稀释度的菌落数应采用两个平板的平均数。

(2)其中 1 个平板有较大片状菌落生长时,则不宜采用,而应以无片状菌落生长的平板作为该稀释度的菌落数;若片状菌落不到平板的一半,而其余一半中菌落分布又很均匀,即可计算半个平板后乘以 2,代表 1 个平板菌落数。

(3)当平板上出现菌落间无明显界线的链状生长时,则将每条单链作为 1 个菌落计数。

4.分析结果表达

(1)若只有1个稀释度平板上的菌落数在适宜计数范围内,计算2个平板菌落数的平均值,再将平均值乘以相应稀释倍数,作为每克或每毫升中菌落总数结果。

(2)若有2个连续稀释度的平板菌落数在适宜计数范围内时,按式(7-7-1)计算:

$$N = \frac{\sum C}{(n_1 + 0.1n_2) \times d} \tag{7-7-1}$$

式中:N为样品中菌落数;$\sum C$为平板(含适宜范围菌落数的平板)菌落数之和;n_1为第一稀释度(低稀释倍数)平板个数;n_2为第二稀释度(高稀释倍数)平板个数;d为稀释因子(第一稀释度)。

(3)若所有稀释度的平板上菌落数均>300CFU,则对稀释度最高的平板进行计数,其他平板可记录为多不可计,结果按平均菌落数乘以最高稀释倍数计算。

(4)若所有稀释度的平板菌落数均<30CFU,则应按稀释度最低的平均菌落数乘以稀释倍数计算。

(5)若所有稀释度(包括液体样品原液)平板均无菌落生长,则以<1乘以最低稀释倍数计算。

(6)若所有稀释度的平板菌落数均不在30~300CFU之间,其中一部分<30CFU或>300CFU时,则以最接近30CFU或300CFU的平均菌落数乘以稀释倍数计算。

5.菌落数的报告

(1)菌落数<100CFU时,按"四舍五入"原则修约,以整数报告。

(2)菌落数≥100CFU时,第3位数字采用"四舍五入"原则修约后,取前2位数字,后面用0代替位数;也可用10的指数形式来表示,按"四舍五入"原则修约后,采用2位有效数字。

(3)称重取样以CFU/g为单位报告,体积取样以CFU/mL为单位报告。

6.结果与报告

根据菌落计数结果出具报告,报告单位以CFU/g(mL)表示。

7.乳酸菌的鉴定(可选做)

(1)纯培养

挑取3个或以上单菌落,嗜热链球菌接种于MC琼脂平板,置(36±1)℃有氧培养48h,乳杆菌属接种于MRS琼脂平板,置(36±1)℃厌氧培养48h 。

1)涂片镜检。嗜热链球菌菌体镜下呈现球形或球杆状,直径为0.5~2mm,成对或成链排列,无芽孢,革兰氏染色阳性。乳杆菌镜下菌体形态多样,呈长杆状、弯曲杆状或短杆状、无芽孢,革兰氏染色阳性。

2)乳酸杆菌菌种主要生化反应

表 7-7-2　常见乳酸杆菌属的主要生化反应

菌　种	七叶苷	纤维二糖	麦芽糖	甘露醇	水杨苷	山梨醇	蔗糖	棉子糖
干酪乳杆菌 鼠李糖乳杆菌	+	+	+	+	+	+	+	−
德氏乳杆菌保加利亚亚种	−	−	−	−	−	−	−	−
嗜酸乳杆菌	+	+	+	−	+	−	+	d
罗伊氏乳杆菌	ND	−	+	−	−	−	+	+
植物乳杆菌	+	+	+	+	+	+	+	+

注:+表示90%以上菌株阳性,−表示90%以上菌株阴性,d表示11%～89%菌株阳性,ND表示未测定。

表 7-7-3　嗜热链球菌的主要生化反应

	菊糖	乳糖	甘露醇	水杨苷	山梨醇	马尿酸	七叶苷
嗜热链球菌	−	+	−	−	−	−	−

注:+表示90%以上菌株阳性,−表示90%以上菌株阴性。

(2)实时荧光 PCR 法鉴定

1)纯培养

同(1)。

2)DNA 模版制备

使用接种环刮取 MC 琼脂平板或 MRS 琼脂平板上的菌落 2～10 个,悬浮于 200μL 灭菌生理盐水中,充分混匀,以 10000～12000r/min 离心 3min,弃去上清液。加入 50μL DNA 提取液涡旋混匀,置于 100℃水浴或者金属浴中 10min 后迅速冷却,以 10000～12000r/min 离心 3min。吸取上清液至新的 PCR 反应管内,作为 DNA 模板使用。提取后的 DNA 模板应置于 4℃供当天使用,否则应于−20℃以下保存,并于 1 周内使用。(也可使用商品化试剂盒制备 DNA 模版)

3)PCR 反应体系

总反应体系体积为 25μL:10×PCR 缓冲液 2.5μL、上下游引物(10μmol/L)各 1μL、探针(10μmol/L)0.5μL、dNTPs(2.5μmol/L)3μL、Taq DNA 聚合醇(5M/μL)0.5μL、模板 DNA1μL、灭菌去离子水补足至 25μL。每个反应均应设置至少 2 个平行。

4)PCR 反应条件

50℃5min,95℃预变性 3min,94℃变性 5s 、60℃退火延伸 40s(同时收集 FAM 荧

光)，进行 40 个循环。

表 7-7-4 常见乳酸菌实时荧光 PCR 检测引物和探针序列

菌　种	引物序列	探针序列
干酪乳杆菌	5'-GCCFFFATCTTCAACTCAAC-3' 5'-GGACGGCGCAGAAATCTATC-3'	5'-FAM-TCGCCCAATGCA GCCT-GCGC-TAMRA-3'
德氏乳杆菌保加利亚亚种	5'-ACTTTAGCCCATACCTGCGT-3' 5'-GTAAATTCCAAGCCGCCCTT-3'	5'-FAM-CCGGTTGCCCGTTT C-CTGCGG-TAMRA-3'
嗜酸乳杆菌	5'-GAGCTGAACCAACAGATTCAC-3' 5'-GCAGGTTCCCCACGTGTTAC-3'	5'-FAM-CCCATCCGC-CG CTAGCGTT-TAMRA-3'
罗伊氏乳杆菌	5'-CTTTCGCAGCCTGATAGTGG-3' 5'-TCCGAAGAGCCTGAGACATC-3'	5'-FAM-CGGTTGCAGCATTA GT-TCCTCFTGC-TAMRA-3'
鼠李糖乳杆菌	5'-GGTTGATTCAGTGGCAAGCTC-3' 5'-GTGTGCATCACCCATGTCC-3'	5'-FAM-TCAATTTCTGCGC GCG-GTACCA-TAMRA-3'
植物乳杆菌	5'-AGCTTGAAAGATGGCTTCGG-3' 5'-GGTCGGCTACGTATCATTGC-3'	5'-FAM-ACGCCGCGGGAC CATC-CAAA-TAMRA-3'
嗜热链球菌	5'-GCCTGATTCTGGTGAGCAAG-3' 5'-CCGCAACTGAGTCAACAACA-3'	5'-FAM-TCCACTGCACCAGA GT-CAATCAGCT-TAMRA-3'

5)对照设置

检测过程中(包括 DNA 提取)，每个反应均应设置阳性对照、阴性对照和空白对照。其中阳性对照模板为扩增片段的阳性克隆分子 DNA 或阳性菌 DNA，阴性对照模板为非乳酸菌菌株 DNA，空白对照模板为无菌水。

6)结果判读

a)对照的结果判读。阳性对照出现典型扩增曲线或 $Ct \leqslant 30$；阴性对照无典型扩增曲线或 $Ct \geqslant 40$；空白对照无典型扩增曲线或 $Ct \geqslant 40$。否则，结果视为无效。

b)样品的结果判读。当样品检测 $Ct \geqslant 40$ 时，判定样品结果为某种乳酸菌阴性；当检测 $Ct \leqslant 35$，可判定该样品结果为某种乳酸菌阳性；当检测 $35 < Ct < 40$ 时，重复试验，若重复试验结果检测 $Ct \geqslant 40$，则判定为某种乳酸菌阴性。否则，判定为某种乳酸菌阳性。

二、注意事项

(1)此标准中对于双歧杆菌计数的培养基与(GB 4789.34)中所使用的的培养基有差别。本标准除了适用于双歧杆菌外，还适用于其他乳杆菌和嗜热链球菌。

(2)MC 培养基需趁热摇匀，且边摇边倾倒，为了使其中沉淀充分悬浮。

(3)由于培养时间较长，培养基需倒的厚一些。

(4)厌氧培养时，厌氧罐中一定要加入厌氧指示剂。

(5)菌落计数参考(GB 4789.2)中的计数方法。

三、仪器设备及检测流程示意图

乳粉中乳酸菌的检测设备图如图 7-7-1，乳粉中乳酸菌的检测流程示意图如图 7-7-2。

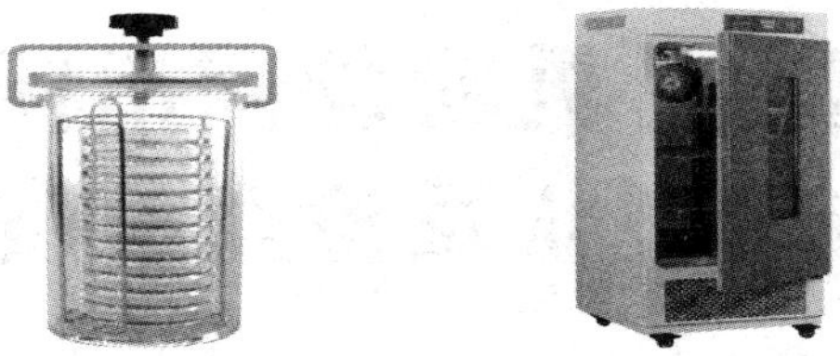

厌氧罐　　恒温培养箱

图 7-7-1　乳粉中乳酸菌的检测设备图

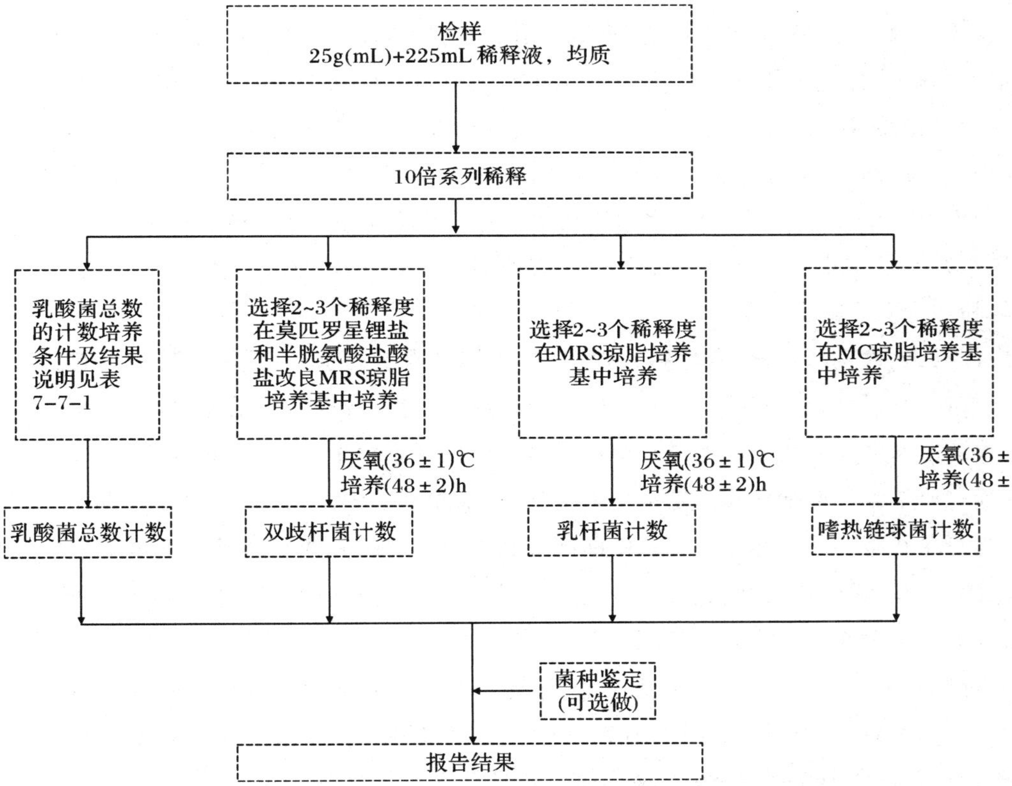

图 7-7-2　乳粉中乳酸菌的检测流程示意图

第八章 国内外乳粉检测指标、检测技术现状及检验检疫要求

乳制品是指以牛乳或羊乳及其加工制品为主要原料，加入或不加入适量的维生素、矿物质和其他辅料，使用法律法规及标准规定所要求的条件加工制作的产品。乳制品包括液体乳（巴氏杀菌乳、灭菌乳、调制乳、发酵乳）；乳粉（全脂乳粉、脱脂乳粉、部分脱脂乳粉、调制乳粉、牛初乳粉）；其他乳制品及婴幼儿配方乳粉——以乳类为原料的广泛受到关注的产品。乳制品行业是关系我国民生的一个重要产业，近年来随着居民生活水平提高，乳制品消费量逐渐上涨，我国乳制品行业市场规模也在不断壮大。根据国家统计局数据，2023 年中国原料奶总产量 4197 万 t，同比增长了 6.7%，与 2022 年增幅基本持平，这也是中国牛奶产量连续第 4 年增幅超过 6%。2023 年我国人均乳制品消费量为 32kg。因此保障乳粉质量安全就十分重要。

乳粉中污染物、农兽药残留、微生物、营养物质指标的限量要求，对保障乳粉质量起到十分重要的作用。目前我国与其他国家乳粉法规及检测方法存在一定的差异，因此在限量要求、检测技术上也存在一定差异。通过分析不同国家乳粉中污染物、农兽药残留、微生物、营养物质指标从而指导我国制定更为科学、有前瞻性的限量指标，保障乳粉质量安全、实现乳粉尤其是婴幼儿配方乳粉的精确配方助力婴幼儿适宜成长的目标。本章第一节将对不同国家乳粉中污染物、农兽药残留、微生物、营养物质指标的限量要求进行详述分析，为读者提供全面翔实的数据比较。

乳粉分析检测是对全脂乳粉、脱脂乳粉、配方乳粉等乳制品进行质量控制的有效手段，其主要目的在于通过对乳粉的品质、有害物质、感官性质的检测，最终确定乳粉中的相关组成成分是否符合国家规定要求。基于此，需要对不同的指标采用不同的手段（例如色谱技术、质谱技术、光谱技术等）。本章第二节将对目前常见的检测技术及未来的发展趋势进行详述，使读者能进一步了解乳粉检测技术的发展方向。

乳粉检验检疫要求是保障我国进口乳粉质量安全十分关键的政策法规，其详细规定了从不同国家进口乳粉应遵循的检验检疫要求，从法律层面上保障进口食品质量安全、维护国门生物安全。本章第三节将对此政策法规进行解读。

第一节 我国乳粉标准主要指标与主要贸易国差异分析

我国作为乳制品生产和消费大国，时刻关注着乳制品安全质量问题。我国对乳制品质量安全建立了较为完整的监管体系，从良好生产规范、产品标准、限量要求等不同方面规范乳制品生产、加工、运输及消费等方面。由于我国也是乳制品进口大国，因此需关注主要贸易国的乳制品要求，从而进一步提升我国乳制品的质量。本部分从污染物指标、农兽药残留指标、微生物指标、体细胞指标、营养指标等几个方面从我国与主要贸易国对乳粉的要求进行了分析。

一、污染物指标

乳粉中污染物主要包括了铅、汞、铬、亚硝酸盐、硝酸盐、黄曲霉毒素 M_1 等金属、非金属及毒素指标。我们现行有效的污染物限量标准为《食品安全国家标准 食品中污染物限量》(GB 2762—2022)及《食品安全国家标准 食品中真菌毒素限量》(GB 2761—2017)。

通过对比发现，我国规定了乳粉中铅、砷、锡等指标的限量要求，澳大利亚、新西兰、欧盟等国家及组织规定了乳粉中铅、锡(欧盟)的限量要求。对比限量要求，我国对于乳及乳制品中铅的最大残留限量为 0.2mg/kg；生乳、巴氏杀菌乳、灭菌乳中铅的最大残留限量为0.02mg/kg；调制乳、发酵乳中铅的最大残留限量为 0.04mg/kg；婴儿配方乳粉中铅的最大残留限量 0.08mg/kg。澳大利亚、新西兰对于婴幼儿配方乳粉中铅的最大残留限量为0.02mg/kg。欧盟对于乳及乳制品(除生乳、巴氏杀菌乳、灭菌乳、发酵乳、调制乳、乳粉、非脱盐乳)中铅的最大残留限量均为 0.02mg/kg。可以看出对于重金属铅的规定，澳大利亚、新西兰、欧盟等国家和组织比我国严格。对于砷，我国规定了乳粉及调制乳粉中总砷的最大残留限量为 0.5mg/kg，生乳、巴氏杀菌乳、灭菌乳、调制乳、发酵乳中总砷的最大残留限量为 0.1mg/kg。而澳大利亚、新西兰、欧盟等国家和组织尚未对总砷做出限量要求，这可能与我国畜牧养殖过程中饲料、水等有关系。我国规定婴儿配方乳粉中锡的最大残留限量为 50mg/kg，欧盟也做出了同样的规定。我国规定乳粉和调制乳粉中铬的最大残留限量为 2.0mg/kg，生乳、巴氏杀菌乳、灭菌乳、调制乳、发酵乳中铬的最大残留限量为 0.3mg/kg，而我国乳粉主要贸易国澳大利亚、新西兰、欧盟等国家和组织尚未对铬做出限量要求。由此可见我国在乳粉重金属指标方面与我国乳粉主要贸易国比较要求的项目更多，在限量值方面，铅的限量要求相对比较低，其他的指标各有侧重。

对于亚硝酸盐、硝酸盐等非金属指标，澳大利亚、新西兰和欧盟的要求要比我国严格得多。比如我国规定婴幼儿配方食品硝酸盐和亚硝酸盐含量分别不得超过 100mg/kg 和 2.0mg/kg，黄曲霉毒素 M_1 含量不得超过 0.5mg/kg。而欧盟不仅规定了乳及乳制品中黄曲霉毒素 M_1 含量不得超过 0.05mg/kg，同时也对我国并未规定的二噁英和多氯联苯污染物做了规定。而澳大利亚和新西兰同样也对我国未规定的丙烯腈和聚乙烯氯联苯类污染物做了要求。从中可以看到不同国家对乳粉中非金属指标的要求有所不同，这就容易产生贸易壁垒，影响我国乳粉的出口份额，也对进出口监管提出了更高的要求。

二、农兽药残留指标

全球乳制品生产大国十分重视动物源性食品中农兽药残留的监控。我国同样提出了兽药残留监控计划并制定了相应的限量、禁用指标。据我国最新制定的兽药残留限量标准《食品安全国家标准 食品中兽药最大残留限量》(GB 31650—2019)及《食品安全国家标准 食品中 41 种兽药最大残留限量》(GB 31650.1—2022)规定，氯丙嗪等 8 种兽药可用于产奶动物，但不得在乳制品中检出；规定阿维菌素、环丙氨嗪等 18 种(类)泌乳动物或者特定种类的泌乳动物禁用的药物；同时规定阿苯达唑等 59 种(类)可在乳制品中检出的兽药的残留限量。2019 年农业农村部发布的第 250 号公告中规定了 b -兴奋剂类及其盐、酯等 21 种(类)食品动物中禁用的药物。农药残留限量标准《食品中农药最大残留限量》(GB 2763—2021)中规定 117 种农药在生乳中的限量要求，大多数农药残留限量为 0.005～0.03mg/kg，其中 43 种农残为临时限量。可以看出我国对动物源性食品，尤其是乳制品中农兽药残留问题还是十分重视的。

表 8-1-1 我国可用于产奶动物但不得在乳制品中检出残留的兽药

	药物名称	标志残留物
1	氯丙嗪	氯丙嗪
2	地西泮	地西泮
3	地美硝唑	地美硝唑
4	丙甲酸雌二醇	丙甲酸雌二醇
5	甲硝唑	甲硝唑
6	苯丙酸诺龙	苯丙酸诺龙
7	丙酸睾酮	丙酸睾酮
8	赛拉嗪	赛拉嗪

表 8-1-2 我国禁用于产奶动物的兽药

	兽　药	禁用规定
1	阿维菌素	牛泌乳期禁用
2	苯丙氨嗪	羊泌乳期禁用
3	二氟沙星	牛、羊泌乳期禁用
4	多西环素	牛泌乳期禁用
5	氟苯尼考	牛、羊泌乳期禁用
6	氟氯苯氰菊酯	牛泌乳期禁用
7	常山酮	牛、羊泌乳期禁用
8	左旋咪唑	牛、羊泌乳期禁用

表 8-1-1(**续**)

	兽 药	禁用规定
9	甲苯咪唑	马、羊泌乳期禁用
10	巴胺磷	所有哺乳类食品动物泌乳期禁用
11	托曲珠利	绵羊泌乳期禁用
12	安普霉素	牛、马、羊泌乳期禁用
13	阿司匹林	牛、绵羊泌乳期禁用
14	癸氧喹酯	马、牛、绵羊、山羊泌乳期禁用
15	吡喹酮	食品动物泌乳期禁用
16	黄体酮	牛、马泌乳期禁用
17	水杨酸钠	牛泌乳期禁用
18	赛拉嗪	牛泌乳期禁用

由于各方面因素的影响,特别是法律法规的不同,国内外兽药残留的种类和限量要求有所不同。新西兰发布的《农用化合物最大残留限量》中涉及乳品的化合物共计36种,其中氯氨吡啶酸等13种兽药残留规定不得检出。与我国相比,规定中不得检出或者禁用药物种类差异较大,例如甲硝唑、地美硝唑等硝基咪唑类药物在我国乳制品规定为不得检出,而新西兰尚未对此做出明确的规定。对于地西泮、多西环素等我国规定为可用于治疗但不得检出或禁止给泌乳期的牛使用的兽药,新西兰并未禁止,但对其做出了限量规定,在乳及乳制品中的最大残留限量为0.1mg/kg、0.015mg/kg。只有氯霉素属于共同规定禁用的兽药。

日本是目前兽药及兽药残留管理较为完备、监测管理最严格的国家之一。其实施的"肯定列表制定"规定对于没有明确规定最大残留限量的农业化学品实行"一律标准",即限量统一规定为0.01mg/kg。日本明确规定禁止在食品中检出的20种兽药中氯霉素、孔雀石绿、洛硝哒唑等10种也是我国规定不得检出的兽药。而2,4,5-涕,苯胺灵、丁酰肼等8种兽药我国未做出相应的残留限量要求。我国规定赛拉嗪和安眠酮等禁止在乳及乳制品中使用或不得检出的兽药在日本尚未做出相关规定。总体来说日本的规定更为严格。

欧盟非常重视动物源性食品中农兽药和污染物的残留监控,分别针对下列情况制定了限量要求:一是允许用药。欧盟制定37/2010/(EC)法规规定了允许用兽药在动物组织中的最高残留限量,396/2005/(EC)法规规定了允许用农药在动物组织中的最高残留限量,1881/2006/(EC)法规规定了污染物的最大残留限量,建立数据库规定了作为饲料添加剂的抗球虫药最高残留限量。二是交叉污染造成的残留。由于饲料生产中可能存在交叉污染,抗球虫和抗组织滴虫药可能对其他不使用该类药物的动物产生交叉污染,124/2009/(EC)法规规定了不使用抗球虫和抗组织滴虫药物动物可能的残留限量。三是禁用药。包括氯霉素、硝基呋喃、孔雀石绿等在内的禁用药物没有制定残留限量,但是规定了如果超出某一限值将视为检出阳性，该限值称为 RPAs(执行限值)，一般是指在技术可行的前提下，检测设备和方法能够检出的最小值。欧盟制定 2021/808(EU)法规，规定了如何确认检测方法能够检出的最小值。四是超范围使用的药物。根据 2001/82/(EC)第十一条规定，虽然某类动物没有被批准使用某类兽药，但是相关兽药批准在其他动物中使用，当需要时，兽医可以通过处方用药的方式在该动物中使用其他动物批准的兽药，处方应保存至少 5 年备查。为了保护消费者健康，欧盟制定在规定的检测底限下不得检出相应残留，同时规定检测低限应是根据 2018/470(EU)法规推论的该兽药在其他基质中残留限量的 1/10。

欧盟发布的《食品中药物活性物质 MRLs》(EU)37/2010 条例中规定了动物源食品中允许和禁用的药理活性物质的 MRLs 及分类。该条例一共规定了 9 种禁用物质和 34 种禁止在供人食用的产乳动物使用的兽药。其中氯霉素、甲硝唑、氯丙嗪等 16 种兽药规定中国与欧盟相同，都规定禁止在产乳动物中使用或者不得检出。另外的兽药各国及组织各有侧重，例如我国规定伊维菌素的最大残留限量为 10mg/kg，欧盟规定该物质在产乳动物中禁止或不得检出。

三、微生物指标

物生物污染一直是乳粉质量安全控制的重点，世界各国均根据自身国情和卫生要求制定了相应的规定。我国《食品安全国家标准 乳粉》(GB19644—2010)中规定了菌落总数、大肠菌群、金黄色葡萄球菌、沙门氏菌等微生物指标的限量要求。同时我国在 2010 年按照国际微生物规格委员会(International Committee on Microbiological Specification for Foods，ICMSF)的二级(n、c、m)和三级(n、c、m、M)采样方法进行采样(n 表示同一批产品应采集的样品件数；c 表示最大可允许超出 m 的样品数；m 表示微生物指标可接受水平的限量值；M 表示微生物指标的最高安全限量)。二级法的合格判定方法是通过检样种是否有超过 m 来判定该批样品是否合格。三级法则是允许全部样品中相应微生物指标检验值小于或等于 m 值；允许有$\leqslant c$ 个样品其相应微生物指标检验值在 m 值和 M 值之间；不允许有样品相应微生物指标检验值$>M$ 值。ICMSF 采样方法从微生物的危害度、食品特性及处理条件等多方面考虑进行抽样，相比于仅采用 1 个样品进行检验判断该批产品是否合格，ICMSF 采样方法的科学性和代表性更强，故此方法目前已在中国、新西兰、澳大利亚、美国、日本等国家推广采用。

相比较我国，在新西兰、澳大利亚、荷兰等国家，乳粉微生物指标还需检测粪大肠菌群、大肠埃西氏菌等致病菌。以新西兰为例，微生物检测项目包括了 30℃需氧微生物、粪大肠菌群、大肠埃希氏菌、霉菌和酵母、单核细胞增生李斯特氏菌、凝固酶阳性葡萄球菌、沙门氏菌、弯曲杆菌、蜡样芽孢杆菌、产气荚膜梭菌和乳酸菌。从微生物检测指标来看，我国对乳粉的微生物监控比较宽松。

从限量标准来看，各国对微生物指标的限量要求也有所不同，从菌落总数指标来看，我国规定乳粉中菌落总数$<2\times10^5$ CFU/g($n=5$，$c=2$，$m=5\times10^4$ CFU/g，$M=2\times$

10^5CFU/g)，婴儿配方乳粉规定＜10^4CFU/g，国际法典委员会(Codex Alimentarius Commission，CAC)规定婴儿配方乳粉中菌落总数要＜5×10^3CFU/g，大肠菌群我国规定乳粉中限量值为100CFU/g，我国与欧盟要求一致，但也有些国家要求更严格，例如日本规定不得检出。对于致病菌，我国主要控制的指标是金黄色葡萄球菌、沙门氏菌，而其他国家对乳粉中还增加了蜡样芽孢杆菌。我国相对于其他国家来说对于致病菌的监控力度还需增强。

生乳作为乳制品的主要原料，其卫生安全尤为重要。其中菌落总数最能反映牧场的卫生状况、奶牛健康状况及运输质量控制的指标，是评价乳及乳制品新鲜程度、污染程度及卫生状况最常用的指标之一。对比不同国家对生乳菌落总数的限量，发现各国对于生乳中菌落总数要求不尽相同(表8-1-3)。对于我国对生乳中菌落总数的限量要求为2×10^3CFU/g(mL)高于欧盟、澳大利亚、新西兰等国家的要求。澳大利亚、新西兰等国家除了要求检测菌落总数外，还要求检测大肠菌群。

表8-1-3 不同国家生乳卫生指标

国家	菌落总数/[CFU/g(mL)]	细胞数/(个/mL)
中国	$\leqslant2\times10^3$	—
欧盟	$\leqslant2\times10^5$	$\leqslant4\times10^5$
美国	$\leqslant5\times10^5$	$\leqslant7.5\times10^5$
澳大利亚	$\leqslant2.5\times10^4$	$\leqslant2\times10^5$
新西兰	$\leqslant2.5\times10^4$	$\leqslant2\times10^5$

四、体细胞指标

生乳是乳粉的主要原料，生乳质量的高低关系到终产品乳粉的质量情况。国外对于生乳的体细胞指标做了详细的要求。体细胞数是指每毫升生乳中含有的体细胞总数，是表征乳畜健康状态的重要指标，体细胞数越高表明乳中抗生素和药物残留的风险在进一步增加。欧盟将体细胞数为2.5×10^5～5×10^5CFU/mL视为正常原料乳。欧盟规定生乳中体细胞数要＜4×10^5CFU/mL，美国联邦法律规定生乳收购的最低标准为体细胞数不超过7.5×10^5CFU/mL，山羊乳中体细胞数必须＜1.6×10^6CFU/mL。澳大利亚、新西兰标准规定生牛乳中的体细胞数不得超过2×10^5CFU/mL，其他种类的生乳体细胞数设置为不超过1×10^6CFU/mL。美国、澳大利亚、新西兰和加拿大不仅对原料乳种的体细胞数做了规定，还针对不同品种原料乳的体细胞数进行了分别规定，且一般山羊乳的体细胞数上限高于生牛乳的上限。我国目前尚未对此进行相应的规定。

五、营养指标

除了上述所说化学污染物、微生物等导致食品安全问题的指标外，乳及乳制品中营养物如蛋白质、脂肪酸、维生素、矿物质等营养物质对乳粉的品质也有非常重要的影响。我国乳粉标准《食品安全国家标准 乳粉》(GB 19644—2010)规定蛋白质含量应≥非脂乳固体的34%[非脂乳固体＝100%－脂肪(%)－水分(%)]。灭菌乳标准《食品安全国家

标准 灭菌乳》(GB 25190—2010)中规定蛋白质含量应≥2.9g/100g(牛乳)及2.8g/100g(羊乳)。澳大利亚新西兰食品标准法典规定乳粉中蛋白质含量应≥非脂乳固体的34%。规定牛乳中蛋白质含量应≥30g/kg。婴儿配方乳粉作为乳粉生产业中最重要的产品之一,其营养指标长期以来受到广泛关注。我国《食品安全国家标准 婴儿配方食品》(GB 10765—2021)中规定了0~6月龄乳基婴儿配方食品应以乳类及乳蛋白制品为主要蛋白来源,加入适量的维生素,矿物质和(或)其他原料,仅用物理方法生产加工制成的产品。该标准中规定每100kJ中蛋白质含量应在0.43~0.72g之间,脂肪含量在1.05~1.43g之间,亚油酸含量在0.07~0.33g之间。《食品安全国家标准 较大婴儿配方食品》(GB 10766—2021)每100kJ中蛋白质含量应在0.43~0.84g之间,脂肪含量在0.84~1.43g之间,亚油酸含量在0.07~0.33g之间。《食品安全国家标准 幼儿配方食品》(GB 10767—2021)每100kJ中蛋白质含量应在0.43~0.96g之间,脂肪含量在0.84~1.43g之间,亚油酸含量在0.07~0.33g之间。CAC(食品法典委员会)规定婴儿配方食品每100kJ中蛋白质含量在0.45~0.70g之间,脂肪含量在0.8~1.5g之间,较大婴儿配方食品每100kJ中蛋白质含量在0.7~1.3g之间,脂肪含量在0.8~1.5g之间。澳大利亚和新西兰规定婴儿配方食品每100kJ含有0.45~0.70g蛋白质及1.05~1.50g脂肪酸,规定较大婴儿配方食品每100kJ含有0.45~1.30g蛋白质及1.05~1.5g脂肪酸。通过对比发现,我国与CAC规定的蛋白质和脂肪酸指标含量范围基本一致,澳大利亚、新西兰标准的脂肪酸上限指标要高于我国。

生乳作为乳粉最主要的来源,各国也规定了生乳中蛋白质含量的最低指标。我国现行的《食品安全国家标准 生乳》(GB 19301—2010)中规定蛋白质含量不低于2.8g/100g,脂肪含量不低于3.1g/100g。欧盟规定生乳中蛋白质含量不低于2.9g/100g,与我国标准接近,澳大利亚、新西兰法规中规定蛋白质含量不低于3.5g/100g。可以看到对于畜牧大国澳大利亚及新西兰,其对生乳中蛋白质含量要求更高。

六、小结

随着经济全球化进程加快和我国乳粉消费增长,我国通过多年的探索和研究,已经逐步建立起一套完善可行的乳粉监管制度,形成了统一的乳品安全国家标准体系。但因各国不同的检测指标差别仍然会导致贸易壁垒。通过对比,我们发现我国在乳粉产品质量指标及限量方面与我国的主要贸易国之间还是存在一定的差异,因此在未来的研究中应进一步分析这种差异,指导我国乳品行业健康、有序、高质量的发展,提高乳粉质量安全标准体系的科学性、前瞻性将成为未来研究的重点。

第二节 国内外检测技术进展

近年来随着科技的发展,乳及乳制品检测要求也随之发生了变化,从之前关注品质指标发展到关注营养指标、安全性指标。我国为了适应检测要求的变化先后制定了大量关于乳制品中品质指标（水分、灰分、杂质度、脂肪、复原乳酸度等）、营养指标（蛋白质、钾、钠、钙、OPO、多聚果糖等）及安全指标（黄曲霉毒素 M_1、金黄色葡萄球菌、高氯酸盐、亚硝酸盐、多环芳烃、农兽药残留等）的相应检测标准。随着质谱技术的不断发展使化合物高通量、快速、准确地进行定量、定性分析成了乳粉检测的常用手段。目前对于乳粉检测技术主要分为 2 部分，现将这 2 部分分开讨论。第一部分是实验室检测技术；第二部分是现场检测技术。

一、实验室检测技术

主要包括了用于品质指标检测的重量法；用于营养指标检测的凯氏定氮法、离子色谱法、ICP 法、色谱法；用于重金属污染物检测的原子荧光法、原子吸收法、直接测汞法、ICP 法、ICP－MS 法；用于毒素、添加剂、农兽药残留检测的色谱技术；用于微生物检测的微生物培养法、生化鉴定法等。实验室检测方法具有方法灵敏度高、准确性好、结果可靠、可进行痕量分析的优势。具体介绍如下：

（一）常规理化技术

常规理化技术主要是用来对乳粉品质指标，例如水分、灰分、胆碱、左旋肉碱、维生素 C 等进行检测的手段，这里重点介绍重量法及分光光度法。

1. 重量法

重量法是目前乳粉中品质指标检测的重要手段。其中水分测定是比较经典的重量法之一。水分是衡量乳制品贮藏条件是否合适的重要指标之一，同时对乳粉的经济效益具有很重要的作用。水分测定的原理是：在一定温度下烘干乳粉后反复恒重，恒重后的差值即为乳粉中水分的含量，这也就是我们常说的直接干燥法。其优点在于操作所用设备为通用设备——烘箱，价格便宜，各个实验室、乳粉生产厂家均可配置，但也有一定的缺点，其缺点在于操作过程中需要特别关注恒重的时间、恒重差值不得超过 2mg。

2. 分光光度法

（1）紫外-可见分光光度技术。该技术主要用于测定婴儿配方乳粉中胆碱、左旋肉碱等营养成分。该技术利用目标化合物吸收入射光中某些特定波长的光能量，并相应地发生跃迁吸收的结果。因吸光度与浓度成正比，从而得到样品中目标化合物的含量。该技术属于传统经典的分析化学技术，其优点在于价格便宜、易上手，但也存在一定的、明显的缺陷，当用该技术进行胆碱或左旋肉碱测定时，需要进行酶解，酶的价格高昂，且不稳定，对检测员的操作技能要求较高。

（2）荧光分光光度技术。该方法主要用于测定乳粉中维生素 C 的含量。该技术利用目标化合物的荧光谱线位置及强度进行鉴定和含量测定的方法。当目标物浓度不同时，其发射的荧光强度不同，通过测定荧光强度可进行定量分析。该方法的特点是灵敏度高、选择性好。维生素 C 是一种常见的维生素补充剂，但其特点是遇光易分解，因此在整个操作过程中应注意避光。

(二)大型设备技术

大型设备技术主要是用来对乳粉安全质量、营养物质指标,例如维生素 A、多糖、脂肪酸、农兽药残留、溴酸盐等进行检测的手段,这里重点介绍色谱技术、光谱技术和微生物技术。

1. 色谱技术

色谱技术是目前乳粉中理化参数检测的重要常用手段之一。根据目标化合物的不同特性选取不同的色谱手段可达到定性、定量的准确分析。色谱技术中主要分为气相色谱、气相色谱-质谱技术、液相色谱、液相色谱-串联质谱、离子色谱技术等。针对不同的检测需求选择相应的色谱技术开展检测。

(1)气相色谱及气相色谱-质谱技术。气相色谱技术、气相色谱-质谱技术主要用于乳制品中挥发性物质、农药残留的分析。例如婴儿配方乳粉中的脂肪酸及反式脂肪酸的分析就是十分经典的气相色谱分析方法,通过对脂肪酸或反式脂肪酸的甲酯化,使脂肪酸可在气相色谱上气化,从而根据面积归一化法得到脂肪酸组成及含量。目前我国制定的脂肪酸检测标准可一次性测定 37 种脂肪酸。

根据我国标准发展及国际检测发展,对于农药残留已经逐步形成了利用气相色谱-串联质谱联合固相萃取或 QuEChERS 技术进行多农残的高通量检测,该技术的出现对提高样品提取效率、提升净化效果、改善样品基质影响带来了显著的效应。从前处理角度来讲固相萃取和 QuEChERS 各有优势,固相萃取法针对性更强,净化程度更彻底;QuEChERS 前处理技术不同于传统固相萃取柱法的地方在于,固相萃取柱法中固相萃取柱需要经过活化、上样、淋洗、洗脱等一系列步骤,耗时长、对操作者的技术要求较高,若上样液浑浊或蛋白含量较高,则固相萃取柱会出现堵塞的情况,同时每一批固相萃取柱之前存在一定的差异,稳定性有待提高。而 QuEChERS 前处理技术所需净化粉末量少,只需经过简单的充分混合后,离心得到上清液从而实现了快速且高通量的检测,既解决了农残分析耗时长的问题,也可通过质谱手段实现对目标物的定性、定量分析。

(2)液相色谱及液相色谱-串联质谱技术。高效液相色谱技术、液相色谱-串联质谱技术是目前应用最为广泛的检测手段之一。液相色谱仪器一般配备示差检测器、紫外检测器、二极管阵列检测器、荧光检测器。随着科技的发展,出现了蒸发光散射检测器、化学发光检测器,大体积流通池荧光检测器解决了之前检测器存在的问题。多数液相色谱采用反相色谱柱进行分离,普通液相色谱分离时间多在 20min 以上。超高效液相色谱的分离时间可压缩到 10min 以内。液相色谱多用来进行乳粉中毒素、添加剂、营养物质的检测。目前我国已经建立了乳制品中黄曲霉毒素 M_1 的液相色谱检测方法,他是利用黄曲霉霉素 M_1 的荧光响应特点采用了高效液相色谱-荧光检测法进行检测。乳制品中多种维生素(维生素 A、D、E)的检测,新国标(GB 5009.296—2023)通过中心切割式二维液相色谱可实现对维生素 A、D、E 异构体 7 个化合物的分离检测,避免了正相制备色谱及反相色谱分离色谱联用带来的分析效率低、成本高的问题。

液相色谱-串联质谱技术将分离技术与质谱技术相结合的技术分离科学方法中的一项突破性进展。通过对化合物分子离子峰及特征离子峰的分析，在分离的基础上实现对目标化合物的检测。其优势在于对色谱分离度要求没有单纯的液相色谱那么高，同时由于其质量分析器的特点其灵敏度更高，可用于乳粉中毒素、兽药残留、营养物质的检测等方面。

目前我国利用液相色谱-串联质谱技术已经建立乳粉中氯霉素、氟苯尼考、氟苯尼考胺、四环素族、喹诺酮类、磺胺类、氨基糖苷类、硝基咪唑类、黄曲霉毒素 M_1 等一系列兽药残留、毒素的检测方法。这些技术对监控乳粉中残留物是否超标至关重要。

同时根据发展，学者们提出了利用高分辨质谱技术对乳粉中农兽药残留开展无定向筛查，利用高分辨质谱精确质量数的优势及全扫描技术可实现农兽药残留的筛查工作，发现监控盲点，从而提高后续靶向性检测的精度。

(3)离子色谱技术。离子色谱技术主要应用于乳及乳制品中无机阴离子(硝酸盐、亚硝酸盐、溴酸盐、氯离子等)、多糖类(低聚果糖、低聚半乳糖等)的检测。按照目前最为广泛的抑制电导检测所用的分离所用体系不同，又可以简单分为氢氧根系统及碳酸根系统。我国目前利用离子色谱制定了《食品安全国家标准 食品中亚硝酸盐与硝酸盐的测定》(GB 5009.33—2016)、《食品安全国家标准 食品中果糖、葡萄糖、蔗糖、麦芽糖、乳糖的测定》(GB 5009.8—2023)及《食品安全国家标准 食品中果聚糖的测定》(GB 5009.255—2016)等系列标准，充分发挥了其在无机阴离子、多糖类分析上的优势。尤其在多糖类分析方面，离子色谱的表现十分抢眼，在之前的技术中多采用液相色谱法，这种方法对检测器要求(示差检测器、蒸发光检测器)、环境稳定性、样品前处理(多糖类需要衍生化)要求较高。而离子色谱技术能很好地避免上述高要求，通过简便的样品前处理实现对多糖类的分离检测。

2. 光谱技术

光谱技术是乳及乳制品中重金属、营养元素检测的经典方法。光谱技术包括原子光谱技术、原子荧光技术、电感耦合等离子体发射光谱技术、电感耦合等离子体质谱技术。虽然都是检测元素的方法，但其侧重点不同。

原子吸收光谱技术是乳及乳制品中重金属检测的经典方法，分为火焰法和石墨炉法。主要用于铅、铬、镉等的检测，优势在于该技术非常成熟，设备较为便宜，技术便于普及。

原子荧光光谱技术是介于原子发射光谱(AES)和原子吸收光谱(AAS)之间的光谱分析技术。主要用于砷、汞、锑等的检测。特点是：检出限低、灵敏度高；干扰小、谱线比较简单；线性范围较宽。根据技术发展，我国目前已经将测汞仪测定总汞的方法列入了食品安全国家标准中。

为了更好地解决上述仪器在重金属检测中的自吸现象、不能高通量检测的问题，提出了采用电感耦合等离子体发射光谱技术(ICP)、电感耦合等离子体质谱技术(ICP-MS)开展乳粉中重金属的检测。ICP 是目前乳及乳制品中多营养元素同时测定的技术之一。与原子吸收、原子荧光相比，ICP 具有分析速度快，抗干扰能力强，线性范围宽，灵敏度、准确性高，测定范围广，可同时对多元素进行定量、定性分析的优势。ICP－MS是20世纪80年代发展起来的无机元素和同位素分析测试技术，它以独特的接口技术将电感耦合等离子体的高温电离特性与质谱（多采用四级杆质谱）的灵敏快速扫描的特点相结合而形成的一种高灵敏的分析技术。ICP及ICP－MS均可对多元素同时展开分析。

3.微生物技术

在乳品有害微生物检测中，微生物检测技术属于一种相对传统的检测技术，在利用这一检测技术开展了相应的检测以后，人们可以获得乳品中的活菌总数信息。具体的检测过程中，涉及了准平板计数法和显微镜直接观察法。因为很多乳品企业的条件有限，该技术一经出现就受到了很多乳品企业的青睐。作为乳品中有害微生物检测的有效技术，这一检测技术的整体成本偏低，所使用的相关设备也比较简单，是目前国内最为常用的微生物检测手段。

微生物技术中最重要的一个环节就是培养。在传统试管培养法基础上新增了微孔板培养法。微孔板培养的优势在于需要的样液、培养液更少，在96微孔板上可一次性培养多个样品，适宜于大批量的样品操作。

二、现场检测技术

由于实验室检测技术具有一定的局限性，一般情况下实验室检测技术的检测周期均为1～3d，微生物法因培养可能需要的时间更长，无法达到实验室检测要求，这就提出了乳粉检测技术的另一部分：现场检测技术。该技术是对实验室常规检测技术的必要补充，通常情况下从样品处理到出具检测结果不超过30min，无需考虑乳粉采集和保存问题，因其处理过程简单，快捷更适用于乳粉质量监管的现场快速筛查工作。

1.生物免疫技术

生物免疫技术主要利用的是免疫学基础理论，细胞因子存在着不同特点，通过对这些特点的有效利用就可以获得相应的检测结果。不同种类的微生物、兽药存在着抗原的区别，而正是因为这种差异性，使得抗原对机体所产生的刺激抗体同样具有各自的特殊性。因此，免疫学检测技术出现的早期阶段，机体感染变质程度的检测涉及了以下几种：利用单克隆抗体，对乳品中微生物、兽药的抗原进行相应的检测；利用微生物、兽药抗原，获得机体形成的特异性抗体信息。学者们基于生物免疫技术，构建了光纤-表面等离子体共振生物传感器实现对乳粉中黄体酮的检测，这种便携式光流控制生物免疫传感器可重复利用上百次，对于降低试验成本十分有效，这是目前现场快检最常用的方法之一。

2.红外光谱技术、拉曼光谱技术

红外光谱技术和拉曼光谱技术这两种技术也被称为无损检测技术，其特点在于样品无需进行前处理，耗时短、效率高，且可实现多组分同时检测。通过红外光谱结合拉曼光谱获取物质信息，经过主成分分析可实现对乳粉中多兽药残留的鉴别。

3.毛细管电泳技术

毛细管电泳技术是近年来的研究热点，其特点在于分离率高、体积小、易操作、检测快捷。目前已有学者开发出基于荧光技术检测诺氟沙星的毛细管电泳芯片装置，通过分离、提取、纯化从而实现对环丙沙星的快速定性检测。

4.试纸片技术

随着检测手段的不断丰富，用试纸片技术测定菌落总数、大肠菌群、大肠埃希氏菌、沙门氏菌、金黄色葡萄球菌、霉菌酵母菌等成为微生物快检技术的方向。通过在试纸上预制培养基、凝胶和三苯基氯化四氮(TTC)等试剂，添加待测样品并培养后，菌落在试片上显示不同颜色斑块或产气，从而实现清晰计数的效果。但试纸片技术在应用的过程中也有一定的局限性，主要表现在当微生物菌数量较高时，会产生微生物生态破坏而导致菌落增殖不明显，最典型的表现为不同稀释度下菌落数差异不明显的现象，从而导致最终计数结果不准确。

三、小结

通过上述研究，我们发现乳粉检测技术体系应加快完善和更新，尤其是加强对乳粉中未知有害物的发现能力。目前国际上乳粉检测指标体系较多，除了已知的污染物、兽药残留限量、微生物等指标外，乳制品在加工、贮藏等过程中是否还有潜在的未知有害物，仍有待研究。

第三节 我国针对不同国家进口的乳制品的检验检疫要求

为了进一步加强进出口乳制品的监管，我国政府与各输出国或地区政府签订了相关检验检疫协定、议定书、备忘录等。这些政策法规有力地保障了我国进出口乳制品的质量安全。本部分总结了相关公告及要求。

一、监管流程

我国对进口乳制品实施准入管理。海关总署对境外国家(地区)的食品安全管理体系和食品安全状况开展评估和审查后，确定该国家(地区)获得准入的乳品名单，并以“符合评估审查要求及有传统贸易的国家或地区输华食品目录”在海关总署网站上公布。

我国明确规定禁止从日本福岛县、群马县、枥木县、茨城县、宫城县、新潟县、长野县、埼玉县、东京都、千叶县10个都县进口乳品。

海关总署对于企业资质通过境外生产企业注册、境外出口商或代理商备案、境内收货人备案及进境动植物检疫审批等进行管理。具体管理如下：

(1)向中国境内出口食品的境外国家(地区)食品安全管理体系评估和审查。海关总署可以对境外国家(地区)的食品安全管理体系和食品安全状况开展评估审查，并根据评估和审查结果，确定相应的检验检疫要求。

(2)境外生产企业注册。

向中国境内出口乳品的境外生产企业应由所在国家(地区)主管当局向海关总署推荐注册。

(3)进出口商备案。

向中国境内出口乳及乳制品的境外出口商或代理商应向海关总署备案。进口商应当向其住所地海关备案。

(4)进境动植物检疫审批。

进口生乳、生乳制品、巴氏杀菌乳、以巴氏杀菌工艺生产加工的调制乳应当在签订贸易合同前办理检疫审批手续。

(5)单证审核。

(6)现场查验。

海关根据监督管理需要,对进口乳及乳制品实施现场查验。

(7)监督抽检。

海关根据年度进口食品安全监督抽检计划等实施取样送检。

(8)进口和销售记录。

进口商应当建立进口和销售记录制度,境外出口商、境外生产企业审核制度,海关依法对进口商实施情况进行监督检查。进口商应当积极配合,如实提供相关情况和材料。

(9)海关结合审单、实货检查、标签检验、感官检验、实验室检验结果等开展合格评定并进行结果登记。对符合合格评定要求的,评定为合格,准予进口。进口食品经海关合格评定不合格的,海关出具不合格证明;涉及安全、健康、环境保护项目不合格的,由海关书面通知进口商,责令其销毁或者退运;其他项目不合格的,经技术处理符合合格评定要求方准进口。

(10)检疫不合格。进口食品经检疫不合格,可进行检疫处理的,海关出具《检验检疫处理通知书》,进口商或其代理单位实施有效的检疫处理。检疫处理结束后经再次评定合格后方准进口。

(11)复验。进口商对海关的检验结果有异议,可申请复验。海关按照进出口商品复验相关规定组织实施复验。有下列情形之一的,海关不受理复验:

1)检验结果显示微生物指标超标的。

2)复验备份样品超过保质期的。

3)其他原因导致备份样品无法实现复验目的的。

二、不同国家乳品检验检疫要求

我国针对不同输出国签订了输华乳品检验检疫要求,具体公告内容可查阅海关总署官网或见附录,此处仅列出公告文号:

(1)《关于明确进口乳品检验检疫有关要求的公告》(海关总署公告,2021 年第 114 号)

(2)《关于加强进口婴幼儿配方乳粉管理的公告》(原质检总局公告,2013 年第 133 号)

(3)《关于进口阿尔巴尼亚乳品检验检疫要求的公告》(海关总署公告，2021年第18号)

(4)《关于中俄乳品双向贸易检验检疫要求的公告》(海关总署公告，2019年第44号)

(5)《关于修订中俄乳品双向贸易检验检疫要求的公告》(海关总署公告，2020年第89号)

(6)《关于进口克罗地亚乳品检验检疫要求的公告》(海关总署公告，2021年第87号)

(7)《关于进口哈萨克斯坦共和国乳品检验检疫要求的公告》(海关总署公告，2020年第13号)

(8)《关于进口吉尔吉斯共和国乳品检验检疫要求的公告》(海关总署公告，2019年第228号)

(9)《关于进口蒙古国乳品检验检疫要求的公告》(海关总署公告，2022年第23号)

(10)《关于进口塞尔维亚乳品检验检疫要求的公告》(海关总署公告，2020年第90号)

(11)《关于进口斯洛伐克乳品检验检疫要求的公告》(海关总署公告，2020年第19号)

(12)《关于进口越南乳品检验检疫要求的公告》(海关总署公告，2019年第156号)

(13)《关于出口越南乳品检验检疫要求的公告》(海关总署公告，2023年第117号)

(14)《关于进口伊朗乳品检验检疫要求的公告》(海关总署公告，2023年第17号)

(15)《关于进口阿联酋骆驼乳产品检验检疫要求的公告》(海关总署公告，2022年第123号)

(16)《关于进口巴基斯坦乳品检验检疫要求的公告》(海关总署公告，2023年第163号)

三、小结

随着全球贸易市场的变化，一些新兴贸易市场、新兴贸易产品逐渐成为关注的焦点，针对这些贸易市场及贸易产品签订检验检疫协定、议定书及备忘录等将对保障我国进口食品质量安全、保障国门生物安全及防止外来物种入侵十分重要。

附　　录

关于明确进口乳品检验检疫有关要求的公告

（海关总署公告　2021 年第 114 号）

《中华人民共和国进口食品境外生产企业注册管理规定》（海关总署第 248 号令）和《中华人民共和国进出口食品安全管理办法》（海关总署第 249 号令）将于 2022 年 1 月 1 日正式生效，《进出口乳品检验检疫监督管理办法》同时废止，进口乳品检验检疫的下列相关要求继续有效，现公告如下：

一、进口乳品需随附出口国家或者地区政府主管部门出具的卫生证书。证书应当有出口国家或者地区政府主管部门印章和其授权人签字，目的地应当标明为中华人民共和国。卫生证书样本应当经海关总署确认。

二、进口生乳、生乳制品、巴氏杀菌乳、巴氏杀菌工艺生产加工的调制乳需要办理进境检疫审批手续。

三、境外生产企业应当熟悉并保证其向中国出口的乳品符合中国食品安全国家标准和相关要求。

（一）首次进口的乳品，应当提供相应食品安全国家标准中列明项目的检测报告。首次进口，指境外生产企业、产品名称、配方、境外出口商、境内进口商等信息完全相同的乳品从同一口岸第一次进口。

（二）非首次进口的乳品，应当提供首次进口检测报告的复印件以及海关总署要求项目的检测报告。非首次进口检测报告项目由海关总署根据乳品风险监测等有关情况确定并在海关总署网站公布（在海关总署食品局网站 http://jckspj. customs. gov. cn 的“信息服务——检验检疫要求”栏目中查询）。

（三）检测报告应与进口乳品的生产日期或生产批号对应。

（四）对进口乳品检测报告实行证明事项告知承诺制。

四、为进口乳品出具检测报告的检测机构，可以是境外官方实验室、第三方检测机构或企业实验室，也可以是境内取得食品检验机构资质认定的检测机构。

五、本公告所指的乳品包括初乳、生乳和乳制品。初乳是指奶畜产犊后 7 天内的乳。

生乳是指从符合中国有关要求的健康奶畜乳房中挤出的无任何成分改变的常乳。奶畜初乳、应用抗生素期间和休药期间的乳汁、变质乳不得用作生乳。生乳制品是指由生乳加工而成、加工工艺中无热处理杀菌过程的产品。乳制品是指由乳为主要原料加工而成的食品，如：巴氏杀菌乳、灭菌乳、调制乳、发酵乳、干酪及再制干酪、稀奶油、奶油、无水奶油、炼乳、乳粉、乳清粉及乳清蛋白粉、乳基婴幼儿配方食品及其生产原料基粉、酪蛋白及其他乳与乳制品（如乳矿物盐和乳蛋白等）。

本公告自 2022 年 1 月 1 日起执行。2013 年 4 月 15 日《关于实施〈进出口乳品检验检疫监督管理办法〉有关要求的公告》（原质检总局公告 2013 年 53 号）、2015 年 1 月 8 日《关于调整〈进出口乳品检验检疫监督管理办法〉实施要求的公告》（原国家质检总局公告 2015 年第 3 号）同时废止。

特此公告。

海关总署

2021 年 12 月 23 日

关于加强进口婴幼儿配方乳粉管理的公告

（原质检总局公告　2013 年第 133 号）

为贯彻落实国务院关于进一步加强婴幼儿乳粉质量安全工作的部署，现就有关要求公告如下。

一、本公告所称婴幼儿配方乳粉指婴儿配方乳粉、较大婴儿和幼儿配方乳粉。

二、对华出口婴幼儿配方乳粉的境外生产企业应按照《进出口乳品检验检疫监督管理办法》（质检总局令第 152 号）、《进口食品境外生产企业注册管理规定》（质检总局令第 145 号）及《质检总局关于公布〈进口食品境外生产企业注册实施目录〉的公告》（质检总局公告 2013 年第 62 号）的规定，办理注册。自 2014 年 5 月 1 日起，未经注册的境外生产企业的婴幼儿配方乳粉不允许进口。

三、进口婴幼儿配方乳粉，其报检日期到保质期截止日不足 3 个月的，不予进口。

四、严禁进口大包装婴幼儿配方乳粉到境内分装，进口的婴幼儿配方乳粉必须已罐装在向消费者出售的最小零售包装中。

五、自 2014 年 4 月 1 日起，进口婴幼儿配方乳粉的中文标签必须在入境前已直接印制在最小销售包装上，不得在境内加贴。产品包装上无中文标签或者中文标签不符合中国法律法规和食品安全国家标准的，一律按不合格产品做退货或销毁处理。

除另有说明外，本公告之各项要求自发布之日起实施。

质检总局

2013 年 9 月 23 日

进口克罗地亚乳品检验检疫要求

（中华人民共和国海关总署公告　2020年第87号）

一、检验检疫依据

（一）《中华人民共和国进出境动植物检疫法》《中华人民共和国进出境动植物检疫法实施条例》《中华人民共和国进出口商品检验法》《中华人民共和国进出口商品检验法实施条例》《中华人民共和国食品安全法》《中华人民共和国食品安全法实施条例》。

（二）《进出口食品安全管理办法》。

（三）《进出口乳品检验检疫监督管理办法》。

（四）《中华人民共和国海关总署和克罗地亚共和国农业部关于克罗地亚输华乳品动物卫生和公共卫生条件议定书》。

二、允许进口产品

克罗地亚输华乳品是指以经过加热处理的牛乳或羊乳为主要原料加工而成的食品，包括巴氏杀菌乳、灭菌乳、调制乳、发酵乳、干酪及再制干酪、稀奶油、奶油、无水奶油、炼乳、乳粉、乳清粉、乳清蛋白粉、牛初乳粉、酪蛋白、乳矿物盐、乳基婴幼儿配方食品及其预混料（或基粉）。

三、生产设施要求

克罗地亚输华乳品生产企业应经克罗地亚官方批准，并获得中方注册。

四、动物检疫要求

为输华乳品提供原料乳的奶畜须符合下列条件：

（1）来自没有发生过口蹄疫、炭疽、牛瘟、小反刍兽疫、羊痘、裂谷热、牛传染性胸膜肺炎、牛海绵状脑病和痒病的农场。

（2）奶畜未患布鲁氏菌病、牛副结核病、结核病。

（3）农场受克罗地亚共和国农业部或农业部认可的第三方机构监管。

（4）农场及其周边地区未因动物疾病按世界动物卫生组织《陆生动物卫生法典》和克罗地亚官方动物卫生法规规定而受到检疫限制。

五、检疫审批要求

进口克罗地亚巴氏杀菌乳和以巴氏杀菌工艺生产的调制乳，应事先办理检疫审批，获得“进境动植物检疫许可证”。

六、证书要求

克罗地亚输华乳品应随附克罗地亚官方签发的卫生证书。

七、食品安全要求

克罗地亚输华乳品应符合中国食品安全国家标准。

八、包装和标识要求

克罗地亚输华乳品必须用符合中国相关标准的全新材料包装，外包装要用中文及英文标明规格、产地(具体到州/省/市)、目的地、品名、重量、生产厂名称、注册编号、生产批号、储存条件、生产日期和保质期。

内包装须符合中国相关规定，标签上应注明原产国、品名、企业注册号、生产企业名称地址和联系方式、生产日期和保质期、生产批号。

九、其他

获得注册的克罗地亚乳品企业名单请访问海关总署网站查询。

关于进口哈萨克斯坦共和国乳品检验检疫要求的公告

（海关总署公告　2020年第13号）

一、检验检疫依据

（一）《中华人民共和国进出境动植物检疫法》《中华人民共和国进出境动植物检疫法实施条例》《中华人民共和国进出口商品检验法》《中华人民共和国进出口商品检验法实施条例》《中华人民共和国食品安全法》《中华人民共和国食品安全法实施条例》。

（二）《进出口食品安全管理办法》。

（三）《中华人民共和国海关总署和哈萨克斯坦共和国农业部关于哈萨克斯坦共和国输华乳品检验检疫要求议定书》。

二、允许进口产品

哈萨克斯坦输华乳品是指以经过加热处理的牛乳或羊乳为主要原料加工而成的食品，包括巴氏杀菌乳、灭菌乳、调制乳、发酵乳、干酪及再制干酪、稀奶油、奶油、无水奶油、炼乳、乳粉、乳清粉、乳清蛋白粉、牛初乳粉、酪蛋白、乳矿物盐、乳基婴幼儿配方食品及其预混料（或基粉）以及骆驼乳粉等。

三、生产设施要求

哈萨克斯坦输华乳品生产企业应经哈萨克斯坦官方批准，并获得中方注册。

四、证书要求

哈萨克斯坦输华乳品应随附哈萨克斯坦官方签发的卫生证书。

五、食品安全要求

哈萨克斯坦输华乳品应符合中国食品安全国家标准。其中，骆驼乳粉暂时按《驼乳粉》（RHB 903—2017）的规定执行，待相关食品安全国家标准发布后按国家标准执行。

六、包装和标识要求

哈萨克斯坦输华乳品必须用符合中国相关标准的全新材料包装，外包装要用中文及英文标明规格、产地（具体到州/省/市）、目的地、品名、重量、生产厂名称、注册编号、生产批号、储存条件、生产日期和保质期。

内包装须符合中国相关规定，标签上应注明原产国、品名、企业注册号、生产企业名称地址和联系方式、生产日期和保质期、生产批号。

七、存放和运输要求

哈萨克斯坦输华乳品的存放、运输的全过程，均应符合卫生条件，防止受有毒有害物质的污染。货物装入集装箱后，应加施封识，封识号须在卫生证书中注明。运输过程中不得拆开及更换包装。

八、其他

获得注册的哈萨克斯坦乳品企业名单、输华乳品卫生证书样本，请访问海关总署网站查询。

进口吉尔吉斯斯坦乳品检验检疫要求

（海关总署公告　2019年第228号）

一、检验检疫依据

（一）《中华人民共和国进出境动植物检疫法》《中华人民共和国进出境动植物检疫法实施条例》《中华人民共和国进出口商品检验法》《中华人民共和国进出口商品检验法实施条例》《中华人民共和国食品安全法》《中华人民共和国食品安全法实施条例》。

（二）《进出口食品安全管理办法》。

（三）《中华人民共和国海关总署和吉尔吉斯共和国政府兽医和植物卫生安全检验局关于吉尔吉斯共和国输华乳品检验检疫要求议定书》。

二、允许进口产品

吉尔吉斯斯坦输华乳品仅包括牛乳来源的脱脂乳粉和干酪。

三、生产设施要求

吉尔吉斯斯坦输华乳品生产企业应经吉尔吉斯官方批准，并获得中方注册。

四、证书要求

吉尔吉斯斯坦输华乳品应随附吉尔吉斯官方签发的卫生证书。

五、食品安全要求

吉尔吉斯斯坦输华乳品应符合中国食品安全国家标准。

六、包装和标识要求

吉尔吉斯斯坦输华乳品必须用符合中国相关标准的全新材料包装，外包装要用中文及英文标明规格、产地（具体到州/省/市）、目的地、品名、重量、生产厂名称、注册编号、生产批号、储存条件、生产日期和保质期。

内包装须符合中国相关规定，标签上应注明原产国、品名、企业注册号、生产企业名称地址和联系方式、生产日期和保质期、生产批号。

七、存放和运输要求

吉尔吉斯斯坦输华乳品的存放、运输的全过程，均应符合卫生条件，防止受有毒有害物质的污染。货物装入集装箱后，应加施封识，封识号须在卫生证书中注明。运输过程中不得拆开及更换包装。

八、其他

获得注册的吉尔吉斯斯坦乳品企业名单、输华乳品卫生证书样本，请访问海关总署网站查询。

中俄乳品双向贸易检验检疫要求

（海关总署公告　2019年第44号）

一、检验检疫依据

（一）《中华人民共和国进出境动植物检疫法》《中华人民共和国进出境动植物检疫法实施条例》《中华人民共和国进出口商品检验法》《中华人民共和国进出口商品检验法实施条例》《中华人民共和国食品安全法》《中华人民共和国食品安全法实施条例》；

（二）《进出口食品安全管理办法》；

（三）《进出口乳品检验检疫监督管理办法》；

（四）《中华人民共和国海关总署与俄罗斯联邦兽医和植物卫生监督局关于中俄乳品双向贸易的兽医和公共卫生条件议定书》。

二、准予贸易的乳制品范围

中国输俄乳品及俄罗斯输华乳品是指以经过加热处理的牛乳或羊乳为主要原料加工而成的食品（产品清单附后）。

三、加工企业注册要求

中国输俄乳品生产企业应当经俄罗斯联邦兽医和植物卫生监督局批准，相关企业名单可在俄罗斯联邦兽医和植物卫生监督局网站查询。俄罗斯输华乳品生产企业应当获得中国海关总署注册，相关企业名单可在海关总署网站查询。

四、动物检疫要求

为出口对方的乳品提供原料乳的奶畜须符合下列条件：

（1）来自口蹄疫检疫限制已取消至少2个月的农场。

（2）农场过去12个月内没有发生过牛瘟、裂谷热、牛传染性胸膜肺炎、小反刍兽疫、羊天花、痒病。

（3）农场在过去12个月内没有确认的炭疽病例。接种炭疽活疫苗的动物，自接种之日起21天内的生乳不得用作原料生产出口乳品。

（4）在收集生乳时，农场未发现布鲁氏菌病、牛副结核病、结核病临床症状。

（5）农场受到中国主管部门或俄罗斯联邦国家兽医局监管。

（6）农场及其周边地区未因动物疾病按世界动物卫生组织《陆生动物卫生法典》和本国动物卫生法规规定而受到检疫限制。

五、检疫审批要求

进口俄罗斯巴氏杀菌乳和以巴氏杀菌工艺生产的调制乳，应事先办理检疫审批，获得"进境动植物检疫许可证"。

六、证书要求

中国输俄乳品应随附中国海关部门签发的兽医卫生证书，俄罗斯输华乳品应随附俄罗斯联邦兽医部门签发的兽医卫生证书。

七、食品安全要求

俄罗斯输华乳品应符合我国法律、行政法规的规定和中国食品安全国家标准；中国输俄乳品应符合俄罗斯和欧亚经济联盟有关法律法规要求。

八、包装和标识要求

中俄双向贸易的乳品必须用符合国际标准的全新材料包装，外包装要用中文、俄文及英文标明规格、产地(具体到州/省/市)、目的地、品名、重量、生产厂名称、注册编号、生产批号、储存条件、生产日期和保质期。

内包装须符合中国、俄罗斯和欧亚经济联盟相关规定，标签上应注明原产国、品名、企业注册号、生产企业名称地址和联系方式、生产日期和保质期、生产批号。

九、存放和运输要求

中俄双向贸易乳品的存放、运输的全过程，均应符合卫生条件，防止受有毒有害物质的污染。货物装入集装箱后，应加施封识，封识号须在兽医卫生证书中注明。运输过程中不得拆开及更换包装。

附表

产品清单

HS编码	产　品
040110	未浓缩及未加糖或其他甜物质的乳及奶油:脂肪含量小于1%
040120	未浓缩及未加糖或其他甜物质的乳及奶油:脂肪含量在1%~6%
040140	未浓缩及未加糖或其他甜物质的乳及奶油:脂肪含量在6%~10%
040150	未浓缩及未加糖或其他甜物质的乳及奶油:脂肪含量大于10%
040210	浓缩、加糖或其他甜物质的乳及奶油:脂肪含量小于1.5%的粉、颗粒或其他固体类型
040291	浓缩、加糖或其他甜物质的乳及奶油:不加糖或其他甜物质(按脂肪的质量分数进行分级)
040299	浓缩、加糖或其他甜物质的乳及奶油:其他(按脂肪的质量分数进行分级)
040310	不论是否浓缩、加糖或其他甜物质、加香料、加水果、加坚果或加可可的酪乳、结块的乳和奶油、酸乳、酸乳酒和其他发酵或酸化的乳和奶油:酸乳
040390	不论是否浓缩、加糖或其他甜物质、加香料、加水果、加坚果或加可可的酪乳、结块的乳和奶油、酸乳、酸乳酒和其他发酵或酸化的乳和奶油:其他(通过添加风味添加剂和脂肪质量分数来进行分级)
040410	乳清,不论是否浓缩、加糖或其他甜物质;其他品目未列明的含天然乳的产品,不论是否加糖或其他甜物质:乳清和改性乳清,不论是否浓缩、加糖或其他甜物质
040490	乳清,不论是否浓缩、加糖或其他甜物质;其他品目未列明的含天然乳的产品,不论是否加糖或其他甜物质:其他(按脂肪的质量分数进行分级)
040510	黄油和其他从乳中提取的脂和油;乳酱:黄油
040520	黄油和其他从乳中提取的脂和油;乳酱:乳酱
040590	黄油和其他从乳中提取的脂和油;乳酱:其他(按脂肪的质量分数进行分级)
040610	乳酪和凝乳:包括乳清和白蛋白奶酪、凝乳的未成熟干酪(未成熟或未固化的)
040630	乳酪和凝乳:经加工的乳酪,但磨碎或粉化的除外
040640	乳酪和凝乳:蓝纹乳酪和娄地青霉生产的带有纹理的其他乳酪
040690	乳酪和凝乳:其他奶酪
210500	冰淇淋及其他冰制食品,无论是否含可可
350110	酪蛋白
350220	乳白蛋白(包括2种或2种以上乳清蛋白浓缩物)

进口阿尔巴尼亚乳品检验检疫要求

（中华人民共和国海关总署公告　2021年第18号）

一、检验检疫依据

（一）《中华人民共和国进出境动植物检疫法》《中华人民共和国进出境动植物检疫法实施条例》《中华人民共和国进出口商品检验法》《中华人民共和国进出口商品检验法实施条例》《中华人民共和国食品安全法》《中华人民共和国食品安全法实施条例》。

（二）《进出口食品安全管理办法》《进出口乳品检验检疫监督管理办法》。

（三）《中华人民共和国海关总署与阿尔巴尼亚共和国农业和农村发展部关于阿尔巴尼亚共和国输华乳品检验检疫要求议定书》。

二、允许进口产品

阿尔巴尼亚输华乳品是指以经过加热处理的牛奶、绵羊奶和山羊奶为主要原料加工而成的乳及乳制品，包括巴氏杀菌乳、灭菌乳、调制乳、发酵乳、干酪及再制干酪、稀奶油、奶油、无水奶油、炼乳、乳粉、乳清粉、乳清蛋白粉、牛初乳粉、酪蛋白、乳矿物盐、乳基婴幼儿配方食品及其预混料（或基粉）等。

三、生产设施要求

阿尔巴尼亚输华乳品生产企业应符合中国和阿尔巴尼亚有关动物卫生和公共卫生要求，应经阿尔巴尼亚官方批准或注册，并获得中方注册。

四、动物检疫要求

为输华乳品提供原料乳的奶畜须符合下列条件：

（一）采集生乳前至少1个月，农场无口蹄疫病例或疑似病例。

（二）采集生乳时，农场未发现炭疽临床症状。

（三）农场无牛结核病、副结核、牛瘟、裂谷热、小反刍兽疫、羊天花、传染性牛胸膜肺炎。

（四）农场受阿尔巴尼亚共和国农业和农村发展部监管。

（五）农场及其周边地区未因动物疾病按世界动物卫生组织《陆生动物卫生法典》和本国动物卫生法规规定而受到检疫限制。

五、检疫审批要求

进口阿尔巴尼亚巴氏杀菌乳和以巴氏杀菌工艺生产的调制乳，应事先办理检疫审批，获得“中华人民共和国进境动植物检疫许可证”。

六、证书要求

阿尔巴尼亚输华乳品应随附阿尔巴尼亚官方签发的卫生证书。

七、食品安全要求

阿尔巴尼亚输华乳品应符合中国法律法规的规定和中国食品安全国家标准。

八、包装和标识要求

阿尔巴尼亚输华乳品必须用符合中国相关标准的全新材料包装,外包装要用中文及英文标明规格、产地(具体到州/省/市)、目的地、品名、重量、生产厂名称、注册号、生产批号、储存条件、生产日期和保质期。

内包装须符合中国相关规定,标签上应注明原产国、品名、企业注册号、生产企业名称地址和联系方式、生产日期和保质期、生产批号。

九、存放和运输要求

阿尔巴尼亚输华乳品的存放、运输的全过程,均应符合卫生条件,防止受有毒有害物质的污染。货物装入集装箱后,应加施封识,封识号须在卫生证书中注明。运输过程中不得拆开及更换包装。

十、其他

阿尔巴尼亚输华乳品应来自获得中方注册的生产企业。获得注册的阿尔巴尼亚输华乳品企业名单,可通过海关总署网站查询。

进口蒙古国乳品检验检疫要求

（海关总署公告　2022年第23号）

一、检验检疫依据

（一）《中华人民共和国进出境动植物检疫法》《中华人民共和国进出境动植物检疫法实施条例》《中华人民共和国进出口商品检验法》《中华人民共和国进出口商品检验法实施条例》《中华人民共和国食品安全法》《中华人民共和国食品安全法实施条例》。

（二）《中华人民共和国进出口食品安全管理办法》《中华人民共和国进口食品境外生产企业注册管理规定》。

（三）《中华人民共和国海关总署与蒙古国海关总局关于蒙古国输华乳品检验检疫要求议定书》。

（四）《海关总署关于明确进口乳品检验检疫要求的公告》。

二、允许进口产品

蒙古国输华乳品是指原产于蒙古国、以经过适当热处理的奶牛乳、山羊乳和绵羊乳为主要原料加工而成的乳及乳制品，包括灭菌乳、调制乳、发酵乳、干酪及再制干酪、稀奶油、奶油、无水奶油、炼乳、乳粉、乳清粉和乳清蛋白粉、牛初乳粉等。

三、生产设施要求

蒙古国输华乳品生产企业应当符合中国和蒙古国有关动物卫生和公共卫生要求，应经蒙古国官方批准或注册，并获得中方注册。

四、为输华乳品提供原料乳的奶畜要求

（一）采集生乳前至少1个月，养殖场无口蹄疫病例或疑似病例。

（二）采集生乳时，养殖场未发现炭疽临床症状。

（三）养殖场无牛结核病、副结核、牛瘟、裂谷热、小反刍兽疫、羊天花、传染性牛胸膜肺炎。

（四）养殖场受蒙古国技术监督总局监管。

（五）养殖场及其周边地区未因动物疾病按世界动物卫生组织《陆生动物卫生法典》和蒙古国动物卫生法规规定而受到检疫限制。

五、检疫审批要求

蒙古国输华巴氏杀菌乳和以巴氏杀菌工艺生产的调制乳，应事先办理检疫审批，获得“进境动植物检疫许可证”。

六、证书要求

蒙古国输华乳品应随附蒙古国官方签发的卫生证书。

七、食品安全要求

蒙古国输华乳品应当符合中国法律法规的规定和中国食品安全国家标准。

八、包装和标识要求

蒙古国输华乳品必须用符合中国标准的全新材料包装。外包装要标明生产厂注册编号。内包装须符合中国相关法律法规和标准规定，标签上至少应注明原产国、品名、企业注册号、生产企业名称地址和联系方式、生产日期和保质期、贮存条件、净含量等内容。

九、存放和运输要求

蒙古国输华乳品的存放、运输的全过程，均应符合卫生条件，防止受有毒有害物质的污染。货物装入集装箱后，应加施封识，封识号须在卫生证书中注明。运输过程中不得拆开及更换包装。

十、其他

蒙古国输华乳品应来自获得海关总署注册的生产企业。获得注册的蒙古国输华乳品企业名单，可通过海关总署网站查询。

进口塞尔维亚乳品检验检疫要求

（中华人民共和国海关总署公告　2020年第90号）

一、检验检疫依据

（一）《中华人民共和国进出境动植物检疫法》《中华人民共和国进出境动植物检疫法实施条例》《中华人民共和国进出口商品检验法》《中华人民共和国进出口商品检验法实施条例》《中华人民共和国食品安全法》《中华人民共和国食品安全法实施条例》。

（二）《进出口食品安全管理办法》。

（三）《进出口乳品检验检疫监督管理办法》。

（四）《中华人民共和国海关总署与塞尔维亚共和国农业、林业和水资源管理部关于塞尔维亚共和国输华乳品检验检疫条件议定书》。

二、允许进口产品

塞尔维亚输华乳品是指以经过加热处理的牛乳或羊乳为主要原料加工而成的乳及乳制食品，包括巴氏杀菌乳、灭菌乳、调制乳、发酵乳、干酪及再制干酪、稀奶油、奶油、无水奶油、炼乳、乳粉、乳清粉、乳清蛋白粉、牛初乳粉、酪蛋白、乳矿物盐、乳基婴幼儿配方食品及其预混料（或基粉）等。

三、生产设施要求

塞尔维亚输华乳品生产企业应经塞尔维亚官方批准，并获得中方注册。获得注册的塞尔维亚乳品企业名单可在海关总署网站查询。

四、动物检疫要求

为输华乳品提供原料乳的奶畜须符合下列条件：

（一）采集生乳前至少1个月，农场无口蹄疫病例或疑似病例。

（二）采集生乳时，农场未发现炭疽临床症状。

（三）农场无牛结核病、副结核、牛瘟、裂谷热、小反刍兽疫、羊天花、传染性牛胸膜肺炎。

（四）农场受塞尔维亚共和国农业、林业和水资源管理部监管。

（五）农场及其周边地区未因动物疾病按世界动物卫生组织《陆生动物卫生法典》和本国动物卫生法规规定而受到检疫限制。

五、检疫审批要求

进口塞尔维亚巴氏杀菌乳和以巴氏杀菌工艺生产的调制乳，应事先办理检疫审批，获得“进境动植物检疫许可证”。

六、证书要求

塞尔维亚输华乳品应随附塞尔维亚官方签发的卫生证书。

七、食品安全要求

塞尔维亚输华乳品应符合中国法律、行政法规的规定和中国食品安全国家标准。

八、包装和标识要求

塞尔维亚输华乳品必须用符合中国相关标准的全新材料包装，外包装要用中文及英文标明规格、产地（具体到州/省/市）、目的地、品名、重量、生产厂名称、注册编号、生产批号、储存条件、生产日期和保质期。

内包装须符合中国相关规定，标签上应注明原产国、品名、企业注册号、生产企业名称地址和联系方式、生产日期和保质期、生产批号。

九、存放和运输要求

塞尔维亚输华乳品的存放、运输的全过程，均应符合卫生条件，防止受有毒有害物质的污染。货物装入集装箱后，应加施封识，封识号须在卫生证书中注明。运输过程中不得拆开及更换包装。

进口斯洛伐克乳品检验检疫要求

（中华人民共和国海关总署公告　2020年第19号）

一、检验检疫依据

（一）《中华人民共和国进出境动植物检疫法》《中华人民共和国进出境动植物检疫法实施条例》《中华人民共和国进出口商品检验法》《中华人民共和国进出口商品检验法实施条例》《中华人民共和国食品安全法》《中华人民共和国食品安全法实施条例》。

（二）《进出口食品安全管理办法》。

（三）《中华人民共和国海关总署和斯洛伐克共和国国家兽医和食品监管总局关于斯洛伐克输华乳品动物卫生和公共卫生条件议定书》。

二、允许进口产品

斯洛伐克输华乳品是指以经过加热处理的牛乳或羊乳为主要原料加工而成的食品，包括巴氏杀菌乳、灭菌乳、调制乳、发酵乳、干酪及再制干酪、稀奶油、奶油、无水奶油、炼乳、乳粉、乳清粉、乳清蛋白粉、牛初乳粉、酪蛋白、乳矿物盐、乳基婴幼儿配方食品及其预混料（或基粉）等。

三、生产设施要求

斯洛伐克输华乳品生产企业应经斯洛伐克官方批准，并获得中方注册。

四、证书要求

斯洛伐克输华乳品应随附斯洛伐克官方签发的卫生证书。

五、食品安全要求

斯洛伐克输华乳品应符合中国食品安全国家标准。

六、包装和标识要求

斯洛伐克输华乳品必须用符合中国相关标准的全新材料包装，外包装要用中文及英文标明规格、产地（具体到州/省/市）、目的地、品名、重量、生产厂名称、注册编号、生产批号、储存条件、生产日期和保质期。

内包装须符合中国相关规定，标签上应注明原产国、品名、企业注册号、生产企业名称地址和联系方式、生产日期和保质期、生产批号。

七、存放和运输要求

斯洛伐克输华乳品的存放、运输的全过程，均应符合卫生条件，防止受有毒有害物质的污染。货物装入集装箱后，应加施封识，封识号须在卫生证书中注明。运输过程中不得拆开及更换包装。

八、其他

获得注册的斯洛伐克乳品企业名单、输华乳品卫生证书样本，请访问海关总署网站查询。

越南输华乳品检验检疫要求

（中华人民共和国海关总署公告　2019年第156号）

一、检验检疫依据

（一）《中华人民共和国食品安全法》《中华人民共和国动植物检疫法》。

（二）《中华人民共和国海关总署和越南社会主义共和国农业与农村发展部关于越南社会主义共和国输华乳品动物卫生和公共卫生条件议定书》。

（三）《进出口乳品检验检疫监督管理办法》。

二、准予贸易的乳制品范围

越南输华乳品是指以经过加热处理的牛乳为主要原料加工而成的食品，包括巴氏杀菌乳、灭菌乳、调制乳、发酵乳、干酪及再制干酪、稀奶油、奶油、无水奶油、炼乳、乳粉、乳清粉、乳清蛋白粉、牛初乳粉、酪蛋白、乳矿物盐、乳基婴幼儿配方食品及其预混料（或基粉）等。

三、加工企业注册要求

越南输华乳品生产企业应当经越南官方批准，并获得中国海关总署注册，相关企业名单可在海关总署网站查询。

四、检疫审批要求

进口越南巴氏杀菌乳和以巴氏杀菌工艺生产的调制乳，应事先办理检疫审批，获得“进境动植物检疫许可证”。

五、证书要求

越南输华乳品应随附越南官方签发的卫生证书。

六、包装和标识要求

越南输华乳品必须用符合中国相关标准的全新材料包装，外包装要用中文及英文标明规格、产地（具体到州/省/市）、目的地、品名、重量、生产厂名称、注册编号、生产批号、储存条件、生产日期和保质期。

内包装须符合中国相关规定，标签上应注明原产国、品名、企业注册号、生产企业名称地址和联系方式、生产日期和保质期、生产批号。

七、存放和运输要求

越南输华乳品的存放、运输的全过程，均应符合卫生条件，防止受有毒有害物质的污染。货物装入集装箱后，应加施封识，封识号须在卫生证书中注明。运输过程中不得拆开及更换包装。

出口越南乳品检验检疫要求

（中华人民共和国海关总署公告　2023年第117号）

根据我国和越南相关法律法规规定以及中越两国主管部门达成的一致意见，自本公告发布之日起，允许符合以下要求的中国乳品出口越南：

一、检验检疫依据

（一）《中华人民共和国进出境动植物检疫法》《中华人民共和国进出境动植物检疫法实施条例》《中华人民共和国进出口商品检验法》《中华人民共和国进出口商品检验法实施条例》《中华人民共和国食品安全法》《中华人民共和国食品安全法实施条例》。

（二）《中华人民共和国进出口食品安全管理办法》。

二、检验检疫要求

（一）生乳来自符合以下要求的农场：

(1)采集生乳时没有感染或疑似感染口蹄疫。

(2)采集生乳时未在临床上观察到炭疽病。

(3)没有结核病和布鲁氏菌病。

(4)根据世界动物卫生组织《陆生动物卫生法典》，农场和周边地区没有受到检疫限制。

(5)动物没有饲喂过越南及中国禁止饲喂的饲料。

(6)受主管部门监督。

（二）生乳中不含应用抗生素期间和休药期间的乳汁或变质乳。

（三）乳品中兽药、农药和其他有毒有害物质的残留量不超过越南标准规定的最高限量。

（四）乳品已根据世界动物卫生组织和国际法典委员会的相关标准进行热处理，确保灭活口蹄疫病毒，消除威胁人类健康的病原微生物。

（五）乳品应符合越南相关的法规和标准。

（六）乳品安全、卫生且适合人类食用。

三、证书要求

输越乳品应随附经中越两国主管部门确认的、由中国海关签发的卫生证书。

四、出口生产企业要求

（一）生产企业应当保证其出口乳品符合越南的法规和标准。

（二）生产企业应当向住所地海关备案。

（三）生产企业应当建立完善可追溯的食品安全卫生控制体系，保证食品安全卫生控制体系有效运行，确保出口乳品生产、加工、贮存过程持续符合中国相关法律法规、出口乳品生产企业安全卫生要求。

（四）生产企业应当建立供应商评估制度、进货查验记录制度、生产记录档案制度、出厂检验记录制度、出口食品追溯制度和不合格食品处置制度。相关记录应当真实有效，保存期限不得少于食品保质期期满后6个月；没有明确保质期的，保存期限不得少于2年。

（五）生产企业、出口商应当向产地或者组货地海关提出出口监管申请。

五、其他要求

输越乳品包装、存储和运输方式应符合食品安全要求。运输包装上应标注生产企业备案号、产品品名、生产批号和生产日期。

特此公告。

进口伊朗乳品检验检疫要求

（中华人民共和国海关总署公告　2023年第17号）

根据我国相关法律法规和中华人民共和国海关总署与伊朗伊斯兰共和国农业部有关伊朗输华乳品检验检疫要求规定，自本公告发布之日起，允许符合检验检疫要求的伊朗伊斯兰共和国乳品进口。

一、检验检疫依据

（一）《中华人民共和国进出境动植物检疫法》《中华人民共和国进出境动植物检疫法实施条例》《中华人民共和国进出口商品检验法》《中华人民共和国进出口商品检验法实施条例》《中华人民共和国食品安全法》《中华人民共和国食品安全法实施条例》。

（二）《中华人民共和国进出口食品安全管理办法》《中华人民共和国进口食品境外生产企业注册管理规定》。

（三）《中华人民共和国海关总署与伊朗伊斯兰共和国农业部关于伊朗输华乳品检验检疫要求议定书》。

（四）《海关总署关于明确进口乳品检验检疫要求的公告》。

二、允许进口产品

伊朗伊斯兰共和国输华乳品（以下简称输华乳品）是指原产于伊朗伊斯兰共和国（以下简称伊朗）、用牛乳为主要原料加工而成、经适当热处理的食品，包括乳粉、乳清粉、乳清蛋白粉、牛初乳粉、灭菌乳、调制乳、发酵乳、干酪及再制干酪、稀奶油、奶油、无水奶油、炼乳等。

三、生产企业要求

输华乳品生产企业经伊朗官方批准或注册，在伊朗官方的监督之下且符合中国和伊朗有关动物卫生和公共卫生的要求。

根据《中华人民共和国食品安全法》《中华人民共和国进口食品境外生产企业注册管理规定》，向中国出口乳品的生产企业应当经中国注册，未获得注册企业生产的产品不得向中国出口。

四、提供原料乳的奶畜要求

为输华乳品提供原料乳的奶畜需符合以下要求：

（一）来自符合下列条件的农场：

（1）口蹄疫检疫限制已取消至少2个月。

（2）农场过去12个月未因炭疽而受到检疫限制。

（3）奶畜农场未发现牛结核病（bovine tuberculosis）、副结核（para tuberculosis）、牛瘟

(rinderpest)、裂谷热(rift valley fever)、传染性牛胸膜肺炎(contagious bovine pleuropneumonia)。

(4)农场受伊朗农业部监管。

(5)农场及其周边地区未因动物疾病按世界动物卫生组织(WOAH)《陆生动物卫生法典》和伊朗动物卫生法规规定而受到检疫限制。

(二)动物没有饲喂过伊朗及中国禁止给动物饲喂的饲料。

(三)执行伊朗农业部制定的伊朗国家残留监控计划,并要求企业对原料乳实施检测。根据国家残留监控计划和原料乳检测结果,输华乳品中的兽药、农药和其他有毒有害物质残留不超过中国标准设定的最高限量。

五、检疫审批要求

伊朗输华巴氏杀菌乳和以巴氏杀菌工艺生产加工的调制乳,应事先办理检疫审批,获得"进境动植物检疫许可证"。

六、证书要求

输华乳品应随附伊朗官方签发的卫生证书。

七、食品安全要求

(一)输华乳品应当符合伊朗、中国法律法规的规定以及中国食品安全国家标准。

(二)产品或原料乳采用下列加工工序之一:

(1)最低温度132℃至少1s的消毒程序(超高温UHT);

(2)如果乳的pH低于7.0,采用最低温度72℃至少15s的消毒程序(高温-瞬时巴氏消毒HTST);

(3)如果乳的pH为7.0或以上时,采用HTST程序2次。

八、包装和标识要求

输华乳品必须用符合中国标准的全新材料包装。外包装要标明规格、产地(具体到州/省/市)、目的地、品名、重量、生产厂名称、注册编号、生产批号、储存条件、生产日期和保质期。内包装须符合中国相关规定,标签上应注明原产国、品名、企业注册号、生产企业名称地址和联系方式、生产日期和保质期、生产批号。

九、存放和运输要求

输华乳品从包装、存放到运输的全过程,均应符合卫生条件,防止受有毒有害物质的污染。货物装入集装箱后,应加施封识,封识号须在兽医卫生出口证书中注明。运输过程中不得拆开及更换包装。

特此公告。

进口阿联酋骆驼乳品检验检疫要求

（中华人民共和国海关总署公告　2022 年第 123 号）

根据我国相关法律法规和中华人民共和国海关总署与阿拉伯联合酋长国气候变化和环境部有关阿拉伯联合酋长国输华骆驼乳产品检验检疫要求议定书的规定，自本公告发布之日起，允许符合要求的阿拉伯联合酋长国骆驼乳产品进口：

一、检验检疫依据

（一）《中华人民共和国进出境动植物检疫法》《中华人民共和国进出境动植物检疫法实施条例》《中华人民共和国进出口商品检验法》《中华人民共和国进出口商品检验法实施条例》《中华人民共和国食品安全法》《中华人民共和国食品安全法实施条例》。

（二）《中华人民共和国进出口食品安全管理办法》《中华人民共和国进口食品境外生产企业注册管理规定》。

（三）《中华人民共和国海关总署与阿拉伯联合酋长国气候变化和环境部关于阿拉伯联合酋长国输华骆驼乳产品检验检疫要求议定书》。

（四）《海关总署关于明确进口乳品检验检疫要求的公告》。

二、允许进口的产品范围

阿拉伯联合酋长国输华骆驼乳产品（以下简称输华骆驼乳产品）是指原产于阿拉伯联合酋长国（以下简称阿联酋）、以经过适当热处理的骆驼乳为主要原料加工而成的乳产品，包括发酵乳和乳粉。

三、生产企业要求

输华骆驼乳产品生产企业经阿联酋官方批准或注册，在阿联酋官方的监督之下且符合中国和阿联酋有关动物卫生和公共卫生的要求。

根据《中华人民共和国食品安全法》《中华人民共和国进口食品境外生产企业注册管理规定》，向中国出口骆驼乳产品的生产企业应当经中国注册。未获得注册企业生产的产品不得向中国出口。

四、提供原料乳的奶畜要求

为输华骆驼乳产品提供原料乳的骆驼须符合下列条件：

（一）采集生乳前至少 1 个月，农场无口蹄疫病例或疑似病例。

（二）采集生乳时，农场未发现炭疽临床症状。

（三）采集生乳时，农场未感染或疑似感染中东呼吸综合征冠状病毒。

（四）农场受地方主管部门监管。

（五）农场及其周边地区未因动物疾病按世界动物卫生组织（WOAH）《陆生动物卫生

法典》和阿联酋动物卫生法规规定而受到检疫限制。

五、证书要求

输华骆驼乳产品应随附阿联酋官方签发的卫生证书。

六、食品安全要求

（一）输华骆驼乳产品应当符合阿联酋、中国的法律法规要求以及中国食品安全国家标准要求。

（二）输华骆驼乳产品应当采用下述工序之一：

（1）最低温度 132℃至少 1 秒的消毒程序（超高温 UHT）；

（2）如果乳的 pH 低于 7.0，采用最低温度 72℃至少 15s 的消毒程序（高温短时巴氏消毒 HTST）；

（3）如果乳的 pH7.0 或以上时，采用 HTST 程序 2 次。

七、包装和标识要求

输华骆驼乳产品必须用符合国际标准的全新材料包装。外包装要标明企业注册编号。内包装须符合中国相关规定，标签上应注明原产国、品名、企业注册号、生产企业名称地址和联系方式、生产日期和保质期等内容。

关于进口巴基斯坦乳品检验检疫要求的公告

（海关总署公告　2023 年第 163 号）

根据我国相关法律法规和《中华人民共和国海关总署与巴基斯坦伊斯兰共和国国家食品安全与研究部关于巴基斯坦伊斯兰共和国输华乳品检验检疫要求议定书》的规定，自本公告发布之日起，允许符合要求的巴基斯坦伊斯兰共和国乳品进口：

一、检验检疫依据

（一）《中华人民共和国进出境动植物检疫法》《中华人民共和国进出境动植物检疫法实施条例》《中华人民共和国进出口商品检验法》《中华人民共和国进出口商品检验法实施条例》《中华人民共和国食品安全法》《中华人民共和国食品安全法实施条例》。

（二）《中华人民共和国进出口食品安全管理办法》《中华人民共和国进口食品境外生产企业注册管理规定》。

（三）《中华人民共和国海关总署和巴基斯坦伊斯兰共和国国家食品安全与研究部关于巴基斯坦伊斯兰共和国输华乳品检验检疫要求议定书》。

（四）《海关总署关于明确进口乳品检验检疫有关要求的公告》。

二、允许进口的产品范围

巴基斯坦输华乳品（以下简称输华乳品）是指原产于巴基斯坦伊斯兰共和国（以下简称巴基斯坦）、用牛乳或骆驼乳为主要原料加工而成的食品，包括乳粉、乳清粉、乳清蛋白粉、牛初乳粉、灭菌乳、调制乳、发酵乳、干酪及再制干酪、稀奶油、奶油、无水奶油等。

三、生产企业要求

输华乳品生产企业经巴基斯坦官方批准或注册，在巴基斯坦官方的监督之下且符合中国和巴基斯坦有关动物卫生和公共卫生的要求。

根据《中华人民共和国食品安全法》《中华人民共和国进口食品境外生产企业注册管理规定》，向中国出口乳品的生产企业应当经中国注册，未获得注册企业生产的产品不得向中国出口。

四、提供原料乳的奶畜要求

为输华乳品提供原料乳的奶畜需符合下列条件：

（一）来自符合下列条件的农场：

（1）口蹄疫检疫限制已取消至少 2 个月。

（2）农场过去 12 个月未因炭疽（anthrax）而受到检疫限制。

（3）奶畜农场未发现布鲁氏菌病（brucellosis）、牛结核病（bovine tuberculosis）、副结核（para tuberculosis）、牛瘟（rinderpest）、裂谷热（rift valley fever）。

(4)采集骆驼乳时,奶畜农场还应未感染或疑似感染中东呼吸综合征冠状病毒(MERS-CoV)。

(5)农场受巴基斯坦国家食品安全与研究部(以下简称MNFSR)监管。

(6)农场及其周边地区未因动物疾病按世界动物卫生组织(WOAH)《陆生动物卫生法典》和巴基斯坦动物卫生法规规定而受到检疫限制。

(二)动物没有饲喂过巴基斯坦及中国禁止给动物饲喂的饲料。

(三)执行MNFSR制定的巴基斯坦国家残留监控计划,并要求企业对原料乳实施检测。根据国家残留监控计划和原料乳检测结果,输华乳品中的兽药、农药和其他有毒有害物质残留不超过中国标准设定的最高限量。

五、检疫审批要求

输华以巴氏杀菌工艺生产的调制乳,应事先办理检疫审批,获得"进境动植物检疫许可证"。

六、证书要求

输华乳品应随附巴基斯坦官方签发的兽医卫生证书。

七、食品安全要求

(一)输华乳品应当符合巴基斯坦、中国法律法规的规定以及中国食品安全国家标准。

(二)产品采用下列加工工序之一:

(1)最低温度132℃至少1s的消毒程序(超高温UHT);

(2)如果乳的pH低于7.0,采用最低温度72℃至少15s的消毒程序(高温-瞬时巴氏消毒HTST);

(3)如果乳的pH为7.0或以上时,采用HTST程序2次。

八、包装和标识要求

输华乳品必须用符合中国标准的全新材料包装。外包装要用中文、乌尔都文及英文标明规格、产地(具体到州/省/市)、目的地、品名、重量、生产厂名称、注册编号、生产批号、储存条件、生产日期和保质期。

内包装须符合中国相关规定,标签上应注明原产国、品名、企业注册号、生产企业名称地址和联系方式、生产日期和保质期、生产批号。

九、存放和运输要求

输华乳品从包装、存放到运输的全过程,均应符合卫生条件,防止受有毒有害物质的污染。货物装入集装箱后,应加施封识,封识号须在兽医卫生出口证书中注明。运输过程中不得拆开及更换包装。

特此公告。

参 考 文 献

[1] 国家卫生和计划生育委员会.食品安全国家标准 乳粉:GB 19644—2010[S].北京:中国标准出版社,2010:1-2.

[2] 国家卫生和计划生育委员会.食品安全国家标准 发酵乳:GB 19302—2010[S].北京:中国标准出版社,2010:1-3.

[3] 国家卫生和计划生育委员会.食品安全国家标准 生乳: GB 19301—2010[S].北京:中国标准出版社,2010:1-2.

[4] 国家卫生和计划生育委员会.食品安全国家标准 巴氏杀菌乳:GB 19645—2010[S].北京:中国标准出版社,2010:1-2.

[5] 国家卫生和计划生育委员会.食品安全国家标准 调制乳:GB 25191—2010[S].北京:中国标准出版社,2010:1-2.

[6] 国家卫生和计划生育委员会.食品安全国家标准 灭菌乳: GB 25190—2010[S].北京: 中国标准出版社,2010:1-2.

[7] 国家市场监督管理总局,国家卫生和计划生育委员会.食品安全国家标准 婴儿配方食品:GB 10765—2021[S].北京:中国标准出版社,2021:1-13.

[8] 国家卫生和计划生育委员会.食品安全国家标准 食品中水分的测定 GB 5009.3—2016[S].北京:中国标准出版社,2016:1-8.

[9] 国家卫生和计划生育委员会.食品安全国家标准 食品中蛋白质的测定 GB 5009.5—2016[S].北京:中国标准出版社,2016:1-9.

[10] 国家卫生和计划生育委员会.食品安全国家标准 食品中灰分的测定 GB 5009.4—2016[S].北京:中国标准出版社,2016:1-9.

[11] 国家卫生和计划生育委员会.食品安全国家标准 食品中脂肪的测定 GB 5009.6—2016[S].北京:中国标准出版社,2016:1-13.

[12] 国家卫生和计划生育委员会.食品安全国家标准 食品中酸度的测定 GB 5009.239—2016[S].北京:中国标准出版社,2016:1-12.

[13] 国家食品药品监督管理总局,国家卫生和计划生育委员会.食品安全国家标准 食品安全国家标准 乳和乳制品杂质度的测定 GB 5413.30—2016[S].北京:中国标准出版社,2016:1-9

[14] 国家卫生和计划生育委员会，国家市场监督管理总局. 食品安全国家标准 食品中果糖、葡萄糖、蔗糖、麦芽糖、乳糖的测定 GB 5009.8—2023[S]. 北京：中国标准出版社，2023：1-19.

[15] 国家卫生和计划生育委员会，国家市场监督管理总局. 食品安全国家标准 食品中叶酸的测定 GB 5009.211—2022[S]. 北京：中国标准出版社，2022：1-11.

[16] 国家市场监督管理总局，国家卫生和计划生育委员会. 食品安全国家标准 食品中泛酸的测定 GB 5009.210—2023[S]. 北京：中国标准出版社，2023：1-21.

[17] 国家卫生和计划生育委员会，国家市场监督管理总局. 食品安全国家标准 婴幼儿食品和乳品中胆碱的测定 GB 5413.20—2022[S]. 北京：中国标准出版社，2022：1-14.

[18] 国家市场监督管理总局，国家卫生和计划生育委员会. 食品安全国家标准 食品中生物素的测定 GB 5009.259—2023[S]. 北京：中国标准出版社，2023：1-16.

[19] 卫生部. 食品安全国家标准 食品营养强化剂使用标准 GB 14880—2012[S]. 北京：中国标准出版社，2012：1-26.

[20] 国家卫生和计划生育委员会，国家市场监督管理总局. 食品安全国家标准 食品中肌醇的测定 GB 5009.270—2023[S]. 北京：中国标准出版社，2023：1-14.

[21] 国家卫生和计划生育委员会，国家市场监督管理总局. 食品安全国家标准 食品中维生素 A、D、E 的测定 GB 5009.82—2016[S]. 北京：中国标准出版社，2016：1-16.

[22] 国家卫生和计划生育委员会，国家市场监督管理总局. 食品安全国家标准 食品中维生素 K_1 的测定 GB 5009.158—2016[S]. 北京：中国标准出版社，2016：1-15.

[23] 国家卫生和计划生育委员会，国家市场监督管理总局. 食品安全国家标准 食品中维生素 B_1 的测定 GB 5009.84—2016[S]. 北京：中国标准出版社，2016：1-10.

[24] 国家卫生和计划生育委员会，国家市场监督管理总局. 食品安全国家标准 食品中维生素 B_2 的测定 GB 5009.85—2016[S]. 北京：中国标准出版社，2016：1-10.

[25] 国家市场监督管理总局，国家卫生和计划生育委员会. 食品安全国家标准 食品中维生素 B_6 的测定 GB 5009.154—2023[S]. 北京：中国标准出版社，2023：1-27.

[26] 国家市场监督管理总局，国家卫生和计划生育委员会. 食品安全国家标准 食品中维生素 B_2 的测定 GB 5009.285—2022[S]. 北京：中国标准出版社，2022：1-19.

[27] 国家卫生和计划生育委员会. 食品安全国家标准 婴幼儿食品和乳品中维生素 C 的测定 GB 5413.18—2010[S]. 北京：中国标准出版社，2010：1-5.

[28] 国家卫生和计划生育委员会，国家市场监督管理总局. 食品安全国家标准 食品中脂肪酸的测定 GB 5009.168—2016[S]. 北京：中国标准出版社，2016：1-22.

[29] 国家卫生和计划生育委员会，国家市场监督管理总局. 食品安全国家标准 食品中反式脂肪酸的测定 GB 5009.257—2016[S]. 北京：中国标准出版社，2016：1-12.

[30] 国家卫生和计划生育委员会，国家市场监督管理总局. 食品安全国家标准 食品中黄曲霉毒素 M 族的测定 GB 5009.24—2016[S]. 北京：中国标准出版社，2016：1-19.

[31] 国家卫生和计划生育委员会，国家市场监督管理总局. 食品安全国家标准 食品中氯酸

盐和高氯酸盐的测定 GB 5009.291—2023[S].北京:中国标准出版社,2023:1-8.

[32] 国家卫生和计划生育委员会,国家市场监督管理总局.食品安全国家标准 食品中亚硝酸盐与硝酸盐的测定 GB 5009.33—2016[S].北京:中国标准出版社,2016:1-15.

[33] 国家卫生和计划生育委员会,国家市场监督管理总局.食品安全国家标准 食品中铅的测定 GB 5009.12—2023[S].北京:中国标准出版社,2023:1-13.

[34] 国家卫生和计划生育委员会.食品安全国家标准 食品中总砷及无机砷的测定 GB 5009.11—2014[S].北京:中国标准出版社,2014:1-22.

[35] 国家卫生和计划生育委员会,国家市场监督管理总局.食品安全国家标准 食品中总汞及有机汞的测定 GB 5009.17—2021[S].北京:中国标准出版社,2023:1-25.

[36] 国家卫生和计划生育委员会,国家市场监督管理总局.食品安全国家标准 食品中铬的测定 GB 5009.123—2023[S].北京:中国标准出版社,2023:1-7.

[37] 国家质量监督检验检疫总局,国家标准化管理委员会.原料乳与乳制品中三聚氰胺检测方法 GB /T 22388—2008[S].北京:中国标准出版社,2008:1-13.

[38] 农业农村部,国家卫生健康委员会,国家市场监督管理总局.食品安全国家标准 动物性食品中阿苯达唑及其代谢物残留量的测定 高效液相色谱法 GB 31658.11—2021[S].北京:中国标准出版社,2021:1-12.

[39] 国家标准化管理委员会,国家质量监督检验检疫总局.动物源性食品中氯霉素类药物残留量测定 GB/T 22338—2008[S].北京:中国标准出版社,2008:1-17.

[40] 国家质量监督检验检疫总局.牛奶和奶粉中土霉素、四环素、金霉素、强力霉素残留量的测定 液相色谱-紫外检测法 GB/T 22990—2008[S].北京:中国标准出版社,2008:1-9.

[41] 农业部,国家卫生和计划生育委员会.食品安全国家标准 牛奶中喹诺酮类药物多残留的测定 高效液相色谱法 GB 29692—2013[S].北京:中国标准出版社,2013:1-12.

[42] 国家标准化管理委员会,国家质量监督检验检疫总局.动物源性食品中 14 种喹诺酮药物残留检测方法 液相色谱-质谱/质谱法 GB/T 21312—2007[S].北京:中国标准出版社,2007:1-19.

[43] 农业部,国家卫生和计划生育委员会.食品安全国家标准 动物性食品中常山酮残留量的测定 高效液相色谱法 GB 29693—2013[S].北京:中国标准出版社,2013:1-6.

[43] 国家质量监督检验检疫总局.动物源食品中地克珠利、妥曲珠利、妥曲珠利亚砜和妥曲珠利砜残留量的检测 高效液相色谱-质谱/质谱法 SN/T 2318—2009[S].北京:中国标准出版社,2009:1-19.

[44] 国家质量监督检验检疫总局.牛奶和奶粉中卡巴氧和喹乙醇代谢物残留量的测定 液相色谱-串联质谱法 GB/T 22984—2008[S].北京:中国标准出版社,2008:1-9.

[45] 国家卫生和计划生育委员会,国家食品药品监督管理总局.食品安全国家标准 食品微生物学检验 沙门氏菌检验 GB 4789.4—2016[S].北京:中国标准出版社,2023:1-23.

[46] 国家卫生和计划生育委员会,国家食品药品监督管理总局.食品安全国家标准 食品微生物学检验 大肠菌群计数 GB 4789.3—2016[S].北京:中国标准出版社,2023:1-11.

[47] 国家卫生和计划生育委员会,国家食品药品监督管理总局.食品安全国家标准 食品微生物学检验 金黄色葡萄球菌检验 GB 4789.10—2016[S].北京:中国标准出版社,2023:1-17.

[48] 国家卫生和计划生育委员会,国家市场监督管理总局.食品安全国家标准 食品微生物学检验 菌落总数测定 GB 4789.2—2022[S].北京:中国标准出版社,2022:1-9.

[49] 国家食品药品监督管理总局,国家卫生和计划生育委员会.食品安全国家标准 食品微生物学检验 克罗诺杆菌属(阪崎肠杆菌)检验 GB 4789.40—2016[S].北京:中国标准出版社,2022:1-12.

[50] 国家食品药品监督管理总局,国家卫生和计划生育委员会.食品安全国家标准 食品微生物学检验 双歧杆菌检验 GB 4789.34—2016[S].北京:中国标准出版社,2022:1-12.

[51] 国家食品药品监督管理总局,国家卫生和计划生育委员会.食品安全国家标准 食品微生物学检验 乳酸菌检验 GB 4789.35—2023[S].北京:中国标准出版社,2023:1-13.

[52] 国家食品药品监督管理总局,国家卫生和计划生育委员会.食品安全国家标准 食品中真菌毒素限量 GB 2761—2017[S].北京:中国标准出版社,2017:1-10.

[53] 国家卫生和计划生育委员会,国家市场监督管理总局,农业农村部.食品安全国家标准 食品中农药最大残留限量 GB 2763—2021[S].北京:中国标准出版社,2021:1-422.

[54] 国家卫生和计划生育委员会,国家市场监督管理总局,农业农村部.食品安全国家标准 食品中2,4-滴丁酸钠盐等112种农药最大残留限量 GB 2763.1—2022[S].北京:中国标准出版社,2021:1-48.

[55] 国家卫生和计划生育委员会,国家市场监督管理总局,农业农村部.食品安全国家标准 食品中2,4-滴丁酸钠盐等112种农药最大残留限量 GB 2763.1—2022[S].北京:中国标准出版社,2021:1-48.

[56] 国家市场监督管理总局,国家卫生和计划生育委员会,农业农村部.食品安全国家标准 食品中兽药最大残留限量 GB 31650—2019[S].北京:中国标准出版社,2021:1-64.

[57] 国家市场监督管理总局,国家卫生和计划生育委员会,农业农村部.食品安全国家标准 食品中41种兽药最大残留限量 GB 31650.1—2022[S].北京:中国标准出版社,2022:1-18.

[58] 高磊,汤志旭,江环世,等.中国与日本兽药残留限量标准比较分析研究[J].食品安全质量检测学报,2019,10(4):1087-1092.

[59] 孙颖宜,成姗,林琳,等.国内外乳及乳制品中兽药残留限量标准比较分析[J].食品安全质量检测学报,2016, 7(1):378-382.

[60] 姜怡彤,接伟光,于海洋,等.乳制品中常见食源性致病菌及抑菌物质的研究现状[J].食品研究与开发,2018,39(16):195-199.

[61] 谈志新.原料乳主要微生物检验技术和关键要点分析[J].现代食品,2019,12(23):103-105.

[62] 谷美,郑楠, 刘慧敏,等.我国生乳国家标准主要指标对比[J].食品科学,2019,40(7):320-327.

[63] 徐秀丽,姚桂红,聂雪梅,等.中外乳及乳制品法规与主要检测指标的比较分析[J].2021,42(11):304-312.

[64] 苏妙仪,严家俊,张娟.微生物法检测乳粉中叶酸的优化研究[J].乳品加工,2021,230(2):81-85.

[66] 国家卫生和计划生育委员会,国家市场监督管理总局.食品安全国家标准 较大婴儿配方食品:GB 10766—2021[S].北京:中国标准出版社,2021:1-12.

[67] 食品安全国家标准 较大婴儿配方食品:GB10767—2021[S].北京:中国标准出版社,2021:1-8.

[68] 陆其聪,陈冬梅,胡春红,等.微生物法检测婴儿配方乳粉中叶酸含量的影响因素[J].食品安全与科技,2021,46(7):273-277.

[69] 何浩,梁军,许银玉,等.食品中泛酸测定方法研究进展[J].食品工业,2022,43(12);183-186.

[70] 丁晓静,田绪,李疆,等.毛细管区带电泳-间接紫外检测法测定婴儿配方奶粉中的胆碱[J].食品安全质量检测学报,2018,9(10):2298-2303.

[71] 胡小中.磷脂酰胆碱的生理功能和作用机理[J].粮油食品科技,2011,19(4): 42-44.

[72] 徐亚麦,赵泽民,褚晓波.浅析婴幼儿奶粉中胆碱含量的测定要点[J].中国乳业,2015,159(159):65-66.

[73] 卢兰香,薛霞,公丕学,等.婴幼儿配方乳粉和谷类辅助食品中生物素含量的测定.中国乳品工业,2020,4(48):45-50.

[75] 吴艳辉,王杰伟,孙万东,等.国标法和新型试剂盒法测定乳粉中生物素含量.食品工业,2020,6(41):295-298.

[76] Cavalli P, Tonni G, Grosso E, et al . Effects of inositolsupplementation in a cohort of mothers at risk of producing an NTD pregnancy. Birth Defects Research Part A Clinical & Molecular[J]. 2011, 91(11): 962-965.

[77] 石英飞.肌醇代谢障碍在神经管畸形发生中的作用机制研究[M].北京:北京工业大学出版社,2015:23-33.

[78] 张芹,王芳,陈雅蕾,等.肌醇生产及应用研究进展[J].中国稻米,2012,18(3):19-21.

[79] Greene ND, Leung KY, Copp AJ. Inositol, neural tube closure and the prevention

of neural tube defects[J]. Birth Defects Research,2017,109 (2): 68 - 80.

[80] 刘玉,郭金岳,慧轩,等. GSK3β 基因在肌醇缺乏状态下对小鼠胚胎神经发育的影响[J]. 军事医学,2020,44(3):202 - 208.

[81] 黄贞杰,陈由强,陈丽霞,等. 代谢工程改造酿酒酵母合成肌醇[J]. 微生物学通报,2017,44(10):2289 - 2296.

[82] 赵荣叶. 乳粉样品中沙门氏菌能力验证的结果与分析[J]. 现代食品,2020(5):177 - 180.

[83] 沈锐,杨荣荣,王梅. 乳粉能力验证中沙门氏菌的分离鉴定和血清分型[J]. 食品安全质量检测学报. 2020,11(13):4514 - 4520.

[84] 陈启明,刘战民,陆兆新. 克罗诺杆菌检测方法的研究进展[J]. 食品安全质量检测学报,2020,11(24):9281 - 9287.

[85] 易萌,王丽,张竞丰. 婴幼儿奶粉中阪崎克罗诺杆菌隐性污染状况分析及针对性检测技术研究进展食品科学[J]. 2022,43(7):365 - 372.

[86] 龚杰. 双歧杆菌在婴幼儿食品中应用研究进展[J]. 饮料工业,2011,14(7):2 - 4.

[87] 尹胜利,杜鉴,徐晨. 乳酸菌的研究现状及其应用[J]. 食品科技,2012,9(37):25 - 29.

[88] Lu zhang,Liang Shi,Qiang He,et al. Development of a rapid multiclass methods for antibiotic residues ingoat dairyproducts-onestep cleanup and UPLC quadrupole/electrostatic field orbitraphigh resolutionmassspectrometry analysis of 60 residues ingoat dairy products[J]. Journal of Analytical Science and Technology,2021,12:14.

[89] 何强,张亚莉,郭家琪,等. 超高效液相色谱-四极杆/静电场轨道阱高分辨质谱法测定奶粉中 10 种 N -亚硝胺类化合物. 分析试验室,2021,40(12):1451 - 1454

[90] Yanjing Shi, Yali Zhang, Qiang He, et al. Rapid determination of 48stimulant residues in milk and dairy products byhigh-performance liquid chromatography coupled with quadrupole/Orbitraphigh-resolution mass spectrometry [J]. Chemical Papers,2023,77: 5237 - 5258.